EUL VERLAG

Rechnungslegung und Wirtschaftsprüfung

Herausgegeben von Prof. (em.) Dr. Dr. h. c. Jörg Baetge, Münster, Prof. Dr. Hans-Jürgen Kirsch, Münster, und Prof. Dr. Stefan Thiele, Wuppertal

Band 29
Kathrin Köhling
Barwertorientierte Fair Value-Ermittlung für Renditeimmobilien in der IFRS-Rechnungslegung – Empfehlungen zur Konkretisierung eines Bewertungskalküls
Lohmar – Köln 2011 ◆ 304 S. ◆ € 59,- (D) ◆ ISBN 978-3-8441-0041-9

Band 30
Tim Hoffmann
Unternehmerische Nachhaltigkeitsberichterstattung – Eine Analyse des GRI G3.1-Berichtsrahmens
Lohmar – Köln 2011 ◆ 292 S. ◆ € 59,- (D) ◆ ISBN 978-3-8441-0057-0

Band 31
Daniel Siegel
Die Bilanzierung latenter Steuern im handelsrechtlichen Jahresabschluss nach § 274 HGB
Lohmar – Köln 2011 ◆ 300 S. ◆ € 59,- (D) ◆ ISBN 978-3-8441-0058-7

Band 32
Martin Jonas
Die Bildung von Bewertungseinheiten im handelsrechtlichen Jahresabschluss – Eine auslegende Untersuchung des § 254 HGB zur Bilanzierung von Sicherungszusammenhängen bei Industrie- und Handelsunternehmen
Lohmar – Köln 2011 ◆ 288 S. ◆ € 58,- (D) ◆ ISBN 978-3-8441-0090-7

Band 33
Jan-Hendrik Gnändiger
Abbildungsmöglichkeiten komplexer Lieferantenbeziehungen der Automobilindustrie in der Rechnungslegung nach HGB und IFRS
Lohmar – Köln 2011 ◆ 400 S. ◆ € 66,- (D) ◆ ISBN 978-3-8441-0101-0

JOSEF EUL VERLAG

Reihe: Rechnungslegung und Wirtschaftsprüfung · Band 33

Herausgegeben von Prof. (em.) Dr. Dr. h. c. Jörg Baetge, Münster, Prof. Dr. Hans-Jürgen Kirsch, Münster, und Prof. Dr. Stefan Thiele, Wuppertal

Dr. Jan-Hendrik Gnändiger

Abbildungsmöglichkeiten komplexer Lieferantenbeziehungen der Automobilindustrie in der Rechnungslegung nach HGB und IFRS

Mit einem Geleitwort von Prof. Dr. Stefan Thiele, Bergische Universität Wuppertal

EUL VERLAG

Bibliografische Information der Deutschen Nationalbibliothek

Die Deutsche Nationalbibliothek verzeichnet diese Publikation in der Deutschen Nationalbibliografie; detaillierte bibliografische Daten sind im Internet über <http://dnb.d-nb.de> abrufbar.

Dissertation, Bergische Universität Wuppertal, 2011, unter dem Titel: Abbildungsmöglichkeiten komplexer Lieferantenbeziehungen der Automobilindustrie im Jahresabschluss nach HGB und IFRS auf Basis einer ökonomischen Analyse

ISBN 978-3-8441-0101-0
1. Auflage Dezember 2011

JOSEF EUL VERLAG GmbH
Brandsberg 6
53797 Lohmar
Tel.: 0 22 05 / 90 10 6-6
Fax: 0 22 05 / 90 10 6-88
E-Mail: info@eul-verlag.de
http://www.eul-verlag.de

Bei der Herstellung unserer Bücher möchten wir die Umwelt schonen. Dieses Buch ist daher auf säurefreiem, 100% chlorfrei gebleichtem, alterungsbeständigem Papier nach DIN 6738 gedruckt.

Geleitwort

Die Automobilindustrie ist heute geprägt durch eine nur noch geringe Wertschöpfungstiefe auf der Ebene der Automobilhersteller (Original Equipment Manufacturers, OEM) und eine große Bedeutung von Zulieferern, die selbst wiederum in mehrere Ebenen eingeteilt werden können (1st Tier, 2nd Tier und 3rd Tier Suppliers). Die OEMs haben in den vergangenen Jahren umfangreiche Teile der Wertschöpfungskette an ihre Lieferanten ausgelagert. So werden Forschungs- und Entwicklungsleistungen von Zulieferern übernommen, die auf Basis selbst entwickelten Knowhows gesamte Komponenten an die OEMs liefern. Aufgrund dieser geänderten Arbeitsteilung werden heute nicht mehr kurzfristige, auf klar definierten Leistungsaustausch gerichtete Verträge zwischen OEM und Zulieferer abgeschlossen, sondern langfristig komplexe Vereinbarungen getroffen, die zeitlich betrachtet von der Entwicklungsphase bis zur Phase der reinen Ersatzteillieferung reichen.

Die Beziehungen sind dadurch typischerweise durch hohe spezifische Investitionen insbesondere auf der Seite der Zulieferer und in deren Folge von einer hohen, oft auch gegenseitigen Abhängigkeit gekennzeichnet. Die Komplexität des Beziehungsgeflechts führt dazu, dass die Vereinbarungen zwischen OEMs und Zulieferern ihrerseits eine hohe Komplexität aufweisen. Im Sinne der Transaktionskostentheorie handelt es sich um relationale Verträge, die zwischen den Extremen einer rein marktbasierten Koordinationslösung und einer hierarchischen Eingliederung von Wertschöpfungsstufen stehen.

Jan-Hendrik Gnändiger beschäftigt sich in der hier vorliegenden Arbeit mit der Frage, wie Vertragsbeziehungen zwischen OEMs und deren Zulieferern in der Rechnungslegung der beteiligten Vertragsparteien nach HGB und IFRS abzubilden sind. Dabei rückt er die Vermittlung einer zutreffenden Darstellung der Vermögens-, Finanz- und Ertragslage als zentrales Beurteilungskriterium in den Mittelpunkt. Vor der eigentlichen Analyse der bilanziellen Abbildungsmöglichkeiten untersucht Herr Gnändiger die typischen Beziehungsstrukturen im Verhältnis von OEMs und Zulieferern auf der ersten Ebene (1st-Tier Suppliers). Ziel dieser vorgeschalteten, teils theoriegeleitet und teils mit Experteninterviews explorativ-empirisch durchgeführten Analyse ist die Identifikation und ökonomische Bewertung wesentlicher Vertragsstrukturen, um eine Basis für die spätere Beurteilung der Abbildungsmöglichkeiten zu schaffen.

In aktuellen Diskussionen um die Einführung neuer und die Veränderung bestehender Rechnungslegungsregeln wird immer wieder die Komplexität insbesondere der IFRS kritisiert. Befürworter der neuen Regelungen betonen demgegenüber, dass die Komplexität der Abbildung oftmals nur ein Spiegelbild der zugrunde liegenden realwirtschaftlichen Komplexität sei. Diese Überlegungen gelten auch für die komplexen Vereinbarungen zwischen OEMs und Zulieferern in der Automobilbranche.

Vor diesem Hintergrund ist die Untersuchung von Herrn Gnändiger sowohl wissenschaftlich als auch praktisch überaus relevant. Es gilt zu klären, ob es im Rahmen der für deutsche Unternehmen relevanten Rechnungslegungssysteme möglich ist, die realwirtschaftliche Komplexität der Lieferantenbeziehung zweckadäquat abzubilden.

Hervorzuheben ist der von Herrn Gnändiger gewählte Ansatz, die bilanziellen Probleme auf Basis einer ökonomischen Analyse der speziellen, langfristigen Vertragssituation zu beantworten. Auf dieser Grundlage werden viele Bilanzierungsfragen erstmals in wissenschaftlich fundierter Form erörtert. Die Arbeit liefert darüber hinaus einen unmittelbaren Nutzen für die Bilanzierungspraxis und darüber hinaus für die Beurteilung und Weiterentwicklung der Rechnungslegungsstandards. Insgesamt betrachtet kommt die vorliegende Studie auf dem Gebiet der HGB- und IFRS-Bilanzierung zu bemerkenswerten Ergebnissen, die bei Wissenschaftlern und Praktikern auf eine beachtliche Resonanz stoßen werden.

Prof. Dr. Stefan Thiele

Vorwort

Mein erster Dank gilt meinem Doktorvater Herrn Prof. Dr. Stefan Thiele. Sein ausdauernder Appell an eine strukturierte und problemorientierte Arbeitsweise hat diese Arbeit geprägt und für mich entscheidend zum erfolgreichen Gelingen beigetragen. Für seine Unterstützung als fordernder und in gleichem Maße fördernder Betreuer möchte ich ihm danken. Weiterhin gebührt mein Dank Herrn Prof. Dr. Nils Crasselt für die freundliche Übernahme des Zweitgutachtens und für viele wertvolle und konstruktive Hinweise während der Doktorandenseminare.

Zudem gilt mein Dank jenen Berufskollegen, die mich während der langwierigen Promotionsarbeit durch kontroverse Diskussionen und fachkundige Hilfestellung maßgeblich unterstützt haben und überdies meine Arbeit in verschiedenen Phasen mit zahlreichen Hinweisen kritisch gelesen haben. Mein besonderer Dank gilt den Kollegen Ivo Hillesheim, Ralf-Vitus Zender, Ralf Kamping, Christian Bösing und Ralf Münstermann. Ohne ihre große Unterstützung hätte ich den Abgabetermin in der vorgesehenen Zeit nicht einhalten können. Weiterer Dank gilt auch den Teilnehmern des Doktorandenseminars in Breskens, hier danke ich Herrn Dr. Sebastian Lührs vor allem für das schnelle und kritische Korrekturlesen.

Die vorliegende erfolgreiche Dissertation ist das Ergebnis einer unbeschwerten exzellenten Ausbildung und einer liebevollen Erziehung, die mir die Kraft für ein solches Unternehmen gegeben haben. Für beides danke ich meinen Eltern Renate und Hermann Kück von ganzem Herzen. Ohne ihre bedingungslose und fortwährende Unterstützung wäre dieses Ergebnis kaum möglich gewesen.

Meiner Frau Charlotte Gnändiger danke ich für alles, besonders aber für ihre Geduld, ihr Verständnis und den Beistand in all jenen Tagen, die von Zweifel, Ungeduld und Unzufriedenheit geprägt waren und für ihre Gabe, solche Momente in glückliche Tage umwandeln zu können. Ohne sie wäre dieses Projekt unmöglich gewesen.

Jan-Hendrik Gnändiger

Inhaltsverzeichnis

Abbildungsverzeichnis

Abkürzungsverzeichnis

A

a.A.	anderer Auffassung
a.F.	alte Fassung
Abb.	Abbildung
Abs.	Absatz
ADS	Adler/Düring/Schmaltz

B

BCG	Boston Consulting Group
BFH	Bundesfinanzhof
BFuP	Betriebswirtschaftliche Forschung und Praxis (Zeitschrift)
BGB	Bürgerliches Gesetzbuch
BGBl.	Bundesgesetzblatt
BGH	Bundesgerichtshof
BIC	Business + Innovation Center
BilMoG	Bilanzrechtsmodernisierungsgesetz
BMF	Bundesministerium der Finanzen
BStBl.	Bundessteuerblatt

C

CAD	Computer Aided Design

D

DAX	Deutscher Aktienindex
DB	Der Betrieb (Zeitschrift)
DBW	Die Betriebswirtschaft (Zeitschrift)
DStR	Deutsches Steuerrecht (Zeitschrift)

E

e.V.	eingetragener Verein
EGHGB	Einführungsgesetz zum Handelsgesetzbuch
EITF	Emerging Issues Task Force
EoS	Economies of Scale

F

f.	folgende Seite
ff.	folgende Seiten
FASB	Financial Accounting Standard Board
F&E	Forschung und Entwicklung

G

GE	Geldeinheiten
gl. A.	gleicher Ansicht
GM	General Motors
GoB	Grundsätze ordnungsmäßiger Buchführung
GuV	Gewinn- und Verlustrechnung

H

HGB	Handelsgesetzbuch
HFA	Hauptfachausschuss des Instituts der Wirtschaftsprüfer in Deutschland e.V.
Hg.	Herausgeber
hrsg. v.	herausgegeben von

I

i.d.R.	in der Regel
i.S.	im Sinne
i.S.d	im Sinne des
i.S.v.	im Sinne von
i.V.m.	in Verbindung mit
IAS	International Accounting Standard
IASB	International Accounting Standard Board
IDW	Institut der Wirtschaftsprüfer in Deutschland e.V.
IFRIC	International Financial Reporting Interpretations Commitee
IFRS	International Financial Reporting Standards
inkl.	inklusive
IRZ	Zeitschrift für internationale Rechnungslegung

J

jit	just in time

K

KBA	Kraftfahrt-Bundesamt
Kfz	Kraftfahrzeug
KG	Kommanditgesellschaft
KoR	Zeitschrift für internationale und kapitalmarktorientierte Rechnungslegung

L

LGK	Leipziger Gesprächskreis Rechnungslegung und Prüfung e.V.
LoI	Letter of Intend

M

MDR	Monatsschrift für Deutsches Recht
ME	Mengeneinheiten
MIT	Massachusetts Institute of Technology

N

n.F.	neue Fassung

O

OECD	Organisation for Economic Co-Operation and Development
OEM	Original Equipment Manufacturer
o.J.	ohne Jahr

P

PoC	Percentage-of-Completion

S

S.	Seite
SIC	Standing Interpretations Commitee
StuB	Steuern und Bilanzen (Zeitschrift)

T

Tz.	Textziffer

U

u.	und
u.a.	unter anderem
u.U.	unter Umständen

V

VDA	Verband der Automobilindustrie
v.	von, vom
VFE-Lage	Vermögens-, Finanz- und Ertragslage
vgl.	vergleiche
VMEBF	Vereinigung zur Mitwirkung an der Entwicklung des Bilanzrechts für Familiengesellschaften e.V.

W

WiSt	Wirtschaftswissenschaftliches Studium (Zeitschrift)
WP	Wirtschaftsprüfer
WPg.	Die Wirtschaftsprüfung (Zeitschrift)

Z

ZfB	Zeitschrift für Betriebswirtschaft
Zfbf	Zeitschrift für betriebswirtschaftliche Forschung
Zfo	Zeitschrift für Führung + Organisation

1 Einleitung

1.1 Einführung in die Thematik

Die Erfindung des Automobils hat Ende des 19. Jahrhunderts einen fundamentalen Wechsel in der menschlichen Fortbewegung herbeigeführt und einen neuen Markt erschaffen. Während die Nutzung von Kraftfahrzeugen neben dem Staat zunächst nur wenigen, wohlhabenden Käufergruppen zugänglich war, unternahmen herstellende Unternehmen bereits Anfang des 20. Jahrhunderts Anstrengungen zur Motorisierung einer breiten Käufermasse. Auch wenn der Zweite Weltkrieg die Ausstattung von Institutionen und Bevölkerungsschichten mit Kraftfahrzeugen vor allem in Europa und Japan vorübergehend verlangsamte, hat sich die Automobilindustrie in kurzer Zeit zu einer der dominanten Schlüsselindustrien westlicher Wertschöpfung entwickelt.[1] So beschäftigte die Automobilindustrie 2008 allein in Deutschland ca. 750 Tausend Mitarbeiter und erzielte dort einen Gesamtumsatz von etwa 290 Mrd. Euro.[2]

Die Produktionsstrategien der großen Automobilhersteller haben sich im Zeitablauf mehrfach bedeutend verändert und maßgeblichen Einfluss auf die gesamte Branche genommen. Die Einführung der *Massenproduktion* im frühen 20. Jahrhundert durch Henry Ford bei der Ford Motor Company und später Alfred Sloan bei General Motors (GM) beendeten die traditionelle europäische Handwerksfertigung und bescherten der amerikanischen Automobilindustrie bis über die 1950er Jahre hinaus eine bedeutende Vormachtstellung auf dem Weltmarkt.[3] Die Philosophie tayloristischer Massenproduktion wurde in den 1950er Jahren von den kriegsgeschädigten europäischen Industrien übernommen und war auf den Verkäufermärkten der Nachkriegszeit ein wesentlicher Erfolgsfaktor für das schnelle Wirtschaftswachstum und eine effektive Abschöpfung der beständig hohen Nachfrageüberhänge. Die Strategie der Massenproduktion zielt vereinfacht auf einen streng statischen und standardisierten Fertigungsprozess, der ein immer gleich bleibendes Produkt in hohen Stückzahlen ohne Unterbrechung des Produktionsflusses herstellt.[4] Mit Hilfe dieser Methodik können Produkte in großen Mengen in schneller Zeit hergestellt werden und Kosten aufgrund hoher Stückzahlen und gleichbleibender Arbeitsschritte nachhaltig minimiert werden. Ein wesentlicher Bestandteil dieser Produktionsphilosophie ist ein Höchstmaß an *vertikaler Integration*, das heißt

---

1 Vgl. *Günther* (1984), S. 1-44; *Womack/Jones/Roos* (1991), S. 17; für einen Überblick zu den Anfängen der Motorisierung in Deutschland vgl. *Fraunholz* (2000), S. 29-46.

2 Vgl. *VDA* (2008), S. 223-230; *VDA* (2009), S. 10-13.

3 Vgl. *Womack/Jones/Roos* (1991), S. 17-19.

4 Vgl. *Adam* (1998), S. 1-27.

sämtliche benötigten Teile werden in Eigenverantwortung hergestellt und in den Produktionsprozess integriert.[5]

Mit dem Wandel vom Verkäufermarkt zum Käufermarkt in den 1960er Jahren und dem folgenden, überaus erfolgreichen Markteintritt japanischer Automobilhersteller wurde dem Konzept der tayloristischen Massenproduktion die Grenzen der Zeit aufgezeigt. Zum einen war die Nachfrage der westlichen Verbraucher nach statischen Massenprodukten weitgehend erschöpft, zum anderen verursachte die Strategie hoher vertikaler Integration hohe Kapitalbindungen, ineffiziente Bürokratisierung und eine unüberschaubare Unternehmenskomplexität. Die Automobilindustrie westlicher Staaten stagnierte und war von hohen Überkapazitäten gezeichnet.[6] Die anhaltenden Erfolge japanischer Automobilhersteller überraschten daher umso mehr.

Maßgeblich verantwortlich für diese Erfolge war die Tatsache, dass japanische Automobilhersteller eine andere, neuartige Produktionsstrategie verfolgten. So setzten die Japaner auf eine hohe Produktqualität sowie auf flexible und stark vereinfachte *schlanke* Produktionsabläufe. Die Vereinfachung der Produktionsabläufe zielt im Gegensatz zur tayloristischen Massenproduktion vor allem auf ein geringes Maß an vertikaler Integration. Die japanischen Automobilhersteller verlagerten bereits zu dieser Zeit umfangreiche Wertschöpfungsaktivitäten an wenige zuliefernde Unternehmen, die in den gesamten Wertschöpfungsprozess mit einbezogen wurden und somit den Produktionsverlauf im Haus des Automobilherstellers auf einen Montageprozess beschränkten. Mit dieser Strategie verzeichneten japanische Unternehmen deutlich überlegene Ausprägungen in den Bereichen Kosten, Zeit und Qualität.[7]

Es benötigte einige Zeit, bis sich die westlichen tayloristisch geprägten Automobilhersteller dem Wandel der Zeit anpassten. Seit den 1990er Jahren ist nun allerdings ein Paradigmenwechsel in der Organisation der Automobilherstellung zu beobachten. Die westlichen Automobilhersteller nehmen seitdem Abstand von der vertikalen Integration und etablieren durch umfangreiche Outsourcing-Aktivitäten und Kooperationsstrategien Zulieferernetzwerke.[8] Dem Beispiel aus Japan folgend drängen Automobilhersteller ihren Zulieferern

---

5 Ford verfolgte dabei lange Zeit die totale vertikale Integration, d.h. er versuchte angefangen von Rohmaterial alles selbst herzustellen, vgl. hierzu *Womack/Jones/Roos* (1991), S.30-41.

6 Vgl. *Günther* (1984), S. 73-80; *Meißner/Kisker/Bochum* (1993), S. 9-13 u. 218-224; *Krcal* (2005), S. 503.

7 Vgl. *Womack/Jones/Roos* (1991), S. 15-70; *Koschnitzki* (1994), S. 190f.; *Becker* (2006), S. 261-319.

8 Vgl. *Krcal* (2008), S. 779-787; *Dietl/Royer/Stratmann* (2009), S. 441-449.

eine pyramidenartigen Struktur auf, in der sie sich primär der spezialisierten System- und Modullieferanten der ersten Stufe bedienen.[9]

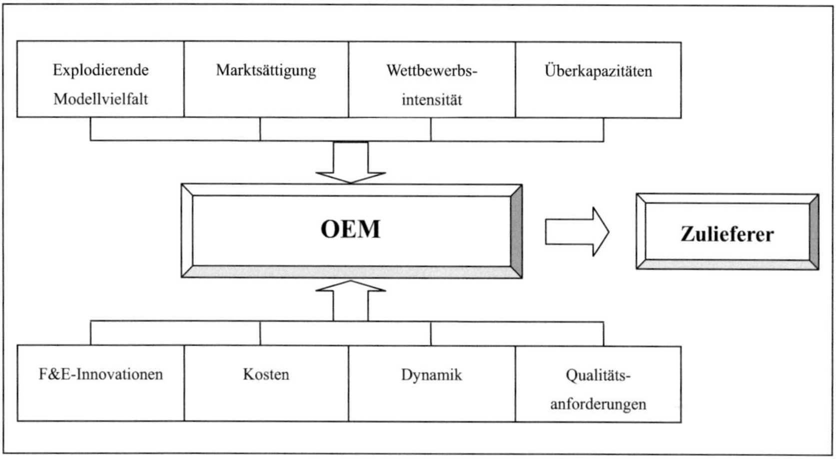

Quelle: Eigene Darstellung

Abbildung 1: Druck des Marktumfeldes der Automobilindustrie

Die Beziehungen zwischen Automobilherstellern und ihren Zulieferern haben sich demzufolge grundlegend verändert.[10] Während der Aufgabenbereich westlicher Zulieferer früher auf die standardisierte Produktion und Bereitstellung trivialer Teile beschränkt war, sind Anfang des 21. Jahrhunderts weite Teile der wesentlichen Wertschöpfung auf die Automobilzulieferindustrie übergegangen. Nach einer gemeinsamen Studie von Mercer Management Consulting und dem Fraunhofer Institut wird der Anteil der Automobilzulieferer an Entwicklungs- und Produktionstätigkeiten an der gesamten Wertschöpfung der Automobilherstellung bis ins Jahr 2015 auf etwa 80% ansteigen.[11]

Die automobilherstellenden Konzerne – in der Branche als „Original Equipment Manufacturers“ (OEMs) bezeichnet – versuchen durch den umfassenden Einbezug von Zulieferern die eigenen Beschaffungs-, Entwicklungs- und Produktionsprozesse so schlank

9 Vgl. *Helper* (1990), S. 156-161*; Ittermann/Mühge/Schumann* (2003), S. 1-11; *VDA* (2008), S. 76-82.

10 Vgl. *Meißner/Kisker/Bochum* et al. (1993), S. 224-233.

11 Vgl. *Mercer Management Consulting; Fraunhofer Institut* (2004), S. 18; in die gleiche Richtung argumentieren *PWC* (2007), S.3; und *Krcal* (2008), S. 787-789.

und einfach wie möglich zu halten. Die Schwierigkeiten des Marktumfeldes der Automobilindustrie werden in hohem Ausmaß an Zulieferer weiter gegeben (vgl. Abbildung 1), um die eigenen Kapazitäten auf wesentliche Kernbereiche ausrichten zu können.

1.2 Problemstellung

1.2.1 Grundlegender Überblick

Die Interaktion zwischen OEM und Zulieferer nimmt aufgrund des beträchtlich gestiegenen Umfangs der überbetrieblichen Arbeitsteilung prägenden Einfluss auf die erfolgreiche Entwicklung und Herstellung von Automobilen. Die Zusammenarbeit umfasst einen großen Teil der gesamten Wertschöpfung und ist neben dem monetären Volumen von hoher strategischer Bedeutung für den wirtschaftlichen Erfolg beider Parteien. Mit der überbetrieblichen Arbeitsteilung haben die Automobilhersteller in ihren eigenen Organisationen Komplexität abbauen können, gleichzeitig haben sie den Komplexitätsgrad der gesamten Wertschöpfungskette stark erhöht, da von nun an viele Unternehmen an der Fahrzeugherstellung beteiligt sind und so zahlreiche überbetriebliche Schnittstellen geschaffen wurden.[12]

Zwischen Herstellern und Zulieferern entstehen **komplexe und langfristig angelegte Lieferantenbeziehungen**, die im Hinblick auf die vielen Liefer- und Leistungskomponenten enorme Kapazitäten beanspruchen, hohe Kosten verursachen und zahlreiche ökonomische Anreize herbeiführen.[13] Solche Anreize lassen aus unterschiedlichen Gründen vielfach einen diametralen Verlauf und korrespondierende Interessenkonflikte über bestimmte Sachverhalte vermuten, die im Rahmen von verbindlichen Vereinbarungen zwischen den Parteien geklärt werden müssen.[14]

Eine wesentliche Veränderung zur Vergangenheit stellt die Verlagerung umfassender *Forschungs- und Entwicklungstätigkeiten* (F&E-Tätigkeiten) auf Zulieferer dar. Arbeiteten in der Vergangenheit bei den OEMs zahlreiche Fachkräfte an zentralen Forschungs- und Entwicklungsprojekten, werden diese Aufgaben und der damit verbundene Koordinationsaufwand nun in erhöhtem Ausmaß dezentral von den Zulieferbetrieben durchgeführt. Um der Dynamik am Markt und dem konstant wachsenden Innovationsdruck standzuhalten, müssen die Zulieferbe-

---

12 Vgl. *Adam* (1998), S. 197-200.

13 Vgl. *Sydow* (1992), S. 20f.; *Meißner/Kisker/Bochum* et al. (1993), S. 1-12.; *Richter/Plüchert* (1997), S. 160f.; *Pfaffmann* (1998), S-451f.; *Bassarak/Genosko* (2001), S. 9-13; *BIC* (2004), S. 3-6.

14 Vgl. *Eckhardt/Mellewigt/Weller* (2009), S. 531-533.

triebe dabei ununterbrochen hohe Anstrengungen im F&E-Bereich unternehmen und bestehende Produkte und Produktionsprozesse fortwährend optimieren.[15]

Darüber hinaus sind Zulieferer angehalten, im Hinblick auf die Serienfertigung eine Produktionsstraße aufzubauen, die über den gesamten Produktlebenszyklus ausreichend Flexibilitätsbereitschaft für Produkterneuerungen und wechselnde Auslastungen sicherstellt. Gleichzeitig ist den hohen Qualitätsanforderungen des Marktes und der OEMs Rechnung zu tragen und mit Hilfe ständiger Optimierung der Produktionsabläufe dem enormen Kostendruck seitens der OEMs aber auch seitens anderer Wettbewerber standzuhalten. Um neu entwickelte innovative Produkte in Serie herstellen und liefern zu können, ist im Vorfeld der Produktionsaufnahme die Entwicklung, Konstruktion und Implementierung *kundenspezifischer Werkzeuge* notwendig. Solche Werkzeuge zeichnen sich dadurch aus, dass ihre Verwendung im Rahmen der Serienfertigung ausschließlich für Produktionstätigkeiten bezüglich eines speziellen OEMs in Frage kommt. Die Entwicklung und Herstellung dieser Werkzeuge impliziert neben hohen Kosten spezielle ökonomische Risiken, da die Amortisation von der Interaktion mit einem einzigen Kunden abhängig ist.[16]

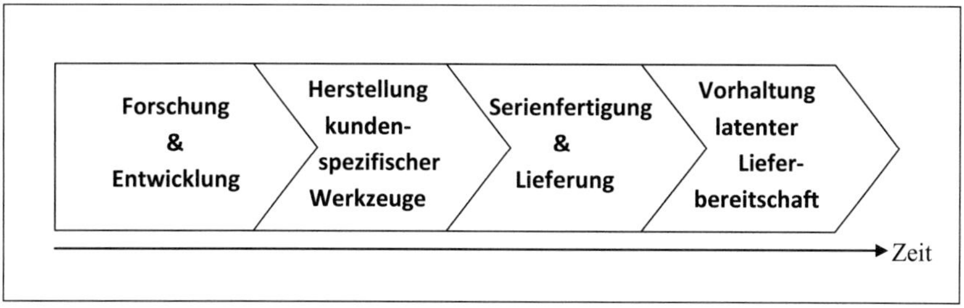

Quelle: Eigene Darstellung

Abbildung 2: Liefer- und Leistungsphasen der komplexen Lieferantenbeziehung

Im Anschluss an den Aufbau der Produktionsstraße und die Integration der hergestellten kundenspezifischen Werkzeuge erfolgt die *Serienherstellung und Lieferung* der Teile über einen längeren Zeitraum, der periodenübergreifend in der Regel auf den erwarteten Produktle-

---

15 Vgl. *Pisano* (1990), S. 153-157; *Buchholz/Werner* (1997), S. 694-709; *Heftrich* (2000), S. 1-9; *Lakemond/Berggren/van Weele* (2006), S. 55-66; *Perks/Jeffery* (2006), S. 67-83; *Becker* (2007), S. 180-185.

16 Vgl. *Deloitte* (2004), S. 24-29; *KPMG* (2008c), S. 44;

benszyklus der Fahrzeugserie ausgelegt ist.[17] Die vom Zulieferer produzierten und bereitgestellten Produkte entsprechen dabei bereits komplett fertig gestellten Systemkomponenten oder Modulen, die vom OEM nur noch montiert werden müssen. In dieser Phase der Lieferantenbeziehungen stehen die Interaktionspartner vor dem Problem, wie die Vergütung der gefertigten Komponenten erfolgen soll und wie spezifische ökonomische Fragestellungen im Zeitablauf berücksichtigt werden können.

Nach Auslaufen der Serie ist der Zulieferer angehalten eine *latente Produktions- und Lieferbereitschaft* über einen langjährigen Zeitraum sicherzustellen und die hierfür benötigten Ressourcen verfügbar zu halten. Abbildung 2 fasst die im Rahmen dieser Arbeit zu betrachtenden Liefer- und Leistungsphasen der komplexen Lieferantenbeziehung zusammen.

1.2.2 Ökonomische Forschungsfragen

Die Vergabe einer wesentlichen Wertschöpfungsaktivität der Automobilherstellung an einen Zulieferer bedeutet für den OEM - im Hinblick auf seinen ökonomischen Erfolg - eine unmittelbare Abhängigkeit von einem fremden Dritten. Der Eintritt in eine Lieferantenbeziehung bedeutet für den Zulieferer vice versa die langfristige Bindung von Kapazitäten und Ressourcen an einen einzigen Kunden mit bedeutender Marktmacht. Vereinbarungen über die Zusammenarbeit in den einzelnen Phasen der komplexen Lieferantenbeziehung haben somit enorme Auswirkungen auf sämtliche betriebswirtschaftliche Funktionsbereiche der interagierenden Parteien. Die Lieferantenbeziehung wird zu einem komplexen Konstrukt, das ob seiner Langfristigkeit, Vielschichtigkeit und nicht zuletzt seiner ökonomischen Bedeutung für alle Beteiligten zahlreiche Fragen mit sich bringt.

Angesichts der geschilderten Umstände sollen im ersten Teil dieser Arbeit mittels einer umfassenden **ökonomischen Analyse** zunächst folgende ökonomischen Fragestellungen bearbeitet werden:

- **Welche ökonomischen Entwicklungen, Hintergründe und Motive begründen die komplexe Lieferantenbeziehung?**

---

[17] Vgl. *Sydow* (1992), S.20-21.

- **Welche Voraussetzungen sind für die überbetriebliche Arbeitsteilung erforderlich und welcher Art und Ausprägung entspricht eine zustande kommende Ko-operation?**
- **Welche konkreten Tätigkeiten umfassen die einzelnen Phasen der Lieferantenbeziehung, wo entstehen die entscheidenden Interessenkonflikte und mit welchen Vereinbarungen regeln Automobilhersteller und Automobilzulieferer die Zusammenarbeit?**

Die mit der komplexen Lieferantenbeziehung verbundenen operativen Probleme sind umfangreich und vielschichtig und erfordern in sämtlichen unternehmerischen Funktionsbereichen verschiedene Lösungsansätze der betriebswirtschaftlichen Forschung. Die Erarbeitung einer alles umfassenden Lösung ist nicht das Ziel dieser Arbeit. Die vorliegende Arbeit konzentriert sich im Anschluss an die Beantwortung der aufgezeigten ökonomischen Fragen auf jene Probleme, die sich hinsichtlich der Abbildung der komplexen Lieferantenbeziehungen und den aus der ökonomischen Analyse hervorgehenden Vereinbarungen im **Jahresabschluss von OEM und Zulieferer** nach den nationalen Rechnungslegungsstandards des Handelsgesetzbuchs (HGB) und den internationalen Rechnungslegungsstandards – „International Financial Reporting Standards" (IFRS) – ergeben.

1.2.3 Bilanzielle Forschungsfragen

Auf den ersten Blick mag der Eindruck entstehen, dass die Abbildung der Lieferantenbeziehung im Jahresabschluss keine Probleme mit sich bringen dürfte, da durch die bestehenden Rechnungslegungsstandards des HGB und der IFRS die Vorgehensweise zur korrekten Abbildung prinzipiell vorgeben wird. Diese Einschätzung greift aber im Hinblick auf die in der Praxis zu beobachtende Vielfältigkeit an Vereinbarungen über die verschiedenen Liefer- und Leistungskomponenten zu kurz. Die getroffenen Vereinbarungen folgen einer überaus komplexen Struktur divergenter ökonomischer Hintergründe und Anreize und können sich in ihrer Gestaltung elementar voneinander unterscheiden. So ist zu vermuten, dass die Vertragsparteien aus ganz unterschiedlichen Motiven eine ökonomisch äquivalente Lieferung oder Leistung vollkommen unterschiedlich vereinbaren und bewerten. Die formelle Ausgestaltung einer Vereinbarung hat dabei einen nicht unwesentlichen Einfluss auf die Abbildungsmöglichkeiten im Jahresabschluss. Je nachdem, wie Vereinbarungen formell gestaltet und tatsächlich (wirtschaftlich) ausgeführt werden, kommt die Anwendung grundverschiedener Rechnungslegungsstandards in Betracht, die zu abweichenden (mittel- und langfristigen) Auswirkungen auf die Darstellung der Geschäftsvorfälle in Bilanz und Gewinn- und Verlustrechnung (GuV) führen.[18]

Des Weiteren implizieren die Liefer- und Leistungskomponenten der Lieferantenbeziehung spezifische ökonomische Elemente, deren bilanzielle Erfassung nicht immer im Rahmen der bestehenden allgemeinen Rechnungslegungsstandards klar und einheitlich geregelt ist. Dem HGB und den IFRS fehlt es im Hinblick auf konkrete Vereinbarungen und die Komplexität der zu betrachtenden Lieferantenbeziehung häufig an eindeutigen Handlungsempfehlungen. So bedarf es für die Anwendung der bestehenden Rechnungslegungsstandards vielfach einer subjektiven Einschätzung gewisser Begebenheiten, so dass faktisch ein nicht zu unterschätzender Ermessensspielraum in der Bilanzierung zu vermuten ist. Die Abbildung von Vereinbarungen der Lieferantenbeziehung gestaltet sich dadurch überaus schwierig und deutet auf beträchtliche Abbildungsunterschiede bzw. ganz verschiedene Abbildungsmöglichkeiten hin. Demzufolge ist jede Vereinbarung separat und individuell hinsichtlich der Abbildung im Jahresabschluss nach HGB bzw. IFRS zu untersuchen.

Vor dem Hintergrund der aufgezeigten Schwierigkeiten ergibt sich so im Anschluss an die Beantwortung der anfangs genannten ökonomischen Fragestellungen das grundsätzliche Problem, wie Vereinbarungen über Liefer- und Leistungskomponenten im Jahresabschluss von Hersteller und Zulieferer nach HGB und IFRS überhaupt abgebildet werden können. Daraus folgt als weitere (bilanzielle) Forschungsfrage der vorliegenden Arbeit:

- **Welche Abbildungsmöglichkeiten bestehen im Rahmen der Rechnungslegungsstandards nach HGB und IFRS im Jahresabschluss für Vereinbarungen der komplexen Lieferantenbeziehung auf Basis der ökonomischen Analyse, und zwar speziell für die Phasen der**
  - **Forschung und Entwicklung,**
  - **Herstellung kundenspezifischer Werkzeuge,**
  - **Serienfertigung und Lieferung,**
  - **Vorhaltung einer latenten Produktions- und Lieferbereitschaft nach Auslauf der Serienfertigung?**

---

[18] Vgl. allgemein zu dieser Problematik *Clemm* (1989), S. 357-366; *Clemm* (1990), S. 780-783; *Börner* (1996), S. 143-179.

Sowohl für OEM als auch Zulieferer umfasst die langfristige und komplexe Zusammenarbeit die wesentlichen Geschäftsvorfälle der operativen Tätigkeit und nimmt maßgeblichen Einfluss auf den Jahresabschluss. Der Jahresabschluss dient u.a. sowohl nach HGB als auch nach IFRS der Funktion, einer bestimmten Gruppevon Adressaten strukturierte und objektive Informationen über **die tatsächlichen Verhältnisse** der Vermögens-, Finanz- und Ertragslage (VFE-Lage) des aufstellenden Unternehmens zu geben.[19] Auch wenn der Zweck und die Basisgrundsätze eines Jahresabschlusses in beiden Rechnungslegungssystemen unterschiedlich gewichtet sind, so ist für aufstellende Unternehmen die Vermittlung von entscheidungsrelevanten Informationen an Eigen- und Fremdkapitalgeber von tragender Bedeutung.[20]

Die Liquiditätsbeschaffung der Unternehmen erfolgt entweder über den freien Kapitalmarkt oder (vor allem bei vielen mittelständischen Familienunternehmen) über Banken und andere fremde Kapitalgeber. Sowohl Eigen- als auch Fremdkapitalgeber machen trotz grundsätzlich unterschiedlicher Interessen ein Höchstmaß an Transparenz und Information über Erfolg und Misserfolg der unternehmerischen Tätigkeiten zur Bedingung der Kapitalvergabe. Der Jahresabschluss wird demzufolge von Unternehmen wie Adressaten als wesentliches Instrument dieser Informationsvermittlung verstanden.[21] Automobilhersteller und Zulieferer sind darauf angewiesen, den Eigentümern und anderen (potenziellen) Kapitalgebern einen Jahresabschluss vorzulegen, der die wirtschaftliche Lage des Unternehmens den **tatsächlichen Verhältnissen entsprechend** darstellt. Da die Lieferantenbeziehung aufgrund der Langfristigkeit, des monetären Auftragsvolumens und des strategischen Einflusses eine zentrale Bedeutung für den wirtschaftlichen Erfolg und Misserfolg darstellt, spielen Art und Weise der Abbildung im Jahresabschluss eine wichtige Rolle für diese Informationsvermittlung. Nur wer es unter Anwendung externer Rechnungslegungsstandards versteht, die Geschäftsvorfälle der komplexen Lieferantenbeziehung und ihre Auswirkungen auf den ökonomischen Erfolg adressatenorientiert im Jahresabschluss darzustellen, kann den Anforderungen des Kapitalmarktes und anderer wichtiger Adressatengruppen gerecht werden und diese für sich nutzen.

---

19 Siehe § 264 Abs. 2 Satz 1 HGB und IAS 1.13; vgl. kritisch hierzu *Streim* (1994), S. 393- 406; *Moxter* (1996), S. 671-682.

20 Dem nach HGB aufzustellenden Einzelabschluss wird neben der Informationsvermittlung noch die allgemeine Dokumentationsfunktion und insbesondere die Funktionen der Gewinnverwendung zugeschrieben; vgl. hierzu ausführlich *Leffson* (1987), S. 29; *Wölk* (1991), S. 106f. und S. 156-180; *Küting* (2000), S. 451-453; *Coenenberg* (2005), S. 12-16; *Baetge/Kirsch/Thiele* (2007), S. 93-105.

21 Vgl. *Küting* (2000), S. 451; *Baetge/Kirsch/Thiele* (2007), S. 93-105; *Coenenberg* (2005), S. 17-49.

Aufgrund der genannten Schwierigkeiten hinsichtlich der Abbildung der komplexen Lieferantenbeziehung im Jahresabschluss ist zu vermuten, dass es in Abhängigkeit der getroffenen Vereinbarungen zu unterschiedlicher Anwendung und Auslegung von Rechnungslegungsvorschriften und damit unterschiedlichen Abbildungsmöglichkeiten für einzelne Liefer- und Leistungsphasen der Lieferantenbeziehung kommt. Ob hierbei stets eine Informationsvermittlung erreicht werden kann, die den tatsächlichen Verhältnissen des jeweiligen Unternehmens und seiner VFE-Lage entspricht, bleibt zunächst offen. Die Überlegung, dass bestimmte Vereinbarungen aufgrund ihrer rechtlichen Gestaltung, möglicher Ermessensspielräume des Bilanzierenden und bestehender Rechnungslegungslücken nicht zu einer den tatsächlichen Verhältnissen entsprechenden Abbildung im Jahresabschluss führen, liegt jedenfalls nahe und soll im Rahmen dieser Arbeit übergeprüft werden. Im Anschluss an die Erarbeitung grundsätzlicher Abbildungsmöglichkeiten kommt es daher zu folgender abschließender (bilanzieller) Forschungsfrage:

- **Welche Auswirkungen nehmen die erarbeiteten Abbildungsmöglichkeiten für Vereinbarungen der komplexen Lieferantenbeziehung auf die Darstellung der VFE-Lage und kommt es dabei zur Vermittlung eines den tatsächlichen Verhältnissen entsprechenden Bildes?**

In einer Aufstellung der 100 größten Zulieferunternehmen für 2008 sind allein 23 deutsche Kapitalgesellschaften enthalten, die allesamt Umsätze von mehr als einer Mrd. Euro ausweisen und jeweils mehr als 250 Mitarbeiter beschäftigen.[22] Die umsatzstärksten zuliefernden Unternehmen der Bundesrepublik Deutschland (BRD) sind daher nach den Bestimmungen des § 267 HGB Abs. 3 große Kapitalgesellschaften und gesetzlich nach § 264 Abs. 1 HGB zur Aufstellung eines Jahresabschlusses verpflichtet. Der Einzelabschluss ist dabei zwingend nach dem deutschen HGB aufzustellen, während gemäß der EU-Verordnung vom 19.07.2002[23] ein eventuell zu erstellender Konzernabschluss kapitalmarktorientierter Unternehmen für Geschäftsjahre seit dem 01.01.2005 zwingend nach den IFRS aufzustellen ist.[24] Unternehmen, die sowohl einen Einzelabschluss nach handelsrechtlichen Vorschriften als auch einen Konzernabschluss nach IFRS aufzustellen haben, müssen ihr Rechnungswesen so

---

22 Vgl. *Flörecke* (2009), Automobilwoche.

23 Siehe Verordnung (EG) 1606/2002 des Europäischen Parlaments und des Rates vom 19. Juli 2002 betreffend die Anwendung internationaler Rechnungslegungsgrundsätze in Amtsblatt L 243 vom 11.09. 2002.

24 Vgl. *Pellens/Fülbier/Gassen et al.* (2008), S. 33-54.

organisieren, dass sämtliche Informationen bereitgestellt werden, die zur dualen Bilanzierung notwendig sind. Dieser (gesetzlichen) Begebenheit wird in der vorliegenden Arbeit Rechnung getragen, indem die bilanziellen Problemstellungen sowohl im Rahmen des deutschen HGB als auch der IFRS untersucht werden. Es sei an dieser Stelle angemerkt, dass das Ziel der vorliegenden Arbeit nicht darin besteht, eine grundsätzliche Gegenüberstellung der beiden Rechnungslegungssysteme und Veranschaulichung ihrer Unterschiede zu erarbeiten. Eine solche Bearbeitung dient weder der Problemstellung noch würden damit neue Erkenntnisse erreicht. Die betriebswirtschaftliche Literatur hat sich mit diesen Fragestellungen bereits an anderer Stelle ausreichend beschäftigt, so dass bei Bedarf auf die vorliegenden Erkenntnisse zurückgegriffen werden kann.[25]

1.3 Zielsetzung und Gang der Untersuchung

Die vorliegende Arbeit verfolgt vor dem Hintergrund der oben dargestellten Fragestellungen die Zielsetzung, die Zusammenarbeit zwischen Automobilhersteller und –zulieferer zunächst grundlegend ökonomisch zu analysieren. Hierbei werden Hintergründe und Motive der überbetrieblichen Zusammenarbeit untersucht und mittels eines zu entwickelnden Modells entsprechende Vereinbarungen für die verschiedenen Phasen der Zusammenarbeit hergeleitet.

Auf Basis dieser Erkenntnisse sollen anschließend bilanzielle Abbildungsmöglichkeiten erarbeitet und im Hinblick auf ihre Auswirkungen auf die Informationsvermittlung in der VFE-Lage analysiert und gewürdigt werden. Um die oben beschriebene Zielsetzung zu erreichen, wurde das in Abbildung 3 dargestellte Vorgehen gewählt.

In *Kapitel 2* werden die beiden ersten aufgezeigten ökonomischen Fragestellungen bearbeitet und die komplexe Lieferantenbeziehung ökonomisch analysiert und begründet. Die Erarbeitung von Voraussetzungen, Art und Ausprägung der Interaktion sowie die Ableitung ökonomischer Motive und Hintergründe sind von tragender Bedeutung für die anschließende Herleitung konkreter Vereinbarungen über Liefer- und Leistungskomponenten.

Die Herleitung konkreter Liefer- und Leistungsvereinbarungen erfolgt in *Kapitel 3* mit Hilfe eines zu entwickelnden theoretischen Basismodells, welches die zuvor analysierten ökonomischen Hintergründe, Motive und Interessenkonflikte verarbeitet. Eine empirische Ermittlung

---

[25] Vgl. hierzu ausführlich Abschnitt 4.1.

der Liefer- und Leistungsvereinbarungen der Lieferantenbeziehung im Vorfeld der ökonomischen Analyse hat sich als nicht praktikabel erwiesen

Ökonomische Analyse

Kapitel 2

Frage 1: Welche ökonomischen Entwicklungen, Hintergründe und Motive begründen die komplexe Lieferantenbeziehung?

Inhalt:
- Analyse ökonomischer Entwicklungen und Hintergründe
- Erarbeitung wesentlicher ökonomischer Motive und Einflussgrößen

Frage 2: Welche Voraussetzungen sind für die überbetriebliche Arbeitsteilung erforderlich und welcher Art und Ausprägung entspricht eine zustandekommende Kooperation?

Inhalt:
- Erarbeitung von Voraussetzungen, Art und Ausprägung

Kapitel 3

Frage 3: Welche konkreten Tätigkeiten umfassen die einzelnen Phasen der Lieferantenbeziehung, wo entstehen die entscheidenden Interessenkonflikte und mit welchen Vereinbarungen regeln Automobilhersteller und Automobilzulieferer die Zusammenarbeit?

Inhalt:
- Erarbeitung eines Basismodells
- Abgrenzung und Bewertung der einzelnen Phasen
- Herleitung konkreter Liefer- und Leistungsvereinbarungen

Bilanzielle Analyse

Kapitel 4

Frage 4: Welche Abbildungsmöglichkeiten bestehen im Jahresabschluss für die hergeleiteten Vereinbarungen der Lieferantenbeziehung?

Inhalt:

Forschung und Entwicklung		kundenspezifische Werkzeuge		Serienfertigung und Lieferung		latente Lieferbereitschaft	
HGB	IFRS	HGB	IFRS	HGB	IFRS	HGB	IFRS

Kapitel 5

Frage 5: Welche Auswirkungen nehmen die erarbeiteten Abbildungsmöglichkeiten auf die VFE-Lage?

Inhalt:
- Analyse der sich ergebenden Art der Informationsvermittlung
- Kritische Würdigung im Hinblick auf die tatsächlichen Verhältnisse

Quelle: Eigene Darstellung

Abbildung 3: Aufbau und Gang der Untersuchung

Dabei mangelt es weniger an der Existenz ausreichender Datenquellen als an der fehlenden Bereitschaft der beteiligten Parteien diese in ausreichender Anzahl offenzulegen. Die Vereinbarungen der Lieferantenbeziehung gelten in der bestehenden Praxis als derart sensibel, dass nicht genügend Unternehmen der Bereitstellung dieser Daten zugestimmt haben. Als Konsequenz auf diesen Umstand werden daher verschiedene Liefer- und Leistungsvereinbarungen im theoretischen Basismodell abgeleitet und deren **qualitative** Existenz im Anschluss - **deduktiv** - mit Hilfe **wenig strukturierter Interviews** mit ausgewählten anonymisierten Experten der Automobilindustrie und korrespondierender Beratungsbranche empirisch untersucht.

Darauf aufbauend soll in *Kapitel 5* untersucht werden, welche Auswirkungen die erarbeiteten Abbildungsmöglichkeiten für den Jahresabschluss nach HGB und IFRS auf die Darstellung der Vermögens-, Finanz- und Ertragslage haben. Hierbei steht die Frage im Fokus, ob mit den Abbildungsmöglichkeiten für Adressaten eine Informationsvermittlung der VFE-Lage zustande kommt, die den tatsächlichen Verhältnissen entspricht. Die Ausarbeitung endet in *Kapitel 6* mit einer abschließenden Zusammenfassung der gewonnenen Erkenntnisse.

2 Ökonomische Analyse komplexer Lieferantenbeziehungen in der Automobilindustrie

2.1 Konzeptionelle Grundlagen

2.1.1 Begriffliche Erläuterungen und Festlegungen

Für ein einheitliches Verständnis sollen die in der Arbeit verwendeten Schlüsselbegriffe im Folgenden definiert und abgegrenzt werden. Hierbei werden zunächst existierende Definitionen vorgestellt, Unterschiede aufgezeigt und anschließend wird eine für die vorliegende Arbeit geltende Definition festgelegt.

Automobilindustrie und Automobile

Der Begriff Automobilindustrie umfasst im Rahmen dieser Arbeit sämtliche Unternehmen, deren operative Geschäftstätigkeit auf Produkten bzw. Teilen von Produkten basiert, die auf die mobile Fortbewegung mittels Kraftfahrzeugen zielen. Vereinfacht lässt sich die Automobilindustrie in zwei Sparten einteilen. Eine Sparte ist auf die Produktion von sogenannten Nutzfahrzeugen ausgelegt, welche hauptsächlich dem gewerblichen Personen- oder Gütertransport (Busse bzw. Lastkraftwagen) dienen. Die andere Sparte dient der Produktion von Personenkraftwagen. Als Personenkraftwagen sind nach der gesetzlichen Definition alle Fahrzeuge zu verstehen, die durch Maschinenkraft bewegt werden, ohne an Schienen oder eine Fahrleitung gebunden zu sein, und zudem nach Bauart und Ausstattung zur Beförderung von nicht mehr als neun Personen geeignet und bestimmt sind.[26] Auch wenn in weiten Teilen die hier zu behandelnden Fragestellungen analog für beide Sparten der Automobilindustrie gelten dürften, wird sich die folgende Untersuchung vornehmlich aus didaktischen Gründen der Sparte der Personenkraftwagen (PKW) bedienen, für die im folgenden die Begriffe *Automobil (Auto)* respektive *Kraftfahrzeug (Kfz)* synonym verwendet werden.

Relevanter Markt

Wie oben dargestellt, liegt der ökonomischen Analyse der Markt für Personenkraftwagen zugrunde. Abstrahiert von einer Segmentierung des Marktes, ist die folgende Untersuchung in geografischer Hinsicht allgemein auf die westlichen Märkte Europas und Nordamerikas ausgerichtet. Hierbei dient der deutsche Binnenmarkt im Folgenden zur Veranschaulichung.

---

[26] Siehe *Personenbeförderungsgesetz* (PBefG) vom 21.03.1961, §4 Abs. 4.

Die Vorgehensweise begründet sich zum einen durch die - nach wie vor gültige - maßgebliche Bedeutung westlicher Märkte für die Automobilindustrie und Weltwirtschaft.[27] Darüber hinaus hat die Automobilindustrie ihren Ursprung in Europa und Nordamerika und der Handel mit Automobilen bietet hier den längsten Betrachtungszeitraum.[28] Abstrahiert von Afrika und Lateinamerika haben die heute gewichtigen asiatischen Automobilhersteller erst später an Einfluss gewonnen. Wie noch zu zeigen sein wird, sind die signifikanten Unterschiede in der Organisationsstruktur westlicher und asiatischer Automobilhersteller von zentraler Bedeutung für die vorliegenden Fragestellungen. Insofern bilden im Folgenden die westlichen Automobilhersteller den Ausgangspunkt der ökonomischen Analyse. Die Betrachtung wird an gegebener Stelle die geografischen Grenzen der Automobilherstellung entsprechend erweitern, ohne allerdings die asiatischen Märkte näher zu betrachten. Für die bilanzielle Analyse ist der relevante Markt ohne Bedeutung, die dort behandelten Fragestellungen sind von allen OEM marktunabhängig anwendbar, die Relevanz hängt hier von den verwendeten Rechnungslegungsstandards ab. Die geografische Abgrenzung bleibt so ohne bedeutenden Einfluss auf die Vollständigkeit der Arbeit.

Automobilzulieferer

Grundsätzlich wird unter einem Automobilzulieferer (im Folgenden auch nur als Zulieferer oder 1st-Tier Supplier bezeichnet) ein Unternehmen verstanden, das im Auftrag eines Automobilherstellers bestimmte Komponenten fertigt und liefert, die für die Produktion von Kraftfahrzeugen benötigt werden.[29] Diese Auslegung gibt den Tätigkeitsbereich der Automobilzulieferindustrie zu Beginn des 21. Jahrhunderts aber nicht mehr ausreichend wieder. Die zuliefernden Unternehmen haben die Wertschöpfungsaktivitäten zur Produktion von Kraftfahrzeugen von den Automobilherstellern in hohem Umfang übernommen.[30] Die Zulieferer übernehmen nicht nur die Produktion und zeitgerechte Lieferung bestimmter Komponenten und Systeme, sondern verantworten auch zugehörige Forschungs- und Entwicklungstätigkeiten, Organisation und Beschaffung umfangreich benötigter Rohstoffe bzw. anderer Teile, den Aufbau und die Verwaltung der spezifischen Fertigungsstraßen sowie Produkt- und Prozessinnovationen bei stetiger Kostenoptimierung.[31]

---

27 Vgl. *Risse* (2003); S. 64-66.
28 Vgl. *Busch* (1966), S. 21-59.
29 Vgl. *Womack/Jones/Roos* (1991), S. 145-147.
30 Vgl. *Mercer Management Consulting; Fraunhofer Institut* (2004), S. 18-26.
31 Vgl. *Heftrich* (2000), S.16.

Das an die OEMs zu liefernde Erzeugnis entspricht dabei nicht mehr nur einem trivialen Teil, sondern einem Modul bzw. System im höchstmöglichen Aggregatzustand. Dieses Modul ist in der Regel ein bereits vormontiertes Produkt, das sich aus den Erzeugnissen der zahlreichen an der Herstellung beteiligten zuliefernden Unternehmen zusammensetzt. Ein solches Maß an Beteiligung bringt Komplexität und Koordinationsaufwand in den Herstellungsprozess, was zu einer hierarchischen Organisationsstruktur der Zulieferer geführt hat und einer pyramidenförmigen Unterteilung der gesamten an der Wertschöpfung beteiligten Automobilindustrie gefolgt ist.

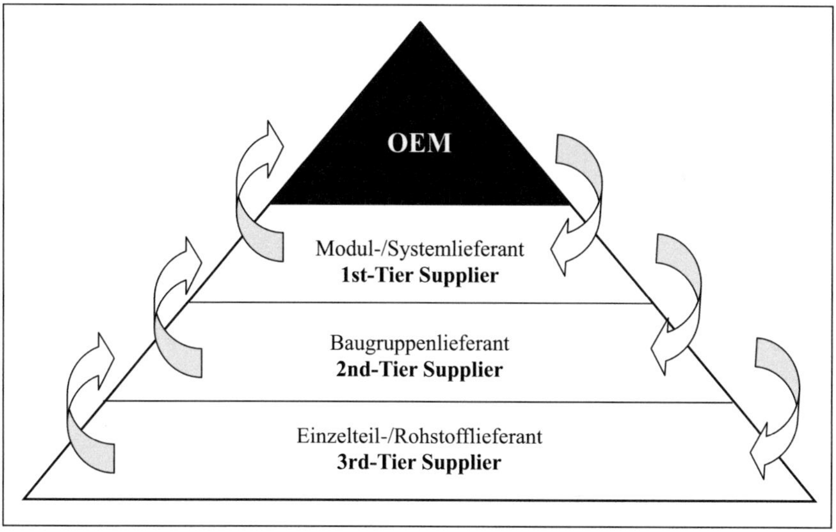

Quelle: In Anlehnung an Becker (2007), S.168.

Abbildung 4: Pyramide der Automobilindustrie[32]

Unter der in Abbildung 4 gezeigten Pyramide versteht die Branche und die daraus hervorgehende relevante Literatur die Organisation der Lieferanten in der Koordination der Wertschöpfungstätigkeit für die OEMs.[33] An der Spitze der Pyramide steht der OEM als „Endkunde" der Lieferanten, der direkten Kontakt im Wesentlichen zu den wenigen hochspeziali-

---

[32] Die Pyramide der Automobilindustrie wird allgemein als Ausgangspunkt der Diskussion um die „Neuordnung" bzw. Neustrukturierung der Automobilindustrie angesehen, vgl. bspw. *Becker* (2007), S. 167-169.

[33] Vgl. *Sydow* (1992), S.21; S. 39-46.

sierten Modul- oder Systemlieferanten unterhält. Diese sogenannten 1st-Tier Suppliers verantworten die ausgelagerte Wertschöpfungsaktivität und befördern das finale Zulieferprodukt auf die höchste Aggregationsstufe, bevor es an die Automobilhersteller geliefert wird. Ein solches Produkt entspricht einem komplett vormontierten Modul bzw. einer ganzen Systemkomponente. Der Automobilhersteller muss bei der Produktion seiner Kraftfahrzeuge diese Komponenten nur noch zusammenbauen. Die Systemlieferanten wiederum bedienen sich ebenfalls anderer - untergelagerter - Zulieferunternehmen (2nd-Tier-Suppliers), die die für das Modul benötigten Baugruppen entwickeln, produzieren und liefern. Die unterste Ebene der Automobilzulieferer bilden die Einzelteilelieferanten (3rd-Tier-Suppliers), die standardisierte Basisprodukte an die vorgelagerten Stufen liefern.[34]

Die vorliegende Arbeit konzentriert sich auf die unmittelbare Zusammenarbeit zwischen Automobilzulieferer und Automobilhersteller. Der Begriff des Automobilzulieferers soll hier folglich dem **1st-Tier Supplier** entsprechen, da es an dieser Stelle zur direkten Interaktion der genannten Parteien kommt. Die Koordinationsaufgaben des 1st-Tier-Supplier mit den in der Pyramide gezeigten untergeordneten Lieferanten sind nicht Bestandteil der vorliegenden Untersuchung und werden daher nicht weiter verfolgt.[35]

Es sei an dieser Stelle erwähnt, dass die im Rahmen der Arbeit erarbeitete Erkenntnisse auch für die Interaktionen zwischen den Zulieferern untereinander gelten können. So ist vor allem die Interaktion zwischen 1st-Tier und 2nd-Tier Supplier in einer ähnlichen Konstellation zu beobachten, wie sie zwischen OEM und 1st-Tier Supplier erfolgt, da die Rollenverteilung vergleichbare Eigenschaften mit sich bringt. So ist in der Praxis durchweg zu beobachten, dass der 1st-Tier Supplier den vom OEM ausgeübten Druck ohne zu zögern an die von ihm koordinierten 2nd-Tier Supplier weitergibt.

Automobilhersteller

Als Automobilhersteller bzw. Original Equipment Manufacturer (OEM) werden jene Unternehmen bezeichnet, die die von 1st-Tier Suppliers bezogenen Module und Systemkomponenten in einem Montageprozess zu fertigen Kraftfahrzeugen zusammenbauen und anschließend am Markt unter eigenem Markennamen an die Endkunden vertreiben und absetzen. Die Automobilhersteller verfolgen im Rahmen von Komplexitätsreduktion in ihren

---

34 Vgl. *Abend*, Strukturwandel, München 1992, S. 9; *Fieten*, Zulieferer, Wiesbaden 1991, S. 15.
35 Vgl. *Ittermann/Mühge/Schumann* (2003) S.12-15.

Produktionsprozessen eine Beschaffungspolitik, die den Koordinationsaufwand in der Interaktion mit den Zulieferern möglichst minimiert (vgl. *modular sourcing* unten). Diese Strategie hat zur Folge, dass der direkte Kontakt der Automobilhersteller in der Regel nur zu den eben genannten 1st-Tier Suppliers besteht. Unter der in Abbildung 4 gezeigten Pyramide ist die hierarchische Struktur der Zulieferindustrie verdeutlicht. Trotz der Verlagerung zahlreicher Wertschöpfungsaktivitäten auf zuliefernde Unternehmen findet die Endmontage und Fertigstellung des Produktes „Automobil" nach wie vor unter dem Dach der großen Herstellerunternehmen statt.[36]

Lieferantenbeziehung

Die Lieferantenbeziehung bezeichnet die Kooperation zwischen Automobilhersteller und Automobilzulieferer im Rahmen der Automobilproduktion. Zuliefernde Unternehmen erbringen in diesem Verhältnis umfangreiche Vorleistungen am gesamten Produktionswert eines Automobils und stellen diese Vorleistungen dem OEM gegen Entgelt zur Verfügung.[37] Je nachdem, welcher Typus von Zulieferunternehmen vorliegt, kann sich die Lieferantenbeziehung in Art und Umfang stark unterscheiden. In der vorliegenden Arbeit wird unter Lieferantenbeziehung die Interaktion zwischen OEM und 1st-Tier Supplier verstanden. Der Zulieferer übernimmt in dieser Lieferantenbeziehung in Anlehnung an Abbildung 2 Forschungs- und Entwicklungstätigkeiten, die für die Produktion zwingend notwendige Herstellung kundenspezifischer Werkzeuge, die Herstellung und Lieferung der Komponenten in Serie und schließlich die Gewährleistung einer latenten Produktionsbereitschaft für einen bestimmten Zeitraum nach Auslauf der Fahrzeugserie.

Komplexität

Unter Komplexität wird allgemein die Vielschichtigkeit eines Zustands oder das Ineinander vieler Elemente verstanden.[38] Betriebswirtschaftlich ist der Begriff in Bezug auf die Vielschichtigkeit der betrieblichen Abläufe wie Beschaffung, Produktion, Absatz oder Forschung und Entwicklung zu verstehen. Ein solcher Ablauf ist umso vielschichtiger, je mehr Elemente auf ihn wirken und innerbetriebliche Abhängigkeiten bzw. Kopplungen bestehen. Die Vielschichtigkeit kann zum einen von außen (externe Elemente) verursacht sein, wie durch eine allgemein vielschichtige Marktstruktur, oder speziell durch eine heterogene

---

[36] Vgl. *Meißner/Kisker/Bochum et al.* (1994), S. 21-32.
[37] Vgl. *Ittermann/Mühge/Schumann* (2003) S.12-15.
[38] Siehe *Duden* (2007) – Deutsches Universalwörterbuch, „Komplexität".

Kundennachfrage in Bezug auf ein zu variierendes Produkt. Zum anderen (ggf. als Folge daraus) ergibt sich Vielschichtigkeit aus internen Elementen, z.B. bei entstehender Produktions- und Prozessvielfalt durch zahlreiche interdependente Schnittstellen, die im Rahmen der betrieblichen Funktionsbereiche anfallen und koordiniert werden müssen.[39]

Entscheidend für Einordnung, Bewertung und Reaktion auf die vorhandene Komplexität ist der zu beobachtende Komplexitätsgrad. Auch wenn dieser hier nicht quantitativ definiert werden soll,[40] so bestimmen sich Art und Umfang der Komplexität qualitativ in Abhängigkeit der Vielfalt und Häufigkeit der von außen und innen wirkenden Elemente eines Systems. Der Grad der Komplexität eines Unternehmens ist demzufolge umso höher,

(1) je mehr Elemente (Produkte, technische Varianten, Kunden, Zulieferer) in die betrieblichen Abläufen integriert und damit verbundene Schnittstellen koordiniert werden müssen,

(2) je mehr Beziehungen und Abhängigkeiten in den innerbetrieblichen Abläufen bestehen und in welchem Ausmaß diese funktionsübergreifend wirken,

(3) je häufiger bestehende Prozesse und innerbetrieblichen Abläufe verändert werden und - im Zuge dynamischer Marktveränderungen - damit verbundene Schnittstellen neu abgestimmt bzw. koordiniert werden müssen.

Die Höhe des Komplexitätsgrades gibt daher den jeweiligen Koordinationsbedarf eines Unternehmens wieder. Ein hoher Grad an Komplexität ist zunächst nicht zwangsläufig negativ zu bewerten. Grundsätzlich kann davon ausgegangen werden, dass ein erhöhtes Maß an Komplexität dann nicht zu Nachteilen führt, wenn

(1) die im Unternehmen vorliegende Komplexität auch beherrschbar ist, die Unternehmung also über angemessene Instrumente zur Messung und Koordination der Komplexität verfügt <u>und</u>

(2) der Komplexitätsgrad auch betriebswirtschaftlich sinnvoll ist, d.h. der aus der zusätzlichen Komplexität erzielte Nutzen über den durch die zusätzlich benötigte Koordination verursachten Kosten liegt.

---

39 Vgl. *Adam* (1998) S. 30.

40 Zum Problem der Messbarkeit von Komplexität vgl. *Adam* (1998), S. 30-33.

Je nach strategischer Ausrichtung werden Unternehmen bestimmte Anstrengungen unternehmen um den für sie optimalen Komplexitätsgrad zu erreichen.[41]

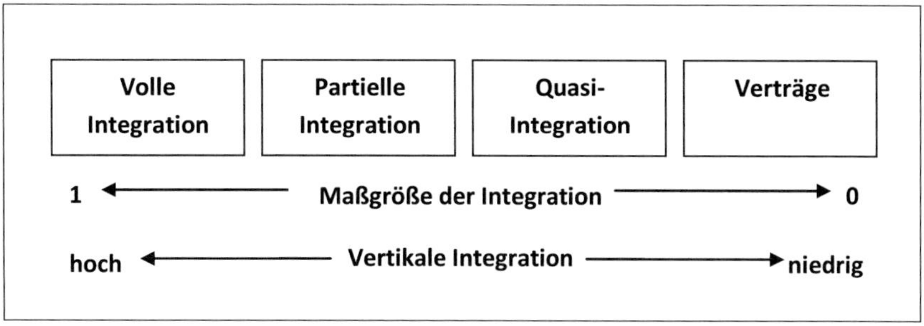

Quelle: Adam (1998), S. 199.

Abbildung 5: Formen der vertikalen Integration

Wertschöpfung, Fertigungstiefe, vertikale Integration

Als *Wertschöpfung* gilt der (absolute) Wert, der sich aus der Differenz des zu Verkaufspreisen bewerteten Produktionswertes (Umsatz) eines Fahrzeuges und den fremdbezogenen Vorleistungen ergibt. Die (relative) *Fertigungstiefe* ergibt sich vereinfacht aus dem Verhältnis der Wertschöpfung zum zu Netto-Verkaufspreisen bewerteten Produktionswert (Umsatz) eines Fahrzeugs. Die Aussagekraft der Kennzahl Fertigungstiefe ist allerdings nicht immer eindeutig, da ihre quantitative Veränderung durch vielerlei Faktoren bestimmt werden kann (u.a. von Absatz- und Beschaffungspreisen), die grundsätzlich keine qualitative Veränderung betreffen. Der Begriff der Fertigungstiefe ist dennoch von grundlegender Bedeutung für Überlegungen bezüglich der Bestimmung der Form der *vertikalen Integration* einer Unternehmung. Mit der vertikalen Integration wird die quantitative Ausprägung der Fertigungstiefe in bestimmte Zustände eingeteilt, aus denen sich Art und Umfang der Wertschöpfungsstrategien qualitativ bewerten lassen (vgl. Abbildung 5).[42]

Unter Berücksichtigung der Studie der Mercer Management Consulting und dem Fraunhofer Institut wird die Fertigungstiefe der OEM im Jahr 2015 noch etwa 20% betragen.[43] Die volle

---

41 Vgl. ausführlich zum Komplexitätsbegriff *Adam* (1998), S. 30-98; vgl. *Adam/Backhaus/Thonemann* et al. (2004), S. 10-25; *Wildemann* (2007), S.41-50.

42 Vgl. *Buzzell/Gale* (1989), S.137-139; *Adam* (1998), S.199; *Krcal* (2008), S. 782-787.

43 Vgl. *Mercer Management Consulting/Fraunhofer Institut* (2004), S. 18.

oder partielle Integration mit Werten von mehr als 0,5 beschreibt ein Ausmaß der Fertigungstiefe, welches für die Automobilindustrie des 21. Jahrhunderts als nicht mehr zutreffend bezeichnet und daher hier vernachlässigt werden kann. Die im Rahmen dieser Arbeit untersuchte komplexe Lieferantenbeziehung zwischen OEM und 1st-Tier Supplier kommt vor allem deshalb zustande, weil die OEM ihre Wertschöpfungsstrategien offensichtlich auf Basis von „Quasi-Integration" und „Verträgen" lenken.[44]

Die Grenzen zwischen den beiden Formen manifestieren sich weniger durch den Umfang als in der Art und Weise der Lieferantenbeziehung. In beiden Ausprägungen lagert der OEM umfassende Bereiche der zur Automobilproduktion notwendigen Wertschöpfung an zuliefernde Unternehmen aus. Art und Umfang der Liefer- und Leistungsbeziehung sind über festgelegte Vereinbarungen (vertraglich) geregelt. Bei der *Quasi-Integration* verfügt der OEM aber über eine derart hohe Macht in der Interaktion, dass er den Zulieferer (und den Inhalt abgeschlossener Verträge) faktisch dominiert und dessen Entscheidungswege nahezu in gleicher Form bestimmen kann, als ob sich die Produktion noch im eigenen Unternehmen befände. Bei der Form der *Verträge* verfügt der OEM nicht zwingend über die Macht, die Zusammenarbeit strategisch und operativ einseitig zu dominieren. Die Zusammenarbeit regelt sich ebenfalls anhand konkreter vertraglicher Vereinbarungen, die in einer bestimmten Entscheidungsfindung zu gestalten sind. Beide Formen der Integration werden im weiteren Verlauf dieser Arbeit analysiert werden.[45]

Outsourcing, singe-sourcing, modular-sourcing

Als Outsourcing wird allgemein die Auslagerung bestimmter unternehmerischer Tätigkeiten an externe Unternehmen verstanden, also „die Nutzung externer Ressourcen zur Durchführung betrieblicher Leistungen."[46] Neben operativen Tätigkeiten des Produktionsprozesses werden auch administrative Tätigkeiten (z.B. die Personalabteilung) auf auswärtige Anbieter verlagert. Die Entscheidung über die Auslagerung einer Aktivität hängt vereinfacht davon ab, ob die wirtschaftlichen Vorteile des externen Bezugs über denen der internen Erstellung liegen. Dabei umfassen die wirtschaftlichen Vorteile diverse Faktoren. Kosteneinsparungen mögen hier zwar stets der dominierende aber keineswegs alleinige Faktor sein. In der vorliegenden Arbeit beschränkt sich der Begriff des Outsourcing auf die Verlagerung von Tätigkeiten

---

44 Vgl. *Sydow* (1992), S. 70; *Pfaffmann* (1998), S.454; *Dietl/Royer/Stratmann* (2009), S. 558.

45 Vgl. *Buzzell/Gale* (1989), S.137-140; *Dichtl* (1991), S. 54-59; *Picot/Franck* (1993), S.180-219; *Porter* (1999), S. 398; *Adam* (1998) S.197-200.

46 Vgl. *Weimer/Seuring* (2008), S. 24-31.

der Wertschöpfung (Forschung und Entwicklung, Teileproduktion und -lieferung) bei der Automobilherstellung seitens der OEMs auf spezialisierte 1st-Tier Suppliers. Outsourcing-Strategien gewinnen seit dem Marktwandel und dem Streben der OEMs nach einem niedrigen Ausmaß vertikaler Integration (s.o.) zunehmend an Bedeutung.[47]

Für die folgende Untersuchung soll der Begriff des Outsourcings weiter konkretisiert werden. Neben Kosteneinsparungen gelten Outsourcing-Strategien als effektive Maßnahme, die vorhandene Komplexität des Produktionsprozesses und den damit verbundenen internen Koordinationsaufwand zu reduzieren.[48] Die Reduktion von Komplexität und Koordinationsaufwand lässt sich nochmals steigern, indem die Verringerung der Fertigungstiefe durch

(a) modular-sourcing und

(b) single-sourcing

noch weiter optimiert wird. Unter *modular-sourcing* soll das bereits angedeutete Bestreben seitens des OEMs verstanden werden, die externe Beschaffung von Automobilteilen in höchstmöglicher Aggregation, d.h. in Form bereits vorgefertigter Module bzw. Systemkomponenten zu organisieren. Durch den Bezug der Systemkomponenten beschränkt sich der Fertigungsprozess des OEMs vereinfacht betrachtet auf reine Montagetätigkeiten. Um die Koordination der fremdbezogenen Module nicht übermäßig komplex werden zu lassen, wird im Rahmen von *single-sourcing* Strategien versucht, die externe Beschaffung eines Fahrzeugbereichs auf nur noch von einen bzw. möglichst wenige Lieferanten auszurichten und so Schnittstellen zu minimieren.

Als Konsequenz dieser Strategie beauftragen die OEMs ausgewählte Zulieferunternehmen (1st-Tier Supplier) mit der Entwicklung und Herstellung ganzer Systemkomponenten bzw. bereits vollständig vormontierter Module.[49] Die damit verbundenen Komplexitäts- und Koordinationsprobleme in Forschung und Entwicklung, Produktion, Beschaffung oder Herstellung notwendiger Teile und Kapazitätsplanung werden so nahezu vollständig auf 1st-Tier Suppliers ausgelagert. Die Verlagerung und der Fremdbezug (outsourcing) der Herstel-

---

47 Vgl. *Bühner/Tuschke* (1997), S.20-25, zur weiterführenden Erläuterung sei auf den Beitrag von *Schewe/Kett* (2007) verwiesen; zudem *McKinsey* (2004), S. 42-51.

48 Vgl. *Adam* (1998) S. 198-199.

49 Vgl. *Meißner/Kisker/Bochum* et al. (1994) S. 21-24.

lung derlei komplexer Module (modular-sourcing) auf nur einen 1st-Tier Supplier (single-sourcing) begründet global betrachtet die entstehende und hier zu untersuchende komplexe Lieferantenbeziehung.

2.1.2 Überblick über die themenrelevante Literatur und theoretische Bezugspunkte der ökonomischen Analyse

In der Literatur sind Untersuchungen, die - automobilindustriespezifisch - auf eine ganzheitliche ökonomische Analyse der überbetrieblichen Zusammenarbeit zwischen OEM und 1st-Tier Supplier zielen, nur spärlich zu finden. So mangelt es nicht an Beiträgen zu Erläuterung der Vor- und Nachteile von Outsourcing-Strategien[50] oder der Notwendigkeit überbetrieblicher Kooperationen in Forschung und Entwicklung.[51] Auch die Schlagworte *Supply Chain Management* und *just in time* (jit) werden ausführlich in zahlreichen wissenschaftlichen Beiträgen bearbeitet.[52] Im Hinblick auf die hier verfolgte ganzheitliche Betrachtung einer über mehrere Phasen andauernden speziellen Zusammenarbeit zwischen Automobilhersteller und Systemzulieferer sind die vorzufindenden Untersuchungen jedoch meist zu allgemein oder beantworten allenfalls partielle Aspekte der hier relevanten Fragestellungen. Obwohl vor allem die „Koordination der Zulieferkette" eine zentrale Komponente in der für die Organisation der westlichen Automobilherstellung revolutionären Arbeit von *Womack/Jones/Roos*[53] bildet, ist eine konkrete ökonomische Analyse der langfristigen und komplexen überbetrieblichen Zusammenarbeit in der Automobilindustrie, welche die ökonomischen Hintergründe und Motive sowie die Art und Weise der zustande kommenden Kooperationen detailliert untersucht, bislang nicht zu finden.

Nichtsdestotrotz beinhaltet die betriebswirtschaftliche und volkswirtschaftliche Literatur eine Reihe theoretischer Ansätze und Methoden, die in diesem Kapitel auf die verfolgte Fragestellung Anwendung finden sollen.[54] Die Grundlagen für die Organisation der Produktionsabläufe im Zeitablauf werden allgemein durch die Überlegungen von *Taylor* (1911) und speziell für

---

50 Vgl. z.B. *Bühner/Tuschke* (1997), S. 20-31; *Buchholz* (1999), S. 271-277; *Wullenkord* (2005), S. 138-145; *Schewe/Kett* (2007).

51 Vgl. z.B. *Papanastassiou/Pearce* (2005), S. 89-100; *Pike/Roos/Marr* (2005), S. 111-124; *Berends/van der Bij/Debackere* et.al. (2006), S. 85-95.

52 Vgl. *Forrester* (1958), S. 37-66; *Nagel/Riess/Theis* (1989), S. 1505-1511; *Fandel/Francois* (1989), S. 531-545; *Müller* (2005), S. 717-739; *Vahrenkamp/Siepermann* (2007), S. 13-82, *Magnus/Nienaber/Schewe* et al. (2008), S. 241-276.

53 *Womack/Jones/Roos* beschreiben in ihrem Buch „Die zweite Revolution in der Automobilindustrie" ausgehend von einer MIT-Studie die Notwendigkeit der Reorganisation der westlichen Automobilherstellung u.a. durch eine Umstrukturierung der Lieferantenbeziehungen, vgl. *Womack/Jones/Roos* (1991).

54 Vgl. die aufgezeigten Fragestellungen in Abschnitt 1.2. und den Gang der Untersuchung in Abschnitt 1.3.

die Automobilindustrie durch *Ford* (1923)[55] und später durch die Untersuchungen von *Womack/Jones/Roos* (1991) gelegt. Die Bedeutung der jeweils verfolgten Produktionsorganisation unter den bestimmten Marktbedingungen und die damit verbundenen Schwierigkeiten auf die Unternehmenssteuerung und die Auswirkungen von *Komplexität* stehen allgemein bei *Adam* (1998) im Mittelpunkt. Die sehr umfangreiche und detaillierte Arbeit von *Sydow* (1992) bildet die Grundlage für Überlegungen strategischer Allianzen und Netzwerke.

Als theoretische Bezugspunkte für die Frage, wann eine Wertschöpfungsaktivität von einem externen Dritten zu beziehen ist, sollen für die folgende Analyse zum einen Überlegungen der *wertebasierten Unternehmenssteuerung* und zum anderen vor allem die mikroökonomisch fundierte *Transaktionskostentheorie* sowie abgesonderte Aspekte der *Principal-Agent-Theorie* herangezogen werden. Während zur Analyse überbetrieblicher Zusammenarbeit in Teilen der Literatur auch die *Systemtheorie*, die *Spieltheorie* und der *Resource Dependence-Ansatz* betrachtet werden, wird dieser Vorgehensweise wird hier nicht gefolgt.[56] Grundlegende Überlegungen einer wertebasierten Unternehmenssteuerung finden sich vor allem in den Arbeiten zu Wettbewerbsstrategien von *Porter* (1996, 1997)[57] und Kernkompetenzen von *Prahalad/Hamel* (1990). Die Transaktionskostentheorie, basierend auf den Überlegungen von *Coase* (1937) und *Williamson* (1975,1985), hat sich in der Vergangenheit als zentraler Bestandteil der Organisationstheorie etabliert[58] und ist besonders in den Arbeiten von *Picot* (1982,1991)[59] auf ihre Anwendungsmöglichkeiten zur Leistungstiefengestaltung untersucht worden.[60]

In der folgenden ökonomischen Analyse der Hintergründe und Motive sowie der Art und Weise der zustande kommenden Kooperationen zwischen OEM und 1st-Tier Supplier sollen

---

55 *Henry Ford* optimierte auf Basis tayloristischer Überlegungen zur Arbeitsorganisation die Automobilherstellung und erreichte durch den Einsatz von Fließbändern 1914 die Produktionen von Automobilen in Masse für breite Käuferschichten.

56 Vgl. weiterführend zur Systemtheorie z.B. *Grochla/Lehmann* (1980), Sp. 2204-2216; vgl. zur Spieltheorie z.B. *Saloner* (1991), S. 119-136; *Beuermann* (1993), S. 3924-3940; *Arend/Seale* (2005), S. 1057-1074; der Resource Dependence-Ansatz und zugehörige Literatur ist die Basis des Werkes von *Pfeffer/Salancik* (2003), zudem bei *Sydow* (1992), S. 196-200 näher erläutert, weiterführend vgl. Boyd (1990), S. 119-136; *Conner* (1991), S. 121-154; *Barney* (2001), S. 41-56; *Acedo/Barroso/Galan* (2006), S. 621-636;

57 Vgl. für einen Überblick auch das Werk von *Coenenberg/Salfeld* (2007).

58 Für einen Überblick über empirische Studien mit Transaktionskostenbezug vgl. *Picot/Franck* (1993), S.192-199, 202-208, *Shelanski/Klein* (1995), S. 341-35; S. 353-355; *Rindfleisch/Heide* (1997), S. 33-43; sowie für eine weitergehende Analyse modifizierter Transaktionskostenansätze *Burr* (2003), S.112-134

59 Vgl. auch die umfassende Arbeit von *Picot/Dietl/Franck* (2002).

60 Vgl. weiterführend die Arbeit von *Dekker* (2004), S. 27-49.

die genannten grundlegenden Erkenntnisse und theoretischen Bezugspunkte entsprechende Anwendung finden.

2.2 Identifikation ökonomischer Entwicklungen und Hintergründe als auslösende Impulse für komplexe Lieferantenbeziehungen

2.2.1 Marktbedingungen zu Beginn der Automobilherstellung bis in die 1960er Jahre

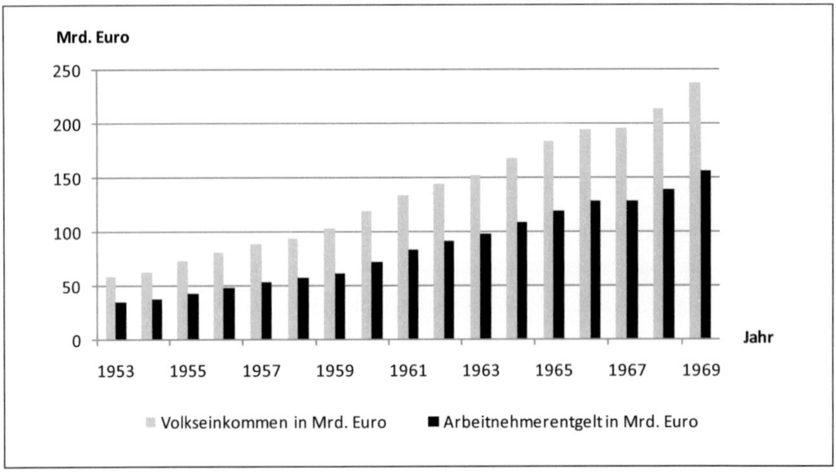

Quelle: Statistisches Bundesamt (2008), S. 626f.

Abbildung 6: Einkommensentwicklung in Westdeutschland von 1953-1969.

Die Situation auf dem Anfang des 20. Jahrhunderts entstandenen Markt für Personenkraftwagen war für herstellende Unternehmen anfangs günstig. Da kaum ein Verbraucher ein Automobil besaß, existierte ein Nachfrageüberhang nach dem neuen Produkt, d.h. die Nachfrage der vielen Verbraucher nach Kraftfahrzeugen überstieg das Angebot der wenigen Hersteller. So besaßen 1953 in Westdeutschland von 52,5 Mio. Einwohnern gerade 1,2 Mio. einen PKW.[61] Diese Marktsituation hielt besonders im von Weltkriegen gezeichneten Deutschland (und Europa) bis Ende der 1960er Jahre an. Angesichts der hohen Nachfrage verfügten die Anbieter zu dieser Zeit gar nicht über ausreichend Kapazitäten (Produktion) und

[61] Siehe *Statistisches Bundesamt* (2007), S. 34; *KBA* (2008).

Ressourcen (Beschaffung), die die vollständige Abschöpfung des bestehenden Nachfrageüberhangs kurzfristig ermöglicht hätten.[62]

Es kam begünstigend hinzu, dass grundsätzlich alle Verbraucher an der neuen Mobilität interessiert waren und zudem der wirtschaftliche Aufschwung der Nachkriegszeit einer immer größer werdenden Konsumentenschicht den Erwerb von Automobilen auch ermöglichte (vgl. Abbildung 6).[63] Der Nachfrageüberhang nach Kraftfahrzeugen versetzte die Automobilhersteller somit in die komfortable Situation, nahezu jedes produzierte Fahrzeug am Markt auch absetzen zu können. Das Unternehmenswachstum wurde von der (mehr) produzierten Fahrzeugmenge und dem daraus hervorgehenden Angebot determiniert. Eine solche Situation nachhaltig ungesättigter Märkte impliziert die Dominanz der Angebotsseite und wird als *Verkäufermarkt* bezeichnet.[64] Auf einem solchen Markt verfügen die anbietenden Unternehmen nicht über ausreichend Kapazitäten die nachgefragte Anzahl an Produkten herzustellen. Es besteht demzufolge ein Engpass in der Produktion der Unternehmung. Da Verbraucher zunächst nach dem grundsätzlichen Besitz eines funktionstüchtigen Automobils strebten, hatten individuelle Kundenwünsche zu dieser Zeit wenig Bedeutung. Das entscheidende Kaufkriterium war der Preis. Der Markt war von einer sehr geringen Dynamik gezeichnet.[65]

Begünstigend für die Anbieter der damaligen Zeit war zugleich die moderate Wettbewerbssituation. Anfang 1949 produzierten in Deutschland lediglich vier Unternehmen Kraftfahrzeuge[66], diese Anzahl erhöhte sich bis Ende der 1950er Jahre auf elf Hersteller.[67] So bestanden für keinen Anbieter Absatzschwierigkeiten. Die Wettbewerbsstrategien zielten daher nicht auf Verdrängung der Konkurrenten, sondern auf die Erstausstattung der zahlreichen Verbraucher ohne Kraftfahrzeug, die in Deutschland bis in die 1960er Jahre hinein die Mehrheit stellte.[68] Der allgemein homogene Automobilmarkt wurde von den wenigen Automobilherstellern in eine Reihe heterogener Teilmärkte (Segmente) unterteilt. Zu Beginn der Nachkriegszeit konzentrierten sich die OEMs auf kaum mehr als ein Segment, so dass es

---

62 Vgl. *Busch* (1966), S. 145-155; *Adam* (1998), S. 24-27; *Meffert* (2000), S. 3.

63 Vgl. *Günther* (1984), S. 39-42.

64 Vgl. *Wöhe* (2000), S. 481-482; *Adam/Backhaus/Thonemann* (2004), S. 82-84.

65 Vgl. *Busch* (1966), S. 142-155; *Adam* (1998), S. 24-27; *Adam/Backhaus/Thonemann* (2004), S. 82-84.

66 Daimler-Benz AG, Adam Opel AG, Volkswagen und Ford; vgl. *Günther* (1984), S.27-29; weiterführend *Clemens* (1953).

67 Vgl. *Günther* (1984), S. 30-42;

68 1965 waren in Westdeutschland 9,3 Mio PKWs in Gebrauch bei 59,3 Mio. Einwohnern bzw. 21,2 Mio. Haushalten, siehe: *Statistisches Bundesamt* (2007), S. 34-46, 419-421; *KBA* (2008).

nicht zu ernsthaftem Wettbewerb kam und ob der hohen Nachfrage auch keine Anreize bestanden, in andere Segmente vorzudringen. Die von den OEMs geschaffenen Teilmärkte grenzten sich deutlich voneinander ab, so dass der Automobilgesamtmarkt in teilmonopolistische Segmente zergliedert wurde, in denen der jeweilige OEM das Angebot dominieren konnte.[69]

2.2.2 Strategie und Organisation der Automobilherstellung unter den Bedingungen des Verkäufermarkts

2.2.2.1 Strategie

Durch den anhaltenden Nachfrageüberhang sowie die geringe Dynamik und Wettbewerbsintensität war es für die Automobilhersteller möglich, die Automobilproduktion zu großen Teilen nach Produktivitätsaspekten zu organisieren. Durch Minimierung des Ressourceneinsatzes und Maximierung der Ausnutzung von Fertigungskapazitäten wurde versucht, den Nachfrageüberhang am Markt **effizient** abzuschöpfen. Der unternehmerische Erfolg hing zu dieser Zeit vor allem von der Maximierung der Produktionsmenge ab.[70]

Bei der Gewichtung der strategischen Erfolgsfaktoren **Qualität**, **Zeit** und **Kosten** kam dem Ziel der Kostenreduktion die wichtigste Bedeutung zu.[71] Qualitätsaspekte wurden auf die Funktionsfähigkeit der Fahrzeuge beschränkt und Zeit war nur im Hinblick auf die Produktivität von Bedeutung.[72] Es war für die Automobilhersteller in Anlehnung an Fords T-Modell lange möglich, im eigenen Segment gleichbleibende Standardautomobile herzustellen und abzusetzen, ohne dass wesentliche Veränderungen am Produkt oder Produktionsprozess notwendig gewesen wären. Da jedes funktionsfähige Fahrzeug am Markt auch absetzbar war, konnten die Anbieter das dem optimierten Produktionsprogramm entstammende Produkt der Nachfrageseite verkaufen. Die Produktion musste keine Rücksicht auf den Absatzmarkt nehmen. Produktinnovationen auf Basis von Kundenwünschen spielten für den wirtschaftlichen Erfolg keine bedeutende Rolle. Den Herstellern ging es bei Innovationen lediglich darum,

---

69 Vgl. zu den Bedingungen des Automobilmarktes in den 1950er Jahren: *Busch* (1966); S. 142-149; *Günther* (1984), S. 22-24.

70 Der amerikanische Automobilmarkt durchlebte diese Zeit ungleich schneller als der von Weltkriegen beeinflusste europäische Markt. So begann die Zeit standardisierter Massenfertigung in den USA bereits in den 1920er Jahren, während Europa erst in den 1950er Jahren diesem Trend folgte. Vgl. ausführlich zur Geschichte der automobilen Massenproduktion in den USA und Europa *Womack/Jones/Roos* (1991), S. 25-52; für eine deutsche Sicht: *Busch* (1966).

71 Vgl. *Busch* (1966), S. 75-77.

72 Vgl. *Adam* (1998), S. 28f.; vgl. für eine kritische Analyse zu strategischen Erfolgsfaktoren: *Nicolai/Kieser* (2002), S. 579-596.

Produkte und Prozesse so zu verbessern, dass eine größere Anzahl des Standardprodukts zu geringeren Kosten gefertigt werden konnte (Produktivität und Effizienz). So kam es in den jeweiligen Segmenten zum Angebot eines unter Produktivitätsaspekten massengefertigten Standardprodukts.[73]

2.2.2.2 Organisation

Die westlichen Automobilhersteller versuchten ihre unternehmerische Organisation dementsprechend vollständig auf Massenproduktion auszurichten.[74] Die Struktur der gewählten Unternehmens- und Produktionsorganisation basierte dabei auf den Prinzipen von *Frederick Winslow Taylor* (tayloristische Prinzipien).[75] Nach Taylor wird die Unternehmung linienartig organisiert. Gleichartige Tätigkeiten werden in Funktionsbereiche (Absatz, Beschaffung, Produktion etc.) zusammengefasst. Die Organisation folgt der Annahme, dass es für die Unternehmung und speziell die Produktion einen optimalen Weg gibt. Die Fertigung der Produkte wird in viele kleine Arbeitsschritte zerlegt (Prinzip der Arbeitsteilung), deren Inhalt möglichst trivial und gleichförmig sein soll, so dass sich bei den ausführenden Personen durch stetig wiederholende Tätigkeiten Lerneffekte einstellen, die den Zeiteinsatz jedes Arbeitsschrittes senken und so Produktivität und Effizienz fortwährend erhöhen.[76]

Als Folge einer solchen Arbeitsteilung ergeben sich viele Mitarbeiter an vielen Arbeitsstationen und damit viele Schnittstellen, die es durch die administrativen Kräfte zu koordinieren gilt. Im Fokus der administrativen Koordination steht die Gewährleistung eines reibungslosen Produktionsflusses ohne Zeitverluste (Stillstand, Zwischenlagerung etc.). Aber auch im administrativen Bereich wird das Prinzip der Arbeitsteilung angewendet, so dass die unternehmerischen und produktionsbezogenen Planungs-, Steuerungs- und Koordinationsaufgaben auch hier nach Funktionen getrennt auf viele Mitarbeiter verteilt werden. Wie in der Produktion kommt es so zu diversen zu koordinierenden Schnittstellen.[77]

In einem ersten Schritt führt die Implementierung einer derartigen Unternehmensorganisation zu einem erhöhten Grad an Komplexität, da es vielerlei Beziehungen, Abhängigkeiten und

---

73 Vgl. *Womack/Jones/Roos* (1991), S. 48-52; *Meißner/Kisker/Bochum et al.* (1994), S. 13.
74 Vgl. *Womack/Jones/Roos* (1991), S. 49.
75 Vgl. *Taylor* (1911), Principles of Scientific Management.
76 Vgl. *Backhaus/Plinke* (1990), S. 23f.
77 Vgl. weiterführend zum Taylorismus: *Winter* (1920); *Herbst* (1921); *Wotschack* (1987);

Elemente aufeinander abzustimmen gilt.[78] Diese Komplexität führte aber unter Berücksichtigung der von den OEMs verfolgten Produktionsstrategien nicht zu unüberwindbaren Problemen, da die von den Arbeitskräften auszuführenden Arbeitsschritte und Prozessabläufe sich nicht veränderten und Lerneffekte somit schnell und dauerhaft von allen Beteiligten realisiert werden konnten. Unter den gegebenen Bedingungen des Verkäufermarkts und der von den Herstellern konstant betriebenen standardisierten Ein-Produkt-Massenfertigung hatten alle Beteiligten im Zeitablauf Gelegenheit, sich auf die vielen Schnittstellen und notwendigen Arbeitsschritte einzustellen und die erforderlichen Koordinationsanforderungen zu erlernen. Durch die Massenproduktion eines immer gleichen Produktes in immer gleichbleibenden Produktionsprozessen, ebenso gleichbleibenden Stücklisten und Arbeitsschritten verändern sich diese Anforderungen nicht. Die Unternehmensorganisation ist ob ihrer Starrheit für alle beteiligten Personen gut erlernbar und verständlich. Der Koordinationsaufwand zwischen den Funktionsbereichen war ebenfalls überschaubar, denn die statischen Bedingungen machten es möglich, die Prozesse der gesamten Unternehmung überlegt zu analysieren und zentrale Vorgaben mit langer Gültigkeit zu entwickeln, die Reibungsverluste zwischen den Schnittstellen nachhaltig verhinderten und auch hier die Eingewöhnung aller Beteiligten ermöglichte. Die Komplexität der Unternehmung war somit beherrschbar.

Zulieferunternehmen waren in den Herstellungsprozess kaum integriert, ihre Aufgabe beschränkte sich allenfalls auf die Bereitstellung einfacher Teile für den Produktionsprozess, wobei die Automobilhersteller an langfristigen oder strategischen Beziehungen kein Interesse zeigten. Die Wertschöpfung war im Wesentlichen bei den Automobilherstellern selbst angesiedelt, die folglich eine hohe Fertigungstiefe besaßen.[79] Am Erfolgreichsten wurde der Taylorismus durch Henry Ford angewendet,[80] der 1914 die Fließbandproduktion mit strenger Arbeitsteilung einführte und mit dem T-Modell in den USA zeitweise mehr als 50% Marktanteil erreichte. Ford verfolgte neben der Arbeitsteilung eine Strategie der totalen vertikalen Integration, d.h. er versuchte nahezu sämtliche benötigen Teile zur Herstellung seines Automobils in Eigenproduktion herzustellen und in den Produktionsprozess zu integrieren.[81]

---

[78] Vgl. Kapitel 2.1 Komplexität

[79] Ford und GM strebten lange Zeit nach der totalen vertikalen Integration; vgl. *Womack/Jones/Roos* (1991), S. 37-38 und S. 43-44.

[80] Daher wird im Zusammenhang mit der Automobilindustrie bei der genannten Organisationsform bisweilen auch vom Fordismus gesprochen.

[81] Vgl. *Womack/Jones/Roos* (1991), S. 38.

2.2.3 Wandel vom Verkäufermarkt zum Käufermarkt in den 1960er Jahren bis heute

Die dargestellten Marktbedingungen in der Automobilbranche haben sich in den 1960er Jahren und im darauffolgenden gegen Ende der 1980er Jahre verändert.[82] Die Erstausstattung der Verbraucher mit Kraftfahrzeugen war im Wesentlichen abgeschlossen. 1985 entfiel erstmals auf jeden Privathaushalt im Durchschnitt ein PKW. Die Automobilhersteller hatten den Überhang der Erstnachfrage von Verbrauchern verhältnismäßig schnell abgeschöpft (vgl. Abbildung 7) und die Marktanteile waren unter den Anbietern aufgeteilt.[83]

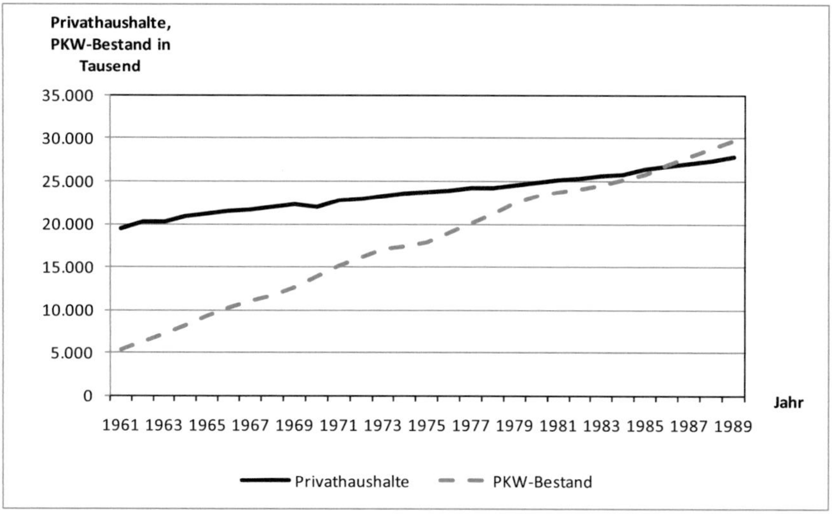

Quelle: Statistisches Bundesamt (2008).

Abbildung 7: Ausstattung der Privathaushalt mit PKW

Das Angebot überstieg nun die Nachfrage und die Automobilhersteller waren gezwungen, Anreize zu schaffen, um ihre Produkte am Markt verkaufen zu können. Durch die Tatsache, dass eine stetig wachsende Anzahl von Verbrauchern über ein Automobil verfügten und mit der neuen Technologie vertraut waren, war die Nachfrage nach *standardisierten* Produkten gesättigt. Hieraus ergab sich ein signifikanter Wechsel des Konsumentenverhaltens.

---

82 Vgl. *Womack/Jones/Roos* (1991), S. 69-71; *Meißner/Kisker/Bochum et al.* (1994), S. 13-16; *Adam* (1998), S. 27-33.

83 Vgl. *Womack/Jones/Roos* (1991), S. 69f.

Die Verbraucher - mittlerweile dank des über Jahre anhaltenden Wirtschaftswachstums in Deutschland mit deutlich mehr Kaufkraft und Konsumwünschen ausgestattet - fragten nicht mehr ausschließlich nach einem preisgünstigen Standardauto, sondern richteten ihr Interesse verstärkt auf qualitative Aspekte, wie Service, Funktionalität, Ausstattung, Sicherheit und nicht zuletzt auch Umwelt.[84] Es hatte in der Automobilbranche ein Wandel vom **Verkäufer- zum Käufermarkt** stattgefunden[85] (vgl. Abbildung 8). Seit dieser Zeit entwickelten sich in der Automobilindustrie hohe Überkapazitäten, ein Zustand, der bis heute Bestand hat.[86]

Rahmenbedingung	Merkmale des Verkäufermarktes	Merkmale des Käufermarktes
Wirtschaftliche Ausgangssituation	Knappheitswirtschaft	Überflussgesellschaft
Verhältnis von Angebot und Nachfrage	Nachfrage > Angebot (Nachfrageüberhang)	Angebot > Nachfrage (Angebotsüberhang)
Engpassbereich der Unternehmung	Produktion	Absatz
Primäre Strategie der Automobilhersteller	Rationelle Erweiterung der Beschaffungs- und Produktionskapazitäten	Anreize schaffen zur Nachfrage
	Steigerung von Produktivität und Effizienz	Variantenbildung und Produktinnovationen

Quelle: In Anlehnung an Wöhe (2000), S. 481.

Abbildung 8: Verkäufermarkt und Käufermarkt

2.2.4 Auswirkungen des Marktwandels auf die tayloristisch organisierte Automobilherstellung

Für die Automobilhersteller brachte der Übergang zum Käufermarkt Probleme mit sich, denn die Produktionsstrategie der höchstmöglichen Ausnutzung bestehender Kapazitäten impliziert als Grundvoraussetzung hohes Marktwachstum, welches die Abnahme sämtlicher hergestellter Produkte garantiert. Nur über hohe Absatzzahlen konnte die standardisierte und kapitalintensive Massenproduktion zu Gewinnen führen, Stillstand bzw. der Aufbau von Vorratsbeständen war nicht vorgesehen. Vor diesem Hintergrund hatte bereits in den 1950er Jah-

---

[84] Vgl. *Backhaus/Plinke* (1990), S. 23; *Amponsem/Bauer/Gerpott et al.* (1996), S. 219-221.

[85] Vgl. *Busch* (1966), S. 142-155; *Günther* (1984), S. 77-83.

[86] Vgl. *Ittermann/Mühge/Schumann (2003)*, S. 4-6; *Krcal* (2005), S. 503f.; *KPMG* (2007b), S. 6; *Becker* (2007), S. 21-27; *Timmreck/Müssigbrodt/Heinen* (2009), S. 406f.

ren der Export in andere Länder verstärkt an Bedeutung gewonnen.[87] Es machten sich erste Anzeichen einer beginnenden Globalisierung bemerkbar, denn im Umkehrschluss drängten nach und nach ausländische Wettbewerber auf den deutschen Markt, die ihrerseits die Auslastung ihrer Produktionskapazitäten sicherstellen mussten. So stieg der Marktanteil ausländischer Fahrzeuge am westdeutschen PKW-Markt von 1953 von 2,3% bis 1966 auf 23,0%.[88]

Die erhöhte Herstellerdichte verengte durch das vermehrte und nun häufiger wechselnde Fahrzeugangebot den Markt und resultierte in einer steigenden Dynamik der Branche. Es folgten neue Strategien in der Wettbewerbspolitik. Der Absatz von Kraftfahrzeugen ließ sich für die Hersteller nicht mehr durch das bloße Angebot realisieren, Käufer mussten verstärkt geworben werden. Die Steigerung der eigenen Fahrzeugabsätze und Marktanteile war für die Hersteller nur noch auf Kosten der Konkurrenz möglich, so dass es zu einem verschärften Wettbewerb zwischen den Herstellern kam. Dabei ging es erstmals durch den Eintritt in weitere Segmente um gezielte Abwerbung von Kunden und die Verdrängung anderer Hersteller.[89]

Zunächst zielte die Verdrängungspolitik primär auf den Wettbewerbsparameter Preis ab. Durch vergünstigte Verkaufspreise sollten die hohen Lagerbestände und Überkapazitäten abgebaut werden und der Kunde zum Wechsel des Automobilherstellers eingeladen werden. Diese Reaktion verfehlte jedoch die Anforderungen der neuen Marktgegebenheiten. Die Nachfrage nach Standardprodukten war hinreichend gesättigt. Den Kunden, zum einen mit höherer Kaufkraft ausgestattet und zum anderen vermehrt bereits Automobilbesitzer der ersten Generation, genügte als Kaufkriterium nicht ausschließlich der Verkaufspreis. Die Nachfrage verlangte nach neuen und vielfältigeren Produkten. Hierbei waren neben der Befriedigung eines homogenen Grundnutzens (Möglichkeit zur Fortbewegung) heterogene Zusätze gefordert, die subjektive Bedürfnisse befriedigen. Der von Nachfragern beanspruchte Produktnutzen ist dabei eine Summe aus objektivem *Grundnutzen* und subjektivem *Zusatznutzen*.[90] Abbildung 9 verdeutlicht den Zusammenhang am Beispiel der Automobilnachfrage.

---

87 1959 betrug der Anteil exportierter Personenkraftwagen erstmals über 50% der deutschen Gesamtproduktion, vgl. zur Bedeutung des Exportgeschäfts für die deutsche Automobilindustrie: *Günther* (1984), S.103-109.

88 Vgl. *Günther* (1984), S. 30 und S. 252.

89 Vgl. *Busch* (1966), S. 117.

90 Vgl. *Jagoda* (1972), S. 25f.; *Meffert* (2000), S. 332-336.

Nutzenart	Definition	Auswirkung auf Automobilnachfrage
Grundnutzen	Die aus den physikalisch-funtkionellen Eigenschaften eines Produktes resultierende Bedürfnisbefriedigung	Erwerb individueller Fortbewegungsmöglichkeit
Zusatznutzen	Über den Grundnutzen hinausgehende Bedürfnisbefriedigung	Alle über die individuelle Fortbewegungsmöglichkeit hinausgehenden Nutzenkomponenten eines Automobils, z.B.
		- Prestige
		- Sicherheit
		- Komfort
		- Bedienungsfreundlichkeit
		- Umweltfreundlichkeit
Produktnutzen	**Summe aus Grund- und Zusatznutzen**	

Quelle: In Anlehnung an Wöhe (2000), S.519; Meffert (2000), S. 333.

Abbildung 9: Grundnutzen und Zusatznutzen am Beispiel der Automobilnachfrage

Die Automobilhersteller wurden folglich gezwungen Produktpolitik zu betreiben. Hierbei wurde es erforderlich, fortlaufend zu überprüfen und sicherzustellen, dass das eigene Angebot sich ausreichend an den relevanten Bedürfnissen der Nachfrager orientiert und zudem existierende Konkurrenten auf Distanz hält.[91] Die Dominanz des Marktes war von der Angebotsseite zur Nachfrageseite gewechselt, der betriebliche Engpass war nicht länger die Produktion sondern der Absatz der Produkte (vgl. Abbildung 8).

2.2.5 Reaktion der Automobilhersteller auf den Marktwandel

Um das von den Verbrauchern nachgefragte Fahrzeugangebot und vor allem den damit einhergehenden subjektiven Zusatznutzen realisieren zu können, war die Anpassung des Produktportfolios notwendig.[92] Um den Kundenwünschen zu entsprechen veränderten die OEMs daher ihrer Angebotsstrategie. Es wurde nicht länger nur auf ein Standardprodukt gesetzt, sondern das Angebot wurde durch neue Produkte deutlich ausgeweitet und auf Kundenwünsche zugeschnitten. Hierbei waren Produktinnovationen und Produktvariationen von tragender Bedeutung. *Produktinnovationen* entsprechen der Entwicklung gänzlich neuer Produkte, die aus der wissenschaftlichen Erkenntnisgewinnung stammen und erfolgreich am Markt platziert werden können. Bei *Produktvariationen* handelt es sich um technische

---

91 Vgl. *Meffert* (2000), S. 366-372; *Gonzales/Palacois* (2002); *Möller* (2005), S. 137f.
92 Vgl. *Freese/Lehnen/Valcárcel* (1999), S. 883-903.

Verbesserungen bzw. Abänderungen bereits bestehender Produkte. Es kam zudem auch zu einer Aufwertung des strategischen Erfolgsfaktors **Qualität.** Es genügte nicht mehr, die reine Funktionsfähigkeit der Fahrzeuge sicherzustellen. Qualitätsaspekte wurden umfassender interpretiert, um Kundenerwartungen in allen käuferrelevanten Dimensionen ausreichend zu erfüllen.[93]

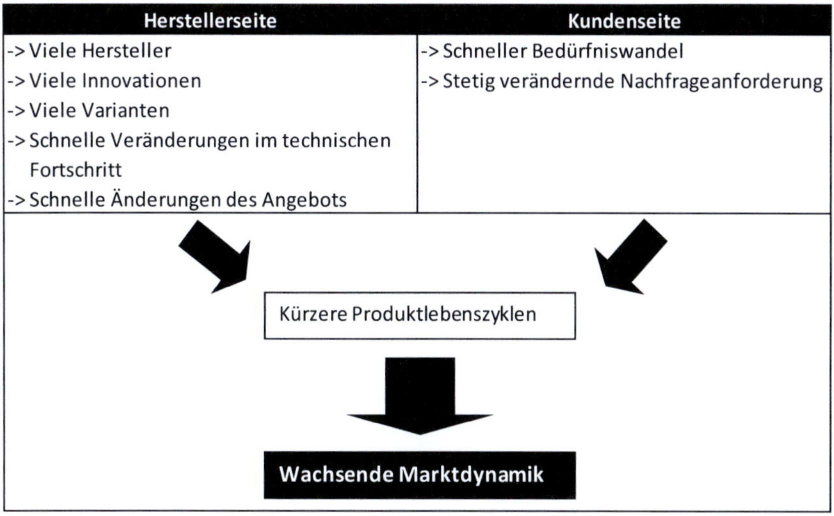

Quelle: Eigene Darstellung

Abbildung 10: Ursachen für wachsende Marktdynamik auf Käufermärkten

Die OEMs versuchten durch eine kontinuierliche Ausweitung, Verbesserung und Erneuerung des Produktportfolios ihre Position am Markt und bei den Verbrauchern zu verbessern.[94] Hierbei sollten zum einen die genannten Kundenwünsche stärker bedient werden und zum anderen durch die Ausbreitung des Fahrzeugangebots, Marktanteile aus bislang nicht bearbeiteten Segmenten hinzugewonnen werden, um so die benötigte hohe Auslastung der Produktionskapazitäten weiterhin zu gewährleisten.[95] Den Forschungs- und Entwicklungsabteilungen kam im Rahmen der Produkt- und Programmpolitik eine hohe strategische Bedeutung zu. Um im Wettbewerb nicht ins Hintertreffen zu geraten, mussten

93 Vgl. *Adam* (1998), S. 29.

94 Vgl. zur Produkt- und Programmpolitik *Meffert* (2000), S. 327-599.

95 Vgl. *Risse* (2003), S. 30; *Möller* (2005), S. 137-168.

fortlaufend neue Erfolge in Produktgestaltung, Variantenvielfalt oder technischer Erneuerung erzielt werden.[96] Bedeutende europäische Neuentwicklungen in den 1970er Jahren waren beispielsweise der Vorderrad-Antrieb, Scheibenbremsen, Kraftstoffeinspritzung oder das Fünfganggetriebe, während die Amerikaner innovative Erfolge im Komfortbereich bei Klimaanlage, Servolenkung oder Stereoradios erzielten.[97]

Die Folgen waren ein insgesamt deutlich erhöhtes, exotischeres Angebot an Kraftfahrzeugen und ein direkter Wettbewerb mehrerer Parteien in den einzelnen Segmenten. Überdies sanken die Lebenszyklen der angebotenen Personenkraftwagen, da Produktanpassungen durch sämtliche Hersteller andauernd vorgenommen wurden und Neuerungen damit nur kurze Zeit Bestand hatten. Das Marktgeschehen wurde so, sowohl von Hersteller- wie von Kundenseite, zunehmend dynamischer (Vgl. Abbildung 10).

2.2.6 Probleme der Automobilhersteller

2.2.6.1 Überblick

Die Reaktionen der Hersteller, dem Marktwandel mit Veränderung und Ausweitung des Fahrzeugangebots entgegenzukommen, führte im Sinne der in Abschnitt 2.1.1 erfolgten Definition zu einem erhöhten Grad an Komplexität in der gesamten Unternehmenssteuerung.[98] Die Expansion des Angebots resultierte in einer zunehmenden Marktsegmentierung mit heterogener Kundenstruktur, uneinheitlichen Produktarten und immer neuen und sich verändernden Produktionsteilen. Es mussten demzufolge mehr externe und interne Elemente in die betrieblichen Abläufe integriert werden, es kam zu verschiedenen funktionsübergreifenden Beziehungen und wechselseitigen Abhängigkeiten und durch die Marktdynamik mussten die Unternehmensprozesse häufig verändert und neu aufeinander abgestimmt werden. Der aus den Reaktionen auf den Marktwandel erhöhte Grad an Komplexität stellte hohe Anforderungen an die Koordinationsaufgaben der Unternehmen und stellte die tayloristisch aufgestellte Unternehmensorganisation vor fundamentale Probleme.

---

[96] Vgl. zur Produkt- und Programmpolitik: *Meffert* (2000), S. 329, zu technischen Problemen der wachsenden Marktdynamik vgl. *Kersten/Schröder/Zink* (2005), S. 91-110; *Specht/Nagel/Frischke* (2005), S. 69-89; *Backhaus/Schneider* (2007), S. 36-47.

[97] Vgl. *Womack/Jones/Roos* (1991), S. 51.

[98] Vgl. *Adam* (1998), S. 30-33.

2.2.6.2 Organisatorische Probleme

Die Erweiterung der Produktpalette um neue Modelle und Varianten veränderte die Produktionsprozesse. Neben der Planung von Losgrößen waren die bestehenden Produktionskapazitäten ökonomisch aufzuteilen und aufeinander abzustimmen. Außerdem war die ständige Optimierung von Durchlaufzeiten und strenge Einhaltung der den Kunden zugesagten Liefertermine erforderlich. Damit einher ging das Problem der Herstellung bzw. Beschaffung speziell benötigter Teilekomponenten, die aufgrund der angebotenen Produktvielfalt sprungartig anstiegen und in die Abläufe zu integrieren waren. Neben der Qualität und den Kosten gewann zunehmend der Erfolgsfaktor **Zeit** an strategischer Bedeutung und die Gewichtung der Faktoren wurde durch wechselseitige Beziehungen und Abhängigkeiten (Interdependenzen) vielschichtiger.[99]

Das tayloristische Konzept basiert auf strenger räumlicher und personeller Arbeitsteilung und einer klaren Funktionstrennung, die zentral gesteuert wird. Der Produktionsprozess ist starr und standardisiert geordnet, jeder Arbeitsschritt ist festgelegt und bestimmten Arbeitskräften statisch zugeteilt. Das Produktionsprogramm ermöglicht eine schnelle und kostengünstige Produktion bei hoher Qualität aber nur dann, wenn möglichst wenige gleichartige Produkte in großen Losen produziert werden.[100] Die Vielzahl der angebotenen Varianten erforderte ein derart hohes Flexibilitätspotenzial der Fertigungssysteme, das die tayloristisch organisierten Fertigungsprozesse überforderte.[101] Die qualitativ hochwertige und termingerechte Herstellung individueller Kundenaufträge zu geringen Kosten in geringen Mengen ist mit starren Massenfertigungssystemen nicht möglich.

Das Hauptproblem besteht darin, dass die Produktionsprogramme für unterschiedliche Produkte und Varianten in der Regel stark voneinander abweichen. Probleme verursachen vor allem die notwendigen Produktionsumstellungen und damit verbundene Rüst- und Anlaufzeiten. Die Produktion steht dadurch vermehrt still und die häufigen Umstellungen führen zu Qualitätsproblemen. Bei der Variantenbildung divergieren zudem Abwicklungszeiten und Durchlaufzeiten sowie die Anzahl der zu durchlaufenden Arbeitsstationen und die Art und Anzahl der zu verwendenden Teile. In einer vernetzten Produktion mit fest vergebenen Arbeitsschritten ist es bei unterschiedlicher Inanspruchnahme der Kapazitäten zwingend

---

[99] Vgl. *Backhaus/Plinke* (1990), S. 32f; *Kuhn/Wiendahl/Eversheim* (2002); *Specht/Nagel/Frischke* (2005), S. 71f.; *Kersten/Schröder/Zink* (2005), S. 93.

[100] Vgl. *Adam* (1998), S. 42.

[101] Vgl. *Amponsem/Bauer/Gerpott* et al. (1996), S. 219f.

erforderlich, die Schnittstellen zu koordinieren und aufeinander abzustimmen. So kommt es z.B. bei erhöhter Variantenbildung in tayloristischen Organisationsstrukturen zu dem Problem, dass bei einer Variante jede Arbeitsstation des Produktionsprozesses in Anspruch genommen werden muss, während bei einer anderen Variante dies nicht erforderlich ist. Dies führt gleichermaßen zu Stillstand von Produktionsanlagen wie Warteschlangen. Während bei der Massenproduktion die Herstellung eines gleichen Teils im immer gleichen Prozess keine Probleme hinsichtlich Zwischenlager- und Übergangszeiten entstehen, ist es bei der Variantenherstellung mit unterschiedlichen Produktionsprogrammen zwingend erforderlich, derlei zeitliche Probleme der Produktionskapazitäten durch Koordination zu verhindern.

Zu Zeiten des Verkäufermarktes und der Massenherstellung standardisierter Produkte beschränkte sich die Koordinationsaufgabe für die Automobilhersteller darauf, eine einmalige funktionsübergreifende Abstimmung der Produktion zu gewährleisten. Aufgrund der Beständigkeit und Langfristigkeit des Produktionsprozesses war es möglich, einmalig einen optimalen Prozess zu koordinieren, und zusätzlich im Zeitablauf von Lerneffekten zu profitieren. Der im Zuge des Marktwandels aufgetretene Wettbewerb um Marktanteile mittels ständiger Produktverbesserungen entfachte eine derart hohe und zugleich anhaltende Dynamik, dass die Koordinationsaufgaben zur Integration der Produktverbesserungen sprungartig anstiegen. Da es immer wieder zu unvorhergesehenen Veränderungen (neue Produkte, neue Fertigungsverfahren, neue Varianten etc.) kam, hatten gefundene Lösungen nur kurze Zeit Bestand.

Um einen reibungslosen Ablauf der Ausweitung des Fahrzeugangebots und der ständig anstehenden Produktionsveränderungen zu gewährleisten, musste der Produktionsprozess ein hohes Maß an Flexibilität bereitstellen und ständig neu koordiniert werden. [102] Weder die damals bestehende stark zentralistische Organisation der administrativen Kräfte noch die funktionale Trennung nach Taylor waren in der Lage solchen Koordinationsanforderungen gerecht zu werden. Der Versuch innerhalb der auf statischer Massenfertigung basierenden Unternehmensorganisation fortdauernde Änderungen des Produktionsprogramms durchzuführen, resultierte in hohen Stillstandzeiten und Reibungsverlusten in der Produktion. Die durch höchstmögliche Arbeitsteilung von vielen Schnittstellen geprägten Produktionsprozesse waren zu behäbig, um stetig andauernde Veränderungen effizient und zeitnah zu integrieren.[103]

---

[102] Vgl. *Kersten/Schröder/Zink* (2005), S. 93; *Voigt/Thiell* (2005), S. 11f; *Bain & Company* (2006), S. 4-9.

[103] Vgl. *Amponsem/Bauer/Gerpott* et al. (1996), S. 219-225.

Dass die (westlichen) Automobilhersteller zu großen Teilen versuchten, ein Höchstmaß an Wertschöpfung im eigenen Haus durchzuführen, verstärkte das Problem zusätzlich.[104] Als besonders nachteilhaft erwies sich, dass durch den hohen Grad an vertikaler Integration die Produktionsprozesse für ein Kraftfahrzeug sehr lang waren und dabei übermäßig viele zu koordinierenden Schnittstellen existierten.

2.2.6.3 Mangelnde Transparenz der ökonomischen Auswirkungen des ausgeweiteten Fahrzeugangebots

Ein weiteres Problem bestand darin, dass neue Produktarten und Varianten angeboten wurden ohne im Vorfeld die damit verbundenen ökonomischen Auswirkungen auf sämtliche Funktionsbereiche des Unternehmens und den globalen Beitrag zum wirtschaftlichen Erfolg zu würdigen. Durch die strikte Arbeitsteilung und Funktionstrennung arbeiteten die verschiedenen Funktionsbereiche unkoordiniert aneinander vorbei. Die Absatzabteilungen boten Produktvarianten und Liefertermine an, die mit den bestehenden Produktionsverfahren kaum noch zu realisieren waren.[105] Es kam ständig zu zeitlichen Abstimmungsproblemen und Auslastungsunregelmäßigkeiten zwischen den einzelnen Produktionsstufen.[106]

Noch entscheidender war die Tatsache, dass der Einfluss eines wachsenden Fahrzeugangebots auf die Gesamtkosten der Unternehmung nicht ausreichend bedacht wurde. Die Integration zusätzlicher Kunden, Produktarten, Varianten, Teile und Zulieferer in bestehend starre Produktionsprozesse, verursacht - ob der damit verbundenen zusätzlichen Komplexität - einen erhöhten Koordinationsaufwand und somit erheblichen Kostenzuwachs, der folglich die Stück- und Gemeinkosten des Unternehmens belastet. Dabei führt die Produktionsausweitung nicht nur zu (der zusätzlichen Variante) direkt zuordenbaren Einzelkosten, sondern eben auch zu überproportional steigenden produktübergreifenden Komplexitätsgemeinkosten,[107] etwa durch erhöhte Stillstands- oder Rüstzeiten oder auch zusätzlich benötigte Infrastruktur zur Koordination und Steuerung der erweiterten Unternehmensprozesse. Gerade Investitionen in zentrale administrative Informations-, Steuerungs- und Koordinationskapazitäten verstärkten das Problem noch, da die gewählten Instrumente zusätzliche Schnittstellen schafften und so einen Gegensatz zu der benötigten Flexibilität darstellten.

---

104 Vgl. *Womack/Jones/Roos* (1991), S. 31-39; vgl. *Schmidt-Salzer* (1992) S. 1873.
105 Vgl. *Meffert* (2000), S. 1033f.; *Bain & Company* (2006), S. 4-9.
106 Vgl. *Missbauer* (1986), S. 4f.; *Zäpfel/Missbauer* (1988), S. 27f. ; *Adam* (1998), Seite 43.
107 Vgl. *Roever* (1994), S. 120.

Die Kosten der Komplexität nehmen dabei mit wachsender Variantenvielfalt überproportional zu.[108] *Wildemann* leitet aus der Tatsache überproportional steigender Komplexitätsgemeinkosten bei gleichzeitig - durch Stillstands- und Rüstzeiten verursachter - sinkender Auslastung der Produktionskapazitäten einen „umgekehrten Erfahrungskurveneffekt" ab, aus dem sich per Definition bei einer Verdopplung der Variantenzahl ein etwa 20- bis 30-prozentiger Anstieg der Stückkosten ergibt.[109] Problematischer als die allgemein steigenden Kosten ist die Tatsache, dass ein hoher Teil der meist zeitlich verzögerten Investitionen in zentrale administrative Informations-, Steuerungs- und Koordinationskapazitäten entstehenden Gemeinkosten irreversibel ist und die Rendite sämtlicher Produkte langfristig negativ beeinträchtigt. Dabei sind automatisch auch jene Produkte betroffen, die ökonomisch gar keinen Nutzen aus den Koordinationskapazitäten ziehen.

Aus der mangelnden Transparenz der ökonomischen Auswirkungen des ausgeweiteten Angebots entsteht so das Problem, dass der Koordinationsaufwand zur Komplexitätsbewältigung in einem sprungartigen Anstiegs der Gemein- und Fixkosten resultiert und die Produktion anfällig gegen Beschäftigungsschwankungen wird.[110] Das eigentliche Kernproblem aber ergibt sich dann, wenn die Angebotsausweitung zu einem derart überproportionalen Anstieg der Komplexitätskosten führt, der von den unterproportional steigenden Erlösen nicht mehr gedeckt wird und die Produktion insgesamt defizitär wird.

2.2.6.4 Komplexitätsfalle

Kann ein Unternehmen die durch zusätzliche Komplexität entstandenen Kosten nicht mehr durch zusätzliche Erlöse decken, stürzt es in die Komplexitätsfalle.[111] Die Existenz dieser Falle wird Unternehmen dann am deutlichsten aufgezeigt, wenn aufgrund ausbleibender Nachfrage die hohen Fixkosten nicht mehr gedeckt werden können und ein weiterer Ausbau des Fahrzeugangebots weder zu merklich steigenden Umsätzen führt, noch kostendeckend operiert. Um dieser Falle wieder zu entkommen, bedarf es eines Abbaus an Komplexität und der damit verbundenen Kosten. Das Dilemma von Komplexitätskosten ist allerdings, dass der

---

108 Vgl. *Rommel/Brück/Diederichs et al.* (1993), S. 23-36; *Meffert* (2000), S. 1044-1049. *Kluge/Stein/Kubasik et al.* (2006), S. 66-75.

109 Vgl. *Wildemann* (1993), S. 392; *Adam* (1998), S. 47.

110 Vgl. *Schmidt-Salzer* (1992), S. 1873-1875.

111 Vgl. *Becker* (1992), S. 172f.; *Fischer* (1993), S. 27-31; *Becker* (1993), S. 240; *Schulz* (1994), S. 133; *Kluge/Stein/Krubasik et al.* (1994), S. 40-42; *Bohne* (1998), S. 52; *Adam/Johannwill* (1998), S. 5; *Herrmann/Seilheimer* (2002), S. 647-677; *Krcal* (2005); S. 503-507.

größte Teil aus irreversiblen Gemeinkosten besteht, die sich im Nachhinein kaum merklich reduzieren lassen. Ein kurzfristiger Abbau ist somit nicht möglich.[112]

Aus den oben beschriebenen Begebenheiten ist festzuhalten, dass die nach tayloristischen Grundsätzen organisierten Produktionssysteme der Automobilhersteller mit ihrer Arbeitsteilung, der zentralen Steuerung und dem statisch abgestimmten Produktionsweg nicht über ausreichend Potenzial verfügten, die flexiblen und dynamischen Anforderungen des Käufermarktes zu erfüllen. Obendrein schafften die Automobilhersteller mit ihren Strategien der Angebotsausweitung völlig übertriebene Flexibilitätsanforderungen an die Produktion. Die Koordination eines solchen Produktportfolios führte zu einem Grad an Komplexität, der zum einen nicht ins tayloristische Ein-Produkt-Massenfertigungskalkül passte und der zum anderen von den Unternehmen nicht mehr koordinierbar war. Anhaltende Investitionen in zentrale Steuerungsmechanismen verschärften das Problem zusätzlich, da hiermit auf der einen Seite weitere Schnittstellen geschaffen wurden, die den Grad der Komplexität noch weiter ansteigen ließen, und auf der anderen Seite ein sprunghafter Anstieg irreversibler fixer Gemeinkosten zu verzeichnen war.

2.2.7 Neuorganisation der Automobilherstellung als Folge des Marktwandels

2.2.7.1 Reduktion von Komplexität und Koordinationsaufwand als Voraussetzung zur Lösung der Probleme

Als Folge aus den oben genannten Problemen verschlechterte sich für viele Automobilhersteller die wirtschaftliche Erfolgssituation in den 1990er Jahren dramatisch.[113] Viele Unternehmen waren in der Komplexitätsfalle gefangen. Das aus dem zu stark funktionsbezogenen Denken resultierende Angebot immerzu neuer, noch variantenreicherer Fahrzeuge, führte einerseits zu überproportional ansteigenden Komplexitätskosten, denen nur ungenügend zusätzliche Erlöse gegenüberstanden[114], und stellte andererseits die weiterhin tayloristisch organisierte Produktion vor unlösbare Koordinationsaufgaben.[115] Darüber hinaus kam erschwerend hinzu, dass der Markt weiterhin von hohen Überkapazitäten gezeichnet war und es seit den 1970er Jahren zum Eintritt asiatischer (hauptsächlich japanischer) Wettbewerber gekommen war, die im Ge-

---

112 Vgl. *Bain & Company* (2006), S. 4-9.

113 Vgl. *Meißner/Kisker/Bochum et al.* (1994), S. 1-20; *Ritter/Söhner* (1994), S. 365-366. S. 9-11; *Krcal* (2005), S.503-505; *Dietl/Royer/Stratmann* (2009), S. 444.

114 Vgl. *Rommel/Brück/Diederichs et al.* (1993), S. 23-36; *Meffert* (2000), S. 1044-1049; *Adam/Backhaus/Thonemann et al.* (2004), S. 169-205; *Kluge/Stein/Kubasik et al.* (2006), S. 65-74.

115 Vgl. *Womack/Jones/Roos* (1991); S. 25-53; *Adam* (1998), S. 24-99; *Adam/Backhaus/Thonemann et al.* (2004), S. 82-294.

gensatz zu den westlichen OEMs überaus erfolgreich am Käufermarkt agierten und daher schnell Marktanteile hinzugewannen.[116] Für die westlichen OEMs war es daher dringend erforderlich, Angebotsstrategie und Unternehmensorganisation so zu verändern, dass einerseits die Anforderungen des Käufermarktes zwar erfüllt werden konnten, andererseits aber der aus der Komplexität entstandene Steuerungs- und Koordinationsaufwand nicht unbeherrschbar wurde und irrationale Kosten verursachte.

Hierzu war es in einem Schritt grundlegend notwendig, das gesamte Produktportfolio hinsichtlich der verschiedenen Komplexitätsbeiträge transparent zu machen, d.h. zu überprüfen, welche Variante ganzheitlich betrachtet und unter Berücksichtigung von Komplexitätskosten einen positiven Erfolgsbeitrag leistet und welche nicht.[117] Darüber galt es sicherzustellen, inwieweit Unternehmensorganisation und Produktionsabläufe verändert werden konnten, so dass sich Komplexität und übertriebene Koordinationsanforderungen verringerten. Die OEMs waren gut beraten in ihrer Unternehmungsorganisation nach jenem Grad an Komplexität zu streben, bei dem die Komplexitätsgrenzkosten in etwa dem Komplexitätsgrenznutzen entsprachen.[118] Zur Lösung der beschriebenen Koordinationsschwierigkeiten, bedurfte es vor allem einer gezielten Verringerung der im gesamten Unternehmen aufgebauten zahlreichen Schnittstellen, die aus der hohen Arbeitsteilung der Massenfertigungsorganisation resultierten. Von zentraler Bedeutung ist hier eine funktionsübergreifende ganzheitliche Vorgehensweise. Die Organisation der Unternehmung im Allgemeinen und der Produktionsprozesse im Speziellen musste an die flexiblen und dynamischen Anforderungen des Käufermarktes angepasst werden. Eine Verringerung der verwendeten Teile, die Segmentierung und Flexibilisierung der Produktion sowie eine bewusst vorangetriebene Entkopplung und Vereinfachung bestehender Prozesse waren hierfür unabdingbar.[119]

Die Lösung zur Gestaltung einer solchen auf den Käufermarkt abgestimmten Unternehmensstruktur findet sich in Japan und basiert im Kern auf der Unternehmensorganisation der Toy-

---

116 Vgl. *Ritter/Söhner* (1994), S. 365-366; *Krcal* (2005), S. 503; zum Erfolg und Aufsteigen Toyotas vgl. *Becker* (2006), S. 11-34.

117 Ausschlaggebend war die Feststellung, dass Unternehmen mit weniger Varianten erfolgreicher waren, vgl. *Rommel/Brück/Diederichs et al.* (1993); S. 23-36; *Kluge/Stein/Kubasik et al.* (2006), S. 67.

118 Vgl. *Backhaus/Plinke* (1990), S. 21-24; *Adam* (1998), S. 53-56; *Möller* (2005), S. 139f; *Bain & Company* (2006), S. 4-9.

119 Vgl. *Adam* (1998), S. 52-63; *Meffert* (2000), S. 1049-1060.

ota Motor Corporation (Toyota).[120] Die hier existierenden Strukturen erhöhen die Flexibilität und Produktivität und unterziehen den gesamten Wertschöpfungsprozess einer ständigen Verbesserung. Toyota praktiziert eine ganzheitliche Unternehmensorganisation, die auf drei Grundphilosophien basiert. Zum ersten dem Total Quality Management (TQM),[121] zum zweiten dem Kaizen-Gedanken[122] und zum Dritten dem Lean Management. Durch diese drei Philosophien soll die betriebliche Reaktionsfähigkeit und Flexibilität angereichert werden und der Unternehmensoutput im Hinblick auf Zeit, Kosten und Qualität simultan verbessert werden. Für die ökonomische Analyse komplexer Lieferantenbeziehungen kommt an dieser Stelle der Philosophie des *Lean Managements* ausschlaggebende Bedeutung zu.

2.2.7.2 Lean Management auf Basis der MIT-Studie

Auf das Problem der mangelhaften Unternehmensorganisation nordamerikanischer und westeuropäischer Automobilhersteller wiesen 1990 explizit *Womack/Jones/Roo*s hin, die mit ihrem Buch „The Machine That Changed the World“[123] Erkenntnisse einer Studie des Massachusetts Institute of Technology (MIT) verarbeiteten und das japanische Konzept des „Lean Management“ herausarbeiteten.[124] Die Publikation verdeutlicht das Ergebnis, dass ausgewählte japanische Automobilhersteller ob ihrer „schlanken“ Organisation im Vergleich zu ihren westlichen Wettbewerbern in der Lage sind, Modellwechsel in merklich kürzerer Zeit (kürzere Durchlaufzeit und kürzere Produktentwicklung[125]), bei höherer Qualität[126], zu niedrigeren Kosten vorzunehmen und so für die Anforderungen des Käufermarktes besser gerüstet sind.[127]

Das Konzept des „Lean Managements“ zielt auf eine Verschlankung der Produktions-, Organisations- und Managementstrukturen. Im Großen und Ganzen versteht man darunter Änderungen in der Fertigungstechnik und vor allem der internen Arbeitsorganisation. Die Überlegungen sind darauf gerichtet, das Unternehmen insgesamt auf seine Kernbereiche auszurichten und zu beschränken, also eine sparsame Form der Massenproduktion zu schaf-

---

120 Vgl. *Womack/Jones/Roos* (1991), S. 53-77; *Becker* (2006).

121 Vgl. *Ritter/Söhner* (1994), S. 363-380; *Zink* (1994), S. 339-361; *Adam* (1998), S. 78-85.

122 Vgl. *Imai* (1989); *Adam* (1998), S. 65-78.

123 Vgl. *Womack/Jones/Roos* (1990).

124 *Womack/Jones/Roos* führen die Erfindung der Lean Production auf die zwei Japaner Eiji Toyoda und Taiichi Ohno der Toyota Motor Corporation zurück, Vgl. *Womack/Jones/Roos* (1991), S. 17.

125 Für die Konstruktion eines neuen Automodells benötigen Lean-Konstrukteure lediglich 1,7 Mio. Stunden, während die traditionelle Organisation drei Mio. Stunden braucht.

126 Nach einem Modellwechsel erreichen Lean-Produzenten schon nach 14 Tagen wieder die normale Produktqualität, traditionelle Hersteller hingegen brauchen ein Jahr.

127 Vgl. *Womack/Jones/Roos* (1991), S. 19, 56-58.

fen, in der „mit weniger mehr" erreicht wird.[128] Hierbei sind sämtliche Tätigkeiten zu unterlassen, die andere besser, günstiger und schneller können. Durch die Vergabe derartiger Tätigkeiten an spezialisierte Zulieferer werden zum einen Kosten gespart und zum anderen können die eigenen Ressourcen für die wenigen in Eigenverantwortung stehenden Tätigkeiten genutzt werden. Die verbleibenden Aktivitäten sind durch eine dezentrale und funktionsübergreifende Segmentierung der Produktion so zu organisieren, dass nur geringe Komplexität entsteht und die Koordinationsanforderungen überschaubar bleiben. Die gesamte Unternehmenssteuerung wird durch diese Vorgehensweise stark vereinfacht bzw. verschlankt. Das Problem übermäßig zu koordinierender innerbetrieblicher Schnittstellen entsteht so gar nicht erst.[129]

Für die vorliegende Arbeit sind vor allem die Überlegungen des Lean-Konzepts zum Komplexitätsabbau mittels *zwischenbetrieblicher* Arbeitsteilung von tragender Bedeutung. Die Idee, die Unternehmenskomplexität über eine Auslagerung von Wertschöpfungstätigkeiten auf Zulieferer zu verringern, war zwar nicht neu,[130] aber in diesem fundamentalen Ausmaß für die großen westlichen Automobilhersteller bislang eher fremd.[131] Während Toyota schon 1988 mit einer Fertigungstiefe von 27% auskam, wies General Motors bis in die 1990er Jahre einen Wertschöpfungsanteil von 70% aus.[132] Das Lean-Konzept führte zu zahlreichen Diskussionen in der Literatur, die der westlichen Automobilindustrie vermehrt eine Umstrukturierung ihres vertikalen Integrationsmanagements empfahlen.[133] Vereinfacht zusammengefasst sollten die Automobilhersteller ihren japanischen Konkurrenten folgen und eine ökonomische Grenze der bestmöglichen eigenen Wertschöpfung bestimmen. Alles darüber Hinausgehende sollte zukünftig über spezialisierte Zulieferer bezogen werden.

2.2.7.3 Strategie der Verringerung der Fertigungstiefe als Ausgangspunkt für komplexe Lieferantenbeziehungen

Vor dem Hintergrund steigender Erfolge japanischer Produzenten und den geschilderten Problemen der tayloristisch organisierten Produktionsprozesse reagierten die westlichen

---

128 Vgl. *Koschnitzki* (1994), S. 190f.

129 Vgl. *Womack/Jones/Roos* (1991), S. 56-71; *Sohn* (1993), S. 17-19, S. 71; *Koschnitzki* (1994), S. 189-196; *Adam* (1998), S. 88f.

130 Vgl. *Busch* (1966), S. 77-82.

131 Vgl. zur vertikalen Gruppierung von Lieferanten, in Japan als vertikales Keiretsu bezeichnet: *Sydow* (1992), S. 38-46; *Pfaffmann* (1998); *Picot/Dietl/Franck* (2002), S. 212-215.

132 Vgl. *Womack/Jones/Roos* (1991), S. 146f.

133 Vgl. z.B. *Helper* (1990); *Sohn* (1993); *Rommel/Brück/Diederichs et al.* (1993); *Gietzmann* (1996); *Dyer* (1996a; 1996b), *Pfaffmann* (1998).

Automobilhersteller auf die Anregungen des Lean-Konzepts. Der Grad der vertikalen Integration kam ebenso auf den Prüfstand wie Art und Umfang der zu Lieferanten unterhaltenen Beziehungen.[134] Hierbei wurde schnell deutlich, dass die von westlichen Herstellern bislang verfolgte Strategie einer hohen Fertigungstiefe unter den aktuellen Marktbegebenheiten nicht aufrecht erhalten werden konnte. Im Folgenden wurde die Zusammenarbeit mit zuliefernden Unternehmen intensiviert. Die Herstellung von Kraftfahrzeugen wurde durch die Auslagerung zentraler Funktionsbereichstätigkeiten an zuliefernde Unternehmen vollständig neu organisiert, die Bedeutung der Zulieferindustrie erhielt eine gravierende Aufwertung.[135]

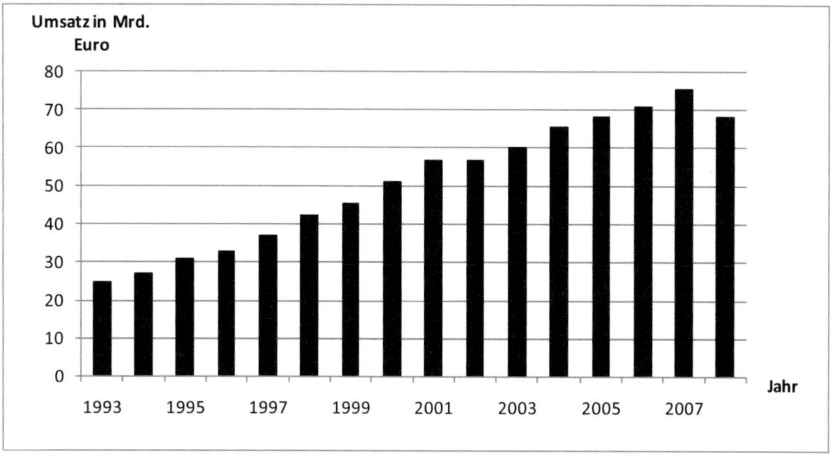

Quelle: VDA (2008), S. 76; VDA (2009), S. 68.

Abbildung 11: Entwicklung der Umsätze in der deutschen Automobilzuliefererindustrie in Mrd. Euro.

So entstanden künftig auch im Westen langfristige Kooperationen zwischen Automobilherstellern und Zulieferunternehmen. Die großen Automobilhersteller versuchten mittels umfangreicher Outsourcingstrategien die eigene Fertigungstiefe zu minimieren und so die Unternehmung gemäß dem Lean-Konzept zu verschlanken. Der daraus resultierende

---

134 Vgl. *Füll* (1995) in Handelsblatt vom 8.3.1995; *Homburg/Werner* (1998); S. 979-980; *Wintergerst/Welkner* (2007), S. 938-940 *VDA* (2007), S. 9; *Krcal* (2008), S. 787-793.

135 Vgl. *Sydow* (1992), S. 20.

„Paradigmenwechsel“[136] in der westlichen Automobilindustrie führte zu einer bis heute andauernden Verlagerung von Wertschöpfungsaktivitäten auf die Automobilzulieferer.[137]

Seit 1993 haben sich infolgedessen die Umsätze der deutschen Automobilzuliefererindustrie nahezu verdreifacht (vgl. Abbildung 11). Die Art und Ausgestaltung dieser langfristigen und umfangreichen Zusammenarbeit in der Automobilindustrie beinhaltet zahlreiche Hintergründe und Fragestellungen und wird in der vorliegenden Arbeit als **komplexe Lieferantenbeziehung** verstanden, die den Ausgangspunkt der weiteren ökonomischen Analyse bildet.

2.2.8 Gegenwärtige Beobachtungen und empirische Untersuchungen zur strategischen Ausrichtung der Automobilhersteller und Art und Umfang auszulagernder Tätigkeiten

Bei Betrachtung vorliegender Studien lässt sich feststellen, dass ein Großteil der Ergebnisse, die Kernkompetenzen der Automobilhersteller in der Aufrechterhaltung und dem Ausbau der eigenen Marke, einer wirkungsvollen Gestaltung des Produktprogramms und der Koordination der Zulieferkette sieht. Bezüglich der Wertschöpfung zielen strategische Empfehlungen und Studienergebnisse auf eine radikale Verringerung der eigenen Fertigungstiefe und der höchstmöglichen Verlagerung von Wertschöpfungsaktivitäten auf Automobilzulieferer.[138] Abbildung 12 verdeutlicht für ausgewählte Wertschöpfungsaktivitäten die prognostizierte Verlagerung in der Verteilung der Fertigungstiefe bis 2015. Die strategische Idee zielt im Kern darauf, die Produktionstätigkeiten der Automobilhersteller auf reine Montagetätigkeiten zu beschränken. Durch die Auslagerung umfassender Wertschöpfungsaktivitäten und den Bezug extern entwickelter, gefertigter und „just in time“ gelieferter Teile sollen Kosten (aus Lagerung und Produktion) sowie Entwicklungs- und Produktionszeiten gesenkt und die Qualität erhöht werden.[139] Der Automobilhersteller ist zudem durch den Abbau interner Komplexität in der Lage, seine personellen und materiellen Kapazitäten auf seine Kernkompetenzen zu fokussieren und seine Wettbewerbsvorteile auszubauen.

---

136 Vgl. *Meißner/Kisker/Bochum* et al. (1994), S. 9.

137 Vgl. für heutige Integrationsgrade von ausgewählten OEMs *Dietl/Royer/Stratmann* (2009), S. 447-449.

138 Vgl. *Sydow* (1992), S. 20f.; *Mercer Management Consulting/Fraunhofer Institut* (2004), S. 18-26; *BIC* (2004), S. 3-7; *Gierl/Gehrke* (2004), S. 203-210; *VDA* (2008), S. 78f.; *Krcal* (2008), S. 787; *Dietl(Royer/Stratmann* (2009), S. 444.

139 Vgl. *Sydow* (1992), S. 20-21; *Sohn* (1993), S.103-108; *KPMG* (2008a), S. 3-10.

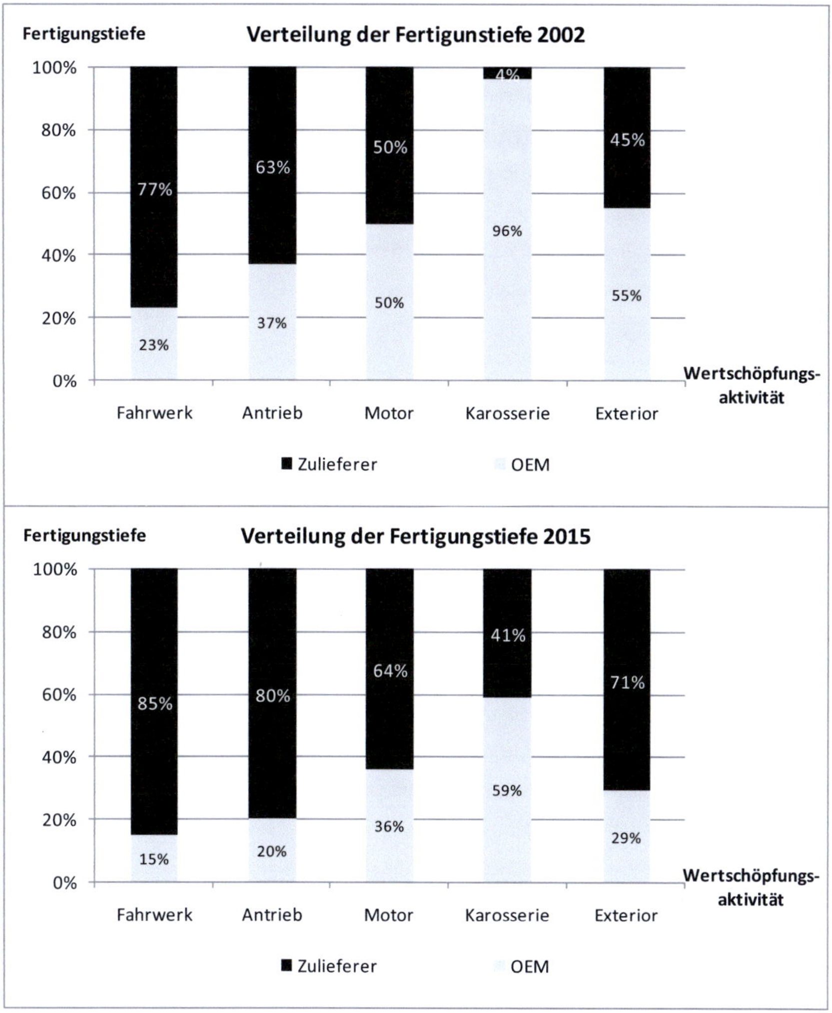

Quelle: Mercer Management Consulting/Fraunhofer Institut (2004), S. 21.

Abbildung 12: Prognostizierte Verlagerung der Wertschöpfung von 2002 bis 2015

2.2.9 Begründung von Komplexität in den Lieferantenbeziehungen

Die Überlegung, den internen Komplexitäts- und Koordinationsaufwand durch die Auslagerung wesentlicher Wertschöpfungsaktivitäten auf Zulieferer abzubauen, ist allerdings noch weiter zu konkretisieren. Die Produktion eines Automobils umfasst durchschnittlich etwa 10.000 verschiedene Teile.[140] Bezieht ein Automobilhersteller den Großteil dieser Teile nun von externen Lieferanten, mag in einem ersten Schritt zwar die Produktionskomplexität sinken. Ist die Auslagerung aber derart ausgeprägt, dass eine Koordination und Integration all dieser überbetrieblich gefertigten und gelieferten Teile in den Montageprozess erforderlich wird, wird sich die Komplexität für den OEM insgesamt kaum verändern, da zu koordinierende Schnittstellen nur von intern nach extern verschoben wurden. Der ökonomische Nutzen der Outsourcing-Strategie ist in dieser Form zunächst anzuzweifeln.

Von zentraler Bedeutung ist daher die Überlegung, die Auslagerung der Wertschöpfungsaktivitäten zwar im genannten Umfang vorzunehmen, den Bezug allerdings in maximaler Aggregation über wenige 1st-Tier Supplier nachzufragen, den allgemeinen Gedanken des Outsourcing also zum *modular sourcing* und *single sourcing* zu erweitern und zu spezialisieren.[141] Eine direkte Schnittstelle besteht dabei möglichst nur zum 1st-Tier Supplier, der sämtliche mit der Produktion eines ganzen Moduls bzw. Systems verbundenen Wertschöpfungstätigkeiten und Teileintegration für den OEM übernimmt. Hieraus begründet sich die in Abschnitt 2.1 beschriebene Zulieferpyramide.[142] Eine solche Vorgehensweise minimiert die direkten überbetrieblichen Schnittstellen der Arbeitsteilung des Automobilherstellers. Die Organisation und Durchführung des Montageprozess und die Koordination der Lieferanten wird so entsprechend vereinfacht. Es ist festzuhalten, dass der Automobilhersteller isoliert betrachtet dann Komplexität abbauen kann, wenn durch modular sourcing und single sourcing mehr interne Schnittstellen abgebaut werden können, als durch die überbetriebliche Interaktion nun extern neu zu koordinieren sind. Die Automobilhersteller, die an der Spitze der Pyramide der Automobilherstellung stehen, stehen trotz allem vor der Aufgabe, die effiziente Zusammenarbeit der Wertschöpfungskette insgesamt sicherzustellen, da sie das Endprodukt an den Kunden erfolgreich vermarkten und schließlich verantworten müssen.

Die Automobilherstellung insgesamt kann durch den Einbezug zuliefernder Unternehmen nicht vereinfacht werden, da extern mehr Schnittstellen neu geschaffen werden, als intern beim OEM abgebaut werden. Dass ein Komplexitätsabbau für den OEM isoliert betrachtet ermöglich wird, liegt ausschließlich daran, dass der 1st-Tier Supplier große Teile der über-

---

140 Vgl. *Womack/Jones/Roos* (1991), S. 63; 145.

141 Vgl. *Sydow* (1992), S. 20-21; zu Überlegungen zur Festlegung der optimalen Anzahl Zulieferer: *Ruiz-Torres/Mahmoodi* (2007), S. 104-113.

142 Vgl. Abschnitt 2.1. die Definition zu modular sourcing und Zulieferpyramide

betrieblichen Koordinationsanforderungen übernimmt. Die Koordination nachgelagerter Stufen steht dabei nicht im Fokus dieser Arbeit, sondern die Frage, wie die Zusammenarbeit zwischen OEM und 1st-Tier Supplier zu koordinieren ist, d.h. welche Art und Ausprägung die Zusammenarbeit annehmen muss, um die überbetriebliche Arbeitsteilung zu ermöglichen. Hierbei gilt zu beachten, dass der externe Leistungsbezug nur dann zustande kommen wird, wenn der Fremdbezug im Vergleich zur internen Leistungserstellung aus ökonomischer Betrachtung für den OEM vorteilhaft ist.

Unter Berücksichtigung des Umfangs der ausgelagerten Wertschöpfungsaktivitäten lässt die Interaktion diverse individuelle Anreize und damit Interessenskonflikte vermuten. Die dabei existierenden Motive gilt es im Folgenden grundlegend zu analysieren um die Form der Zusammenarbeit theoretisch fundiert zu bestimmen. Da die Lieferantenbeziehungen von erheblichem wirtschaftlichem und materiellem Umfang geprägt sind, begleiten die Interaktion vielschichtige Fragestellungen und zu koordinierenden Schnittstellen, die organisiert werden müssen. Es ist daher ein nicht zu unterschätzender Komplexitätsgrad zwischen OEM und 1st-Tier Supplier anzunehmen, deren Koordinationsanforderungen es im Folgenden zu analysieren gilt.

2.3 Wesentliche ökonomische Motive von Automobilherstellern und -zulieferern für die überbetriebliche Zusammenarbeit

2.3.1 Motive der Automobilhersteller für die Nachfrage nach einem Lieferanten

2.3.1.1 Grundsätzliche Motivation

Von der Verringerung der Fertigungstiefe und der Auslagerung wertschöpfender Tätigkeiten an zuliefernde Unternehmen versprechen sich Automobilhersteller bis heute vor allem strategische Vorteile. Wie in Abschnitt 2.2 erläutert, bindet unter den Begebenheiten des Käufermarktes eine zu große Leistungstiefe in erheblichem Ausmaß Managementkapazitäten und Kapital und führt zu ineffektiver Bürokratisierung und unüberschaubarem Schnittstellenmanagement. Die Verschlankung der Unternehmung durch Outsourcing soll neben der Lösung interner Komplexitäts- und Koordinationsprobleme auch die dargestellten strategischen Erfolgsfaktoren Kosten, Zeit und Qualität nachhaltig verbessern. Mithilfe des Outsourcings sollen geringere Lagerhaltungen, kürzere Produktions- und Entwicklungszeiten, zunehmende Flexibilisierung der Fertigung und Verbesserung in Beschaffung, Logistik und Qualität die strategischen Erfolgsfaktoren simultan verbessern. Hierdurch sollen gegenüber anderen OEMs nachhaltige Wettbewerbsvorteile generiert werden.[143]

Für die Entscheidungsfindung, ob gewisse Aktivitäten selber ausgeübt (make) oder von Lieferanten fremdbezogen (buy) werden sollen und der damit verbundenen Bestimmung eines rationalen Integrationsgrades der Automobilherstellung, ist von den OEMs eine klassische „make-or-buy"-Analyse[144] durchzuführen. Hierbei entstehen zwei zentrale Fragen:

(1) Wie sind Wertschöpfungsaktivitäten abzugrenzen und welche dieser Aktivitäten sind grundsätzlich zur Fremdvergabe geeignet?

(2) Was sind die maßgeblichen Motive für eine „buy" Entscheidung?

Für die Bearbeitung der ersten Frage wird im Folgenden auf die Wertketten-Überlegungen von *Porter*[145] zurückgegriffen (Abschnitt 2.3.1.2), die zweite Frage soll unter Anwendung der Transaktionskostentheorie[146] (Abschnitt 2.3.1.3) beantwortet werden.

2.3.1.2 Wertkettenanalyse nach Porter

2.3.1.2.1 Abgrenzung und Steuerung von Wertschöpfungsaktivitäten

Um potentiell auszulagernde Teile oder Tätigkeiten zu bestimmen, bedarf es zunächst einer Analyse der gesamten Wertschöpfung des Unternehmens. Da im Hinblick auf das steigende Angebot von Fahrzeugvarianten und dem zunehmenden Innovationsdruck, Umfang und Ausprägung der Wertschöpfung in der Automobilherstellung stark angestiegen sind, lässt sich eine solche Analyse nicht vornehmen, wenn die Unternehmung als Ganzes betrachtet wird. *Porter* schlägt vor, durch eine strukturierte Aufteilung des Wertschöpfungsbeitrags eines Unternehmens dieses Problem zu lösen. Hierbei wird die Wertschöpfung der Unternehmung einer individuellen Wertkette gleichgesetzt, die wiederum durch vor- und nachgelagerte Wertketten von Lieferanten und Abnehmern in die gesamte Wertschöpfung der Ausgangsleistung (Automobilproduktion) eingebunden ist. Die Wertkette wird in *Wertaktivitäten* mit integrierten *Gewinnspannen* unterteilt. Bei der Wertkette der Automobilhersteller soll aufgrund der

---

143 Vgl. *Sydow* (1992), S. 20f.; *Gietzmann* (1996); S. 611-615; *Scholtissek/Eckert* (2005), S. 222-227; *Wintergerst/Welkner* (2007), S. 938-940; *Krcal* (2008), S. 787f.

144 Vgl *Bichler/Krohn* (2001), S. 48-59; *Paulson* (2006), S. 37-40; vgl. *Kruschwitz* (1971), S.14-29.

145 Vgl. *Porter* (1996, 1999).

146 Vgl. ähnliche Vorgehensweise bei *Fussan/Klepper* (2007), S. 588-614; *Wintergerst/Welkner* (2007), S. 938-954.

finalen Erstellung und des Verkaufs des Endprodukts von der *primären Wertkette* gesprochen werden. Die gesamte Wertschöpfung wird dadurch vom Automobilhersteller dominiert.

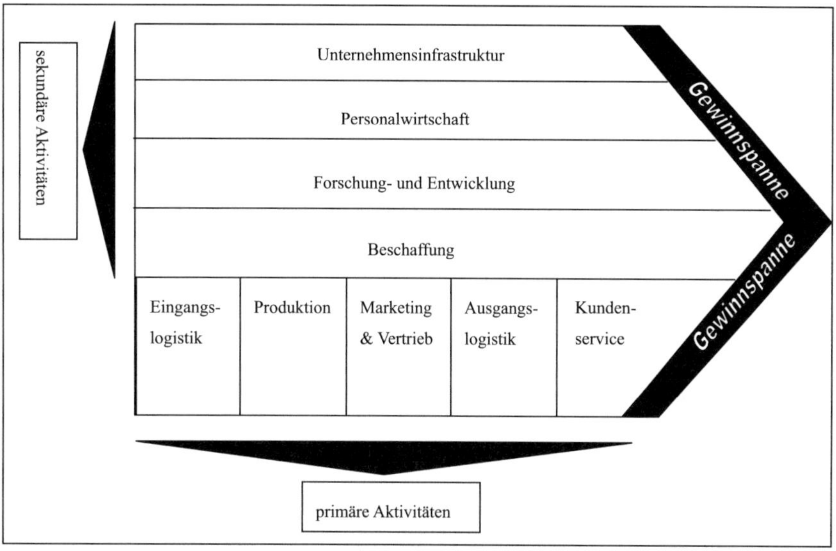

Quelle: In Anlehnung an Porter (1996), S. 62.

Abbildung 13: Wertkette nach Porter

Porter definiert die Hilfsgrößen der Wertekette wie folgt: „*Wertaktivitäten* sind die physisch und technologisch unterscheidbaren, von einem Unternehmen ausgeführten Aktivitäten. Sie sind die Bausteine, aus denen das Unternehmen ein für seine Abnehmer wertvolles Produkt schafft. Die *Gewinnspanne* ist die Differenz aus dem Gesamtwert aller in der Wertkette enthaltenen Aktivitäten und der Summe der Kosten, die durch die Ausführung der einzelnen Wertaktivitäten entstanden ist.“[147] Abbildung 13 zeigt typische primäre und sekundäre Aktivitäten einer Wertekette.

Die primären Aktivitäten verkörpern dabei Tätigkeiten, die unmittelbar mit der Produktion und dem Vertrieb eines Produktes verbunden sind, während die sekundären Aktivitäten unterstützend auf die primären Aktivitäten wirken. Die Aktivitäten sind zur weiteren Überprüfung soweit wie möglich weiter aufzugliedern. Für die weitere Analyse fordert Porter nun für jede

[147] Vgl. *Porter* (1996), S. 59-92.

abtrennbare Aktivität einen Wert zu bestimmen und diesen mit den insgesamt für die beobachtete Aktivität anfallenden Kosten zu vergleichen. Der Wert ergibt sich aus dem Abnehmernutzen, der vereinfacht dem Betrag entspricht, den ein Abnehmer für die Tätigkeit bereit ist zu zahlen. Im Folgenden sollen sämtliche Wertschöpfungsaktivitäten so gesteuert werden, dass

(1) ein Wertbeitrag entsteht, der zu einer Gewinnspanne führt, also wo der Wert über den anfallenden Kosten liegt, und

(2) Wettbewerbsvorteile realisiert werden, d.h. die Tätigkeit kostengünstiger generiert werden kann und/oder zu höherem Abnehmernutzen führt, als dies der Konkurrenz gelingt.[148]

2.3.1.2.2 Allgemeine Identifikation auszulagernder Wertschöpfungsaktivitäten

Schritt 1: Relevante Wertschöpfungstätigkeiten identifizieren

Mit Hilfe einer strategischen Kostenanalyse und proaktiver strategischer Kostenplanung sollen die relevanten Wertschöpfungsaktivitäten des Unternehmens identifiziert und auf ihren Wertbeitrag überprüft werden.[149] Vereinfacht führen Porters Überlegungen übertragen auf die Automobilhersteller zu folgender sukzessiven Vorgehensweise:

Die Automobilhersteller müssen in einem ersten Schritt ihre Wertkette nach physisch und technologisch unterscheidbaren Aktivitäten unterteilen.[150] Vor dem Hintergrund einer ganzheitlichen Denkweise bietet sich hier eine prozessorientierte Vorgehensweise nach chronologischem Ablauf an, die den Wertschöpfungsprozess eines Automobils insgesamt erfasst. Hierbei beginnt die Wertschöpfung mit strategischer Planung im Vorfeld und geht über Forschungs- und Entwicklungsaktivitäten über zur Serienfertigung und schließt mit dem Vertrieb des Endprodukts, wobei sich jede dieser Phasen wiederum in einzelne Aktivitäten unterteilen lässt (vgl. Abbildung 14).

Schritt 2: Zuordnung von Kosten und Abnehmernutzen zu den Wertschöpfungstätigkeiten

Den identifizierten Wertschöpfungsaktivitäten müssen in einem zweiten Schritt Kosten und Abnehmernutzen zugeordnet werden. Die Zuordnung und Bemessung dieser Parameter ist dabei typischerweise nicht unproblematisch. Bei den Kosten fällt nicht nur der verursachungsgerechten Zuordnung von Gemeinkosten und der Vermeidung von Quersubven-

---

148 Vgl. *Porter* (1996), S. 59-92.

149 Vgl. *Porter* (1996), S. 93-163; *Porter* (1999), S. 379-404; *Ehrmann* (2005), S.73-76; *Wildemann* (2007).

150 Vgl. *Amponsem/Bauer/Gerpott et al.* (1996), S. 219-225.

tionierung eine wichtige Bedeutung zu. Es kommt vor allem darauf an, die Kosten der unternehmensinternen Organisation der Leistungserstellung bei Arbeitsteilung (interne Transaktionskosten) richtig einzuschätzen.[151] Für die Bemessung des Abnehmernutzens greift allein ein (fiktiver) Teilpreis oft zu kurz, da die Bedeutung nachhaltiger qualitativer Aspekte wie Kundenservice und -zufriedenheit, technischer Fortschritt, Marktsegmentpräsenz etc. ebenfalls eine tragende Rolle spielen kann und schwer zu quantifizieren ist.

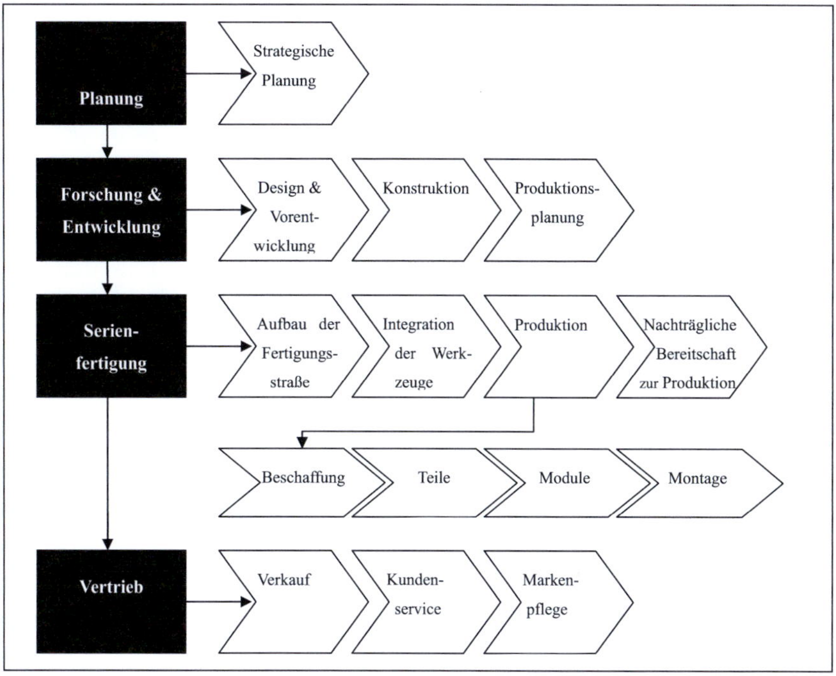

Quelle: In Anlehnung an KPMG (2008c), S. 11.

Abbildung 14: Wertaktivitäten der ganzheitlichen Automobilherstellung

Schritt 3: Strategische Evaluation der Wertschöpfungsaktivitäten

Im dritten Schritt ist schließlich jede identifizierte Wertschöpfungsaktivität anhand der zugeordneten Kosten und des Abnehmernutzens auf ihren Wertbeitrag zu überprüfen und etwaige Verbesserungen sind zu analysieren. Hierbei ist zunächst allgemein festzustellen, ob die

151 Vgl. *Fritsch/Wein/Ewers* (2005), S. 12-13.

Aktivität eine Gewinnspanne aufweist und/oder einen Wettbewerbsvorteil beinhaltet. Grundsätzlich ist davon auszugehen, dass das analysierende Unternehmen über Fähigkeiten verfügt, bestimmte Tätigkeiten besonders effizient durchzuführen. In Anlehnung an Abbildung 14 beziehen sich diese Fähigkeiten typischerweise auf Tätigkeiten innerhalb der Planung, Forschung & Entwicklung, Serienfertigung und Vertrieb eines Automobils. Führt eine Fähigkeit gleichzeitig zu einer übermäßigen Gewinnspanne und einem Wettbewerbsvorteil wird allgemein von einer *Kernkompetenz* gesprochen.[152]

Wenn die Evaluation einen positiven Wertbeitrag ausweist, ist die Aktivität beizubehalten und auf Verbesserung zu überprüfen, bei einem negativen Wert sollten Veränderungsüberlegungen durchdacht bzw. die Entfernung der Aktivität erwogen werden.[153] Eine Verbesserung der Kosten- und Nutzenstruktur kann zum einen über interne Maßnahmen und zum anderen über Outsourcing erfolgen. Für die weitere Analyse sind ausschließlich Möglichkeiten des Outsourcings zu beurteilen. Kernkompetenzen verbleiben automatisch im Unternehmen, da diese nicht besser extern getätigt werden können. Auf den Prüfstand des eventuellen Fremdbezugs kommen damit grundsätzlich alle Aktivitäten, bei denen es sich nicht um Kernkompetenzen handelt.[154]

2.3.1.3 Transaktionskostentheoretische Einflussfaktoren auf die Motivation zur Verringerung der Fertigungstiefe

2.3.1.3.1 Allgemeine Kriterien für eine make-or-buy Entscheidung

Vereinfacht ist anzunehmen, dass Unternehmen bei einer (nach oben genannter Vorgehensweise) ausgewählten Wertschöpfungsaktivität immer dann den Fremdbezug der Eigenfertigung vorziehen werden, wenn diese Entscheidung eine bessere Ausprägung der Kosten (K) und/oder des Abnehmernutzen (AN) ausweist und dementsprechend zu einem höheren

---

152 Vgl. *Hamel/Prahalad* (1990), S. 79-91; Für die Identifikation einer Kernkompetenz schlagen Prahalad und Hamel drei Tests vor: (1) Kernkompetenzen haben das Potential, den Zugang zu einer Vielzahl von Märkten zu ermöglichen, (2) Kernkompetenzen sollten einen wesentlichen Beitrag zum wahrgenommenen Kundennutzen des Endproduktes haben und (3) Kernkompetenzen sollten von der Konkurrenz schwierig zu kopieren sein. Vgl. *Amponsem/Bauer/Gerpott et al.* (1996), S. 219-225; *Bain & Company* (2006), S. 4-9; zudem für einen Überblick die Untersuchung von *Bain & Company* (o.J.), „Die Kraft aus dem Kern."

153 Vgl. *Bain & Company* (2007a), S. 4-9.

154 Kritisch zum Kernkompetenzen Ansatz äußert sich *Raub* (1998), S. 290-293.

Wertbeitrag (WB) der betrachteten Aktivität führt, also wenn der Wertbeitrag eines Fremdbezug (WB_{FB}) eine höhere Ausprägung besitzt, als der Wertbeitrag aus Eigenfertigung (WB_{EF}). Die Überlegung führt zu folgender Beziehung:

WB = fiktiver für die Teilaktivität entrichteter Endkundenpreis (EP) – Kosten (K) → MAX

Da hier vereinfacht unterstellt wird, dass der fiktive Endkundenpreis (EP) dem Abnehmernutzen (AN) entspricht, ergibt sich: $WB = AN - K \rightarrow MAX$

Betrachtet man die Wertbeiträge beider Möglichkeiten, ergibt sich eine positive Fremdbezugsentscheidung grundsätzlich immer dann, wenn gilt:

$$WB_{EF} = (AN_{EF} - K_{EF}) < WB_{FB} = (AN_{FB} - K_{FB})$$

Da der Abnehmernutzen die in Geldeinheiten bemessene Zahlungsbereitschaft des Endkunden für die Wertschöpfungsaktivität widerspiegelt, gibt es keinen inhaltlichen Unterschied in der Zusammensetzung des Parameters bei Eigenfertigung oder Fremdbezug. Vor- und Nachteile lassen sich über eine höhere bzw. niedrigere Ausprägung der jeweils gültigen Komponente (bspw. technischer Fortschritt, Funktionalität, Qualität etc.) identifizieren und determinieren entsprechend die Höhe der Zahlungsbereitschaft. Dabei ist durchaus der Fall denkbar, dass die Vorteilhaftigkeit eines Fremdbezugs ($WB_{FB} > WB_{EF}$) ceteris paribus aus einem - extern - höher geschaffenen Abnehmernutzen resultiert, bspw. wenn beim externen Bezug einer Wertaktivität bestimmte Komponenten aufgrund größerer externer Fähigkeiten besser ausgeprägt sind.

Die Betrachtung eines divergierenden Abnehmernutzens einer alternativen Wertschöpfungsaktivität wird allerdings an dieser Stelle vereinfacht allein unter Kostenaspekten fortgeführt. Diese Vorgehensweise führt deshalb nicht zu Vollständigkeitsverlusten, da im Zentrum der make-or-buy Analyse die Saldogröße Wertbeitrag (WB) steht und somit der Fall verbesserter externer Fähigkeiten ebenso durch die Annahme korrespondierender geringerer Kosten dargestellt werden kann. Insofern wird, auch aus didaktischen Gründen, in folgenden mathematischen Überlegungen der Abnehmernutzen einer Wertschöpfungsaktivität als konstante Größe betrachtet, und die aus Fähigkeiten resultierenden Vorteile ausschließlich unter Annahmen über die (geringere) Ausprägung des Teilebezugspreises (K_{TP}) analysiert.[155]

2.3.1.3.2 Relevanz von Transaktionskosten für die Entscheidungsfindung zur Verringerung der Leistungstiefe

Im Unterschied zum Abnehmernutzen soll die Zusammensetzung der Kosten umfassender geprüft werden. Hier ist es wichtig die Kostenkomponenten *vollständig* und *genau* zu berücksichtigen. Wird die „make-or-buy“-Analyse ausschließlich auf Abwägung klassischer (variabler und fixer) Produktionskosten mit dem für Fremdbezug zu zahlenden Teilepreis vorgenommen, führt das Ergebnis in der Regel nicht zu einer rationalen Entscheidungsempfehlung.[156] Wenn die Organisation einer Wertschöpfungsaktivität über den Markt (*Organisationsform Markt*) durch fremde Dritte erfolgen soll, ist es unbedingt erforderlich, nicht nur den Preis für die Erlangung des Gutes in die Analyse mit einzubeziehen, sondern auch die mit dem Erwerb über den Markt verbundenen (externen) Transaktionskosten.[157]

Transaktionskosten charakterisieren allgemein jene Kosten, die durch Organisation und Koordination arbeitsteiliger Aufgabenerfüllung anfallen.[158] Transaktionskosten sind demzufolge auch bei interner Leistungserstellung (*hierarchische Organisation*) zu beobachten.[159] Analog sind daher bei einer Überlegung der Eigenherstellung unter hierarchischer Organisation auch jene (internen) Transaktionskosten zu berücksichtigen, die den in Abschnitt 2.2.6 dargestellten Komplexitätskosten entsprechen und im Wesentlichen den Aufwendungen zur Koordination der zahlreichen internen Schnittstellen entstammen. Für die Transaktionskosten der internen Leistungserstellung soll im Folgenden daher von *Komplexitätskosten* gesprochen werden.

Die bei der Inanspruchnahme eines Marktes anfallenden externen Transaktionskosten (im Folgenden nur *Transaktionskosten*) setzen sich allgemein aus Kosten für *Anbahnung*,

---

155 Die Überlegung resultiert aus der Annahme, dass eine Partei aufgrund höherer Fähigkeiten in der Lage sein wird, einen konstant betrachteten Abnehmernutzen zu geringeren Kosten herzustellen.

156 Vgl. *Picot* (1991), S. 340-342; *Wintergerst/Welkner* (2007), S. 939-944.

157 Vgl. *Fussan/Klepper* (2007), S. 591-601.

158 Grundlegend zu Transaktionskosten: *Coase* (1937) und *Williamson* (1975, 1985).

159 Zu den Begriffen des Marktes und der Hierarchie weiterführend: *Sydow* (1992), S. 98f.

Vereinbarungen, Abwicklungen, Kontrolle und *Anpassung* zusammen.[160] Die ursprünglich gezeigten Zusammenhänge verändern sich wie folgt:

$WB = AN - K \rightarrow MAX$

$WB_{EF} = AN_{EF} - K_{EF}$ $\quad$ $WB_{FB} = AN_{FB} - K_{FB}$

K_{EF} = Produktionskosten K_P + interne Komplexitätskosten K_{iK}

K_{FB} = Teilebezugspreis K_{TP} + Transaktionskosten K_{TK}

K_{TK} = Anbahnungskosten K_{AB} + Vereinbarungskosten K_{VB} + Abwicklungskosten K_{AW} + Kontrollkosten K_{KO} + Anpassungskosten K_{AP}

$WB_{EF} = AN_{EF} - K_P - K_{iK}$ $\quad$ $WB_{FB} = AN_{FB} - K_{TP} - K_{TK}$

Rational handelnde Akteure werden sich nun stets für jene Organisationsform (Markt oder Hierarchie) entscheiden, die ceteris paribus aufgrund ihrer geringeren Kosten zu einem höheren Wertbeitrag führt.

2.3.1.3.3 Einflussfaktoren auf Höhe und Gewicht von Transaktionskosten

2.3.1.3.3.1 Überblick

Unter Anwendung der Transaktionskostentheorie auf die hier betrachtete Zusammenarbeit zwischen Automobilhersteller und –zulieferer, bestimmen sich Höhe und Gewicht der Transaktionskosten primär durch das latente Opportunismuspotenzial einer Transaktion. Die Möglichkeit des Opportunismus ist eine zentrale Verhaltensannahme ökonomischer Theorien und konkretisiert im Wesentlichen die Annahme individueller Nutzenmaximierung in der Interaktion mit anderen Wirtschaftssubjekten.[161] Dabei wird allgemein angenommen, dass ein Akteur einer Interaktionsbeziehung seine Interessen auch zum Nachteil des anderen ausüben kann, und dass soziale oder gar ethische Normen ein solches Vorgehen nicht grundsätzlich verhindern.[162] Demzufolge kann auch angenommen werden, dass sich in einer Interaktion beide Seiten der Möglichkeit des opportunistischen Verhaltens der Gegenseite ex-ante be-

---

160 Vgl. hier: *Fritsch/Wein/Ewers* (2005), S. 6-19; *Picot* (1991), S. 344; vgl. konkret zu Transakionskosten des Outsourcing Prozesses *Wintergerst/Welkner* (2007), S. 944-949; vgl. ferner zu Transaktionskosten aus der Sicht des Kunden: *Posselt/Gensler* (2000), S. 182-198.

161 Die Ausprägung der im Wesentlich von Williamson eingeführten Opportunismus-Annahme ist in der Literatur umstritten, vgl. *Moschandreas* (1997), S. 39-57; *Burr* (2003), S. 115.

162 Vgl. *Picot/Dietl/Franck* (2002), S. 37-39 und S. 70.

wusst sind, etwaige negative Folgen fürchten und daher (ex-ante und ex-post) Anstrengungen unternehmen werden, die Opportunismusgefahr zu minimieren bzw. ganz auszuschließen. Es liegt auf der Hand, dass derlei Aktionen Kosten verursachen, die allesamt in die Kategorie der Transaktionskosten einzuordnen sind. Allgemein gilt für Transaktionen daher, dass mit steigender *Furcht vor Opportunismus* auch die Transaktionskosten aus Anbahnung, Vereinbarungen, Abwicklungen, Kontrollen und Anpassungen steigen werden. Dabei ist hier zu klären, welche Faktoren auf die Furcht vor Opportunismus bedeutenden Einfluss nehmen. An dieser Stelle wird die Transaktionskostentheorie speziell auf die hier behandelte Problemstellung angewendet und von nicht benötigten Teilen der Grundlagentheorie abstrahiert.[163] Für die vorliegende Arbeit sollen vier bedeutende Einflussfaktoren aufgezeigt werden, unterteilt in Rahmenbedingungen und Transaktionseigenschaften.

2.3.1.3.3.2 Rahmenbedingungen

Abhängigkeit

Eine Transaktion wird umso mehr Furcht vor opportunistischem Verhalten auslösen, je höher der Grad an Abhängigkeit zwischen den beiden Transaktionspartnern ausfällt. Der Grad an Abhängigkeit wird vereinfacht davon beeinflusst, in welchem Ausmaß der wirtschaftliche Erfolg eines Teilnehmers von einem reibungslosen Verlauf der Interaktion beeinflusst wird. Verfügt ein OEM beispielsweise nur über einen Motorlieferanten, hängt der gesamte wirtschaftliche Erfolg des OEM von der Zuverlässigkeit des Lieferanten ab. Der OEM wird in einer solchen Situation fürchten, dass der Motorlieferant sich die Abhängigkeit (opportunistisch) zu Nutzen macht, z.B. durch die einseitige Durchsetzung höherer Preise mittels der Drohung eines Beziehungsabbruchs. Der OEM wird daher Anstrengungen unternehmen die Opportunismusgefahr ex-ante auszuschließen (durch entsprechende Vereinbarungen oder Gegenmaßnahmen wie den Einbezug weiterer Lieferanten). Zusammenfassend kann festgehalten

163 Für eine vollständige und allgemeine Darstellung der klassischen Transaktionskostentheorie sei auf die Arbeiten von *Coase* (1937) und *Williamson* (1975, 1986) sowie für einen aktuellen Überblick beispielhaft auf *Picot/Dietl/Franck* (2002), S. 67-85 verwiesen. Die nach der hier vertretenen Auffassung in weiten Teilen berechtigte Kritik an der Transaktionskostentheorie ist u.a. bei *Sydow* (1992), S. 145-168, bei *Goshal/Moran* (1996), S. 13-47 und in der Arbeit von *Burr* (2003), S. 112-134 umfassend aufgearbeitet. Nichtsdestotrotz haben die Grenzen der Transaktionskostentheorie keinen maßgeblichen Einfluss auf die hier verfolgte Vorgehensweise.

werden, dass die Transaktionskosten mit steigender Abhängigkeit einer Transaktion höher ausfallen werden.[164]

Unsicherheit:

Unsicherheit ist allgemein mit einem (ex-ante bestehenden) *Informationsdefizit* gleichzusetzen, und zwar einerseits darüber wie sich die umweltlichen Rahmenbedingungen und Eigenschaften einer Transaktion (ex-post) im Zeitablauf entwickeln werden, und andererseits darüber, wie sich der gegenparteiliche Transaktionspartner auf derartige unvorhergesehene Veränderungen verhält. Unvorhergesehene Veränderungen (z.B. in Qualität, Kosten, benötigte Mengen etc.) kann u.U. der Gegenseite (ex-post) einseitige opportunistische Verhaltensspielräume ermöglichen, die aufgrund von Informationsdefiziten in den ex-ante geregelten Vereinbarungen nicht ausreichend bedacht wurden und gegen die sich die geschädigte Seite aufgrund entstandener Abhängigkeit kaum wehren kann. Ein solcher Fall wird in der Principal-Agent Theorie als *Hold-up* diskutiert.[165] Liegt Unsicherheit als Rahmenbedingung einer Transaktion vor, werden die Parteien transaktionskostenlastige Anstrengungen unternehmen, um mögliche negative Folgen im Vorfeld über Vereinbarungen auszuschließen. Die Unsicherheit über potentielle Veränderungen wird dann problematisch, wenn ex-ante zu schließende Vereinbarungen als ungenügend qualifiziert werden und eine Vereinbarungen entweder gar nicht zustande kommt oder die Transaktionskosten unverhältnismäßig hoch werden. Steigende Unsicherheit impliziert somit steigende Transaktionskosten.[166]

Unabhängig von den hier aufgezeigten Faktoren spielen allgemein auch die *rechtlichen* Rahmenbedingungen eine übergreifende Rolle. Die Transaktion mit einem Marktpartner wird in der Regel durch eine vertragliche Vereinbarung fixiert, welche die Rahmenbedingungen der Transaktion koordiniert. Maßgebliche Bedeutung können hier beispielsweise bestimmte Sicherheitsklauseln zum Ausschluss opportunistischen Verhaltens einnehmen, die das Problem der Unsicherheit eindämmen sollen. Neben der Fähigkeit zur Ausgestaltung solcher vertraglichen Absprachen spielt auch deren Durchsetzbarkeit eine tragende Rolle. Während diese Probleme in nationalen Transaktionsbeziehungen nur geringe Transaktionskosten

---

164 Vgl. *Wintergerst/Welkner* (2007), S. 940-942; Das Problem der Abhängigkeit ist zentraler Ausgangspunkt der Resource Dependence-Theorie, die, wie die Transaktionskostentheorie, häufig im Zusammenhang mit der Analyse überbetrieblicher Zusammenarbeit zu beobachten ist. Wie bereits eingangs erwähnt, wird die Theorie im Rahmen dieser Arbeit nicht weiter verfolgt, vgl. für einen Überblick: *Sydow* (1992), S. 196-199 und umfassend die aktualisierte Auflage von *Pfeffer/Salancik* (2003).

165 Vgl. *Picot/Dietl/Franck* (2002), S. 88f.

166 Vgl. *Fussan/Klepper* (2007), S. 595-597. *Wintergerst/Welkner* (2007), S. 940-942.

verursachen, führen Verträge im internationalen Raum schon allein wegen divergierender und unbekannter Rechtssysteme zu höheren Aufwendungen. Auch wenn in der westlichen Staatengemeinschaft und Japan mittlerweile ausreichend Rechtssicherheit zur Vermeidung unnötiger Transaktionskosten geschaffen wurde, so stellen die rechtlichen Rahmenbedingungen und deren Durchsetzbarkeit in asiatischen Niedriglohnländern und Teilen Osteuropas noch immer eine Grauzone und einen damit verbundenen Unsicherheitsfaktor dar, der zu erhöhten Transaktionskosten in Abwicklung, Kontrolle und Anpassung führt und somit eine internationale Arbeitsteilung u.U. verhindern kann.[167]

2.3.1.3.3.3 Transaktionseigenschaften

Spezifität

Ist eine Wertschöpfungstätigkeit durch eine besondere, von der Allgemeinheit abweichende Eigenschaft charakterisiert, gilt sie als *spezifisch.* Bezogen auf die Automobilherstellung kommt es beispielweise dann zu einer spezifischen Aktivität, wenn diese ausschließlich in der Wertschöpfung eines bestimmten Automobilherstellers verwertbar ist. Wie noch zu zeigen sein wird, kommt hier u.a. den „kundenspezifischen Werkzeugen" hohe Bedeutung zu.[168] Aber auch besonderes Know-how in Forschungs- und Entwicklungsfragen, Besonderheiten in Fertigungsverfahren, Qualitätseigenschaften, Logistik und Beschaffung sind häufig mit hochspezifische Merkmalen verbunden.

Die Transaktionseigenschaften werden an dieser Stelle von den gezeigten Rahmenbedingungen beeinflusst. Für einen potentiellen Marktbezug gilt, dass mit zunehmender Spezifität einer Tätigkeit die *Abhängigkeit* vom Transaktionspartner ansteigt. Im Extremfall kann es zu einer Situation kommen, in der, aufgrund der Spezifität einer Leistung nur der Lieferant (noch) in der Lage ist, die Leistung zu erstellen und somit einziger Produzent ist bei dem ein kurzfristiger Austausch nicht möglich ist.[169] Das Sanktionspotenzial des OEM bezüglich unerwünschten (opportunistischen) Verhaltens des Zulieferers ist in einer solchen Situation aufgehoben.[170] Darüber hinaus bewirkt die Erstellung einer spezifischen Leistung in der Regel den Aufbau spezifischen Wissens und somit ex-post den Aufbau von (technischen) *Informationsasymmet-*

---

167 Vgl. *Fritsch/Wein/Ewers* (2005), S. 12-14; zu einer rechtlichen Sichtweise speziell zur Automobilindustrie: *Immenga/Kessel/Schwedler* (2008), S. 902-910.

168 Vgl. Abschnitt 3.4.

169 Vgl. *Picot* (1991), S. 344-350; *Fussan/Klepper* (2007), S. 593-595.

170 Vgl. *Picot/Dietl/Franck* (2002), S.9.

rien.[171] Ein derartiger Informationsvorsprung behindert den Leistungsempfänger in der Qualifizierung einer Leistung und ermöglicht verdeckte opportunistisch Handlungen des Leistungserstellers.[172] Ein solcher Umstand wird in der Principal-Agent Theorie weiterführend untersucht und als *moral hazard* bezeichnet.[173]

Steigende Spezifität impliziert dabei stets auch ein gewisses Maß an *Unsicherheit*. Bezieht ein Automobilhersteller wie dargestellt ein benötigtes Teil aus fremder Fertigung, dessen Spezifikationsgrad so hoch ist, dass es nur von diesem einem Zulieferer hergestellt wird, ist das Ausmaß der Abhängigkeit derart hoch, dass der Automobilhersteller erpressbar wird und folglich schon aus rationalen Gesichtspunkten Unsicherheit über opportunistisches Verhalten des Zulieferers die Transaktion begleiten wird.[174] Im Umkehrschluss liegt bei Wertschöpfungstätigkeiten, die aufgrund fehlender Spezifität von jedermann herstell- und lieferbar sind, kaum Abhängigkeit und folglich nur geringe Unsicherheit vor. Der aus der Spezifikationseigenschaft resultierende Grad an Abhängigkeit und die damit verbundene Unsicherheit aus Informationsdefiziten führen je nach Ausmaß zu Transaktionskosten. Für das genannte Beispiel werden nicht nur erheblich *Anbahnungskosten* für die Suche nach einem geeigneten Transaktionspartner, sondern - zur Vermeidung von Unsicherheit und opportunistischem Verhalten - *Vereinbarungskosten* und *Kontrollkosten* wie auch eventuelle nachträglich notwendige *Anpassungskosten* entstehen.

Strategische Bedeutung

Im Zuge des aggressiven Verdrängungswettbewerbs kommt es in Unternehmungen unbedingt auf Tätigkeiten an, die kostengünstiger und/oder mit höherem Kundennutzen generiert werden können, als dies der Konkurrenz gelingt. Solche meist spezifischen Aktivitäten führen zu Wettbewerbsvorteilen und haben demzufolge für den Erfolg des Unternehmens *strategische Bedeutung*. Hierbei ist festzuhalten, dass Aktivitäten mit strategischer Bedeutung in der Regel immer auch spezifisch geprägt sind, im Umkehrschluss aber nicht jede spezifische Aktivität auch eine strategische Bedeutung aufweist.[175] Bei der Überlegung, die Organisation einer strategisch bedeutenden Aktivität über den Markt zu koordinieren, ist es unter Umständen erforderlich, hochspezifisches und möglicherweise einzigartiges Know-how, mit einem frem-

---

171 Das Problem von Informationsasymmetrien ist wesentlicher Ausgangspunkt der Principal Agent Theorie, vgl. hierzu umfassend: *Fritsch/Wein/Ewers* (2005), S. 279-323.

172 Vgl. *Picot/Dietl/Franck* (2002), S. 8-10.

173 Vgl. *Picot/Dietl/Franck* (2002), S. 89.

174 Vgl. *Fritsch/Wein/Ewers* (2005), S. 12-14.

175 Vgl. *Picot* (1991), S. 347.

den Dritten zu teilen. Dieser Umstand führt zum einen ebenfalls zu Abhängigkeit, zum anderen aber vor allem zu dem bereits beschriebenen Problem der Unsicherheit und den damit einhergehenden hohen Transaktionskosten. Hierbei werden sich zusätzliche Abwicklungs- Kontroll- und Anpassungskosten aus dem Antrieb ergeben, für das bestehende Wissen einen ausreichenden Schutz hinsichtlich der unerwünschten Weitergabe an Dritte zu gewährleisten.[176]

Als wesentliche Erkenntnis für die weitere Entscheidungsfindung zur Verringerung der Leistungstiefe bleibt zusammenfassend festzuhalten, dass Transaktionskosten bei den Automobilherstellern umso höher ausfallen, je größer das Ausmaß an *Spezifität* und *strategischer Bedeutung* einer Wertschöpfungstätigkeit ist, je höher das *Abhängigkeitsverhältnis* vom Transaktionspartner ausfällt und je *unsicherer* die Parteien über materieller Veränderungen im Zeitablauf sind. Die aus allen vier Einflussfaktoren resultierende Furcht vor dem opportunistischen Verhalten der Gegenpartei kann dabei so stark ins Gewicht fallen, dass die Summe der Transaktionskosten so hoch wird, dass die Komplexitätskosten der hierarchischen Organisation die bessere Alternative darstellen.[177]

In Teilen der Literatur wird auch der durch *Williamson* hervorgebrachte Einfluss von *Häufigkeit* einer Transaktion als Einflussfaktor diskutiert. Die Häufigkeit einer Transaktion nimmt nach der dort vertretenen Meinung Einfluss auf die Höhe von Transaktionskosten, wenn bei einer Transaktion bestimmte Anfangsinvestitionen erforderlich sind, die sich erst amortisieren können, wenn sich die Transaktion ausreichend oft wiederholt. Nach der hier vertretenen Auffassung ist der Einfluss von Häufigkeit für die Betrachtung von komplexen Lieferantenbeziehungen nachrangig und zu vernachlässigen. Zum einen ist die hier diskutierte Transaktion langfristig angelegt und impliziert daher Häufigkeit, z.B. durch die Serienfertigung. Zum anderen ist der mit Häufigkeit in Verbindung gebrachte Einfluss auf die Transaktionskosten nach der hier vertretenen Auffassung bereits ausreichend in den Faktoren Abhängigkeit, Unsicherheit, strategische Bedeutung und Spezifität enthalten und muss daher nicht als eigenständiger Faktor diskutiert werden.[178]

---

176 Vgl. *Picot* (1991), S. 346f.

177 Vgl. zu Opportunismus in Lieferantenbeziehungen: *Provan* (1993), S. 841-856; *Stumpf/Heide* (1996), S. 431-441; *Speklé* (2001), S. 69-89; *Hawkinsa/Wittmann/Beyerlein* (2008), S. 895-909.

178 Vgl. hierzu auch *Picot* (1991), S 347; *Picot/Dietl/Franck* (2002), S. 72.

2.3.1.3.4 Bestimmung der Organisationsform unter Berücksichtigung von Transaktionskosten

Aus den eben erlangten Erkenntnissen lässt sich nun grafisch folgender Zusammenhang im Hinblick auf die Bestimmung der Organisationsform (Hierarchie vs. Markt) einer Wertschöpfungstätigkeit ableiten. Abbildung 15 verdeutlicht, dass bei einer Wertschöpfungstätigkeit in Abhängigkeit der Ausprägung von Spezifität, strategischer Bedeutung, Unsicherheit und Abhängigkeit die Transaktionskosten höher sind, als die internen Komplexitätskosten. Demzufolge ist ab einer bestimmten Ausprägung der genannten Faktoren die hierarchische Organisation der Auslagerung einer Aktivität vorzuziehen ist.[179]

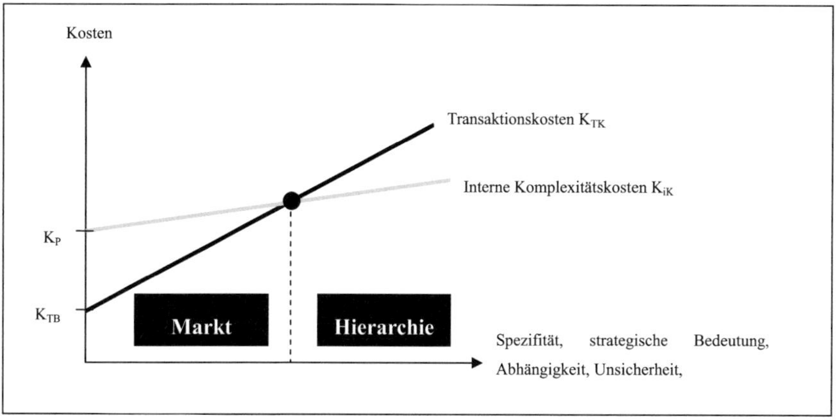

Quelle: in Anlehnung an Homburg/Werner (1998), S. 985.

Abbildung 15: Grafische Bestimmung der Organisationsform

Ohne auf die Probleme der Mehrdimensionalität, der Quantifizierung der Kosten und subjektiven Qualifizierung bestimmter Einflussgrößen weiter einzugehen[180], verdeutlicht Abbildung 15 für die weitere Analyse vor allem den Fall, dass der externe Einkaufspreis einer Leistung (Teilebezugspreis K_{TB}) signifikant unter den Produktionskosten (K_P) liegen kann, die hohen Transaktionskosten der Auslagerung der Wertschöpfungstätigkeit aber im Wege stehen. In diesem Fall kann aus rationaler Sicht unterstellt werden, dass beiden Marktteilnehmern (bei

---

179 Prinzipiell kann auch von einem progressiven Steigungsverlauf bei Transaktionskosten ausgegangen werden, so z.B. bei *Picot/Dietl/Franck* (2002), S. 84.

180 Vgl. *Picot* (1982), S. 276f.; *Bichler/Krohn* (2001), S. 48-59; *Picot/Dietl/Franck* (2002), S. 67-70.

konstant angenommenen Produktionskosten K_P) an Maßnahmen gelegen sein wird, die Transaktionskosten senken und die Zusammenarbeit ermöglichen.

2.3.1.4 Grundlegende Zusammenfassung der Motivation des Automobilherstellers für die Nachfrage nach einem Lieferanten

Zusammenfassend lassen sich aus der durchgeführten Analyse der Motive des Automobilherstellers für die Nachfrage nach einem Lieferanten folgende Anreizpunkte festhalten:

- Automobilhersteller haben ob den Begebenheiten des Käufermarktes und der damit verbunden Marktdynamik und Ausweitung ihrer Wertschöpfungsaktivitäten überproportionale interne Komplexitätszuwächse zu verzeichnen, die mit hohen internen Koordinationsaufwendungen verbunden sind. Durch die Erfolge japanischer Unternehmen mittels Lean Management und damit verbundener Verringerung der Fertigungstiefe steht der Grad der vertikalen Integration grundsätzlich auf dem Prüfstand. Von der Verringerung der Fertigungstiefe versprechen sich Automobilhersteller allgemein eine Optimierung der strategischen Erfolgsfaktoren Kosten, Zeit und Qualität und eine nachhaltige Verbesserung im Wettbewerbsumfeld.
- Die Motivation zur Auslagerung ist dabei umso höher, je größer die internen Komplexitätsprobleme des vertikal integrierten Automobilhersteller sind und je weniger dieser selber in der Lage ist, die Wertschöpfung effizient zu gestalten.[181]
- Nach einer Unterteilung der eigenen Wertkette in Wertschöpfungsaktivitäten und der Überprüfung auf Wertbeitrag und Wettbewerbsvorteile ist grundsätzlich jede Tätigkeit zur Auslagerung geeignet, bei der ein Automobilhersteller keine Kernkompetenz besitzt.
- Der Anreiz zur Auslagerung einer Wertschöpfungsaktivität an externe Lieferanten kommt allgemein immer dann in Frage, wenn der Wertbeitrag des externen Leistungsbezugs über dem der internen Leistungserstellung liegt. Ein höherer Wertbeitrag kann sich entweder aus höher generiertem Abnehmernutzen und/oder geringeren Kosten ergeben. Der Vergleich interner Produktionskosten mit externen Einkaufspreisen greift hierbei zu kurz. Zum einen müssen intern die Komplexitätskosten berücksichtig werden, zum anderen sind dem externen Bezug die Transaktionskosten der marktlichen Inanspruchnahme hinzuzurechnen.

---

[181] Vgl. *Adam* (1998), S. 197f.

- Während die internen Komplexitätskosten vor allem von der Organisation der Unternehmung, der Anzahl zu fertigender Varianten- und Produkte und der dabei erforderlichen Schnittstellenkoordination abhängen[182], werden Transaktionskosten durch die Ausprägung der Wertschöpfungseigenschaften Spezifität, strategische Bedeutung, Abhängigkeit und Unsicherheit determiniert. Mit zunehmender Ausprägung dieser Eigenschaften steigen die Transaktionskosten über die Komplexitätskosten und der Marktbezug der Leistung ist ökonomisch nicht mehr sinnvoll.
- Hierbei kann der Fall entstehen, dass der Bezug einer Leistung über einen Lieferanten aufgrund zu hoher Transaktionskosten unterbleibt, obwohl der Einkaufspreis deutlich unter den Kosten der eigenen Erstellung liegt und die Wertaktivität nicht den Anforderungen einer Kernkompetenz entspricht. Automobilhersteller werden daher stets daran interessiert sein, Transaktionskosten zu senken, um die Auslagerung einer Tätigkeit profitabel zu gestalten und die ökonomischen Vorteile hinsichtlich vermeidbarer interner Komplexitätskosten zu nutzen.
- Eine Auslagerung von Wertschöpfungsaktivitäten wird in aller Regel an sogenannte *1st-Tier Suppliers* erfolgen, die in der Lage sind ganze, Module hoher Aggregation in Eigenverantwortung zu entwickeln, zu produzieren und zu liefern. Hintergrund dieser modular und single sourcing Strategie ist das Motiv des Automobilherstellers, die interne Kom-plexitätsverringerung nicht durch eine übermäßige Anzahl neu zu koordinierender Schnittstellen der überbetrieblichen externen Arbeitsteilung zu Nichte zu machen. Modular sourcing ermöglicht einen überschaubaren Anteil zu integrierender Teile in den Montageprozess und single sourcing verringert die Anzahl zu koordinierender Lieferanten.[183]

2.3.2 Motive der Automobilzulieferer beim Angebot an einen Hersteller

2.3.2.1 Grundsätzliche Motivation

Ein zulieferndes Unternehmen kann von den Komplexitätsproblemen der Hersteller profitieren und zwar dann, wenn es in der Lage ist, ein Angebot für eine bestimmte Teilaktivität zu unterbreiten, welches für die OEMs zu höheren Wertbeiträgen führt, also eine verbesserte Ausprägung in Abnehmernutzen und/oder Kosten gewährleistet.[184] Die Zulieferbetriebe profitieren hierbei besonders von dem aggressiven Verdrängungswettbewerb der Automobil-

---

182 Vgl. ausführlich Abschnitt 2.2.6.
183 Vgl. Abschnitt 2.2.8
184 Vgl. Abschnitt 2.3.1.2.

hersteller um Endkunden und Marktanteile und dem damit verbundenen Druck, einerseits den Abnehmernutzen durch Innovationen und Varianten fortlaufend zu erhöhen und andererseits gleichzeitig Kosten zu senken.[185] Da die internen Organisationsstrukturen der (westlichen) Automobilhersteller diesen Anforderungen nicht gewachsen sind und vor allem die japanischen Wettbewerber durch eine geringe Fertigungstiefe („Lean Management & Production") und stark ausgebaute Lieferantenbeziehungen Wettbewerbsvorteile erzielen können, besteht für die OEMs kaum eine Alternative zur Verringerung der Fertigungstiefe durch Nachfrage nach externen Lieferanten, um nicht mittelfristig im Wettbewerbsumfeld nationaler und internationaler Käufermarktstrukturen unterzugehen.[186]

Abstrahiert man daher vorübergehend von der oben aufgezeigten und für das Zustandekommen der Lieferantenbeziehungen noch zu überwindenden Transaktionskostenproblematik, besteht die Motivation für Zulieferer also weniger in der Erschaffung allgemeiner Nachfrage nach ihrer Tätigkeit, als vielmehr in der Bündelung ihrer Fähigkeiten zu einem vergleichsweise attraktiven Angebot, welches

- zu höherem Abnehmernutzen und geringeren Kosten für die Automobilhersteller führt,
- höheren Abnehmernutzen generiert und/oder geringere Kosten verursacht als dies anderen Zulieferbetrieben gelingt, also zu Wettbewerbsvorteilen innerhalb der um Lieferantenbeziehungen konkurrierende Automobilzulieferer führt, und
- nicht zuletzt gewinnbringend produziert werden kann und somit intern zu einer positiven Wertschöpfungsaktivität im Sinne Porters führt.[187]

2.3.2.2 Analyse des Wettbewerbsumfelds und Angebotsmöglichkeiten in der Zulieferindustrie

Der aggressive Wettbewerb der Automobilhersteller, über Kostensenkungen und Innovationen eine Umverteilung der Marktanteile zu erreichen, schlägt sich grundsätzlich auf die Zulieferindustrie nieder.[188] Der Markteintritt zahlreicher neuer Anbieter aus Niedriglohnländern, über viele Jahre steigende Rohstoffpreise und die Aktivitäten konkurrierender Zulieferer, ihre Wertschöpfung durch überbetriebliche Arbeitsteilung und verstärkte Kooperation immer weiter zu optimieren, erzeugt zusätzlich hohe Dynamik im Hinblick auf Kostenstrukturen und

---

185 Vgl. *Möller* (2005), S.139-143; *Kersten/Schröder/Zink* (2005), S. 93-96.
186 Vgl. hierzu die Literaturdiskussionen von *Osterloh/Frost* (2000).
187 Vgl. Abschnitt 2.3.1.2; die vorgestellten Überlegen Porters gelten für die Zulieferer analog.
188 Vgl. *Amponsem/Bauer/Gerpott* et al. (1996), S. 219-225.

zu generierenden Abnehmernutzen. Nur Lieferanten, die über ein hohes Entwicklungs- und Produktions-Know-how verfügen und so kostengünstige, innovative und qualitativ hochwertige Produkte anbieten können, werden positive Gewinnspannen erzielen und dem Wettbewerbsdruck standhalten können.[189]

Als besonders vorteilhaft erweist es sich, wenn die Zulieferer gegenüber dem Hersteller als Komplettanbieter auftreten können und hierbei weitgehend fertig gestellte System- oder Modulleistungen anbieten, die der Hersteller nur noch in seinem Produktionsprozess zu montieren braucht. Der Zulieferer forscht, entwickelt, produziert und liefert dabei innerhalb bestimmter Rahmendaten selbstständig und arbeitet nicht mehr ausschließlich nach exakten Spezifikationsvorgaben der Hersteller.[190] Derlei Fähigkeiten verschaffen den Vorteil, innovative Produktkonzepte eigenständig und proaktiv am Markt anbieten zu können, die Wettbewerbsposition nachhaltig zu verbessern und in der Zusammenarbeit mit den Herstellern innerhalb der pyramidenförmigen Zulieferhierarchie eine gewichtige Rolle im oberen Drittel als 1st-Tier Supplier einzunehmen und in direktem Interaktionskontakt zu stehen (Vgl. Abbildung 4).[191]

Die Positionierung als 1st-Tier Supplier stellt in der Regel die beste Wettbewerbsposition in der Zulieferpyramide dar und verbessert die strategische Absicherung des Zulieferers. Die Positionierung impliziert die überbetriebliche Koordination vorgelagerter Wertschöpfungstätigkeiten aus Teilefertigung durch 2nd-Tier Suppliers und die Beschaffung von Rohstoffen und trivialen Standardteilen durch 3rd-Tier Suppliers.[192] Der 1st-Tier Supplier hat hierbei die Möglichkeit, den vom OEM ausgeübten Druck an untergelagerte Stufen weiterzureichen, die ihrerseits nicht über diese Möglichkeiten verfügen. Wie bereits in Abschnitt 2.1 erläutert, soll für die folgende Untersuchung bei einem Zulieferer stets vom 1st-Tier Supplier ausgegangen werden, da hier im Wesentlichen die direkte Interaktion mit dem Automobilhersteller vorliegt.[193]

---

189 Vgl. *Sydow* (1992), S.20-22; *Wildemann* (1995), S. 171f.; *Risse* (2003), S. 69-75.

190 Vgl. *Wildemann* (1995), S. 87; *VDA* (2009), S. 68-80.

191 Vgl. *Bain & Company* (o.J.), Automobilzulieferer – Neue Wachstumschancen durchfokussierte Forschung, S. 1.

192 *Risse* (2003); S. 69-75; *Timmreck/Müssigbrodt/Heinen* (2009), S. 412.

193 Vgl. Abschnitt 2.1 „Automobilzulieferer".

2.3.2.3 Grundsätzliche Vorteile der Automobilzulieferer in Teilbereichen der Wertschöpfung gegenüber den Automobilherstellern

Vorteile in der Wertschöpfung können sich beim Automobilzulieferer einerseits aus einem hohen Grad an *Spezialisierung* auf eine bestimmte Tätigkeit und andererseits durch ein hohes Maß an *Standardisierung* bei hohen Produktionsvolumina ergeben.

Spezialisierung

Spezialisierung dient dem Zweck, durch Konzentration bestimmter (ggf. aufzuteilender) Ressourcen auf eine ganz bestimmte Tätigkeit, Aufgabenkomplexität durch zunehmende Beherrschung zu verringern und damit, bedingt durch Lerneffekte und routiniertes Arbeiten, anhaltende Effizienzsteigerungen zu erzielen.[194] Spezialisierung ist dabei nicht zu verwechseln mit Spezifität. Während spezifische Leistungen zwar stets aus Spezialisierung resultieren, kann eine Spezialisierung durchaus ohne Spezifität erfolgen. Innerhalb der Automobilindustrie zeichnen sich gerade die Lieferanten durch einen hohen Grad an Spezialisierung aus, da diese im Rahmen der gesamten Automobilherstellung nur einen Teilbereich übernehmen und sich so partiell spezialisieren können. Hierbei wird von den Zulieferern durch die Bündelung ihrer Fähigkeiten und Ressourcen (Kapital und Know-how) auf eine ganz bestimmte Wertschöpfungstätigkeit ein Wertbeitrag erreicht, der in dieser Art und Ausprägung von den Automobilherstellern mit ihren großen, behäbigen und komplexen Unternehmensorganisationen zu gleichen Konditionen so nicht zu realisieren wäre.[195]

Während nun ein spezialisierter Systemlieferant sämtliche Fähigkeiten und Ressourcen seines Unternehmens auf die Entwicklung und Produktion eines Teilsystems ausrichten kann, muss der Automobilhersteller bei totaler vertikaler Integration seine knappen Fähigkeiten und Ressourcen ständig neu innerhalb der gesamten Automobilproduktion aufteilen und koordinieren. Der Automobilhersteller kann hierbei im Bereich eines Teilsystems kaum zu vergleichbaren Lerneffekten kommen.[196] Darüber hinaus ergeben sich in aller Regel auch Kostennachteile aus geringeren Produktionsvolumina, da der OEM nur für sich selber produziert und nicht wie der spezialisierte Zulieferer auch noch für andere Automobilhersteller. Automobilzulieferer können daher durch Spezialisierung neben potenziellen Vorteilen in Kosten und Durchlaufzeiten vor allem höheren Abnehmernutzen durch *Qualitätsvorteile* und *technische Innovationen* aus

---

194 Vgl. *Kieser/Kubicek* (1983), S. 81f.
195 Vgl. *Heftrich* (2000), S. 44-54.
196 Vgl. *Werkmeister* (2003), S. 382-399.

Forschung & Entwicklungstätigkeiten generieren.[197] Ein weiterer wesentlicher Vorteil ergibt sich daraus, dass bei Einbezug spezialisierter Zulieferer die Time-to-Market deutlich sinkt. Als Time-to-Market wird jene Zeit verstanden, die von der Entwicklung eines Produktes bis zur erfolgreichen Markteinführung notwendig wird.[198] Diese Kennzahl, die im Wesentlichen dem Erfolgsfaktor Zeit zuzurechnen ist, erlangt im aggressiven Wettbewerbsumfeld der Automobilindustrie eine gewichtige Bedeutung.[199]

Vorteile der Standardisierung bei Massenproduktion

Die Spezialisierung auf einen Teilbereich der Automobilherstellung führt grundsätzlich dazu, dass das Produktionsprogramm gänzlich auf diesen Teilbereich abgestimmt werden kann und die Vorteile der Massenproduktion hinsichtlich Durchlaufzeiten und Produktionskosten (wieder) generiert werden können. Da sich der Automobilzulieferer je nach Spezifität der Leistung zudem an mehrere Automobilhersteller mit seinen Produkten wenden kann, ist eine ausreichende Auslastung der Produktionskapazitäten in der Regel gewährleistet und ein Stillstand des Produktionsprozesses bzw. Leerzeiten aufgrund abnehmender und wechselnder Losgrößen kein vergleichbares Problem wie bei einer totalen vertikalen Integration sämtlicher Varianten und Modelle durch einen Automobilhersteller. Die Größe der Produktionsvolumina ermöglicht einen Vorteil, der in der betriebswirtschaftlichen Literatur als Economies of Scale (EoS) bzw. Erfahrungskurveneffekt diskutiert wird und in den 1960er Jahren durch eine Untersuchung der Unternehmensberatung Boston Consulting Group (BCG) populär wurde. Ohne die Details dieser Untersuchung weiter zu vertiefen, besteht die Kernaussage darin, dass eine Verdopplung der kumulierten Produktionsmenge aufgrund verbesserter Lern- und Erfahrungseffekte zu einer degressiven Reduktion der Stückkosten um etwa 20-30% führt.[200] Der Kostenvorteil eines Automobilzulieferers, der eine spezialisierte Teilleistung in Massenproduktion für mehrere Automobilhersteller herstellt, liegt hier gegenüber dem nur für den Eigenbedarf fertigenden Automobilhersteller auf der Hand.

---

197 Vgl. *Lakemond/Berggren/van Weele* (2006), S. 55-57.

198 Vgl. *Specht/Nagel/Frischke* (2005), S. 71f.

199 Vgl. dazu *Backhaus/Plinke* (1990), S. 32f; *Risse* (2003), S. 11-61; Eine technische Sicht bieten *Kersten/Schröder/Zink* (2005), S. 91-110.

200 Vgl. ausführlich zu EoS: *Pratten* (1971); *Henderson* (1984), S. 19; Meffert geht für die Automobilindustrie von einer Kostendegression in Höhe von 12% aus, vgl. *Meffert* (2001), S. 145; Teile der Literatur unterscheiden zwischen Lernkurve und Erfahrungskurve. Dabei beinhaltet die Lernkurve rein variable Kostengrößen, die sich auf den Fertigungsbereich beschränken, während die Erfahrungskurve alle dem Produkt zurechenbaren (also auch fixen) Kostengrößen berücksichtigt. Im Folgenden wird daher nur von der Erfahrungskurve gesprochen, die sich nach der hier vertretenen Auffassung gleichermaßen aus Lern- wie Erfahrungseffekten generiert, vgl. zur Problematik: *Welge/Al-Laham* (2008), S. 252f.

Zusammenfassend verfügen 1st-Tier Suppliers demnach in Teilaktivtäten der Automobilherstellung über partielle Fähigkeiten, die denen der großen OEM überlegen sind. Der Preis dieser partiellen Überlegenheit ist der fehlende Zugang zum Konsumentenmarkt. Die Vermarktung der Fähigkeiten erfolgt an die Automobilhersteller (B2B-market), da es den Zulieferbetrieben sowohl an Kapital wie auch Ressourcen mangelt, ein Automobil insgesamt herzustellen und zu vermarkten. Die Überlegenheit beschränkt sich daher auf Teilaktivitäten der Wertkette der Automobilherstellung. Demzufolge ist ein erhebliches Maß an Abhängigkeit der Zulieferbetriebe von den OEMs offensichtlich.

2.3.2.4 Analyse der Wertkette auf wesentliche Fähigkeiten zur Bündelung zu einem wettbewerbsfähigen Angebot

Die Zerteilung der primären Wertkette durch die Automobilhersteller schafft für die Zulieferindustrie den Markt für das Angebot zur Entwicklung und Herstellung von Teilbereichen. Da die Automobilzulieferer die primäre Wertkette der Automobilherstellung nicht beherrschen, konzentrieren sie sich ausschließlich auf einen von ihnen spezialisierten Teilbereich („Layer) aus dieser Kette. Die Wertschöpfung dieses Teilbereiches kann wie eben gezeigt durch die Zulieferer effizienter gestaltet werden, als dies dem schwerfälligen Automobilhersteller gelingen kann. Die Zulieferer werden demnach versuchen, ihre Fähigkeiten und Ressourcen so zu bündeln, dass durch Spezialisierungs- und Größenvorteile ein Angebot an den Automobilhersteller realisiert werden kann, welches *erstens* zu eigenem Gewinn führt und *zweitens* auf Wettbewerbsvorteilen basiert, also im Vergleich zur Konkurrenz zu höherem Abnehmernutzen bei kostengünstigerer Produktion führt. Um ein solches Angebot unterbreiten zu können, muss der Zulieferer seine Wertkette analysieren und seine Aktivitäten so steuern, dass hier nahezu ausschließlich jene Wertaktivitäten enthalten sind, die den oben beschriebenen Kernkompetenzen entsprechen und somit den höchstmöglichen Wertbeitrag realisieren. Erfüllt das Angebot des Zulieferers die beiden genannten Kriterien nicht, besteht die Gefahr, im aggressiven Verdrängungswettbewerb durch Konkurrenten verdrängt zu werden.[201]

Ein auszulagernder Teilbereich der primären Wertkette unterliegt zwangsläufig enormem Wettbewerbsdruck zwischen existierenden Zulieferbetrieben und potentiellen Markteintretern. Die Erstellung eines Teilbereichs ist - verglichen mit der Herstellung eines gesamten Automo-

---

[201] Vgl. *Bain & Company* (2007a), S. 6.

bils - vor allem auf den beiden unteren Stufen der Wertschöpfungspyramide mit deutlich geringerem Kapital- und Ressourceneinsatz verbunden und enthält so kaum eine ernsthafte Markteintrittsbarriere. Sobald ein existierender oder neuer Marktteilnehmer in der Lage ist, durch eine bessere Steuerung und Optimierung seiner Wertaktivitäten eine höhere Ausprägung in Spezialisierung, Entwicklungs- und Produktions-Know-how zu erreichen, wird dieser den derzeit führenden Zulieferer unmittelbar angreifen und existentiell bedrohen.

Angegriffene Zulieferer haben hierbei nur eine Möglichkeit dem Druck standzuhalten. Sie müssen den Wettbewerbsvorteil in Abnehmernutzen und Kosten des Konkurrenten umgehend durch eigene (interne und externe) Maßnahmen zunichte machen und ihr Angebot entsprechend optimieren. Ein zulieferndes Unternehmen wird unter den Bedingungen des aggressiven Verdrängungswettbewerbs langfristig nur dann überleben, wenn es durch die Steuerung seiner Wertschöpfungsaktivitäten über Kernkompetenzen nachhaltige Wettbewerbsvorteile generiert und behauptet. Eine solche Strategie kann nur dann gelingen, wenn die interne Wertkette zur Erstellung des Teilbereichs nahezu ausschließlich auf Kernkompetenzen basiert und eine Quersubventionierung nicht wertbeitragsfähiger Tätigkeiten so weit wie möglich unterlassen wird.[202] Da sich zuliefernde Unternehmen häufig nur auf einen Teilbereich spezialisiert haben und dementsprechend nur einige wenige Produkte absetzen, bestehen bei einem Marktangriff durch Wettbewerber zudem kaum Möglichkeiten einer wirksamen Quersubventionierung, um den Marktangriff lange genug abzuwehren und entsprechende Maßnahmen zu ergreifen.

In Zeiten zunehmender Markteintritte und Kostenverschiebungen durch die Globalisierung ist es daher für Zulieferer von zentraler Bedeutung, so viele Fähigkeiten in Spezialisierung, Forschung- und Entwicklung und Produktions-Know-how zu Kernkompetenzen auf- und auszubauen wie möglich.[203] Dem Kostendruck der Niedriglohnländer können westliche Automobilzulieferer oftmals nur noch durch die Erschaffung überproportionalen Abnehmernutzens, wie etwa durch die Entwicklung technischer Innovationen und Qualitätsvorsprünge, oder durch die Verlegung der Produktion ihrerseits in die Niedriglohnländer begegnen. Die beschriebene Wettbewerbsausprägung führt zu einer

---

[202] Vgl. die Untersuchung von *Bain & Company* (o.J.), „Die Kraft aus dem Kern."

[203] Vgl. *Haak* (2005), S. 175.

anhaltenden Konsolidierung der Branche und unterstützt auch auf der Zulieferseite den Trend, die eigene Fertigungstiefe fortlaufend zu überprüfen.[204]

2.3.2.5 Transaktionskostentheoretische Einflussfaktoren auf die Angebotsmotivation

Der bereits in Abschnitt 2.3.1.3 für die Automobilhersteller diskutierte Einfluss von Transaktionskosten auf die Entscheidungsfindung zum Outsourcen, gilt in vergleichbarer Weise auch auf Seiten der Zulieferer im Hinblick auf die Erstellung eines Angebots. Der vom Lieferanten für seine Leistung geforderte Preis (P), der exakt den Teilbezugskosten (K_{TP}) des Automobilherstellers entspricht, muss hierbei nicht nur die reinen Produktionskosten des Zulieferers
($K_{P\text{-}L}$) übertreffen, sondern zusätzlich auch mit der Interaktion der marktlichen Geschäftsbeziehung verbundenen zulieferrelevanten Transaktionskosten ($K_{TK\text{-}L}$). Der aus Zuliefersicht geltende Anreiz nach einem höchstmöglichen Preis zwecks Gewinnmaximierung sei

$$P =! \text{Max}$$

$$K_{TP} = P$$

$$P >! K_{P\text{-}L} + K_{TK\text{-}L}$$

$$K_{TK\text{-}L} = \text{Anbahnungskosten } K_{AB} + \text{Vereinbarungskosten } K_{VB} + \text{Abwicklungskosten } K_{AW} + \text{Kontrollkosten } K_{KO} + \text{Anpassungskosten } K_{AP}$$

Die bekannten Einflussfaktoren (*Abhängigkeit, Unsicherheit, Spezifität, strategische Bedeutung*) unterscheiden sich im Hinblick auf die Höhe der Lieferantentransaktionskosten $K_{TK\text{-}L}$ hier von jenen des Automobilherstellers nur in der Auslegung.

Auch für den Automobilzulieferer gilt, dass mit zunehmender *Spezifität* einer Tätigkeit die *Abhängigkeit* vom Transaktionspartner genauso wie die auf einem Informationsdefizit basierende *Unsicherheit* ansteigt. Der Extremfall kann hier so aussehen, dass aufgrund der Spezifität einer Leistung der OEM der einzige Abnehmer ist.[205] Eine solche Situation impliziert spezifische Investitionen in Forschung & Entwicklung und in Produktions- und Mitarbei-

---

[204] Vgl. *Risse* (2003), S. 69f.; *VDA* (2007), S. 7; *Timmreck/Müssigbrodt* (2009), S. 267-274; *Timmreck/Müssigbrodt/Heinen* (2009), S. 40-413.

[205] Vgl. *Picot* (1991), S. 344-350.

terkapazitäten, die sich u.U. ausschließlich über die Geschäftsbeziehung mit nur einem Automobilhersteller amortisieren werden. Bei der Aushandlung der Transaktionsmodalitäten wird es somit zu erheblichen Transaktionskosten bzgl. Kontrolle, Abwicklung und Anpassung kommen, da der Lieferant versuchen wird, die Unsicherheit über Amortisation, Absatzzahlen, Veränderungen, Wettbewerber und opportunistisches Verhalten so weit wie möglich zu minimieren.

Die Tatsache, dass der Lieferant mit seinem Angebot über höheren Abnehmernutzen und geringere Kosten einen besseren Wertbeitrag der Teilaktivität garantieren kann als der Automobilhersteller selbst, liegt nicht selten daran, dass er ob seiner Spezialisierung über hochgradige Fähigkeiten und Kernkompetenzen in diesem Teilbereich verfügt. Solche Fähigkeiten und Kernkompetenzen garantieren dem Zulieferer Wettbewerbsvorteile gegenüber seinen Konkurrenten und sind stets von *strategischer Bedeutung* für die langfristige Behauptung im Wettbewerbsumfeld. Die Notwendigkeit zur Teilung des möglicherweise hochspezifischen und eventuell einzigartigen Know-hows mit dem Automobilhersteller führt wiederum zu Unsicherheit und Abhängigkeit und den damit einhergehenden hohen Transaktionskosten.[206]

Auch wenn die Transaktionskosten aus der Interaktion mit dem Hersteller für den Zulieferer keine Auswirkungen auf die grundsätzliche Nachfrage nach der Lieferantenbeziehung haben (schließlich sind die Automobilhersteller für den Zulieferer die Endkunden), wird deutlich, dass Transaktionskosten einen nicht unerheblichen Einfluss auf die Kostenstruktur und damit das Angebot des Zulieferers an einen OEM haben. Bedeutend für die weitere Untersuchung ist die Tatsache, dass die zulieferrelevanten Transaktionskosten - je nach Höhe und Gewicht der wirkenden *Faktoren* - das Angebot an den Hersteller trotz optimaler Wertkettensteuerung quantitativ verschlechtern können und auf die Optimierung der Wertschöpfung insgesamt diametral wirken. Genauso wie beim Automobilhersteller kann hier unterstellt werden, dass der Automobilzulieferer grundsätzlich daran interessiert sein wird, Höhe und Gewicht von Transaktionskosten in der Interaktion mit dem Automobilhersteller soweit es geht zu minimieren.

---

[206] Vgl. *Picot* (1991), S. 346f.

2.3.2.6 Grundlegende Zusammenfassung der Motivation des Zulieferers bezüglich eines Angebots an einen Automobilhersteller

Zusammenfassend lassen sich aus der durchgeführten Analyse der Motive der Automobilzulieferer für das Angebot an einen Hersteller folgende Anreizpunkte festhalten:

- Automobilzulieferer werden versuchen, durch *Spezialisierung* und *Standardisierung unter Massenproduktion* eine Teilaktivität der primären Wertkette der Automobilherstellung so zu produzieren, dass sie für den Automobilhersteller bei Ankauf zu einem höheren Wertbeitrag führt, als dieser durch Eigenfertigung erreichen könnte, und eine (komplexe) Lieferantebeziehung zustande kommt.
- Das Angebot muss dabei nicht nur gewinnbringend produziert und abgesetzt werden können, es ist aufgrund der aggressiven Wettbewerbsbedingungen der Zulieferbranche zwingend erforderlich, die eigene Wertkette so zu steuern, dass die Produktion der Teilleistung nahezu ausschließlich auf Kernkompetenzen basiert und damit verbundene Wettbewerbsvorteile gegenüber Konkurrenten und potentiellen Markteintretern nachhaltig gesichert und fortwährend ausgebaut werden.
- Eine langfristige Marktetablierung gelingt nur durch fortlaufende Verbesserung in Spezialisierung, Forschung, Entwicklung und Produktions-Know-how sowie dem Ausbau und langfristigen Erhalt von Kernkompetenzen. Dem Kostendruck der Niedriglohnländer müssen (westliche) Automobilzulieferer hauptsächlich durch die Erschaffung überproportionalen Abnehmernutzens begegnen.
- Es kommt auch für den Automobilzulieferer zu Transaktionskosten in der Interaktion mit dem Hersteller. Transaktionskosten können je nach Höhe und Gewicht einen entscheidenden Einfluss auf das Angebot an einen Hersteller nehmen und den Vorteil der marktlichen Interaktion insgesamt verringern. Beim Automobilzulieferer wird daher stets der Anreiz gegeben sein, diese Kosten zu minimieren.

2.4 Ökonomische Analyse von Voraussetzungen, Art und Ausprägung der komplexen Lieferantenbeziehung anhand transaktionskostentheoretischer Überlegungen

2.4.1 Überblick

Aus den erarbeiteten Motiven beider Marktteilnehmer wird deutlich, dass dem Automobilhersteller - aufgrund seines Wettbewerbsumfelds und der internen Komplexitäts- und Koordinationsprobleme - grundsätzlich die Nachfrage nach einem Lieferanten für noch zu bestimmende Teilaktivitäten seiner Wertkette unterstellt werden kann. Diese Aussage basiert im Wesentlichen auf der Annahme, dass ein externer Lieferant aufgrund von Spezialisierungs- und Standardisierungsvorteilen über Fähigkeiten verfügt, eine solche Teilaktivität der primären Wertkette der Automobilherstellung mit höherem Abnehmernutzen und geringeren Kosten herzustellen, als dies dem Automobilhersteller intern möglich ist und somit die Wertschöpfung der Automobilherstellung insgesamt verbessert werden kann.

Die mögliche Zusammenarbeit steht allerdings vor diversen Hindernissen, die im Wesentlichen durch die beidseitig aufgeführten Einflussfaktoren auf Transaktionskosten bestimmt werden. So lässt sich unter Berücksichtigung der im vorherigen Abschnitt vorgestellten Transaktionskostenbedeutung in Anlehnung an Abbildung 15 ableiten, dass der OEM die Organisationsentscheidung über die Teilaktivität stets unter kostenminimaler Abwägung der Summe der Kosten des externen Teilebezugs und der für die Interaktion erforderlichen Transaktionskosten versus der Kosten der eigenen Herstellung zzgl. den Kosten für die Koordination der internen Komplexität treffen wird. Ein Marktbezug wird vor allem dann stattfinden, wenn die auf der Abszisse verlaufenden Einflussfaktoren auf Transaktionskosten gering ausgeprägt sind. Mit steigender Ausprägung der Faktoren kann unterstellt werden, dass die Transaktionskosten derart hohe Werte annehmen, dass der externe Bezug der Leistung nicht mehr rentabel ist und die interne hierarchische Koordination vorgezogen wird, und zwar auch dann, wenn der externe Bezugspreis unter den internen Erstellungskosten liegt.[207]

In Abbildung 15 wurden zwei Extremformen der Organisationsempfehlung für den Automobilhersteller abgebildet. Auf der einen Seite steht die externe, *marktgerichtete* Organisation,[208] bei der der Preis das entscheidende Koordinationsinstrument darstellt. Diese Organisationsform basiert für gewöhnlich auf standardisierten, kurzfristigen und klaren Kaufverträgen, bei denen jeder Transaktionspartner die Hoheit über seine Produktionsmittel behält und weder Überwachung noch Anweisung der Gegenpartei berücksichtigen muss. Es handelt sich um eine lose Form der Zusammenarbeit ohne Dauerhaftigkeit oder verstärkte vertrauensvolle Basis. Unter der *hierarchischen* Organisation wird konträr die vollständige

---

207 Vgl. *Homburg/Werner* (1998), S. 984f.

208 In der Literatur als "Spot-Beschaffung" bezeichnet.

Eigenentwicklung und -erstellung einer Leistung unter interner zentralistischer und bürokratischer Koordination der Ressourcen verstanden.[209]

2.4.2 Notwendigkeit zur Erweiterung der Organisationsüberlegungen für das Zustandekommen komplexer Lieferantenbeziehungen

Aus den vorangegangen Erläuterungen ist deutlich geworden, dass die marktliche Organisation einer Teilaktivität in der Regel zu Produktionskostenvorteilen führt. Dieser Vorteil des überbetrieblichen Leistungsaustausches wird dann hinfällig, wenn die ausgetauschte Leistung *spezifisch* und *strategisch bedeutsam* ist, und zudem *Unsicherheit* und *Abhängigkeit* verstärkt Opportunismusfurcht hervorrufen, die zu interaktionsbegeleitenden hohen Transaktionskosten führt. Für die im Rahmen dieser Arbeit betrachtete langfristige und komplexe Zusammenarbeit zwischen Automobilherstellern und hochspezialisierten System- oder Modullieferanten (1st-Tier Supplier) kann unter diesen Voraussetzungen eine überbetriebliche Zusammenarbeit in Form einer marktlichen Organisationsform nicht zustande kommen.[210]

Die Lieferantenvorteile aus Spezialisierung und Standardisierung gelten aber gerade für spezifische, unsichere oder strategisch bedeutsame Teilaktivitäten. Insbesondere die Tatsache, dass der Zulieferbetrieb sein Überleben am Markt nur sicherstellen kann, indem er den Ausbau und langfristigen Erhalt von Kernkompetenzen über die ständige Verbesserungen in Spezialisierung, Forschung, Entwicklung und Produktions-Know-how verfolgt und so versucht, nachhaltig Wettbewerbsvorteile zu generieren, ermöglich ein derart ausgeprägtes Angebot zu geringeren Produktionskosten bei meist höherem Abnehmernutzen. So ist in der Praxis hauptsächlich die Fremdvergabe spezifischer Teilaktivitäten zu beobachten.[211]

In den Extremfällen der Ausprägung der Einflussfaktoren mag die Handlungsempfehlung aus Abbildung 15 rational sein. Die Verringerung der Leistungstiefe aber ausschließlich über die gezeigte Organisationsform des anonymen Spotmarktbezugs in Erwägung zu ziehen, führt bei steigender Ausprägung der relevanten Einflussfaktoren und damit steigenden Transaktionskosten zu schnell zur Handlungsempfehlung der internen Erstellung. Die Zusammenarbeit mit einem spezialisierten Systemlieferanten kann so kaum zustande kommen, die Möglichkeit der Vereinnahmung überbetrieblich-arbeitsteiliger Effizienzgewinne wird vor-

---

209 Vgl. *Picot* (1991), S. 337-340; *Picot/Dietl/Franck* (2002), S.80-83; *Fritsch/Wein/Ewers* (2005), S. 12.

210 Vgl. *Picot* (1982), S.273; *Homburg/Werner* (1998), S. 984; *Picot/Dietl/Franck* (2002), S. 81f.

211 Vgl. Abschnitt 2.2.8.

schnell vergeben. Folgende Punkte deuten daher auf die Notwendigkeit zur Erweiterung der extremen Organisationsformen hin:

- Liegen die Kosten des Teilebezugs K_{TB} für den Automobilhersteller unter den eigenen Produktionskosten K_P, und kommt es dennoch zur internen Erstellung, wird auf den Vorteil der überbetrieblichen Arbeitsteilung und die besser ausgeprägten Fähigkeiten des spezialisierten Zulieferers verzichtet und – unter Kostengesichtspunkten und abstrahiert vom generierten Abnehmernutzen – die Wertschöpfungsaktivität ganzheitlich betrachtet nicht optimal durchgeführt.
- Eine zu große Leistungstiefe der Automobilhersteller bindet in hohem Maße personelle Kapazitäten und Kapital und verhält sich diametral zu den diskutierten Überlegungen des Lean Managements und Porters, sich so weit wie möglich auf die wettbewerbsvorteilhaften Kernkompetenzen zu konzentrieren. Die genannten innerbetrieblichen Koordinationsschwierigkeiten können so nicht gelöst und die wichtige Positionierung im aggressiven Verdrängungswettbewerb nicht verbessert werden.
- Die Transaktionskosten sind nicht eindeutig monetär quantifizierbar, zudem wirken die genannten Einflussfaktoren mehrdimensional.[212] Die objektive Gewichtung dieser Faktoren wird nur schwer möglich sein, mit Ausnahme der Extremfälle sind daher eindeutige Handlungsempfehlungen in Zweifel zu ziehen und auf die Gefahr suboptimaler Entscheidungen hinzuweisen.
- Der vorgestellte Einfluss von Transaktionskosten und die daraus hervorgehende Organisationsempfehlung sind zudem zu komparativ-statisch. Die Überlegung, Outsourcing-Strategien ausschließlich über anonymen Spot-Marktbezug zu realisieren, abstrahiert zum einen von tiefer gehenden Formen der Zusammenarbeit und zum anderen von der Möglichkeit Transaktionskosten im Zeitablauf der Zusammenarbeit durch bestimmte Maßnahmen zu senken.[213]

Unter praktischen und ganzheitlichen Gesichtspunkten der Wertschöpfungsoptimierung ergeben sich vor allem für die Zwischenbereiche um den Schnittpunkt aus Abbildung 15 somit diverse Beweggründe, die bislang aufgeführten Organisationsüberlegungen für komplexen Lieferantenbeziehungen auszubauen. Unter Bezugnahme auf die genannten Punkte soll daher im Folgenden nach erweiterten Organisationsformen des Fremdbezugs gesucht werden, die

---

212 Vgl. *Picot/Dietl/Franck* (2002), S. 72-74. Zum Problem der Messbarkeit *Sydow* (1992), S. 159

213 Vgl. eine Zusammenfassung wesentlicher Kritikpunkte an der Transaktionskostentheorie: *Sydow* (1992), S. 145-167; *Burr* (2003), S. 112-134.

unter geeigneten Rahmenbedingungen das Gewicht der Transaktionskosten abschwächen, so dass trotz hoher Ausprägung der genannten Einflussfaktoren – abstrahiert vom Extremfall – der externe Bezug von einem Lieferanten ermöglicht wird, und die Vorteile für die gesamte Wertschöpfung realisierbar werden.

2.4.3 Hybride Organisationsform als Basis der komplexen Lieferantenbeziehung

Als Ergänzung zu den beiden gezeigten Organisationsformen „Markt“ und „Hierarchie“ werden in der Literatur Mischformen diskutiert, die allgemein als *hybride* bezeichnet werden.[214] Solche Mischformen haben vereinfacht das Ziel, in Abhängigkeit der jeweiligen Ausprägung der Einflussfaktoren einer Teilaktivität und Motive der Transaktionspartner, die Vorteile der Organisationsformen Markt und Hierarchie zu vereinen und die Nachteile durch vertragliche Gestaltung und eine erweiterte Form der Zusammenarbeit so weit wie möglich auszuschließen und so Transaktionskosten zu minimieren.[215] Abbildung 16 verdeutlicht diese Überlegung.

	MARKT	**HIERARCHIE**	
Vorteile	• Spezialisierung • Größen-, Synergie- und Kompetenzvorteile • Wettbewerbsdruck	• Informationssicherheit • Verhaltenssicherheit	➡ **Hybrid**
Nachteile	• Opportunismus • Informationsdefizite	• Komplexität(skosten) • Funktionsdenken, Behäbigkeit, Bürokratie	Ausschluss durch relationale Verträge und langfristige kooperative Zusammenarbeit

Quelle: Eigene Darstellung

Abbildung 16: Merkmale hybrider Organisationsformen

Durch vertragliche Absprachen und Kooperationsformen soll es gelingen, den Einfluss von Transaktionskosten insgesamt zu verringern und somit eine dritte weiträumige Organisationsform zu schaffen. Die Auswirkungen, einer solchen Organisationsform mit geringeren hybri-

---

214 *Picot* (1991), S. 339; *Homburg/Werner* (1998), S. 984f.; *Picot/Dietl/Franck* (2002); S. 185-215; *Welge/Al-Laham* (2008), S. 666-679.

215 Vgl. *Buchholz* (1999), S. 271-277.

den Transaktionskosten (KH_{TK}) und eigenen hybriden Teilebezugskosten (K_{TB-H}) auf die Überlegungen zur Bestimmung der Organisationsform verdeutlicht Abbildung 17.

Die Überlegung der hybriden Organisationsform erweitert einerseits die Möglichkeiten zur Verringerung der Fertigungstiefe durch Fremdvergabe. Andererseits verbessert sie ab einem bestimmten Punkt steigender Eigenschaftsausprägung den Fremdbezug insgesamt, da trotz leicht höherer Teilebezugskosten durch die Art der Zusammenarbeit geringere Transaktionskosten anfallen als bei bloßem Spot-Marktbezug. In Abhängigkeit von Ausprägung und Gewicht der transaktionskostenrelevanten Einflussfaktoren sind verschiedene Typen hybrider Organisationsformen zu beobachten.

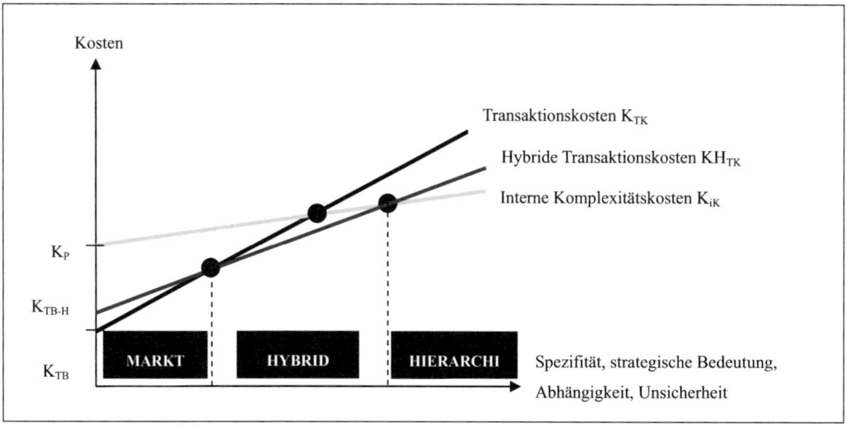

Quelle: in Anlehnung an: Homburg/Werner (1998), S. 985; Picot/Dietl/Franck (2002), S. 84.

Abbildung 17: Erweiterte grafische Bestimmung der Organisationsform

2.4.4 Typen hybrider Organisationsformen

2.4.4.1 Überblick

Im Folgenden gilt es zu klären, wie hybride Organisationsformen gestaltet werden können, um, angewendet auf die Zusammenarbeit zwischen OEM und 1st-Tier Supplier, eine Senkung der Transaktionskosten derart zu ermöglichen, dass die überbetriebliche Zusammenarbeit aus rationaler Sicht zweckmäßig wird. Hierfür sind vor allem die benötigten Ausprägungen und äußerlichen Rahmenbedingungen zu untersuchen. Abbildung 18 gibt in Anlehnung an die Gedanken von *Picot* (1991) und *Burr* (2003) einen knappen und unvollständigen, aber für den Rahmen dieser Arbeit ausreichend relevanten Überblick bzgl. hybrider Möglichkeiten wieder.

Der Übergang der Grenzen ist dabei nicht immer eindeutig festzustellen und folglich eher als fließend zu betrachten, speziell ob der Mehrdimensionalität der Eigenschaften und subjektiven Abhängigkeit der zu beobachtenden Ausprägungen.[216]

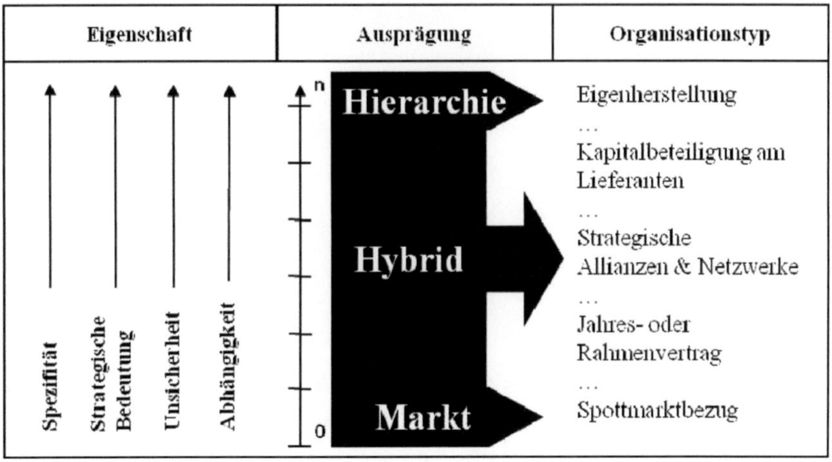

Quelle: In Anlehnung an Picot (1991), S. 340 und Burr (2003), S. 114.

Abbildung 18: Erweiterung der Möglichkeiten zur Leistungstiefenoptimierung

Die Idee der hybriden Organisationsformen besteht grundsätzlich darin, die Beziehung der Interaktionspartner in Abhängigkeit der jeweiligen Merkmalsausprägung einer Teilaktivität über verbindliche Vereinbarungen dahingehend zu regeln, dass die Auswirkungen der Faktorausprägung auf die Transaktionskosten hinreichend abgeschwächt werden und die Zusammenarbeit zustande kommen kann. Abbildung 18 enthält drei ausgewählte Typen hybrider Organisation:

2.4.4.2 Jahres- oder Rahmenvertrag

Teilaktivitäten geringer Spezifität und strategischer Bedeutung verursachen für die Transaktionspartner ein moderates Maß an Transaktionskosten. Dennoch entsteht zumindest kurzfristig eine gewisse Abhängigkeit und damit neben der Unsicherheit über Umweltveränderungen auch Unsicherheit über das Verhalten des Partners. Um derlei Gefährdungen vorzubeugen und so vor allem Anpassungs- und Überwachungskosten zu senken, bietet es sich an, den

[216] Vgl. *Picot* (1991), S. 340; *Burr* (2003), S. 114.

Leistungsaustausch über kurzfristige Jahres- oder Rahmenverträge zu vereinbaren. Solche Verträge verstärken die Zusammenarbeit der Parteien und schaffen neben gegenseitigem Vertrauen auch ein gewisses Maß an Sicherheit. Zudem können derlei Verträge meist ohne wesentliche neue Transaktionskosten verlängert, ergänzt oder erweitert werden.[217]

2.4.4.3 Kapitalbeteiligung am Lieferanten

Kommt es zu einer Kapitalbeteiligung am Lieferanten, ist die Teilaktivität in der Regel von hoher Ausprägung in Spezifität, strategischer Bedeutung, Unsicherheit und Abhängigkeit. Sie stellt eine sehr enge, vom OEM dominierte Kooperationsform dar, und ist meist die letzte externe Bezugsform bevor die Leistung intern gefertigt wird. Der Automobilhersteller versucht durch die direkte gesellschaftsrechtliche Beteiligung am Zulieferunternehmen Informationsdefizite und Unsicherheiten abzubauen, durch umfassende Mitspracherechte Gefahren im Hinblick auf Abhängigkeiten und opportunistisches Verhalten einzudämmen und sich im Hinblick auf Spezifität und strategische Bedeutung abzusichern. Umgekehrt könnte die Beteiligung auch als Zeichen des OEM an seinen Zulieferer dienen, etwaige Abhängigkeiten nicht ausnutzen zu wollen. Die Kapitalbeteiligung kann unter gewissen Umständen demzufolge als „kombiniertes Instrument gegen die mit spezifischen Investitionen verbundene Hold-up-Gefahr und gegen die mit Informationsasymmetrien verbundene moral-hazard Gefahr“ qualifiziert werden.[218] Dennoch bedeutet diese Form der Zusammenarbeit ein starkes Engagement des OEM und verursacht hauptsächlich durch Kontrollaktivitäten auf beiden Seiten erhebliche Transaktionskosten, die allerdings bei gleicher Faktorausprägung noch unter den Komplexitätskosten der internen Erstellung liegen.

2.4.4.4 Strategische Allianzen & Netzwerke

Der Begriff der strategischen Allianz zielt darauf ab, dass zur Realisierung von Wettbewerbsvorteilen die Zusammenarbeit zwischen zwei Transaktionspartnern einen langfristigen, vertrauensvollen und strategischen Charakter aufweisen muss. In der betriebswirtschaftlichen Literatur mangelt es keineswegs an Definitionen zur strategischen Allianz.[219] Zusammengefasst handelt es sich bei strategischen Allianzen um die Kooperation mindestens zweier rechtlich voneinander unabhängiger Unternehmen, die durch Zusammenlegung ihrer Fähigkeiten

---

217 Vgl. *Picot/Dietl/Franck* (2002), S. 80-83; *Welge/Al-Laham* (2008), S. 672f.

218 Vgl. *Picot/Dietl/Franck* (2002), S. 197.

219 Vgl. *Backhaus/Piltz* (1990), S. 1-10; *Backhaus/Plinke* (1990), S. 21-33; *Klaue* (1991); einen umfassenden Literaturüberblick zeigt *Sydow* (1992), S. 63; vgl. auch *Backhaus/Meyer* (1993), S. 332; *Albach* (1992), S. 664; *Iyer* (2002).

und Kernkompetenzen eine Wertschöpfungsaktivität in Zusammenarbeit effizienter erstellen, als wenn diese in (möglicher) Eigenarbeit gefertigt würde.[220] Die Unternehmen haben bei solchen Allianzen immer das Ziel, ihre Wettbewerbsposition durch den Ausbau der eigenen Kernkompetenzen zu stärken und die langfristige Unternehmensentwicklung durch optimalen Einsatz der existenznotwendigen Ressourcen zu sichern.[221]

Eine andere diskutierte Form der engen unternehmensübergreifenden Form der Zusammenarbeit stellt das strategische Netzwerk dar. *Sydow* beschreibt ein strategisches Netzwerk wie folgt: „...Ein strategisches Netzwerk stellt eine auf die Realisierung von Wettbewerbsvorteilen zielende, polyzentrische, gleichwohl von einem oder mehreren Unternehmen strategisch geführte Organisationsform ökonomischer Aktivitäten zwischen Markt und Hierarchie dar, die sich durch komplex-reziproke, eher kooperative denn kompetitive und relativ stabile Beziehungen zwischen rechtlich selbständigen, wirtschaftlich jedoch zumeist abhängigen Unternehmen auszeichnet....“[222] Die Zusammenarbeit findet dabei langfristig nach gewissen Regeln statt und die Führung des Netzwerks wird durch einige wenige, den Endkunden nahestehenden Unternehmen übernommen. Weiter charakterisiert sich das Netzwerk als ein Kern mit engen Kopplungen, dem mehrere lokal stabile, lose verkettete Subsysteme als Peripherie angehören. Die Peripherie entlastet das Kernunternehmen von Kontroll-, Koordinations- und Anpassungsaufgaben und den dadurch entstehenden Kosten.[223]

Speziell im dynamischen Wettbewerbsumfeld stellt das strategische Netzwerk aufgrund der implizierten Koexistenz von Kooperations- und Wettbewerbsbeziehung eine effiziente hybride Organisationsform dar.[224] Von besonderem Vorteil ist die mögliche Reduktion der ganzheitlichen Produktions- und Transaktionskosten entlang der gesamten Wertschöpfungskette trotz hoher Ausprägung der bekannten Einflussfaktoren, da die Vorteile aus Markt und Hierarchie durch eine enge und kooperative Zusammenarbeit gebündelt werden können. In dem Netzwerk ist die Interaktion zwischen den dominierenden Kernunternehmen als strategische Allianz zu qualifizieren, in der als Grundvoraussetzungen der Zusammenarbeit Offenheit und gegenseitiges Vertrauen zentrale Voraussetzungen bilden. Die Interaktion in dieser strategischen Allianz muss über sämtliche Stufen der Wertschöpfungsaktivität stabil und lang-

---

220 Vgl. *Sydow* (1992), S. 63; *Beck* (1998), S. 271

221 Vgl. *Haspeslagh/Jemison* (1991), S. 28f.; *Child/Faulkner/Tallmann* (2005), S. 1-16; *Dacin/Oliver/Roy* (2007), S. 169-187; *Welge/Al-Laham* (2008), S. 675-677.

222 Vgl. *Sydow* (1992), S. 82.

223 Vgl. *Sydow* (1992), S. 78-89.

224 Vgl. *Picot/Dietl/Franck* (2002), S. 208.

fristig angelegt sein und über angemessene Kommunikation und Kooperation der Fachabteilungen in allen Phasen der Leistungserstellung verfügen. Hierbei ist auch die Verfügbarkeit von beiderseitigem Know-how und die Wahrung der Vertraulichkeit von spezifischen Erkenntnissen ein wesentlicher Bestandteil.[225]

Eine derartige strategische Allianz ist einem strategischen Netzwerk gleichzusetzen, wenn die teilnehmenden Unternehmen rechtlich-unabhängig voneinander und als selbstständige Partner agieren. In dieser Form der Organisation findet eine überbetriebliche Koordination sämtlicher Fähigkeiten und Interessen im Hinblick auf eine zu erbringende Leistung statt, nach deren Realisierung alle Teilnehmer streben. Die Strukturen sind polyzentrisch organisiert und es existieren mehrere Entscheidungs- und Machtzentren nebeneinander ohne dass einer strengen hierarchischen Ordnung gefolgt wird.[226] Von besonderer Bedeutung sind hierbei vor allem die langfristige Zusammenarbeit und entsprechende verbindliche Regelungen, die gegenseitige Sicherheiten gewährleisten.[227] Im Zeitablauf können so wechselseitige Abhängigkeiten entstehen, die im gesamten Netzwerk die Gefahr opportunistischen Verhaltens minimieren, da bei derartigem Verhalten gewichtiges Sanktionspotenzial anderer Netzwerkteilnehmer existiert. Gelingt eine derartige Organisation, so können speziell die Kosten der Abwicklung, Kontrolle und Anpassung nachhaltig und dauerhaft im Zeitablauf minimiert werden.

2.4.5 Komplexe Lieferantenbeziehung als Organisationsform der Automobilherstellung

2.4.5.1 Wesentliche Charaktereigenschaften der Zusammenarbeit zwischen OEM und 1st-Tier Supplier für die Wahl einer hybriden Organisationsform

Wie in den vorhergehenden Abschnitten bereits erläutert, kann die Zusammenarbeit zwischen OEM und 1st-Tier Supplier nicht im Rahmen eines Spotmarktbezugs stattfinden. Im Hinblick auf die Wahl einer geeigneten hybriden Organisationsform gilt es daher zunächst zu untersuchen, welche wesentlichen Charaktereigenschaften auf die Zusammenarbeit zwischen OEM und 1-st Tier Supplier wirken.

(1) Mehrstufige Arbeitsteilung und erhöhte Koordinationsanforderung auf allen Stufen

Zum ersten ist das Motiv der OEM zu nennen, durch modular sourcing an 1st-Tier Suppliers Entwicklungs- und Produktionskomplexität aus dem eigenen Unternehmen auszulagern und

---

225 Vgl. *Bullinger/Warschat* (1997), S. 40.

226 Vgl. *Obring* (1992), S. 2f.; *Heftrich* (2000), S.39.

227 Vgl. *Reiß* (1998), S. 224-229.

an Zulieferer zu übertragen. Durch die Verschlankung der eigenen Unternehmung und einen Abbau der Fertigungstiefe kann sich der OEM auf seine eigenen Kernkompetenzen konzentrieren und sich der Kosten- und Nutzenvorteile der überbetrieblichen Arbeitsteilung bedienen, um seine Wettbewerbsposition insgesamt zu verbessern.[228] Die Kernkompetenzen der OEM liegen vor allem im Marken- und Produktmanagement, kritischen Schlüsseltechnologien sowie der Koordination der überbetrieblichen Wertschöpfungskette.[229] Um die Koordination der Wertschöpfungskette nicht übermäßig komplex werden zu lassen, versucht der OEM sich durch single sourcing so weit wie möglich auf die Interaktion mit den 1st-Tier Suppliers zu beschränken und diesen die Koordination der untergelagerten Stufen zu überlassen. Aus dieser Betrachtung kann abgeleitet werden, dass der OEM zwar intern einen Komplexitätsabbau realisieren kann, der Komplexitätsgrad der Wertschöpfung insgesamt aber durch die mehrstufige überbetriebliche Arbeitsteilung deutlich ansteigt und die Zusammenarbeit aller Interaktionspartner hohen Koordinationsanforderungen unterliegt, die von den dominierenden Kernparteien (OEM und 1st-Tier Supplier) zu bewältigen sind.

(2) Langfristigkeit

Zum zweiten kann grundsätzlich unterstellt werden, dass die Zusammenarbeit zwischen OEM und 1st-Tier Supplier **langfristig** angelegt ist.[230] Dabei überdauert die Zusammenarbeit in der Regel nicht nur die Produktion der Fahrzeugserie eines Modells des OEM. Der Zulieferer wird sich bereits im Vorfeld sehr bewusst sein, dass - nach Auslauf einer Fahrzeugserie - neben dem Geschäft mit Ersatzteilen bei zufriedenstellender Vertragserfüllung Folgeaufträge erwartet werden können. Diese Überlegung folgt vor allem der Annahme, dass Transaktionskosten aus Anbahnung, Vereinbarung und Abwicklung im Zeitablauf bei langfristiger Zusammenarbeit degressiv verlaufen und der OEM vor allem hohe Anbahnungskosten bei der Suche nach einem neuen Partner scheuen wird.[231] So kann grundsätzlich davon ausgegangen werden, dass die Zusammenarbeit zwischen OEM und 1st-Tier Supplier nicht auf Einjahresverträge, sondern über deutlich längere Zeiträume von bis zu 20 Jahren abzielt.[232]

---

228 Vgl. Abschnitt 2.3.

229 Vgl. Abschnitt 2.2.8.

230 Vgl. *Womack/Jones/Ross* (1991), S. 146-150; *Sydow* (1992), S. 20f.; *BIC* (2004), S. 1-13; *Gierl/Gerke* (2004).

231 Vgl. zur Annahme des dynamischen Verlauf von Transaktionskosten die kritische Ausarbeitung von *Burr* (2003), S. 115-119.

232 Vgl. *Womack/Jones/Roos* (1991), S. 148.

(3) Furcht vor Opportunismus

Zum dritten bedarf es keiner detaillierten Analyse um festzustellen, dass der Bezug wie die Erstellung überbetrieblich entwickelter und gefertigter Module oder Systeme in aller Regel ein hohes Maß an Spezifität und strategischer Bedeutung beinhaltet, wodurch zum einen Abhängigkeit und zum anderen Unsicherheit entstehen, und zwar sowohl für OEM wie Lieferanten. So macht sich beispielsweise der OEM hinsichtlich der Qualität, des Entwicklungs- und Produktions-Know-hows und der Logistik spezifischer Module und Systeme des von ihm vertriebenen Automobils und der damit unmittelbar verbundenen Wettbewerbsfähigkeit von seinen Lieferanten abhängig.[233] Der Wechsel des Zulieferers ist ab einem gewissen Punkt mit unverhältnismäßig hohen Kosten verbunden und aufgrund mangelnder Verfügbarkeit der benötigten spezifischen Fähigkeiten kurzfristig kaum möglich. Die Zulieferer im Allgemeinen und ein 1st-Tier Supplier im Speziellen werden sich im Umkehrschluss durch hohe spezifische Investitionen hinsichtlich Forschung und Entwicklung, Produktionskapazitäten und anderer wesentlicher Elemente im Hinblick auf das spezifische und strategisch bedeutende Modul oder System ebenfalls vom OEM abhängig machen. Eine Abstimmung der genannten Fähigkeiten und Kernkompetenzen auf eben diesen - und unter Umständen für dieses Modul nur diesen - OEM ist unabdingbar. Beide Parteien stehen dem Problem der Unsicherheit über Veränderungen im Verhalten des Transaktionspartners gegenüber und fürchten opportunistisches Verhalten bzgl. der voraussichtlich langfristig andauernden Abhängigkeit. Im Fokus der gewählten hybriden Organisationsform muss daher vor allem der Abbau von Unsicherheit und Informationsdefiziten stehen. Ferner bedarf es umfassender Rahmenbedingungen, die einerseits Anreize des opportunistischen Verhaltens neutralisieren und andererseits für alle Beteiligten ex-ante wie ex-post ersichtlich und glaubwürdig sind.[234]

2.4.5.2 Auswahl eines geeigneten hybriden Organisationstyps als Basis der Zusammenarbeit zwischen OEM und 1st-Tier Supplier

Unter Berücksichtigung der aufgezeigten Charaktereigenschaften soll im Folgenden überprüft werden, welche der in Abbildung 18 gezeigten und in Abschnitt 2.4.4 konkretisierten Typen hybrider Organisationsformen für die Zusammenarbeit zwischen OEM und 1st-Tier Supplier als Basis der Zusammenarbeit am ehesten in Frage kommt:

---

233 Vgl. *Tomkins* (2001), S. 161-191; *Gierl/Gerke* (2004), S. 203; *Wintergerst/Welkner* (2007), S. 941; ferner *Pfeffer/Salancik* (2003).

234 Vgl. hierzu auch *Gietzmann* (1996), S. 611-626.

(1) Jahres- oder Rahmenvertrag

Die Überlegung, die Zusammenarbeit auf Basis von *Jahres- oder kurzfristigen Rahmenverträgen* zu gestalten, kann im Wesentlichen aufgrund des langfristigen Charakters der Zusammenarbeit ausgeschlossen werden. Ein 1st-Tier Supplier, der in hohem Maße seine Kapazitäten und spezifischen Investitionen auf einen OEM abstimmt, ist vor allem hinsichtlich der Amortisation seiner Investitionen über einen längeren Zeitraum von nur einem Jahr vom OEM abhängig und wird sich nicht auf kurzfristige Absprachen einlassen, da sie das entstehende Unsicherheitsproblem nicht hinreichend lösen können. Im Umkehrschluss wird sich auch der OEM bei einer Fahrzeugserie, die den Endkunden in aller Regel über einen längeren Zeitraum angeboten werden, die Produktion- und Lieferung der benötigten Module sowie eine latente Lieferbereitschaft nach Auslauf der Serie langfristig absichern wollen. Jahres- oder kurzfristige Rahmenverträge kommen für den Bezug unspezifischer, leicht auszutauschender Teile in Frage. Für die hier zu organisierende langfristige und komplexe Zusammenarbeit zwischen dem spezifischen Modulnachfrager OEM und dem spezifisch spezialisiertem 1st-Tier Supplier scheidet eine solche Organisationsform prinzipiell aus.

(2) Kapitalbeteiligung am Lieferanten

Eine größere Schnittmenge mit den Charaktereigenschaften der Zusammenarbeit zwischen OEM und 1st-Tier Supplier bildet die hybride Organisationsform der *Kapitalbeteiligung am Lieferanten* durch den Automobilhersteller. Der Automobilhersteller kann durch die Beteiligung vor allem die aus Spezifität und Abhängigkeit resultierende eigene Unsicherheit reduzieren, indem er sich umfassende Mitspracherechte und Einblicke ins operative Geschäft seines 1st-Tier Supplier sichert. In Japan ist eine Kapitalbeteiligung der Automobilhersteller an ihren 1st-Tier Supplier durchweg zu beobachten. So ist beispielsweise die Toyota Motor Corporation bei wichtigen 1st-Tier Suppliers in der Regel mit über 20% am Eigenkapital beteiligt.[235] Derlei Beteiligungen sind zwar vereinzelt auch in den westlichen Industriestaaten zu beobachten, allerdings nicht in vergleichbaren Ausprägungen.[236] So gibt es vor allem in Europa aber auch in Nordamerika zahlreiche von den OEM unabhängige 1st-Tier Suppliers, während dies in Japan kaum der Fall ist.[237]

---

235 Vgl. *Womack/Jones/Roos* (1991), S. 67; *Pfaffmann* (1998), S. 451-461; *Jones/Bouncken* (2008), S. 178f.

236 Eine Sonderstellung ist Delphi (ehemals General Motors) und Visteon (ehemals Ford) zuzuschreiben, da beide erst seit kurzem eigenständige Unternehmen sind und nach wie vor in großer Abhängigkeit zur ihren ehemaligen Muttergesellschaften stehen.

237 Vgl. *VDA* (2007), S.7-13, hierbei wird für Europa insbesondere der deutsche Mittelstand thematisiert.

Der Unterschied in der Beteiligungsstruktur westlicher und japanischer Unternehmen begründet sich im Wesentlichen aus zwei Tatsachen. *Erstens* baut die hybride Organisationsform der Kapitalbeteiligung des OEM am 1st-Tier Supplier in erster Linie Unsicherheit und Abhängigkeit des OEM ab, während sich die transaktionskostenrelevanten Einflussfaktoren des Zulieferers eher verstärken. Dieser wird ob der direkten Beteiligung des OEM und damit einhergehender Mitspracherechte und Einblicke ins operative und strategische Unternehmensgeschäft zum einen eine ausgedehnte Abhängigkeit oder gar Beherrschung fürchten. Zum anderen wird der 1st-Tier Supplier unter Umständen eine erhöhte Unsicherheit über das Verhalten des OEM im Zeitablauf mit den gewonnenen Erkenntnissen über spezifische Fähigkeiten und Kernkompetenzen strategischer Bedeutung aufbauen. Die Gründe für mangelnde Anreize eines freien Suppliers, einer derart einseitig ausgerichteten Beteiligung zuzustimmen, sind offensichtlich.

Bestehende Beteiligungen in Nordamerika kommen vor allem aus gesellschaftshistorischen Gesichtspunkten zustande, während die japanischen Verflechtungen auf einer übergreifenden Einstellung zur Arbeitsteilung basieren. In Nordamerika ist als Resultat der Komplexitätsprobleme überhöhter vertikaler Integration ein Spin-Off hauseigener Zulieferer erfolgt. So gliederte General Motors 1999 mit *Delphi* und ein Jahr später Ford mit *Visteon* zahlreiche interne Wertschöpfungsaktivitäten in eigene Gesellschaften aus, die damals wie heute als hauseigene Zulieferkonzerne zu qualifizieren sind und nach wie vor maßgeblich von den ehemals hierarchisch leitenden Automobilherstellern abhängig sind.[238]

Die Kapitalverflechtungen in Japan begründen sich im Wesentlichen auf einer im Vergleich zur westlichen Automobilindustrie grundsätzlich verschiedenen Zusammenarbeitsphilosophie, dem sogenannten *vertikalen Keiretsu*.[239] Diese Art der Philosophie begründet eine wirtschaftliche Zusammenarbeit mindestens zweier Unternehmen in einer Art Verbund und ist historisch bedingt. Sie basiert auf sozio-ökonomischen und kulturellen Hintergründen, die sich von den Bedingungen im Westen grundlegend unterscheiden.[240] Die Kapitalbeteiligungen in Japan sind daher *zweitens* nicht als eigenständige dominierende Organisationsform der Automobilherstellung, sondern als Teil des vertikalen Keiretsu zu verstehen.[241] Die Kapitalbeteiligung ist ledig-

---

238 Vgl. *VDA* (2007), S. 7-13.

239 Vgl. *Pfaffmann* (1998), S. 151-166.

240 Vgl. zu Hintergründen japanischer strategischer Netzwerke: *Sydow* (1992), S. 39-46; *Picot/Dietl/Franck* (2002), S. 212-215.

241 Vgl. *Womack/Jones/Roos* (1991), S. 67-69; *Pfaffmann* (1998), S. 151f.

lich Bestandteil einer umfangreichen kooperativen Zusammenarbeit, die sich grundlegend aus den Gedanken des Lean Managements ableitet und organisationstheoretisch als *strategische Allianz* innerhalb eines übergreifenden *strategischen Netzwerks* zu interpretieren ist. So sind zwischen japanischen OEMs und 1st-Tier Suppliers insgesamt kooperative und vertrauensbildende Maßnahmen, wie die Vergabe von Finanzierungskrediten, Austausch von Know-how und Mitarbeitern, gemeinsame Qualitätsverbesserungen und die gerechte Verteilung zusätzlicher Effizienzgewinne u.a. entscheidend.[242] Den bereits genannten Vorteilen dieser Kooperationsgedanken versucht die westliche Automobilherstellung bis heute zu folgen. Die Zusammenarbeit dabei ausschließlich auf Basis einer *Kapitalbeteiligung* durch den (dominierenden) OEM zu organisieren hilft den (westlichen) Transaktionspartnern insgesamt aber weder ihre Motive durchzusetzen noch die transaktionskostenrelevanten Unsicherheit abzubauen.[243]

Als Basis der Zusammenarbeit zwischen OEM und 1st-Tier Supplier kommt daher eine ganzheitliche, stark kooperative Form der Zusammenarbeit in Betracht, die – abstrahiert von Kapitalbeteiligungen – der Vorgehensweise in Japan so nahe wie (im Westen) möglich kommt und die Schwierigkeiten der aufgezeigten Charaktereigenschaften in der Zusammenarbeit überbrückt. Um hierbei speziell die aufgezeigte Furcht vor Opportunismus und damit verbundenen Transaktionskosten abzubauen und die Abschöpfung überbetrieblicher Effizienzvorteile zu ermöglichen, bedarf es einer Zusammenarbeit, die langfristig angelegt ist und auf eine nachhaltige vertrauensbildende Kooperation beider Parteien zielt, in denen jeder seine Fähigkeiten und Kernkompetenzen optimal einbringt und an den Kosten- und Nutzenvorteilen der überbetrieblichen Arbeitsteilung angemessen partizipieren kann.[244]

(3) Strategische Allianzen & Netzwerke

Die vorgestellten Überlegungen zu *strategischen Allianzen und Netzwerken* bilden für die vorliegende Arbeit daher die beste Basis der ausschlaggebenden hybriden Organisationsform des OEMs für die Zusammenarbeit mit dem 1st-Tier Supplier. Eine stabile, langfristig angelegte, vertrauensvolle Allianz zwischen OEM und 1st-Tier Supplier in einem strategischen Netzwerk über alle Wertschöpfungsstufen ermöglicht den Teilnehmern - ganzheitlich - die Vorteile aus Markt und Hierarchie hinsichtlich der strategischen Erfolgsfaktoren Kosten, Zeit

---

242 Vgl. *Womack/Jones/Roos* (1991), S. 63-68; *Wildemann* (2007), S.47.
243 Vgl. *Groot/Merchant* (2000), S. 579-607.
244 Vgl. *Beck* (1998) S. 271; *Römer/Tscheulin* (2008), S. 434f.

und Qualität zu bündeln und nachhaltig auszubauen. Produktions- und Transaktionskosten können so, trotz hoher Ausprägung der relevanten Einflussfaktoren, minimiert werden. Die Allianz und das zugehörige Netzwerk werden dabei von OEM und 1st-Tier Supplier in enger Kooperation dominiert und geführt.

Eine solche Kooperation stellt beide Parteien vor erhebliche Herausforderungen hinsichtlich des nachhaltigen Abbaus von Unsicherheit, dem Verzicht auf opportunistisches Verhalten, und der ganzheitlichen effizienten Koordination der überbetrieblichen Zusammenarbeit. Um sämtliche Vorteile der überbetrieblichen Arbeitsteilung optimal auszuschöpfen, bedarf es einer unverfälschten Zusammenarbeit auf allen Wertschöpfungsstufen.[245] Hierbei ist einerseits der gezielte Austausch des spezifischen und strategisch bedeutsamen Know-hows sowie anderer wesentlicher Informationen, die gemeinsame fortwährende Verbesserung sämtlicher strategischer Erfolgsfaktoren und der offene Umgang mit erzielten Erfolgen bei gerechter Verteilung des damit verbundenen Gewinnpotenzials von tragender Bedeutung.[246] Andererseits muss in der Zusammenarbeit von vornherein ersichtlich sein, dass auf keiner Seite opportunistisches Verhalten bzgl. der Ausnutzung entstehender Abhängigkeiten bzw. Informationsdefiziten oder der gezielte Ausbau asymmetrischer Informationsverteilung betrieben wird bzw. zu befürchten ist.

Im Folgenden soll daher untersucht werden, wie die Zusammenarbeit auf Basis der Überlegungen einer strategischen Allianzen hinreichend konkretisiert werden kann, um die Vorteile der Zusammenarbeit realisieren zu können und die transaktionskostenrelevanten Schwierigkeiten aus der hohen Ausprägung der Einflussfaktoren weit möglichst auszuschließen.

2.4.5.3 Konkretisierung notwendiger Elemente für die Organisation der komplexen Zusammenarbeit zwischen OEM und 1st Tier Supplier

Die Zusammenarbeit zwischen OEM und 1st-Tier Supplier ist auf Basis der Überlegungen strategischer Allianzen und Netzwerke so zu organisieren, dass langfristig und nachhaltig

---

245 Vgl. *Dyer* (1997), S. 649f.; *Seal/Cullen/Dunlop et al.* (1999), S. 303-322; *Tomkins* (2001), S. 161-191; *Fussan/Klepper* (2007), S. 610; *Wintergerst/Welker* (2007), S. 938-954.

246 Vgl. *Perks/Jeffery* (2006), S. 67-69.

Unsicherheit abgebaut, **asymmetrischer Informationsverteilung** entgegengewirkt und **opportunistisches Verhalten** von vornherein ausgeschlossen wird.[247]

Im *ersten Schritt* ist daher die Partnersuche seitens des OEM so zu gestalten, dass die Zusammenarbeit nicht auf Basis der günstigsten Teilebezugskosten ausgewählt wird, sondern unter Berücksichtigung von Transaktionskosten und deren voraussichtlicher Entwicklung im Zeitablauf.[248] Eine dynamische Sichtweise ist hier zwingend erforderlich. Ein Lieferant, der zwar im ersten Moment teurer anbietet, sich aber in den vergangenen Jahren als fairer und vertrauensvoller Partner hinsichtlich Informationsaustausch und Effizienzverbesserungen erwiesen hat, ist einem günstigeren, aber weniger vertrauensvollen Marktpartner vorzuziehen.[249] Diese Überlegung folgt der Annahme, dass beim weniger vertrauensvollen Partner im Folgenden steigende Transaktionskosten aus Kontrolle und Anpassung notwendig sind, da sich die Unsicherheit über opportunistisches Verhalten im Gegensatz zum bewährten und vertrauensvollen Partner nicht oder nur geringfügig abbauen lässt.[250] Lieferanten werden somit zur offenen und verlässlichen Zusammenarbeit bewegt, da sie sonst vom OEM als Transaktionspartner bereits im Vorfeld ausgeschlossen werden.[251] Die Folge eines solchen Ausschlusses kann für 1st-Tier Supplier zunächst den Abstieg in der Zulieferpyramide auf nachgelagerte Stufen bedeuten und im schlimmsten Fall die Unternehmensfortführung gefährden.[252]

Auch die OEM sind angehalten, eine offene und vertrauensvolle Zusammenarbeit zu signalisieren und nachhaltig zu pflegen. Zwar sind die Möglichkeiten der Lieferanten einen OEM abzulehnen nicht mit dem umgekehrten Fall vergleichbar. Dennoch wird es für OEM mit kennzeichnend negativer Verhaltenshistorie schwieriger werden, überbetriebliche Effizienzvorteile mit qualitativ und innovativ führenden 1st-Tier Suppliers in ähnlicher Weise

---

247 Vgl. hierzu die empirische Analyse von *Möller* (2006), S. 1051-1076; ferner *Römer/Tscheulin* (2008), S. 434f.; allgemein zur Stabilisierung von Netzwerken: *Bassarak/Genosko* (2001), S. 13-20.

248 Vgl. *Weimer/Seuring* (2008), S. 24-31.

249 Vgl. *Dyer* (1997), S. 649-666.; *Büschken* (2000), S. 1; vgl. Überlegungen zur Auswahl des Umfangs von Zulieferern unter Berücksichtigung der von diesen verursachten Fehlern: *Ruiz-Torres/Mahmoodi* (2005), S.104-115; vgl. weiterführend *Chan/Kumar* (2007), S. 417-431.

250 Die Annahme folgt den Überlegungen eines degressiven Verlaufs von Transaktionskosten im Zeitablauf, vgl. hierzu die zusammenfassende Übersicht bei *Burr* (2003), S. 124-125 basierend auf dem Ansatz von Richard Langlois, vgl. *Langlois* (1988), S. 635-657; *Langlois* (1992), S. 99-127.

251 *Bassarak/Genosko* sprechen von Erzeugung und Ausbau von Kooperationsneigungen, Vgl. *Bassarak/Genosko* (2001), S. 16; zudem *Fussan/Klepper* (2007), S. 600.

252 So z.B. zu beobachten bei der Firma Kiekert AG, die 1998 die Lieferung wichtiger Teile an Ford unterbrach und damit einen Produktionstopp des Automobilherstellers bewirkte; im Folgenden unterbrach Ford lange Zeit die Zusammenarbeit mit dem Zulieferer, was zu großen Problemen führte; vgl. *Wolff* (2006), Berliner Zeitung vom 1.11.2006; vgl. allgemein *Porter* (1999), S. 175-180;

auszuschöpfen, wie dies positiv verhaltenden Wettbewerbern gelingt, da die Transaktionskosten aus gegenseitigem Misstrauen nicht in vergleichbarer Ausprägung gesenkt werden können. Die Folge kann ein signifikanter Wettbewerbsnachteil sein, der im aggressiven Verdrängungswettbewerb mit anderen Automobilherstellern durchaus erhebliche Probleme verursachen kann. Durch derlei Rahmenbedingungen im Zusammenspiel werden beide Seiten zu einem gewissen Maß an *Kooperationsneigung* gedrängt.[253] Bedachter Umgang mit Marktmacht und etwaigen spezifischen oder gar strategischen Abhängigkeiten im Zeitablauf kann dauerhaftes Vertrauen in der Interaktion schaffen, welches eine Abschwächung der Einflussfaktoren auf die Transaktionskosten und damit eine ganzheitliche Verbesserung der Wertschöpfungsaktivität ermöglicht. Transaktionskosten jeder Art verlieren so im Zeitablauf stark an Bedeutung.[254]

Um aufgebautes Vertrauen abzusichern und Unsicherheit und damit verbundene Transaktionskosten auch nachhaltig zu senken, bedarf es im *zweiten Schritt* daher beidseitig klarer Signale, die Zusammenarbeit *langfristig* durchführen zu wollen. Während der OEM dem 1st-Tier Supplier somit die Amortisation seiner Investitionen ermöglicht und mögliche Folgeaufträge andeutet, garantiert der 1st-Tier Supplier dem OEM nach der Entwicklung des Moduls die Produktion und Lieferung für den benötigten Zeitraum.[255] So entsteht auf beiden Seiten ein andauernder Anreiz die Zusammenarbeit fortwährend zu verbessern und Reibungsverluste zu minimieren.[256] Unabdingbar sind hierbei stabile und faire Vereinbarungen über die Verteilung solch zusätzlicher Effizienzgewinne.[257]

Des Weiteren ist es erforderlich, dass OEM und 1st-Tier Supplier konstant und verlässlich den Austausch bedeutender Informationen und spezifischen Know-hows betreiben.[258] Nur bei dauerhaftem und zuverlässigem Informationsaustausch über alle Stufen der gemeinsamen Zusammenarbeit können Informationsdefizite und damit verbundene Asymmetrien verhindert und Transaktionskosten nachhaltig minimiert werden.[259] Denkbar sind hier vor allem regelmä-

---

253 Vgl. *Bassarek/Genosko* (2001), S. 16.; *Wintergerst/Welker* (2007), S. 949-952.

254 Vgl. *Burr* (2003), S. 124-127 in Bezug auf *Langlois* (1988, 1992); umfassend zu vertrauensbildenden Maßnahmen und Mechanismen in Netzwerken: Vgl. *Reiß* (1998), S. 228; *Beißel* (2003), S. 49-77; *Wuyts* (2007), S. 301-311; eine andere Sicht der Bedeutung von Vertrauen ergibt sich teilweise in der Studie von *Eckhard/Mellewigt/Weller* (2009), S. 523.

255 Vgl. hierzu die Idee des „Exklusivbezugsrechts" bei *Kloyer* (2004), S. 336-341.

256 Vgl. zur langfristigen Bindung: *Gierl/Gehrke* (2004), S. 203-236.

257 Vgl. *Womack/Jones/Roos* (1991), S. 63-68; *Pfaffmann* (1998), S. 451.

258 Vgl. *Müller-Stewens, Osterloh* (1996), S. 18-24; *Bain & Company* (2007), S. 14.

259 Vgl. *Wintergerst/Welkner* (2007), S. 949f.

ßige Treffen der Entscheidungsträger der jeweiligen Leistungsstufe, gemeinsam integrierte Informationssysteme sowie der Austausch von Mitarbeitern.[260]

2.4.5.4 Maßnahmen zur Stabilisierung der langfristigen und komplexen Zusammenarbeit

2.4.5.4.1 Altruismus

Fraglich und zweifellos schwierig sind die Anforderungen an die Transaktionsparteien, die langfristig angelegte, auf Vertrauen und Informationsaustausch basierende Geschäftsbeziehung nachhaltig zu stabilisieren. Hierbei wird es maßgeblich darauf ankommen, die Zusammenarbeit durch bestimmte Maßnahmen gegen opportunistisches Verhalten abzusichern, ohne dabei Transaktionskosten entstehen zu lassen, die die Vorteile der überbetrieblichen Arbeitsteilung zunichtemachen.

Die Überlegungen *Beckers* eines nutzenstiftenden Altruismus und *Axelrods*, dass ein egoistisch-opportunistischer Teilnehmer die Furcht vor „Aug um Aug, Zahn um Zahn" Vergeltungsmaßnahmen zu einem kooperativen Partner werden lassen, greifen für den hier betrachteten Leistungsaustausch spezifischer Module und Systeme bei langfristiger strategischer Abhängigkeit in einem aggressiven Wettbewerbsumfeld zu kurz.[261] Es kann zwar grundsätzlich davon ausgegangen werden, dass extreme und offensichtliche Formen von Opportunismus zu Vergeltungen führen werden, die die schädigende Partei möglicherweise stark beschädigen.[262] Es ist aber fraglich, ob die geschädigte Partei unmittelbar über Vergeltungsmaßnahmen verfügt, die den entstandenen Schaden hinreichend ausgleichen und schon im Vorfeld opportunistisches Verhalten abschreckt. Darüber hinaus ist die Zusammenarbeit der Parteien derart umfangreich und komplex, dass die Marktteilnehmer eher verstecktes opportunistisches Verhalten fürchten, welches nicht zuletzt aufgrund von Informationsasymmetrien möglicherweise unentdeckt bleibt und ohne starke und teure Kontrollen nur schwer nachzuweisen sein wird. Die Annahme, opportunistisches Verhalten durch die bloße Existenz möglicher (unbestimmter) Vergeltungsmaßnahmen auszuschließen, wird nach der hier vertretenen Auffassung weder OEM noch 1st-Tier Supplier dazu bewegen, ihre Unsicherheit im Hinblick auf schädigendes Verhalten der Gegenpartei abbauen.

---

260 Vgl. *Scholtissek/Eckert* 2005), S. 222-227.

261 Vgl. *Becker* (1976), S. 817-826; weiterführend *Becker/Murphy* (2000); zudem die Ausführungen zur tit for tat Strategie bei *Axelrod* (1987), S. 25-49; Vgl. für stark opportunistisches Verhalten in Lieferantenbeziehungen die Ergebnisse der Studie bei *Hoffjan/Lührs* (2009), S. 8-11.

262 Vgl. zur Vergeltung auch die Überlegungen zu kooperativen Wettbewerbsbeziehungen von *Dowling/Lechner* (1998), S. 86-101.

2.4.5.4.2 Langfristige Verträge

Eine Überlegung zur Überbrückung der genannten Schwierigkeiten und zur Lösung der Opportunismusbefürchtungen wäre die Ordnung der Zusammenarbeit über langfristige vertragsrechtliche Absprachen, die jedwede Phase der Wertschöpfung und damit eventuell verbundene Streitigkeiten genau regeln und Vertragsstrafen festlegen. Ohne eine detaillierte Analyse kann festgehalten werden, dass eine solche Annahme wenig realistisch ist. Zum einen fehlt es vor allem ob der Komplexität und Unsicherheit über Geschehnisse im Zeitablauf schlicht an der Fähigkeit, sämtliche relevanten Fragen im Vorfeld abschließend zu regeln. Zum anderen würde eine solche vertragsrechtliche Regelung derart hohe Transaktionskosten zunächst bei Abwicklung und Vereinbarung und anschließend bei Kontrolle und Anpassung verursachen, dass die überbetriebliche Zusammenarbeit in diesem Umfang nicht mehr ökonomisch rational wäre.[263]

2.4.5.4.3 Relationale Verträge

Für die kooperative Zusammenarbeit zwischen OEM und 1st-Tier Supplier bedarf es allumfassender Maßnahmen, die die Transaktion langfristig begleiten und kooperatives Verhalten mit einer gewissen Selbstständigkeit ohne andauernde Kontrollkosten fördern. Für die vorliegenden Überlegungen einer langfristigen und komplexen Lieferantenbeziehung findet sich in der Literatur der Vorschlag sogenannter *relationaler Verträge*.[264] Die Idee zielt dabei im Kern darauf, dass eine langfristige und komplexe Zusammenarbeit, die von hoher Spezifität, strategischer Bedeutung, Abhängigkeit und Unsicherheit geprägt ist, aus den eben genannten Gründen nicht durch eine vollständige vertragsrechtliche Regelung gestalten werden kann.[265] Die Überlegung relationaler Verträge verzichtet dabei ganz bewusst auf den Anspruch, sämtliche Eventualitäten vollständig erfassen und regeln zu können. Das Vertragswerk soll lediglich den Rahmen der Zusammenarbeit festlegen und dabei bewusst bestimmte Lücken eingestehen, die erst im Nachhinein im direkten Dialog der Vertragspartner konkretisiert werden sollen.

Die Vorteile solch lückenhafter bzw. unvollständig genannter langfristiger Verträge[266] im Hinblick auf die langfristigen und komplexen Charaktereigenschaften und die daraus resultie-

---

263 Vgl. *Richter/Furubotn* (2003), S. 147-199.

264 Vgl. *Kieser/Walgenbach* (2007), S. 55; *Richter/Furubotn* (2003), S. S. 185-187.

265 Vg. *Bassarak/Genosko* (2001), S. 17; *Pfaffmann* (1998), S. 454; *Wuyts* (2007), S. 301; *Eckhard/Mellewigt/Weller* (2009), S. 502.

266 Vgl. *Richter/Furubotn* (2003), S. 301-305.

rende Unsicherheit über Umwelt- und Verhaltensänderungen im Zeitablauf liegen auf der Hand. Es besteht jederzeit die Möglichkeit, bessere Erkenntnisse in die Kooperation einfließen zu lassen und die Zusammenarbeit stetig und formlos zu verbessern ohne an ein einengendes Vertragswerk gebunden zu sein. Im Verlauf der Zusammenarbeit können sich so - ohne formalrechtliche Anforderungen - stillschweigende aber anerkannte Verfahren der Konfliktlösung etablieren. Die Transaktionskosten für Vereinbarungen, Abwicklungen und Anpassungen halten sich stark in Grenzen. Derlei Freiräume kommen auch der Forderung nach einer offenen und vertrauensvollen Zusammenarbeit nach, da den Parteien gewisse Spielräume ganz bewusst zugestanden werden und eine fortwährende Kommunikation erforderlich ist.[267]

Die Nachteile relationaler Verträge liegen vor allem darin, dass die lückenhaften Rahmenbedingungen das Problem des nachträglichen opportunistischen Verhaltens (moral hazard wie Hold-up Opportunismus) nicht ausreichend lösen. Da relationale Verträge auf konkrete und vollständige Regelungen hinsichtlich Leistung, Gegenleistung und Vergeltung verzichten, bedarf die Zusammenarbeit auf Basis dieser losen Rahmenbedingungen bestimmter Ergänzungen, die ebenfalls allumfassend und begleitend wirken und wiederum keine übermäßigen Transaktionskosten verursachen.

2.4.5.4.4 Geiseltausch

Eine Theorie, die den genannten Anforderungen gerecht werden könnte, ist die des doppelten *Geiseltausches* von *Williamson*.[268] Die grundlegende Idee besteht darin, dass jede von Opportunismus bedrohte Partei von der Gegenseite ein Pfand einfordern kann, welches bei Fehlverhalten einbehalten wird und opportunistisches Verhalten folglich ausschließt. Weiter ausgelegt bedeutet die Überlegung, dass sich die Transaktionspartner wechselseitig mit jeweils aufeinander zugeschnittenen Produkten versorgen, also vereinfacht eine reziproke Abhängigkeit entstehen lassen und die Risiken in ein Gleichgewicht gebracht werden.[269] Auch wenn wörtlich ausgelegt der OEM den Lieferanten nicht unbedingt mit Produkten versorgen wird, so sind durchaus wesentliche Leistungen oder Zugeständnisse denkbar, die eine vergleichbare Abhängigkeit bzw. einen Risikoausgleich entstehen lassen. Es ist allerdings von tragender Bedeutung, dass die auszutauschenden Geiseln derartige ökonomische Bedeutung haben, dass der „Geiselverlust" für die jeweilige Partei schwerwiegend ins Gewicht fällt.

---

267 Vgl. zur Vertragsgestaltung in der Automobilindustrie auch *Eckhard/Mellewigt/Weller* (2009), S. 531-533.
268 Vgl. *Williamson* (1985), S. 191; *Spremann* (1990), S. 563; *Wintergerst/Welkner* (2007), S. 949.
269 Vgl. *Mody* (1993), S. 156-170.

2.4.5.4.5 Partnerspezifische Investitionen

Eine Konkretisierung des genannten „Geiseltausches" von Williamson bieten die Überlegungen *partnerspezifischer Investitionen*. Vereinfacht betrachtet handelt es sich dabei um Investitionen, die nur in der Zusammenarbeit verwendet werden können, also um das Einbringen eigener spezifischer Vermögenswerte in gemeinsame Aktivitäten.[270] Aus Lieferantensicht kommen hier beispielsweise kundenspezifische Werkzeuge oder der Aufbau herstellerspezifischer Fertigungsstraßen in Betracht. Der OEM könnte sich wiederum durch Finanzierungszusagen oder Zuschüsse hinsichtlich der Produktionskapazitäten beteiligen. In beiden Fällen lassen sich derlei Investitionen erst im Zeitablauf und nur in der Zusammenarbeit mit dem jeweiligen Partner amortisieren. Die Maßnahmen schaffen nicht nur Vertrauen, sie wirken opportunistischem Verhalten schon im Vorfeld entgegen, da sie im Grunde analog zum Geiseltausch eine ausgleichende gegenseitige Abhängigkeit erzeugen.

2.4.5.4.6 Bilaterales Monopol

Zu erwähnen ist schließlich noch die Überlegung, die Zusammenarbeit derart zu gestalten, dass es zu einer Art *bilateralen Monopol* kommt. Beim bilateralen Monopol handelt es sich grundsätzlich um einen Markt, auf dem für den Gütertausch nur je ein Anbieter und ein Nachfrager existiert. Angewendet auf die überbetriebliche Zusammenarbeit geht es vereinfacht darum, Rahmenbedingungen zu schaffen, die einen gewinnbringenden Leistungstausch einer Transaktion an die jeweilige Gegenseite bindet. Hierzu werden beiden Parteien radikale Sanktionsmöglichkeiten eingeräumt, die die Transaktion (bei opportunistischem Verhalten) insgesamt stoppen können. Gleichwohl sind beide Partner vom Zustandekommen ökonomisch abhängig. Eine solche Organisation führt dazu, dass die Interaktionspartner sich zwar gegenseitig blockieren können, hierzu aber kein Interesse besteht, da der ökonomische Nutzen aus der Transaktion nur bei kooperativem Verhalten vereinnahmt werden kann.[271] Derartige Rahmenbedingungen wirken opportunistischem Verhalten von vornherein entgegen und minimieren die (transaktionskostenrelevante) Furcht vor derartiger Handhabung.

2.4.5.4.7 Zusammenfassung und Kritische Betrachtung

Zusammenfassend ist festzuhalten, dass die überbetriebliche Zusammenarbeit zwischen OEM und Zulieferer mittels des Instruments langfristig angelegter aber unvollständiger relationaler

---

270 Vgl. *Pisano* (1991), S. 237-249.

271 Vgl. *Schumann/Meyer/Ströbele* (1999), S. 304f.; *Kloyer* (2004), S. 339.

Verträge geregelt werden sollte. Dieses Instrument lässt beiden Parteien ausreichend Möglichkeiten sich während des Liefer- und Leistungsaustausches anzunähern und die Zusammenarbeit im Zeitablauf sukzessive flexibel und unbürokratisch zu organisieren. Der besondere Vorteil besteht vor allem darin, dass im Vorfeld bestehende Unsicherheiten und im Zeitablauf neu entstehende Fragestellungen im Nachhinein angepasst werden können. Diese Möglichkeit schafft auf beiden Seiten Vertrauen, minimiert Ängste vor opportunistischem Verhalten und senkt so unmittelbar die Transaktionskosten. Das Instrument des relationalen Vertrags kann um die vorgestellten Maßnahmen des Geiselaustausches, der partnerspezifischen Investitionen oder des bilateralen Monopols ergänzt werden. Die Möglichkeiten sind dabei allesamt als effektiv zu bewerten, ihr Einsatz muss individuell erörtert werden. Bei Organisation der komplexen Lieferantenbeziehung mit Hilfe der gezeigten Maßnahmen kommt eine strategische Allianz zwischen OEM und Zulieferer zustande, die die hier diskutierte Auslagerung der Wertschöpfungsaktivitäten insgesamt zu geringeren Kosten ermöglicht, als dies bei Herstellung durch den OEM möglich wäre.

Für eine möglichst effiziente Minimierung der Transaktionskosten ist es erforderlich, dass Ängste vor Opportunismus minimiert werden. Hierfür wurde bereits verdeutlicht, dass auf beiden Seiten faires Verhalten und eine insgesamt vertrauensvolle Zusammenarbeit notwendig ist. Es soll an dieser Stelle nicht verschwiegen werden, dass diese Forderung in der Praxis nicht immer umzusetzen ist. So lässt sich gerade in Beziehungen zwischen OEM und Zulieferer beobachten, dass ein erhebliches Maß an opportunistischem Verhalten trotz strategischer Allianzen besteht. Vor allem die OEMs nutzen häufig ihre Marktmacht aus, um Zulieferer hinsichtlich Kostensenkungen unter Druck zu setzen.[272] Im Umkehrschluss ist zu beobachten, dass auch Zulieferer hinsichtlich einer offenen Zusammenarbeit skeptisch sind und wichtige Informationen aus Furcht vor Opportunismus oft zurückhalten.[273]

Die hier erarbeiteten notwendigen Elemente und Maßnahmen zur Stabilisierung der langfristigen Lieferantenbeziehung verlieren dadurch nicht ihre Gültigkeit. Es wäre allerdings wünschenswert, wenn die hier aufgeführte Umsetzung in der Praxis noch stärker berücksichtigt würde, um die Zusammenarbeit für beide Parteien insgesamt zu verbessern.

---

272 Vgl. *VDA* (2009), S. 69f.

273 Vgl. *Lamming/Caldwell/Harrison et al. (2001), S 5; Ellram* (2002), S. 41; *Lamming/Caldwell/Phillips et al.* (2005), S. 558; *Caglio/Ditillo* (2008), S. 886f.; *Hoffjan/Lührs* (2009), S. 8-11.

2.5 Fazit der ökonomischen Analyse

Zusammenfassend hat die ökonomische Analyse ergeben, dass unter den geschilderten Bedingungen des Käufermarktes, des daraus resultierenden aggressiven Verdrängungswettbewerbes und den Erfolgen asiatischer Automobilhersteller u.a. mittels Lean Management für die westliche Automobilindustrie eine Umstrukturierung der Wertschöpfung notwendig wurde, deren Trend bis heute anhält. Im Fokus dieser Umstrukturierung steht vor allem die Neuorganisation der Automobilherstellung. Die großen Automobilkonzerne (OEM) verfolgen nicht mehr das Ziel einer totalen vertikalen Integration, sondern konzentrieren sich im Wertschöpfungsprozess auf jene Aktivitäten der Wertkette, in denen sie über Kernkompetenzen verfügen. Die übrigen Aktivitäten, die zur Automobilherstellung benötigt werden, werden zunehmend an spezialisierte Systemlieferanten (1st-Tier Suppliers) vergeben, die sich auf die Entwicklung und Herstellung ganzer Module spezialisiert haben und ihrerseits in diesem Feld über Kernkompetenzen verfügen, die aus ganzheitlicher Sicht zu signifikanten Kosten- und Nutzenvorteilen führen. Eine derartige überbetriebliche Zusammenarbeit vereint die Vorteile der großen Konzerne mit jenen der kleineren Spezialisten und führt zu beiderseitigen Effizienzgewinnen, die im dynamischen Wettbewerbsumfeld der Automobilindustrie von überlebenswichtiger Bedeutung sind. Aufgrund der vielschichten und langfristig wirkenden Fragestellungen der Arbeitsteilung wird die Zusammenarbeit zwischen OEM und 1st-Tier als **komplexe Lieferantenbeziehung** charakterisiert.

Maßgebliches Kriterium für die Realisation der überbetrieblichen Arbeitsteilung und die Vereinnahmung der erwähnten Effizienzgewinne ist die Höhe der begleitenden Transaktionskosten, die während der Interaktion der beiden Parteien grundsätzlich anfallen, und die zu einem wesentlichen Teil aus *Furcht vor opportunistischem Verhalten* resultieren. Um die Effizienzgewinne der Arbeitsteilung nicht zu gefährden, sind beide Parteien angehalten, ihre Zusammenarbeit so zu organisieren, dass es zu möglichst geringen Transaktionskosten kommt. In der ökonomischen Analyse wurde gezeigt, dass die Charaktereigenschaften der Zusammenarbeit am effizientesten in die hybride Organisationsform einer langfristig angelegten **strategischen Allianz** passen. Die Zusammenarbeit ist dabei grundlegend über relationale Verträge zu organisieren, die bei minimalen Transaktionskosten ausreichend Spielraum für die notwendigen Anpassungen im Zeitablauf einräumen. Darüber hinaus ist die Interaktion offen und vertrauensvoll auszulegen und Ängsten sowie Möglichkeiten des opportunistischen Verhaltens konsequent entgegenzuwirken. Es bedarf hierzu allgemein konstanter, vertrauensbildender Signale und kooperativen Verhaltens über die gesamte Phase der Zusammenarbeit. Darüber hinaus wurden Maßnahmen aufgezeigt, die im Wesentlichen auf die

Schaffung wechselseitiger Absicherungen und Abhängigkeiten zielen und so die transaktionskostenbegründete Furcht vor opportunistisches Verhalten der Gegenpartei neutralisieren sollen.

In diesem Abschnitt sind damit die in der ersten allgemeinen ökonomischen Frage der Problemstellung hinterfragten **Entwicklungen**, **Hintergründe und Motive** der komplexen Zusammenarbeit analysiert und die **Art und Weise** der zustande kommenden Kooperation ausgearbeitet und begründet worden. Darauf aufbauend wird das folgende Kapitel die verbliebene ökonomische Frage der Problemstellung nach den **konkreten Tätigkeiten** der Zusammenarbeit und den **zugehörigen Vereinbarungen** analysieren und beantworten.

3 Herleitung konkreter Vereinbarungen über Lieferungen und Leistungen der überbetrieblichen Zusammenarbeit bei der Automobilherstellung im Rahmen eines Basismodells

3.1 Methodik

3.1.1 Kategorisierung der Wertschöpfungsaktivitäten

Im vorangegangenen Kapitel ist deutlich geworden, dass die komplexe Lieferantenbeziehung zwischen OEM und 1st-Tier Supplier über einen langfristigen Zeitraum andauert und im Kern auf die Entwicklung, Herstellung und Lieferung eines gesamten Moduls oder Systems zielt. Für die weitere Analyse ist es an dieser Stelle erforderlich, die Liefer- und Leistungskomponenten einer solchen Lieferantenbeziehung näher zu konkretisieren. In Anlehnung an die in Abbildung 14 vereinfacht dargestellten ganzheitlichen Wertschöpfungsaktivitäten der Automobilherstellung und die in Abschnitt 2.3 gewonnenen Erkenntnisse über Motive der Transaktionsteilnehmer soll für die vorliegende Untersuchung davon ausgegangen werden, dass der OEM im Hinblick auf ein bestimmtes Modul vor allem die Wertschöpfungsaktivitäten aus Forschung & Entwicklung und der Serienherstellung an einen 1st-Tier Supplier abgeben wird. Die Annahme folgt der Überlegung, dass strategische Planungsfragen grundsätzlich Organisation und Management des Produktprogramms betreffen und damit ebenfalls zu den Kernkompetenzen der OEMs zählen, wie der Vertrieb und die Koordination der Zulieferkette, und somit hierarchisch organisiert werden (vgl. Abbildung 14).[274]

Um im Folgenden die Liefer- und Leistungskomponenten der Lieferantenbeziehung näher zu konkretisieren, darauf aufbauend greifbare Vereinbarungen über die Abwicklung der Zusammenarbeit herleiten zu können und anschließend speziell die damit verbundenen bilanziellen Fragestellungen zu bearbeiten, ist es für die weitere Vorgehensweise unerlässlich, die in Abbildung 14 aufgezeigten zahlreichen Unteraktivitäten von Forschung & Entwicklung und Serienherstellung durch Aggregation zu kategorisieren. Eine solch pauschale Vorgehensweise kann von den in der Praxis zahlreich vorhandenen technischen, produktions- und prozessorientierten Fragestellungen in Teilen abweichen. Eine detaillierte technische, produktions- und prozessorientierte Analyse ist hingegen nicht Gegenstand dieser Arbeit. Die Kategorisierung dient vor allem dem Zweck, die überbetriebliche Zusammenarbeit durch

---

[274] Vgl. Abschnitt 2.2.8.

Unterteilung in die wesentlichen Teilaktivitäten zu veranschaulichen und auf die mit der Teilaktivität verbundenen und für die Problemstellung essentiellen ökonomischen und bilanziellen Fragestellungen zu lenken. Die komplexe Lieferantenbeziehung wird daher für den weiteren Verlauf der Arbeit - dem Zeitablauf der Automobilherstellung folgend - in nachstehende Liefer- und Leistungsphasen eingeteilt (vgl. Abbildung 2).

(1) Forschungs- und Entwicklungstätigkeiten

(2) Herstellung kundenspezifischer Werkzeuge

(3) Serienfertigung und Lieferung

(4) Vorhaltung latenter Produktionsbereitschaft

3.1.2 Methodik zur Herleitung konkreter Vereinbarungen

Zur Herleitung konkreter Vereinbarungen der kategorisierten Liefer- und Leistungsphasen wird im folgenden Abschnitt 3.2 zunächst ein Basismodell aufgestellt. Das Basismodell dient vor allem dazu, grundlegende Annahmen über die möglichen Einflussfaktoren abzuleiten, die Art und Ausprägung der Zusammenarbeit maßgeblich beeinflussen. Darauf aufbauend werden in den anschließenden Abschnitten 3.3 - 3.6 sukzessive die Bedeutung und der Ablauf der einzelnen Phasen erläutert, um die in der jeweiligen Phase wesentlichen ökonomischen Anreize der Parteien zu untersuchen und unter Anwendung des Basismodels konkrete Vereinbarungen herzuleiten.

Für die Herleitung konkreter Vereinbarungen der komplexen Lieferantenbeziehung wurde in einem ersten Schritt eine induktive Vorgehensweise mit grundlegender empirischer Erhebung, folgender Kategorisierung und abschließender Auswahl bestimmter Vereinbarungen in Erwägung gezogen. Eine derartige Vorgehensweise hätte allerdings die umfangreiche Einsicht in eine ausreichende Anzahl von Lieferantenverträgen verschiedener Automobilzulieferer zur unabdingbaren Voraussetzung gehabt. Die Einsicht in solche Verträge ist im Wesentlichen aufgrund fehlender Bereitschaft der Automobilindustrie zur Offenlegung gescheitert, da Vereinbarungen zwischen OEM und 1st-Tier Supplier in der Branche als streng vertraulich und hochsensibel gelten. Die Furcht, eine Bereitstellung jener Daten könnte im Hinblick auf das sehr aggressive Wettbewerbsumfeld der Branche zu signifikanten Nachteilen oder Vertrauensverlusten führen, hat zu diesem Zeitpunkt unüberwindbare Informationsbarrieren geschaffen. Anfängliche Anstrengungen, eine für akademische Zwecke ausreichende Einsicht in vorhandene Verträge zu erlangen und diese ggf. anonymisiert zu behandeln, haben zu keinen verwertbaren Ergebnissen geführt.[275]

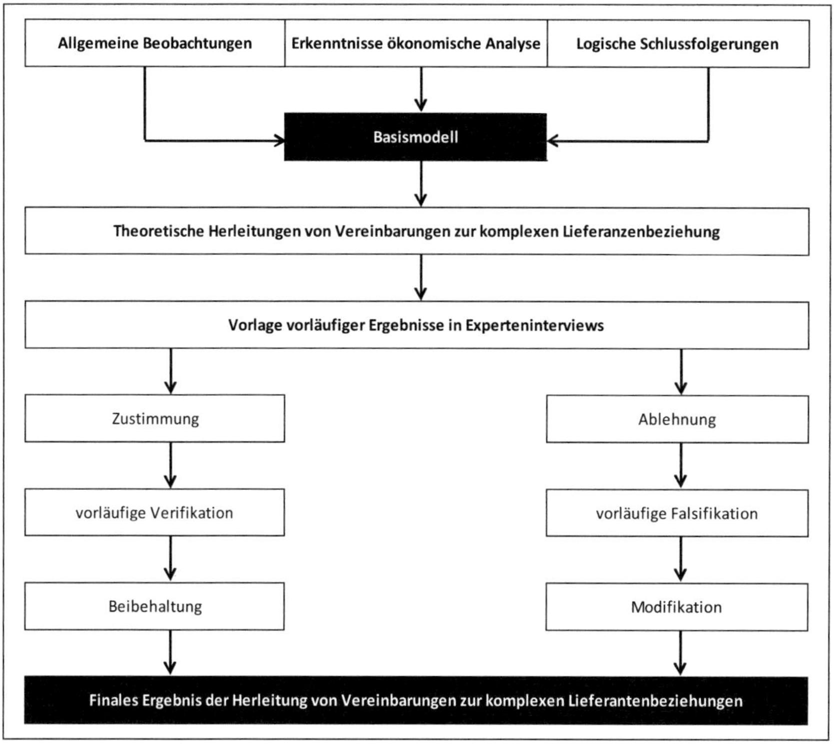

Quelle: Eigene Darstellung

Abbildung 19: Kritisch-rationale Vorgehensweise zur Herleitung konkreter Vereinbarungen der komplexen Lieferantenbeziehung

Die mittels des Basismodells weitestgehend theoretisch hergeleiteten Vereinbarungen werden dennoch empirisch auf ihre praktische Relevanz überprüft. Die Überprüfung wird mittels **wenig strukturierter Interviews** ausgewählter Experten der Automobilindustrie und zugehöri-

---

275 Eine empirische Analyse von Verträgen der Automobilindustrie findet bei *Eckhard/Mellewigt/Weller* (2009) statt. Die Autoren offenabren ebenfalls das Problem der schweren Zugänglichkeit zu Verträgen aus Gründen der Geheimhaltung. Die Daten der Untersuchung stammen daher auch nur von **einem** einzigen Zulieferer. Im Zentrum der Untersuchung steht die Analyse des Detaillierungsgrads vertraglicher Absicherungs-, Anpassungs- und Koordinationsreglungen im Hinblick auf transaktionskostenrelevante Einflussfaktoren.

ger Beratungsbranche durchgeführt. Hierdurch gewonnene Erkenntnisse fließen entsprechend in die Herleitungen von Vereinbarungen ein. Diese Vorgehensweise folgt dem kritischen Rationalismus und bedient sich folgender Methodik: In einem ersten Schritt wird auf Basis gewonnener Erkenntnisse der ökonomischen Analyse, allgemeiner praktischer Beobachtungen und logischer Schlussfolgerungen zur Problemstellung das Basismodell entwickelt. Durch die Anwendung dieses Modells und die Verwendung der zuvor gewonnenen Erkenntnisse werden ferner die unterschiedlichen Anreize der Interaktionspartner und anschließend verschiedene Vereinbarungen zur Lösung entstehender Interessenkonflikte über Wertschöpfungsaktivitäten theoretisch hergeleitet. Die dabei verwendeten Annahmen und erzielten Ergebnisse werden anschließend in Experteninterviews auf ihre praktische Relevanz kritisch betrachtet und erörtert. Bei Zustimmung der befragten Interviewteilnehmer zu Annahmen, Anreizen und Vereinbarungen werden diese als vorläufig verifiziert unverändert beibehalten. Bei Ablehnung also Falsifikation werden die ursprünglich getroffenen Ergebnisse modifiziert und durch bessere Erkenntnisse ersetzt. Am Ende dieser Vorgehensweise kommt einerseits durch theoretische Überlegungen und andererseits durch empirische kritische Überprüfung das finale Ergebnis der Herleitung von Vereinbarungen der komplexen Lieferantenbeziehung zustande. Abbildung 19 fasst die verfolgte Methodik zusammen:

3.1.3 Erhebung und Auswertung qualitativer Aussagen in Interviews mit Experten der Automobilindustrie

Die Experteninterviews wurden arbeitsbegleitend und im Anschluss an die Herleitung von Vereinbarungen der einzelnen Phasen mit neun verfügbaren Personen der Automobilindustrie und der korrespondierenden Beratungsbranche (Unternehmensberatung und Wirtschaftsprüfung) durchgeführt. Namen und Firmen der interviewten Experten wurden dabei auf ausdrücklichen Wunsch der Interviewteilnehmer nicht veröffentlicht. Die Auswahl der Experten basiert auf einer bewussten Teilauswahl, die im Wesentlichen durch stark eingeschränkte Verfügbarkeit und Kooperationsbereitschaft determiniert wurde. Auch wenn es sich nur um eine geringe Teilauswahl an Experten handelt, so können nach der hier vertretenen Auffassung die Aussagen und Ergebnisse, begründet durch die vorhandene berufliche Erfahrung und bestehenden Vernetzung mit der gesamten Automobilbranche, im Rahmen der Arbeit als ausreichend aussagekräftig bewertet werden. Da während der Befragung große Überschneidungen in den Aussagen der Teilnehmer zu verzeichnen waren, ließ die Befragung weiterer Experten keine wesentlichen neuen Erkenntnisse erwarten. Eine anonymisierte Übersicht der befragten Personen ist der Anlage 1 im Anhang zu entnehmen.

Zum einen wurden die in der Praxis relevanten ökonomischen Problemstellungen allgemein diskutiert. Durch diese Vorgehensweise sollte bereits während der theoretischen Untersuchung sichergestellt werden, dass die Bearbeitung von tatsächlich bestehenden Fragestellungen ausreichend in der Ausarbeitung Berücksichtigung findet. Die hierbei gewonnenen Erkenntnisse sind Bestandteil der oben genannten „allgemeinen Beobachtungen.“ Die Vorgehensweise der weiteren Gespräche erfolgte mittels *wenig strukturierter* Interviews anhand von Interviewleitfäden. Die Interviews folgten den Gedanken zum zeitlichen Ablauf der Lieferantenbeziehung (vgl. Interviewleitfaden 1 in Anlage 2). Darauf aufbauend wurde die erfolgte theoretische Herleitung von Vereinbarungen der jeweiligen Wertschöpfungsphasen und die dabei getroffenen Annahmen und generierten Ergebnisse mit den Teilnehmern offen diskutiert. Hierbei wurde erstens die Erarbeitung von Art und Ablauf sämtlicher Phasen der überbetrieblichen Zusammenarbeit vorgestellt (vgl. Interviewleitfaden 2 in Anlage 3). Zweitens wurden die Überlegungen des Basismodells mit seinen zentralen Annahmen vorgestellt (vgl. Interviewleitfaden 3 in Anlage 4) und drittens wurden die abgeleiteten Vereinbarungen jeder Phase diskutiert (vgl. Interviewleitfaden 4 in Anlage 5). Durch diese Vorgehensweise sollte sichergestellt werden, dass die eigenen Beobachtungen und theoretischen Erkenntnisse mit den Pro-blemstellungen der Praxis ausreichend übereinstimmen. Die Ergebnisse wurden in der vorliegenden Arbeit berücksichtigt. Jene Aussagen der Interviewpartner, die wesentlichen Einfluss auf die Ergebnisse der Herleitung von Vereinbarungen genommen haben, sind kumuliert und anonymisiert als Protokoll im Anhang der Anlage 6 beigefügt.

3.2 Basismodell zur Herleitung konkreter Vereinbarungen der Liefer- und Leistungsphasen der Lieferantenbeziehung

3.2.1 Konzeption

Die Zusammenarbeit zwischen OEM und 1st-Tier Supplier ist langfristig, vielfältig und komplex und - wie in Abschnitt 2.4.5 erläutert - durch relationale Verträge geregelt, die lediglich einen übergreifenden Rahmen bilden, um so flexible Reaktionen für die im Zeitablauf auftretenden Probleme und Veränderungen in jeder einzelnen Phase zu ermöglichen.[276] Art und Ausprägung der hier wirkenden Einflussfaktoren können unter Umständen in den einzelnen Phasen stark voneinander abweichen. So ist der Fall denkbar, dass in der ersten Phase der Zusammenarbeit bestimmte endogene und exogene Bedingungen bzw. Umweltzustände gelten,

---

276 Vgl. zur Anpassung von Verträgen aufgrund von Lerneffekten und Veränderungen *Eckhard/Mellewigt/Weller* (2009), S. 501-505.

die sich in den kommenden Phasen derart verändern, dass die Vereinbarung der folgenden Liefer- und Leistungsphasen gänzlich unterschiedlich gestaltet werden.

Die Herleitung standardisierter Vereinbarungen, die sämtliche Phasen der Lieferantenbeziehung fest verankert umfassen, kann diesen Gegebenheiten nicht gerecht werden. Während der langfristigen Interaktion wirken derart viele Einflussfaktoren, dass fortwährende Veränderungen in den einzelnen Phasen der Zusammenarbeit unterstellt werden müssen. Herleitung und Betrachtung standardisierter Komplettvereinbarungen müssten diesem Umstand Rechnung tragen, indem Fallunterscheidungen zugelassen werden. Eine solche Vorgehensweise würde zu einer derart großen Anzahl herzuleitender und zu betrachtender Komplettvereinbarungen führen, dass sie den Rahmen und die Veranschaulichung der vorliegenden Arbeit überfordern würde.

Diesem Umstand soll hier Rechnung getragen werden, indem ein Basismodell entwickelt wird, welches einen übergreifenden Rahmen zur theoretischen Herleitung konkreter Vereinbarungen für jede Liefer- und Leistungsphase individuell und damit eine sukzessive Vorgehensweise ermöglicht. Im Hinblick auf die vollständige Lieferantenbeziehung kann anschließend die Vereinbarungsvariante einer Phase puzzleartig mit den Vereinbarungsvarianten anderer Phasen zusammengefügt und beliebig kombiniert werden. Diese Vorgehensweise bietet den Vorteil, dass nach Fertigstellung der Herleitungen jede (im Rahmen der Arbeit) denkbare phasenübergreifende Vereinbarungskonstellation erfasst und bearbeitet werden kann.

3.2.2 Basisannahmen

Für das Basismodell zur theoretischen Herleitung konkreter Vereinbarungen einzelner Phasen der Lieferantenbeziehung dienen die folgenden *vier* phasenübergreifende Basisannahmen als Grundlage:

(1) Interaktion zwischen OEM und 1st-Supplier folgt den Grundannahmen des ökonomischen Ansatzes in den Sozialwissenschaften

Für die theoretische Herleitung konkreter Vereinbarungen ist es erforderlich, bestimmte, allgemeine Annahmen über das Verhalten der Interaktionspartner festzulegen. Hierzu soll auf die bereits bestehenden Grundannahmen des ökonomischen Ansatzes der Sozialwissenschaften zurückgegriffen werden. Der ökonomische Ansatz der Sozialwissenschaften zielt generell auf Entscheidungen bzw. das Verhaltens von Wirtschaftseinheiten (*methodologischer Individualismus*) und unterstellt eine Interaktion stets als Austausch von Leistung und Gegenleistung (*Tauschtheorie*). Der Austausch von Leistungen kommt vor allem deshalb zustande, weil jede Partei sich davon Vorteile für den eigenen Wohlstand verspricht. Das Verhalten der Individuen wird dabei als *eigennützig* und *rational* angenommen.[277] Für die vorliegende Untersuchung gilt dabei, dass Individuen auch bereit sind, ihren Nutzen zum Nachteil anderer Teilnehmer zu maximieren, also opportunistisches Verhalten Bestandteil der Nutzenmaximierung ist.[278]

Auf die komplexe Lieferantenbeziehung zwischen OEM und 1st-Tier Supplier angewendet bedeuten diese Annahmen, dass beide Parteien in den einzelnen Phasen des Liefer- und Leistungsaustauschs zunächst verschiedene Möglichkeiten zur Vereinbarung über Art und Ablauf der Zusammenarbeit unterscheiden, ehe diese auf Basis individueller ökonomischer Anreize bewertet werden. Nach anschließender Abwägung der gegebenen inneren und äußeren Umstände, werden die Interaktionspartner jeweils nach jener Vereinbarung streben, die die eigenen ökonomischen Anreize am ehesten (nutzenmaximierend) erfüllt. Für die vorliegende Untersuchung ergibt sich demnach folgende zentrale Annahme 1:

Annahme 1: OEM und 1st-Tier Supplier handeln eigennützig und rational und streben grundsätzlich nach der Durchsetzung der eigenen ökonomischen Anreize

(2) Macht als zentrale Einflussgröße

Den entscheidenden Einfluss auf die Art und Ausprägung der Vereinbarung über die Liefer- und Leistungsphasen nimmt die von der jeweiligen Partei in der Interaktion verfügte Macht ein. Macht wird nachfolgend als jene Fähigkeit verstanden, einen anderen auch gegen dessen Willen zu einem bestimmten Verhalten oder einer Vereinbarung zu bewegen.[279] Macht kann bereits im Vorfeld (ex-ante) der Interaktion vorhanden sein, aber auch im Zeitablauf (ex-post) der Zusammenarbeit entstehen. Die Verteilung der Macht hängt allgemein davon ab, inwie-

---

277 Vgl. *Frey* (1990), S. 1-12; *Fritsch/Wein/Ewers* (2005), S. 22-24; zur weiteren Erläuterung der Grundannahmen des ökonomischen Standardmodells vgl. auch: *Fritsch* (1983), S. 17-33; *Becker* (1993), S. 1-15; *Blankart* (2003), S. 9-14.

278 Die Ausprägung der von Williamson eingeführten Opportunismus-Annahme ist in der Literatur umstritten, vgl. *Moschandreas* (1997), S. 39-57; *Burr* (2003), S. 115.

279 Vgl. *Staehle* (1999), S. 398.

weit OEM und 1st-Tier Supplier, die für den jeweils anderen kritische Ressourcen kontrollieren und welche alternativen Ressourcenbezugsmöglichkeiten bestehen.[280]

Macht liegt beispielsweise immer dann bereits im Vorfeld (ex-ante) verstärkt beim OEM, wenn dieser über eine gewichtige Marktpräsenz verfügt, da eine solche Begebenheit einem Zulieferer bei Zusammenarbeit eine besonders hohe Abnahmemenge und damit verbundene, langfristig abgesicherte Kapazitätsauslastungen ermöglicht. Macht wird auch dann dem OEM zufallen, wenn die Anzahl potentiell verfügbarer 1st-Tier Supplier für die langfristige Lieferantenbeziehung besonders hoch ist und der OEM sich den nach seinen Kriterien für am besten befundenen Zulieferer aussuchen kann. Im Umkehrschluss kann dem 1st-Tier Supplier immer dann im Vorfeld Macht zugeschrieben werden, wenn dieser über Fähigkeiten und Kernkompetenzen verfügt, die am Markt anderweitig nicht oder kaum verfügbar sind, und die ein OEM zwingend benötigt. Zu einer solchen Situation kommt es beispielsweise dann, wenn der Supplier über besondere Fähigkeiten hinsichtlich Produkt- und Prozessinnovationen verfügt, aber auch, wenn er sich über Jahre als verlässlicher und gewinnträchtiger Partner eine besondere Reputation erarbeitet hat.

Andererseits kann Macht auch im Nachhinein (ex-post) während einer Interaktion entstehen und die ex-ante bestandenen Machtverhältnisse verändern. Dieser Umstand kann z.B. dann unterstellt werden, wenn im Laufe der Zusammenarbeit bestimmte Abhängigkeiten oder Informationsasymmetrien entstehen, die die Möglichkeiten einer Partei zum Opportunismus und die damit verbunden Unsicherheit der anderen Partei einseitig verändern. So könnte der 1st-Zier Supplier im Zuge der Zusammenarbeit bestimmte Fähigkeiten oder Innovationen entwickeln, die sich für den OEM unerwartet als unverzichtbar herausstellen. Umgekehrt könnte der OEM aufgrund einer veränderten Marktsituation während der Zusammenarbeit in Erwägung ziehen, den derzeitigen Zulieferer durch andere Zulieferer zu ersetzen. Ferner könnte durch Auslaufen oder Wegfallen anderer Lieferantenbeziehungen die Interaktion mit dem OEM für den Supplier unerwartet an Bedeutung gewinnen.

Die Höhe der Macht ermöglicht, der Definition folgend die Durchsetzung der eigenen ökonomischen Anreize, auch gegen den Willen der Gegenseite. Es wird dieser Partei dann leich-

---

280 Vgl. *Kloyer* (2004), S. 344; der Gedanke basiert grundlegend auf der Resource-Dependence Theorie: Vgl. *Pfeffer* (1992), S. 33-68; *Sydow* (1992), S. 157-160; *Knyphausen-Aufseß* (1997), S. 73-90; *Pfeffer/Salancik* (2003).

ter fallen, die eigenen Zielvorstellungen durchzusetzen bzw. zu eigenen Gunsten zu verändern. Aus den Überlegungen folgt Annahme 2:

Annahme 2: Die Durchsetzung der eigenen ökonomischen Anreize ist abhängig vom Ausmaß an verfügter Macht in der Interaktion.

(3) Symmetrische Machtverteilung

Das Aufeinandertreffen eines OEMs mit starker Marktpräsenz und einem hoch spezialisierten 1st-Tier Supplier, bei dem die Zusammenarbeit grundsätzlich langfristig, verlässlich und vertrauensvoll angelegt sein soll, deutet ex-ante auf eine vergleichbare Ausprägung der jeweiligen Machtverfügung hin. In einer solchen Konstellation wird die Organisation der Zusammenarbeit zwischen beiden Parteien entsprechend der beschriebenen hybriden Organisationsform einer strategischen Allianz gestaltet.[281] Hierbei werden Maßnahmen (Geiseltausch, spezifische Investitionen, bilaterales Monopol) und Rahmenvereinbarungen in jener Art und Weise getroffen werden, die ein konstantes Gleichgewicht der Machtverteilung und Abhängigkeit in der Zusammenarbeit auch ex-post sicherstellen. Darüber hinaus erzeugen Langfristigkeit und die wichtige Bedeutung einer nachhaltig positiven Reputation am Markt auf beiden Seiten eine anhaltende Kooperationsneigung, die eine offene und vertrauensvolle Zusammenarbeit gewährleisten. In einer solchen Zusammenarbeit ist opportunistisches Verhalten nicht erstrebenswert, der Einfluss von Transaktionskosten auf die Gesamtkosten der Interaktion wird signifikant zurückgedrängt.

Aufgrund der konstant anhaltenden Gleichverteilung der Machtverfügung kann jede Partei ihre ökonomischen Anreize nur dann vollständig durchsetzen, wenn sie denen der Gegenseite nicht entgegenstehen. Die durch diametrale Anreize entstehenden Vereinbarungskonflikte müssen an den entscheidenden Stellen durch beiderseitiges Entgegenkommen einvernehmlich gelöst werden.

Annahme 3: Bei symmetrischer Machtverteilung werden unterschiedliche Vereinbarungsziele aus diametralen Anreizen durch beiderseitiges Entgegenkommen und Maßnahmen zur Stabilisierung der langfristigen und komplexen Zusammenarbeit einvernehmlich gelöst.

---

[281] Vgl. Abschnitt 2.4.5.4.

(4) *Asymmetrische Machtverteilung*

Vieles deutet darauf hin, dass ein Basismodell zur Herleitung von Liefer- und Leistungsvereinbarungen ausschließlich unter der Annahme einer symmetrischen Machtverteilung zu stark von der Realität und Vielfältigkeit der Zusammenarbeit abstrahiert. Zum einen ist in der Praxis verstärkt einseitiger Druck der OEMs auf die Zulieferindustrie zu beobachten. So werden Zulieferer hinsichtlich Kosten-, Zeit und Qualitätsanforderungen ständig zu neuen Zugeständnissen gedrängt, was als Indiz für eine Ungleichverteilung in der Machtverfügung gewertet werden kann.[282]

Zum anderen kann auch theoretisch ob der Vielfältigkeit und Komplexität der Automobilherstellung und benötigten Module nicht für jede Interaktion konstant von einer gleichen Machtverteilung ausgegangen werden. So sind zwischen OEM und 1st-Tier Supplier Fälle anzunehmen, in denen eine Partei bereits im Vorfeld über bestimmte Vorteile hinsichtlich der Kontrolle der für den anderen kritischen Ressource verfügt und ex-ante eine entsprechend höhere Macht zur Durchsetzung ihrer Interessen und der Organisation der Zusammenarbeit insgesamt besitzt. Aufgrund der Unsicherheit über die Entwicklung kritischer Parameter oder Ressourcen im Zeitablauf kann außerdem eine unvorhergesehene Umverteilung von Marktmacht ex-post nicht grundsätzlich ausgeschlossen werden. So ist der Fall denkbar, dass am Anfang der Lieferantenbeziehung eine ausgeglichene Machtverteilung besteht, aufgrund unvorhergesehener Umstände im Verlauf der Zusammenarbeit aber eine einseitig Verschiebung zu Gunsten einer Partei stattfindet, und damit im Rahmen des relationalen Vertrags Möglichkeiten hinzugewonnen werden, die noch bevorstehenden Phasen der Lieferantenbeziehung den eigenen ökonomischen Anreizen entsprechend zu gestalten.

Es widerspricht zudem der Realität und auch der Annahme des eigennützigen und rationalen Verhaltens, wenn die Verwertung einer höheren Machtverfügung im Hinblick auf die eigenen Anreize ausgeschlossen würde.[283] Da die Verfügung von Macht dazu befähigt, die eigenen Interessen auch gegen den Willen des anderen durchzusetzen, ist daher im Folgenden anzunehmen, dass bei asymmetrischer Machtverteilung der Interaktionsteilnehmer mit der größeren Machtausprägung seine ökonomischen Anreize in höherem Umfang durchsetzen kann, als dies der schwächeren Gegenpartei gelingt.

---

282 Vgl. *KPMG* (2007b, 2008a); *PWC* (2006, 2007); vgl. hierzu auch die immerwährende Forderung nach einem fairen Miteinander in den VDA Jahresberichten: *VDA* (2007), S. 65-67; *VDA* (2008), S. 77f.; *VDA* (2009), S. 69; zudem ist diese Erkenntnis ein zentrales Ergebnis der Experteninterviews.

283 Vgl. Annahme 1.

Annahme 4: Bei Machtasymmetrie werden unterschiedliche Vereinbarungsziele aus diametralen Anreizen zu Gunsten jener Partei gelöst werden, die über die höhere Machtausprägung verfügt. Art und Umfang der Bevorteilung erfolgen in Abhängigkeit der Intensität der Machtasymmetrie.

Die Annahme hinsichtlich der Existenz und des Gebrauchs von Machtasymmetrien in komplexen Lieferantenbeziehungen steht den in Kapitel 2.4.5 dargestellten Anforderungen an die Zusammenarbeit nicht entgegen. Auch bei Machtasymmetrien kann im Folgenden Kooperationsneigung, Interesse an Reputation, Furcht vor Vergeltungsmaßnahmen und kein extremer Anreiz zum Opportunismus unterstellt werden.[284] So kann zwar davon ausgegangen werden, dass der jeweils Mächtigere seine ökonomischen Anreize bei den Verhandlungen in höherem Ausmaß durchsetzen kann, als die machtlosere Gegenseite. Dennoch kann dem Mächtigeren auch das Interesse unterstellt werden, dass die langfristige Zusammenarbeit die Effizienzvorteile der überbetrieblichen Arbeitsteilung optimal ausschöpft. Hierbei ist vor allem die nachhaltige Minimierung von Transaktionskosten über vertrauensvolle und kooperative Zusammenarbeit zu nennen. Es wird daher auch bei asymmetrischer Machtverteilung davon ausgegangen, dass gewisse Konfliktfragen durch Kompromisse gelöst werden. Auch wenn der jeweils Mächtigere die Konfliktfälle eher zu seinen Gunsten entscheiden wird, so wird er nicht umhinkommen, seinem Transaktionspartner in kritischen Fragen Zugeständnisse zu machen, um den langfristigen Erfolg der Zusammenarbeit nicht existentiell zu gefährden.

3.2.3 Basismodell

Der Konzeption und den Basisannahmen entsprechend, wird ein Modell gebildet, das der sukzessiven Herleitung konkreter Vereinbarungen zwischen OEM und 1-st Tier Supplier in den individuellen Liefer- und Leistungsphasen dient. Das Modell gibt so einen allgemeinen Rahmen vor, der es in den einzelnen Liefer- und Leistungsphasen ermöglicht, aus phasenorientierten ökonomischen Anreizen und damit verbundenen Interessenkonflikten konkrete Vereinbarungen abzuleiten. Als zentrale Einflussgröße wird dabei Macht und deren Verteilung zwischen OEM und 1st-Tier Supplier unterstellt. Grundsätzlich wird davon ausgegangen, dass Macht auf Grundlage eigennützigen und rationalen Verhaltens in den einzelnen Phasen der Lieferantenbeziehung in gewissem Umfang zur Durchsetzung der eigenen ökonomischen Anreize eingesetzt wird und die Art und Weise der Vereinbarung hierdurch maßgeblich be-

---

[284] Vgl. hierzu die aufgearbeitete Kritik an Williamsons ursprünglich extremer Opportunismusannahme bei *Burr* (2003), S. 112-134.

stimmt wird. Abbildung 20 zeigt das entwickelte Basismodell, das den folgenden Vereinbarungsherleitungen zu Grunde gelegt wird. Das Basismodell unterscheidet für die folgende Untersuchung fünf Szenarien mit jeweils unterschiedlicher Ausprägung an Machtverteilung. Bei diametralen ökonomischen Anreizen wird sich jener Interaktionspartner eher durchsetzen können, der über die höhere Macht verfügt. Die Intensität der Machtasymmetrie bestimmt hierbei Art und Umfang der auf Kosten des anderen erreichten Bevorteilung.

	Machtverteilung		
Szenario	**OEM**	**1st-Tier Supplier**	**Ausprägung**
I	1	0	extrem asymmetrisch
II	0	1	extrem asymmetrisch
III	1 > OEM > 1st-Tier Supplier > 0		asymmetrisch
IV	1 > 1st-Tier Supplier > OEM > 0		asymmetrisch
V	0,5	0,5	symmetrisch

Quelle: Eigene Darstellung

Abbildung 20: Basismodell zur Ableitung konkreter Vereinbarungen über Liefer- und Leistungsphasen

So soll für die beiden ersten *extrem machtasymmetrischen* Szenarien davon ausgegangen werden, dass der jeweilige Alleinmachthaber seine ökonomischen Anreize im Konfliktfall *vollständig* durchsetzt. Es darf an dieser Stelle nicht verschwiegen werden, dass die Annahme einer solchen Extremverteilung und vor allem die damit verbundene totale Machtausnutzung eher theoretischer Art ist. Dabei ist weniger die extreme Ausprägung der Machtverteilung zweifelhaft, als die Annahme der vollständigen Ausnutzung der sich daraus ergebenden Potenziale. Prinzipiell bedarf das Zustandekommen einer Vereinbarung immer der Zustimmung der Gegenpartei. Eine solche Zustimmung wird unabhängig von jeder Machtasymmetrie nur erfolgen, wenn die Austauschbeziehung wenigstens ein Mindestmaß an Nutzen bringt. Darüber hinaus hängt der ökonomische Erfolg komplexer Lieferantenbeziehungen wie in Kapitel 2 gezeigt von einer kooperativen, offenen, vertrauensvollen und langfristigen Zusammenarbeit ab. Die Realisation der eigenen Anreize ohne jede Rücksicht auf die Gegenpartei steht der Grundvoraussetzung der gezeigten strategischen Allianz entgegen. Ein derart Macht ausnutzendes Verhalten kann unter den gegebenen Umständen der langfristigen und spezifischen

Zusammenarbeit zwischen OEM und 1st-Tier Supplier auch nicht unbedingt als rational bezeichnet werden, da der nachhaltige Effizienzgewinn der Zusammenarbeit stark in Frage gestellt wird. Gleichwohl kann die Extremverteilung nicht durchweg ausgeschlossen werden und soll auch unter Vollständigkeitsaspekten hier betrachtet werden. Überdies hat die Betrachtung der Extremfälle grundlegenden methodischen Charakter und dient vor allem der für andere Machtverteilungsszenarien (III, IV, V) benötigten Veranschaulichung der diametralen Interessen beider Parteien.

Die *Szenarien III* und *IV* aus Abbildung 20 schwächen die Machtasymmetrie ab. In diesen Fällen soll davon ausgegangen werden, dass jeweils ein Interaktionsteilnehmer im Vergleich zum anderen in der Machtverteilung über ein höheres Ausmaß verfügt, ohne dabei sämtliche Macht zu besitzen. Bei einer dergestalt moderaten Machtasymmetrie soll unterstellt werden, dass der höhere Machthaber seine ökonomischen Anreize im Konfliktfall zwar durchsetzen kann, allerdings nicht umhin kommt, über Zugeständnisse, Kompromisse und Gesten des guten Willens der Gegenseite entgegenzukommen und der dort existierenden Macht somit wenigstens teilweise Rechnung zu tragen hat. Diese Szenarien berücksichtigen auch die Annahme, dass unabhängig von Machtasymmetrien beide Seiten ein Interesse am Erfolg der überbetrieblichen Arbeitsteilung haben und die durch vertrauensvolle und kooperative Zusammenarbeit entstehenden Effizienzgewinne nicht durch unverhältnismäßig konfliktäres Verhalten gefährden werden. Ein solches Verhalten wäre vor allem im Hinblick auf die Langfristigkeit und den nachhaltig benötigten Erfolg der spezifischen Zusammenarbeit zwischen OEM und 1st-Tier Supplier wenig rational.

Wie im Rahmen von Expertengesprächen bestätigt, zeigt sich, dass vor allem das dritte Szenario am häufigsten der Realität entspricht, wohingegen das vierte Szenario vor allem dann zustande kommt, wenn der Zulieferer über eine bedeutende Innovation verfügt und daher eher kurzfristigen Bestand hat.[285] Dabei ist zu erwähnen, dass sich das Szenario III auch auf die Interaktion zwischen 1st-Tier Supplier und den nach gelagerten Zulieferstufen anwenden ließe, da auf dieser Interaktionsstufe der 1st-Tier Supplier in der Regel die Rolle des OEMs übernimmt und erheblichen Druck auf die nachgelagerten Stufen ausübt. Gleichwohl steht die Interaktion zwischen 1st-Tier Supplier und den nachgelagerten Stufen nicht im Fokus dieser Arbeit.

---

285 Ergebnis Expertengespräche.

Das *Szenario V* geht von einer symmetrischen Machtverteilung während der Zusammenarbeit aus. Eine solche Ausprägung kann, wenn sie nicht ex-ante schon besteht, vor allem im Zeitablauf erreicht werden, wenn beide Seiten die Zusammenarbeit offen, verlässlich und vertrauensvoll gestalten und opportunistisches Verhalten weder ausgeführt wird, noch ein Anreiz dazu besteht und somit auch von keiner Seite (mehr) gefürchtet werden braucht. Aufgrund der konstant anhaltenden Gleichverteilung der Machtverfügung und des anhaltenden kooperativen Verhaltens kann jede Partei ihre ökonomischen Anreize nur dann vollständig durchsetzen, wenn sie denen der Gegenseite nicht entgegenstehen. Die durch diametrale Anreize entstehenden Vereinbarungskonflikte müssen an den entscheidenden Stellen durch beiderseitiges Entgegenkommen im Kompromiss einvernehmlich gelöst werden. Das Szenario symmetrischer Machtverteilung stellt die optimale Organisation der überbetrieblichen Zusammenarbeit in einer komplexen Lieferantenbeziehung dar und entspricht den in Kapitel 2.4 erarbeiteten Anforderungen.

Grundsätzlich lässt das fünfte Szenario aufgrund des hohen Ausmaßes unterstellter Kooperationsneigung und positiven Verhaltens während der Zusammenarbeit einen gewissen theoretischen Anteil vermuten. Dennoch hat das Experteninterview die hier betrachtete Lösung nicht vollständig verworfen. So wurde vor allem im Hinblick auf bereits lange bestehende Lieferantenbeziehungen ein erhöhtes Maß an kooperativem Verhalten beider Teilnehmer und erleichterter Verhandlungen bei auftretenden Schwierigkeiten im Zeitablauf bestätigt. Dessen ungeachtet ist der Vorwurf eines übermäßigen Anteils theoretischer Relevanz nicht gänzlich zu entkräften. Das Szenario wird trotzdem beibehalten und weiterverfolgt, da es, wenn auch theoretisch betrachtet, den höchsten ganzheitlichen Effizienzgewinn der überbetrieblichen Zusammenarbeit vermuten lässt. So können im Folgenden hergeleitete Vereinbarungen des fünften Szenarios mindestens den Anspruch auf eine Handlungsempfehlung für beide Interaktionsteilnehmer erheben.

3.3 Forschung & Entwicklung

3.3.1 Begriffsbestimmung

Die Literatur folgt bezüglich der genauen Bestimmung des Begriffs der Forschung und Entwicklung den Auffassungen der Organisation for Economic Co-Operation and Development

(OECD), die auch im Rahmen dieser Arbeit verwendet werden sollen.[286] Die OECD definiert den Begriff Forschung und Entwicklung allgemein als „creative work undertaken on a systematic basis in order to increase the stock of knowledge, including knowledge of man, culture and society, and the use of this stock of knowledge to devise new applications" und unternimmt eine Unterteilung in die drei Aktivitäten

- *Grundlagenforschung* (basic research),
- *angewandte Forschung* (applied research) und
- *Entwicklung* (experimental development).[287]

Bei der *Grundlagenforschung* handelt es sich um theoretische oder praktische Arbeiten, die primär auf die Gewinnung grundlegend neuer wissenschaftlicher Erkenntnisse ausgerichtet sind, ohne damit einem speziellen Anwendungshintergrund zu folgen.[288] Der Anwendungsgedanke fehlt demnach ex-ante.[289] Besteht hingegen bereits im Vorfeld der theoretischen oder praktischen Arbeiten zur wissenschaftlichen Erkenntnisgewinnung ein konkreter Anwendungsbezug wird von *angewandter Forschung* gesprochen.[290] Chronologisch betrachtet basiert die angewandte Forschung meist auf den aus der Grundlagenforschung gewonnenen Erkenntnissen.[291]

Die Umsetzung der gewonnenen Erkenntnisse in neue oder wesentlich verbesserte Produkte, Prozesse, Systeme, Dienstleistungen etc. wird als *Entwicklung* bezeichnet.[292] Als Beispiele für Entwicklungstätigkeiten gelten in der Literatur der Entwurf, die Konstruktion und das Testen von Prototypen, Werkzeugen oder Modellen sowie die Errichtung von Pilotanlagen.[293] Qualitätskontrollen, Marktforschungen, Materialprüfungen und die Überprüfung der Realisierbarkeit bestimmter Projekte mit bereits bekannten Verfahren oder Patenten fallen

---

286 Vgl. *OECD* (2002), S. 30; darauf berufen sich z.B. *Adam* (1998), S. 158; *Corsten* (1993), S. 152f.; *Fraunhofer Institute for Systems and Innovation Research* (2004), S. 3f.

287 Vgl. *OECD* (2002), S.30.

288 Vgl. *OECD* (2002), S.77.

289 Vgl. *Corsten* (1993), S. 152f.

290 Vgl. *OECD* (2002), S.78.

291 Vgl. *Adam* (1998), S. 159.

292 Vgl. *OECD* (2002), S.79.

293 Vgl. *Corsten* (1993), S. 153, so auch das *IASB* in IAS 38 Immaterielle Vermögenswerte in Tz 59.

nicht unter den Begriff der Forschung und Entwicklung. Umstritten sind hingegen die Behandlung von Probeläufen und die Produktion von Nullserien (Versuchsproduktion).[294]

3.3.2 Gewicht von Forschung & Entwicklung in der komplexen Lieferantenbeziehung

Im Zuge der Verringerung der Fertigungstiefe des OEMs werden im Zusammenhang mit der Produktion eines Teilmoduls ebenfalls korrespondierende F&E-Aktivitäten an Lieferanten ausgelagert.[295] Zum einen erhoffen sich die OEMs die bereits geschilderten Kosten- und Nutzenvorteile aus der Spezialisierung des (kern)kompetenten Lieferanten, zum anderen spielt aber auch die mögliche Abwälzung der immensen Kapazitätsbindung und des damit verbundenen Risikos eine tragende Rolle.[296] Das Problem, welches Investitionen in Forschung und Entwicklungstätigkeiten seit jeher begleiten, ist die Ungewissheit darüber, ob die getätigten Auszahlungen schließlich auch zu Erträgen führen.[297] In jedem Fall haftet den Auszahlungen in F&E-Tätigkeiten auch im Erfolgsfall der Nachteil eines nicht unwesentlichen zeitlichen Verzugs hinsichtlich der direkt zurechenbaren Einnahmen an. Die Vorteile, derlei Risiken auszulagern, sind ebenso offensichtlich, wie die Bedeutung die Time-to-Market minimal zu halten.

In Deutschland sind in der Automobilindustrie die höchsten F&E-Investitionen zu beobachten. So wurden im Zeitraum zwischen 2001 und 2006 hier mit ca. 77 Milliarden Euro ein Drittel aller deutschen F&E-Ausgaben investiert, allein 2008 investierte die deutsche Automobilindustrie mit 18,9 Mrd. Euro 6,5% ihres Gesamtumsatzes.[298] Mit 85.000 Mitarbeitern arbeiten etwa 11,3% aller Beschäftigten der Automobilindustrie an Forschungs- und Entwicklungstätigkeiten.[299] Im Zuge der langfristigen und komplexen Lieferantenbeziehungen übernehmen Zulieferer umfangreiche F&E-Tätigkeiten im Hinblick auf die wettbewerbsrelevanten Produkt- und Prozessinnovationen. So investierte bspw. die Robert-Bosch GmbH, als

---

294 Vgl. *Nonnenmacher* (1993), S. 1231.

295 Vgl. *Pisano* (1990), S. 237-249; *Schilke/Wirtz* (2008),S. 479-516; zudem die Untersuchung zur fokussierten Forschung durch Automobilzulieferer von *Bain & Company* (o.J.).

296 Vgl. zur Allokation von F&E-Tätigkeiten: *Fisch* (2002), S. 146-168; *Iyer* (2002), S. 3-7; *Papanastassiou/Pearce* (2005) S. 89-100; *Risse* (2003), S. 69-75; *Pike/Roos/Marr* (2005), S. 111-124; zur Bedeutung des knowledge sharing in Industrieunternehmen *Berends/van der Bij/Debackere* et al. (2006), S. 85-95; auf die Chance von Verbesserungen der Time-to-Market vgl. *Backhaus/Plinke* (1990), S. 21-33; zudem allgemein die Studie von *Kuhn/Wiendahl/Eversheim* et al. (2002).

297 Vgl. *Stummer/Günther* (2002), S. 289-313.

298 Vgl. *KPMG* (2008c), S. 14; *VDA* (2009), S. 3; allgemein zur Bedeutung von F&E-Ausgaben: *Möller* (2005), S. 141.

299 Vgl. *VDA* (2009), S. 3.

einer der größten Automobilzulieferer der Welt, allein in 2007 mit ca. 3,3 Milliarden Euro sieben Prozent des Umsatzes in F&E-Tätigkeiten.[300] Der OEM steht fortwährend unter Druck seinen Kunden Fahrzeuge mit Innovationen zu liefern, der 1st-Tier Supplier steht unter Druck den OEM derlei Innovationen in seinen Modulen durch spezialisierte Forschung zu entwickeln.[301] Folglich fokussieren OEMs ihre F&E-Tätigkeiten primär auf die Neuentwicklung von Fahrzeugserien und die Erweiterung von Baureihen, während bei den Zulieferern eher neue Technologien im Mittelpunkt stehen.

3.3.3 Bestimmung von Art und Ablauf der Aktivitäten bei Forschung und Entwicklung

Zur Bestimmung von Art und Ablauf der überbetrieblichen Zusammenarbeit bei Forschung und Entwicklung ist vor allem die zeitliche Abfolge und die Art und Weise der nachgefragten und angebotenen Forschungs- und Entwicklungstätigkeiten näher zu betrachten. Einen vereinfachten, zeitlich strukturierten Überblick gibt Abbildung 21.

Interaktions-		Tätigkeiten	
zeitpunkt	form	OEM	1st-Tier Supplier
t = -1	lose	Forschung in Grundlagen und Anwendung für die Entwicklung einer neuen Fahrzeugserie	Forschung in Grundlagen und Anwendung auf eigenen Impuls und Rechnung
t = 0	anbahnend	Allgemeine Nachfrage nach Lieferanten bzgl. der Entwicklung und Lieferung von Modulen für die neue Fahrzeugserie	Unterbreitung eines Angebots auf den Erkenntnissen der Nachfrage und der Basis der eigenen F&E-Fähigkeiten und Kernkompetenzen aus Spezialisierung und Grundlagenforschung
t = 1	vereinbarend abwickelnd	Auftragsvergabe über Forschung und Entwicklung eines Moduls für die neue Fahrzeugserie des OEM	Auftragsannahme über Forschung und Entwicklung eines Moduls für die neue Fahrzeugserie des OEM
t = 2	kontrollierend anpassend	Kontrolle des finalen Prototyps, Entscheidung über Herstellung und Vermarktung des entwickelten Moduls in der neuen Fahrzeugserie	Abschluss von Forschung & Entwicklung, Entscheidungsfindung hinsichtlich der Erstellung des neuen Moduls

Quelle: Eigene Darstellung

Abbildung 21: Art und Ablauf der F&E - Aktivitäten

Der *Zeitpunkt* t_{-1} steht im Wesentlichen für die proaktiven Forschungs- und Entwicklungstätigkeiten beider Interaktionspartner. Es handelt sich hierbei um F&E-Tätigkeiten, die allgemein auf den Erhalt und Ausbau der eigenen Kernkompetenzen zielen und dem-

---

300 Vgl. *Süddeutsche Zeitung* vom 11.09.2007, Seite 23.

301 Vgl. *Welge/Al-Laham* (2008), S. 572-579; *Wildemann* (2007), S.112; *Möller* (2005), S. 141.

nach in diesem Stadium auf eigene Rechnung betrieben werden. Dies liegt auch daran, dass es sich primär um spezialisierte Grundlagenforschung handelt, bei der zu diesem Zeitpunkt keineswegs sichergestellt werden kann, ob die Ergebnisse zu einem vermarktungsfähigen Endprodukt führen, aus dem der jeweils andere Partner einen Nutzen ziehen könnte. Unabhängig davon bestehen loser Kontakt und Informationsaustausch zwischen den Interaktionspartnern.

Die konkrete Zusammenarbeit im Hinblick auf eine Lieferantenbeziehung beginnt demnach erst im *Zeitpunkt* t_0. In diesem Zeitpunkt sind die strategischen Pläne für eine neue Fahrzeugserie des OEM konkret genug, um dem 1st-Tier Supplier die Nachfrage nach Modulen am Markt zu signalisieren.[302] Ein 1st-Tier Supplier wird daraufhin auf Basis seiner Kernkompetenzen und erweiterten Kenntnisse und Fähigkeiten seiner proaktiv betriebenen spezialisierten Forschung in Grundlagen und Anwendungen ein erstes Angebot abgeben.[303] Im Zuge der Anbahnung werden OEM und 1st-Tier Supplier sich unter Berücksichtigung der in Abschnitt 2.4.5 genannten Elemente für oder gegen eine Zusammenarbeit entschließen und im Erfolgsfall im *Zeitpunkt* t_1 versuchen, im Rahmen der Auftragsabwicklung Vereinbarungen für die Forschungs- und Entwicklungsphase der Zusammenarbeit zu treffen.[304] Der Zulieferer wird daraufhin mit greifbaren Forschungs- und Entwicklungstätigkeiten beginnen, die im *Zeitpunkt* t_2 zum vorerst finalen Ergebnis (Prototyp) dieser Interaktionsphase führen.

Die formelle Vergabe eines Auftrags durch den OEM erfolgt in der Praxis durch einen Nomination Letter oder einen Letter of Intent (LoI). Rechtlich handelt es sich dabei um ein Angebot, das vom Zulieferunternehmen angenommen werden muss (invitatio ad offerendum), damit ein rechtswirksamer, beidseitiger verpflichtender Vertrag zustande kommt. Einem **relationalen Vertrag** gleichend fungieren diese formellen Instrumente wie eine Art Rahmenvertrag, der für sämtliche Phasen der Lieferantenbeziehung gültig ist. Der Nomination Letter oder LoI bildet anschließend die Basis, auf der ein OEM über explizite Bestellanforderungen (purchase orders) bestimmte Teilleistungen der komplexen Lieferantenbeziehung beim Lieferanten anfordert. Die purchase orders enthalten dann meist konkrete Vereinbarungen, die sich auf die Teilleistung beschränken. Der LoI kann ebenso wie eine purchase order ununterbrochen mittels sogenannter basis change orders angepasst werden. Ein solches Vorgehen ist in

---

302 Vgl. *Kloyer* (2004), S. 337.

303 Vgl. *Womack/Jones/Roos* (1991), S. 147.

304 Vgl. eine ausführliche Sicht zum Verhandlungsprozess über Innovationen: *Wijen/Duysters* (2005), S. 73-85.

der Praxis durchweg zu beobachten und verursacht nach Expertenaussage keine übermäßige Komplexität.[305]

Im Zuge dieser ersten Phase der Lieferantenbeziehung ist in der Praxis teilweise die vom 1st-Tier Supplier an den OEM zu entrichtende Zahlung sogenannter *Eintrittsgelder* zu beobachten. Derlei Zahlungen werden vom OEM gefordert, um die mit der Auftragsvergabe entstehenden Kosten abzudecken, und vom 1st-Tier Supplier vor allem deswegen geleistet, um im Folgenden einen Serienfertigungsauftrag zu erhalten.[306]

Im Hinblick auf Art und Umfang der Leistungskomponenten des Zulieferers sollen pauschal betrachtet *drei* Fälle unterschieden werden. Im *ersten* Fall verfügt der Zulieferer bereits über ausreichend Fähigkeiten und Kenntnisse, die umgehend zu einer Lösung führen und dem OEM über ein Patent angeboten werden können. Weitere F&E-Aktivitäten sind nicht erforderlich. In einem solchen Fall weicht t_1 nur unwesentlich von t_2 ab. Im *zweiten* Fall verfügt der Zulieferer zwar über ausreichend Forschungskenntnisse, die Entwicklung ist hingegen noch durchzuführen. Grundsätzlich ist davon auszugehen, dass dieser Entwicklungsprozess im stetigen Dialog und Austausch mit dem OEM erfolgt. Hier liegen t_1 und t_2 bereits deutlich auseinander. Im *dritten* Fall ist der Zulieferer aufgefordert, auf Basis der vom OEM vorgegeben Rahmenbedingungen und eigener Grundlagenforschungskenntnisse, Erfahrungs- und Spezialisierungsfähigkeiten, gezielte angewandte Forschung zu betreiben, um die gewünschte Lösung entwickeln zu können. Von den betrachteten Szenarien liegen t_1 und t_2 hier am weitesten auseinander. Die Koordination der Zusammenarbeit zwischen OEM und 1st-Tier Supplier ist sehr intensiv. Über regelmäßigen Informationsaustausch der Interaktionspartner wird sichergestellt, dass das gewünschte Ergebnis termin- und qualitätsgetreu realisiert werden kann. Da der *dritte* Fall die Berücksichtigung sämtlicher Bestandteile einer Forschungs- und Entwicklungsphase ermöglicht und die ersten beiden Fälle quasi beinhaltet, wird sich die Herleitung und Untersuchung von Vereinbarungen über F&E-Tätigkeiten im Folgenden auf diesen dritten Fall konzentrieren.[307]

---

305 Ergebnis des strukturierten Experteninterviews.

306 Vgl. *KPMG* (2008c), S.68; zudem Ergebnis des Experteninterviews.

307 Vgl. hierzu auch *Kloyer* (2004), S. 337-341.

3.3.4 Diametrale ökonomische Anreize und Konfliktpotenzial in den Forschungs- und Entwicklungstätigkeiten

Der Erfolg in Forschung & Entwicklung hat im dynamischen Umfeld und aggressiven Verdrängungswettbewerb des Käufermarktes der Automobilbranche sowohl für OEM wie 1st-Tier Supplier eine ausschlaggebende Bedeutung.[308] Diese anhaltende Entwicklung führt in Bezug auf die Forschungs- und Entwicklungstätigkeiten neben diametralen ökonomischen Anreizen und daraus hervorgehendem Konfliktpotenzial auch zu beiderseitiger Furcht vor opportunistischem Verhalten des jeweils anderen, was die Vereinbarungen für die Zusammenarbeit maßgeblich beeinflussen wird.[309] Nachfolgend sollen die zentralen diametralen Anreize für beide Parteien erarbeitet werden:

Automobilzulieferer

Der Automobilzulieferer ist im Zuge seiner Forschungs- und Entwicklungstätigkeiten dazu gezwungen, hohe, teilweise spezifische Investitionen zu tätigen, deren Erfolgswahrscheinlichkeit und –zeitpunkt nicht nur ungewiss sind, sondern deren Amortisation in aller Regel zusätzlich um mehrere Perioden deutlich vom Investitionszeitpunkt abweichen kann. Je nachdem wie sich die Transaktionspartner einigen, können die F&E-Tätigkeiten entweder als eigenständiger Auftrag des OEM direkt nach Fertigstellung bezahlt werden oder aber an die im Anschluss zu fertigende Serienherstellung über den Teilepreis abgegolten werden (sogenannte piece-price amortization).[310] Bei Bezahlung über den Teilepreis trägt der Automobilzulieferer ein nicht unwesentliches wirtschaftliches Risiko, denn er tritt in Vorleistung durch Bindung seiner finanziellen, materiellen und personellen Kapazitäten. Die damit verbundene Abhängigkeit vom OEM kann sich je nach Ausmaß des Spezifikationsgrad der Forschungs- und Entwicklungsleistungen noch vergrößern. Für den Automobilzulieferer sollen daher hinsichtlich der Übernahme von Forschungs- und Entwicklungstätigkeiten drei zentrale Anreize abgeleitet werden:

(1) Beteiligung des OEM am wirtschaftlichen Risiko

(2) Besitz und Verfügungsgewalt über die Verwertung der F&E-Kenntnisse

(3) Nutzung der F&E-Kenntnisse für die Belieferung anderer OEM

---

308 Vgl. *Phillips/Lamming/Bessant et al.* (2006), S. 452-455; *Becker/Gassmann* (2006), S. 1-3.

309 Vgl. *Iyer* (2002), S. 1-16; *Kloyer* (2004), S. 333f.; *Scholtissek/Eckert* (2005), S. 222-227.

310 Ergebnis des Experteninterviews.

Zum ersten wird der 1st-Tier Supplier versuchen die Vereinbarungen über Forschungs- und Entwicklungstätigkeiten derart zu gestalten, dass sich der OEM am wirtschaftlichen Risiko der Tätigkeiten beteiligt. Eine solche Risikobeteiligung wird am ehesten durch konkrete finanzielle Zusagen erreicht werden können. Der Zulieferer wird daher darauf drängen, die Forschungs- und Entwicklungsleistung unabhängig von den folgenden Liefer- und Leistungsphasen (Abbildung 2) als eigenständigen Auftrag abwickeln und abrechnen zu können. Folglich wird der Anreiz darin bestehen, einen konkreten Auftrag des OEM über die Forschung und Entwicklung zu vereinbaren, der in Anlehnung an Abbildung 21 bereits in t_1 zur Zahlung eines Vorschusses und über bestimmte Zahlungsmeilensteine in t_2 zur Gesamtabrechnung führt.

Der Zulieferer kann das Erfolgsrisiko seiner F&E-Tätigkeit weiter minimieren, indem er den Auftrag privatrechtlich durch das Instrument eines *Dienstvertrags* nach § 611ff. BGB bedient. Der Dienstvertrag zeichnet sich dadurch aus, dass der Vertragsnehmer (1st-Tier Supplier) keine Erfolgsgarantie gewährt. Es wird dem Vertragsgeber (OEM) lediglich garantiert, dass ein bestimmtes Ausmaß an Kapazitäten zur Erbringung der Leistung bereit gestellt wird. Dieser *Dienst* wird nach Kapazitätsbereitstellung vergütet, vereinfacht kann so jede Stunde Kapazitätsinanspruchnahme an den OEM belastet werden. Das Risiko der termingetreuen und qualitätsgetreuen Fertigstellung trägt dabei zu großen Teilen der Auftraggeber. Das Pendant bildet der *Werkvertrag nach* § 631ff. BGB, bei dem der Auftragnehmer (1st-Tier Supplier) gegen Vereinbarungen eines festen Kaufpreises dem Auftraggeber (OEM) die Lieferung oder Leistung einer Sache zu einem bestimmten Zeitpunkt garantiert. Das Erfolgsrisiko liegt hierbei zu großen Teilen beim Zulieferer, auch wenn sich der OEM partiell durch die Vergabe eines konkreten Auftrag und den damit verbundenen Vorauszahlungen und frühzeitiger Abrechnungsmöglichkeit am wirtschaftlichen Risiko beteiligt.[311]

Zum *zweiten* können dem Zulieferer gewisse Anreize bzgl. des rechtlichen Eigentums an den F&E-Tätigkeiten und den Verwertungsmöglichkeiten der daraus hervorgehenden Erkenntnisse unterstellt werden. Forscht und entwickelt der Zulieferer im konkreten Auftrag (unabhängig ob Dienst- oder Werkvertrag) des OEMs, so wird das rechtliche Eigentum im Sinne des Leistungsaustausch unverkennbar an den OEM übergehen. Liegt ein solcher Auftrag nicht vor, trägt der Zulieferer das wirtschaftliche Risiko aus den F&E-Tätigkeiten alleine und tritt in Vorleistung. Die Amortisation der F&E-Investitionen erfolgt über den Teilepreis aus dem An-

---

[311] Vgl. *Schmeißer/Zirkel* (2003), S. 849-853.

schlussauftrag der Serienfertigung und –lieferung. Der Zeitpunkt der Serienfertigung ist den F&E-Investitionen deutlich nachgelagert, darüber hinaus dauert die Serienfertigung und –lieferung in der Regel mehrere Jahre an (in der Regel über den Produktlebenszyklus des Fahrzeugs).[312] Demnach dauert es meist bis zum letzten zu produzierenden Stück, bis alle Aufwendungen abgegolten wurden. Es bedarf hier keiner weiteren Analyse um festzuhalten, dass die Abhängigkeit des Zulieferers vom OEM so signifikante Bedeutung erlangt. Um Verluste zu vermeiden, ist der Zulieferer nicht nur vom Folgeauftrag zur Teileherstellung abhängig, sondern in der Regel auch von der Abnahme hoher Stückzahlen über einen langen Zeitraum.

Der Zulieferer weiß hingegen von der umgekehrten Abhängigkeit des OEMs, die aus den F&E-Tätigkeiten resultierenden spezifischen Module für die Montage und den Vertrieb der Kraftfahrzeuge zwingend zu benötigen. Um den OEM nun speziell von diesen F&E-Kenntnissen abhängig zu machen und den Folgeauftrag und die Abnahme der zur Amortisation benötigten Stückzahlen zu erzwingen, kann für den Zulieferer ein starker Anreiz abgeleitet werden, Besitz und Verfügungsgewalt über die Verwertung der F&E-Kenntnisse im eigenen Unternehmen zu halten. Ohne die rechtlichen Rahmenbedingungen hierzu näher zu analysieren, könnte der Zulieferer durch diese Maßnahme (bspw. Mittels eines Patents) ausschließen, dass der OEM die F&E-Kenntnisse anderweitig bspw. durch Kooperation mit anderen Zulieferunternehmen verwendet. Des Weiteren minimiert der Zulieferer das Risiko, dass der OEM sich den Vorteil einer einseitigen Abhängigkeit (opportunistisch) durch übertriebenen Preis- und Kostendruck zu Nutze machen kann. Es soll daher unterstellt werden, dass bei unterbliebenem expliziten F&E-Auftrag der 1st-Tier Supplier immer darauf drängen wird, das Eigentum an den F&E-Kenntnissen zu behalten, um so die eigene Abhängigkeit durch Schaffung einer Gegenabhängigkeit zu neutralisieren und den benötigten Folgeauftrag und ausreichende Teileabnahmen sicherzustellen.[313]

Zum *dritten* wird ein 1st-Tier Supplier den Anreiz haben, die gewonnenen F&E-Kenntnisse auch für die Produktion und Belieferung anderer OEMs zu nutzen. Wie bereits in Abschnitt 2.3 verdeutlicht, kann ein 1st-Tier Zulieferer seine Kostenvorteile vor allem deshalb darbieten, weil er durch die Belieferung einer größeren Masse an Kunden höhere Skaleneffekte realisieren kann, als dies dem OEM bei reiner Eigenfertigung möglich ist. Gewinnt ein 1st-Tier Supplier aus der F&E-Tätigkeit für einen OEM neue, innovative Erkenntnisse, verstärkt

---

312 Vgl. *Sydow* (1992), S. 20-22.
313 Vgl. *Hoyer* (2004), S. 338.

dieser Umstand seine Kernkompetenzen. Er wird daher ein Interesse daran haben, diese Wettbewerbsvorteile auch in der Interaktion mit anderen Kunden einzusetzen, daraus ökonomischen Nutzen zu ziehen und die Wettbewerbsposition insgesamt zu verbessern. Hierbei ist es zweckdienlich, die neuen Erkenntnisse derart in die Produktionsprozesse zu integrieren, dass die Vorteile der standardisierten Massenfertigung höchstmöglich ausgeschöpft werden können und Synergieeffekte in der Produktion für andere OEMs genutzt werden.[314] Auch aus diesen Gründen kann dem 1st-Tier Supplier ein Anreiz an Besitz und Verfügungsgewalt über die F&E-Kenntnisse unterstellt werden.

Automobilhersteller

Der Automobilhersteller hat vorderhand den Vorteil, durch die Auslagerung der F&E-Aktivitäten nicht nur Komplexität, sondern auch wirtschaftliches Risiko auf den 1st-Tier Supplier abwälzen zu können. Dem OEM kann daher zunächst grundsätzlich kein Anreiz unterstellt werden, sich am ökonomischen Risiko beteiligen zu wollen. Für den OEM sollen zwei zentrale Anreize unterstellt werden:

(1) Abgeltung der F&E-Tätigkeiten nachgelagert über den Teilepreis der Serienfertigung

(2) Rechtliches Eigentum an den F&E-Erkenntnissen

Unter den genannten Voraussetzungen wird der OEM – rational betrachtet – schon aus Kapitalverzinsungsaspekten stets versuchen, die Abgeltung der F&E-Tätigkeiten über den Teilepreis eines zukünftigen Serienauftrags vorzunehmen und keinen eigenständig abrechenbaren Forschungs- und Entwicklungsauftrag zu erteilen.[315] Auch die mit einem expliziten Auftrag verbundene Komplexität und einhergehende Transaktionskosten wirken dem Interesse an einer solchen Auftragsvergabe entgegen.

Als dominanter Anreiz des Automobilherstellers kann zweitens angenommen werden, *rechtliches Eigentum* an den während der Zusammenarbeit mit dem 1st-Tier Supplier entstehenden F&E-Kenntnissen zu erlangen. Erfolgreiche Innovationen bilden für den OEM einen der zentralen Wettbewerbsparameter.[316] Eine bedeutende Furcht vor Opportunismus wird daher darin liegen, dass der 1st-Tier Supplier die in der Zusammenarbeit erlangten F&E-Kenntnisse

---

314 Vgl. *Womack/Jones/Roos* (1991), S. 67.
315 Vgl. *VDA* (2009), S. 69.
316 Vgl. *Becker/Gassmann* (2006), S. 1-3.

in der Interaktion mit anderen Wettbewerbern weitergibt bzw. weiterverwendet und der Wettbewerbsvorteil des OEMs am Markt nur kurzweilig anhält.[317] Darüber hinaus besteht je nach Ausmaß des Spezifikationsgrades der im Nachgang zu beziehenden Module auch eine gewisse Abhängigkeit.[318] Um sowohl das Risiko der Weitergabe innovativer F&E-Kenntnisse wie auch das Entstehen und Ausnutzen von Abhängigkeiten zu verringern, wird der OEM daher versuchen, das rechtliche Eigentum an den F&E-Kenntnissen als eine der zentralen Bedingungen für die Zusammenarbeit durchzusetzen.[319]

Im Hinblick auf die Weiterverwendung der F&E-Kenntnisse durch den Zulieferer für Herstellung und Belieferung anderer Automobilhersteller kann dem OEM jedoch nicht grundsätzliches Desinteresse unterstellt werden. Der OEM wird stets auch ein Interesse daran haben, dass der Zulieferer seine Kosten im Zeitablauf senkt. Insofern kann unterstellt werden, dass der OEM nach Abschöpfung des „first-mover-advantage"[320] einer Weiterverwendung unter gewissen Voraussetzungen zustimmen wird. Als eine dieser Voraussetzungen ist eine angemessene Beteiligung an den zusätzlichen Kostenersparnissen des 1st-Tier Supplier anzunehmen.

3.3.5 Herleitung von Vereinbarungen über Forschungs- und Entwicklungstätigkeiten des 1st-Tier Suppliers

Unter Anwendung des in Abschnitt 3.2 aufgestellten Basismodells auf die eben aufgezeigten diametralen ökonomischen Anreize der Transaktionsparteien sollen nun konkrete Vereinbarungen über die Forschungs- und Entwicklungstätigkeiten des 1st-Tier Supplier in der Interaktion mit dem OEM hergeleitet werden. Die Herleitung folgt den Szenarien des Basismodells aus Abbildung 20.

Szenario I: Extreme Machtasymmetrie zu Gunsten des OEM

Der Annahme folgend, dass bei extremer Machtasymmetrie die machthabende Partei sämtliche diametralen ökonomischen Anreize einer Interaktion zu ihren Gunsten entscheiden kann, wird im Szenario I der OEM seine Interessen vollständig durchsetzen können. Die F&E-Tätigkeiten des 1st-Tier Supplier erfolgen demnach nicht als eigenständiger Auftrag und die Abrechnung erfolgt über den Teilepreis bei Serienherstellung. Der 1st-Tier Supplier wird

---

317 Vgl. *Farr/Fischer* (1992), S. 12-19; *Lakemond/Berggren/van Weele* (2006), S.1f..
318 Die Absicherung der eigenen Ansprüche im Insolvenzfall des Zulieferers spielt ebenfalls eine Rolle.
319 Vgl. *Kloyer* (2004), S- 338-339; Erkenntnis Experteninterview.
320 Vgl. zum First Mover Advantage: *Liebermann/Montgomery* (1998), S. 1111-1125.

überdies als Teil eines phasenübergreifenden Auftrags das Eigentum an den F&E-Tätigkeiten und den damit verbundenen Verwertungsmöglichkeiten vollständig offen legen und an den OEM übertragen. Das Recht zur Weiterverwendung der F&E-Kenntnisse in der Zusammenarbeit mit anderen OEMs besteht für den 1st-Tier Supplier nicht und ist in diesem Szenario untersagt.

Die Möglichkeit zur Abgeltung der F&E-Tätigkeiten über den Teilepreis bei deutlich vorgelagerter Erlangung des rechtlichen Eigentums am Know-how sichert sich der OEM formal über einen langfristigen Rahmenvertrag. Ein solcher (relationaler) Rahmenvertrag beinhaltet allgemein sämtliche Phasen der Lieferantenbeziehung und deckt demzufolge diverse Liefer- und Leistungskomponenten ab, ohne diese schon im Vorfeld konkret regeln zu müssen. Dementsprechend werden derartige Verträge auch als *Mehrkomponentenverträge* bezeichnet.[321]

Szenario II: Extreme Machtasymmetrie zu Gunsten des 1st-Tier Supplier

Vergleichbar wird im Szenario II der 1st-Tier Supplier sämtliche diametralen ökonomischen Anreize für sich entscheiden können. So erfolgt die F&E-Tätigkeit auf Basis eines eigenständigen Auftrags, der nicht nur einen entsprechenden Vorschuss beinhaltet, sondern auch auf Basis eines Dienstvertrags erfolgt, und demnach eine fortwährende Abrechnung im Zeitablauf ermöglicht. Durch den expliziten Auftrag geht das rechtliche Eigentum an den F&E-Tätigkeiten zwar an den OEM über, der 1st-Tier Supplier hat aber die Möglichkeit, die gewonnenen Kenntnisse wirtschaftlich auch für andere OEM zu nutzen. Für dieses Szenario soll davon ausgegangen werden, dass der OEM an den hierbei entstehenden Skaleneffekten nicht beteiligt wird.

Szenario III: Machtasymmetrie mit Vorteilen für den OEM

Für den Fall, in dem der OEM ein gewisses Übergewicht, aber nicht die vollständige Herrschaft in der Machtverteilung besitzt, wird im Folgenden davon ausgegangen, dass es dem OEM gelingt, seine dominanten ökonomischen Anreiz in Form der Erlangung des Eigentums an den F&E-Tätigkeiten des 1st-Tier Supplier und der Abgeltung der F&E-Tätigkeiten über den Teilepreis zunächst weiter durchzusetzen. Da nun auch der 1st-Tier Supplier über ein

---

[321] Vgl. zu Mehrkomponentenverträgen *Winkeljohann/Geißler* (2006), §252 Tz.45.

gewisses Maß an Macht verfügt, ist der OEM angehalten, sich auf Kompromisslösungen einzulassen bzw. dem Lieferanten Zugeständnisse zu machen.

Im Hinblick auf das Eigentum an den F&E-Kenntnissen soll ein solcher Kompromiss in Form einer bedingten Verwertungserlaubnis für die Belieferung anderer OEMs bei gleichzeitiger Beteiligung am Gewinn aus den Skaleneffekten angenommen werden. Eine Bedingung könnte z.B. in einer zeitlichen Sperrfrist liegen, damit die Innovationsvorteile erst ausreichend vom OEM abgeschöpft werden können. Optional soll ein Kompromiss auch dahingehend angenommen werden, indem das rechtliche Eigentum am Ergebnis der F&E-Tätigkeiten als eine Art Pfand beim 1st-Tier Supplier verbleibt. Durch dieses Entgegenkommen signalisiert der OEM die Bereitschaft, die Phase der Serienherstellung vollständig mit dem Supplier abzuwickeln und auf die Möglichkeit, die F&E-Erkenntnisse in Zusammenarbeit mit einem anderen Supplier zu verwenden, zu verzichten. Dem Supplier wäre damit ein gewisses Maß an Sicherheit gegeben. Ein derartiges Zugeständnis wäre vor allem dann denkbar, wenn die Machtasymmetrie zugunsten des OEMs nicht besonders stark ausgeprägt ist.

Hinsichtlich der Streitfrage der Abgeltung über den Teilepreis könnte der OEM dem Zulieferer entgegenkommen, indem er schon im Vorfeld eine verbindliche Zusage über den Serienauftrag erteilt und Mindestabnahmemengen garantiert. Überdies könnte er sich durch einen am Anfang der F&E-Tätigkeiten zu zahlenden Vorschuss an der Finanzierung der F&E-Tätigkeiten beteiligen.[322]

Szenario IV: Machtasymmetrie mit Vorteilen für den 1st-Tier Supplier

Auch für das Szenario mit Machtvorteilen für den 1st-Tier Supplier soll davon ausgegangen werden, dass dieser seine dominanten ökonomischen Anreize grundsätzlich durchsetzen kann, der Macht des OEMs aber durch Kompromisse Rechnung tragen muss. So soll angenommen werden, dass die F&E-Tätigkeiten nach wie vor in einem eigenständigen Auftrag erfolgen, der über Vorschuss, meilensteinabhängige Zahlungen und finale Abrechnung dem 1st-Tier Supplier Planungssicherheit ermöglicht und sein wirtschaftliches Risiko minimiert. Als Entgegenkommen soll nun angenommen werden, dass der Auftrag nicht auf einem Dienstvertrag, sondern auf einem *Werkvertrag* basiert und das Erfolgsrisiko somit vom Zulieferer getragen wird.

---

[322] Vgl. hierzu auch den Vorschlag von up-front payments bei *Kloyer* (2004), S. 339-341.

Das Eigentum an den F&E-Tätigkeiten geht als Folge des Auftrags an den OEM, der 1st-Tier Supplier sichert sich aber nach wie vor die Möglichkeit zur Weiterverwendung der Erkenntnisse in der Interaktion mit anderen OEMs. Als Kompromiss soll hier, wie oben bereits erwähnt, eine Bedingung mittels zeitlicher Sperrfrist und Beteiligung des OEMs an den Skalenerträgen dienen.

Szenario V: Machtsymmetrie zwischen OEM und 1st-Tier Supplier

Bei gleichmäßiger Machtverteilung ist keine Partei in der Lage, ihre Interessen gegen den Willen der anderen durchzusetzen. Es bedarf daher einer kooperativen und einvernehmlichen Vorgehensweise bei der Gestaltung der Vereinbarung. Für das Szenario einer symmetrischen Machtverteilung soll davon ausgegangen werden, dass der Konflikt aus diametralen Anreizen über einen *gegenseitigen Geiselaustausch* gelöst wird.[323] Dieses Instrument ist effektiv, da die diametralen Interessen der Parteien im Wesentlichen aus der Furcht vor opportunistischem Verhalten des anderen resultieren. Bei Fehlverhalten einer Partei verfügt die geschädigte Partei mit Hilfe der erhaltenen Geisel über Vergeltungsmöglichkeiten, deren Art und Umfang derart materiell wiegen, dass opportunistisches Verhalten ausgeschlossen werden kann und somit auch nicht mehr gefürchtet werden muss. Durch einen solchen Geiseltausch wird eine konstante Machtverteilung nachhaltig sichergestellt und eine offene und vertrauensvolle Zusammenarbeit zur rationalen Handlung, da die Abschöpfung der Effizienzgewinne aus der Interaktion nur durch kooperatives Verhalten ermöglicht wird.

Bezogen auf die Vereinbarung über F&E-Tätigkeiten des 1st-Tier Suppliers erfolgt die Vergütung der vereinbarten Aktivitäten nicht eigenständig, sondern als Teilepreisaufschlag während des Serienauftrags. Um die Sorge des 1st-Tier Suppliers vor der Amortisation und das Risiko der Vorleistung zu neutralisieren, gewährt der OEM eine verbindliche Zusage über den Serienauftrag und damit verbundene Mindestabnahmemengen, die die Amortisation der F&E-Tätigkeiten garantiert. Durch diese „Geisel" signalisiert der OEM nicht nur seinen Willen zur Kooperation, sondern neutralisiert den Anreiz des 1st-Tier Supplier hinsichtlich eines expliziten Auftrags mit eigener Abrechnungsfähigkeit.

Das Eigentum an den F&E-Kenntnissen und das damit verbundene Verwertungspotenzial verbleiben beim 1st-Tier Supplier. Dem 1st-Tier Supplier wird damit die Möglichkeit gege-

---

323 Vgl. Abschnitt 2.4.5.4.

ben, das bestehende Know-how fortwährend weiter auszubauen und zur Weiterverwendung mit anderen Kunden vorzubereiten. An den damit verbundenen Erfahrungskurveneffekten wird der OEM explizit beteiligt. Zusätzlich wird dem OEM bereits im Vorfeld ein Exklusivbezugsrecht gewährt, welches die Belieferung der aus den F&E-Kenntnissen produzierten Module für den benötigten Zeitraum verbindlich sicherstellt. Darüber hinaus wird die Vereinbarung getroffen, die Weiterverwendung der F&E-Kenntnisse erst nach Rücksprache mit dem OEM und nach Ablauf einer gewissen Frist für andere Kunden nutzen.[324] Art und Umfang dieser Weiterverwendung erfolgt in offener Absprache und Kooperation mit dem OEM, die Gewinne aus den Skaleneffekten werden vom 1st-Tier Supplier offengelegt und so fair bei den Teilepreisverhandlungen verteilt. Durch diese „Geisel“ des 1st-Tier Supplier signalisiert dieser nicht nur seinen Willen zur Kooperation und vertrauensvollen Zusammenarbeit, sondern neutralisiert den Anreiz des OEMs hinsichtlich der Erlangung und einseitigen Verwendung des Eigentums an den F&E-Kenntnissen.

Konfliktpunkt	**Szenario**				
	I	**II**	**III**	**IV**	**V**
Eigentum	OEM	OEM	OEM, *optional:* 1st-Tier Supplier	OEM	1st-Tier Supplier
Zeitpunkt der Vergütung	Nachgelagert über Teilepreis	Direkt, Dienstvertrag	Nnachgelagert über Teilepreis, Abnahmegarantie	Direkt, Werkvertrag	Nachgelagert über Teilepreis, Abnahmegarantie
Weiterverwendungrecht der F&E-Kenntnisse für 1st-Tier Suplier	Nein	Ja	Bedingt	Bedingt	Bedingt

Quelle: Eigene Darstellung

Abbildung 22: Hergeleitete Vereinbarungen zu Forschungs- und Entwicklungstätigkeiten

Der skizzierte Geiseltausch führt dazu, dass die Konflikte in der Vereinbarung einvernehmlich gelöst werden, da jede Partei, in Bezug auf Furcht und Unsicherheit, ein Pfand zur Absicherung erhält und somit das ökonomische Interesse durch Neutralisation der Opportunismusfurcht parallelisiert wird. Durch die gegenseitige Abhängigkeit ist opportunistisches Verhalten für keine Partei gewinnträchtig, im Gegenteil, erst durch Kooperation werden weitere Effizienzgewinne ermöglicht. Die Möglichkeit zur Weiterverwendung der F&E-Kenntnisse in der Interaktion mit weiteren Kunden motiviert den 1st-Tier Supplier, bestehende F&E-

[324] Vgl. zu damit verbundenen rechtlichen Fragen: *Stumpf/Groß* (2005).

Fähigkeiten fortwährend zu verbessern und offen zu legen, um nach Abstimmung mit dem OEM die kostensenkenden Erfahrungskurveneffekte zu realisieren und zu vereinnahmen. Durch den offenen Einbezug und die Beteiligung des OEM hat dieser kein gesteigertes Interesse daran, derlei Kostenvorteile länger zu blockieren als ökonomisch notwendig. Die Organisation der Zusammenarbeit bei symmetrischer Machtverteilung lässt daher bei ganzheitlicher Betrachtungsweise den größtmöglichen Effizienzgewinn vermuten, sie entspricht am ehesten den in Kapitel 2.4.5 genannten Anforderungen, zur transaktionskostenminimalen Organisation der komplexen Lieferantenbeziehung.

Abbildung 22 fasst die im Rahmen des Basismodells hergeleiteten konkreten Vereinbarungen der Forschungs- und Entwicklungsphase der komplexen Lieferantenbeziehung für alle Phasen skizzenartig zusammen.

3.4 Kundenspezifische Werkzeuge

3.4.1 Begriffsbestimmung

Unter dem Begriff der Werkzeuge sind bestimmte Formen oder Modelle zu verstehen, die in der Fertigungsstraße zur Produktion der an den OEM zu liefernden Module zum Einsatz kommen. Die Werkzeuge sind vor allem deshalb notwendig, um die Produktion der Serienteile nach den spezifischen Vorgaben und Wünschen des OEMs durchführen zu können. Die Herstellung oder Beschaffung dieser Werkzeuge bildet die zweite Phase der Lieferantenbeziehung und wird ebenfalls vom 1st-Tier Supplier verantwortet. Werkzeuge sind aus dem Grunde *spezifisch*, da sie nicht universell einsetzbar sind, sondern nur für die Herstellung eines ganz bestimmten Teilstücks dienen können.[325] Werkzeuge sind darüber hinaus *kundenspezifisch*, da sie ausschließlich in der Interaktion mit einem ganz bestimmten Kunden Verwendung finden oder aber weil ihre Verwendung für die Interaktion mit fremden Dritten explizit untersagt ist.

3.4.2 Gewicht von kundenspezifischen Werkzeugen in der komplexen Lieferantenbeziehung

Die Verringerung der Fertigungstiefe des OEM und die Auslagerung von Risiken und Komplexität an Zulieferer beinhaltet auch die Fremdvergabe der Entwicklung und Herstellung der kundenspezifischen Werkzeuge. Anders als bei den F&E-Tätigkeiten ist die Entwicklung und Herstellung dieser Werkzeuge für den Zulieferer in aller Regel bereits im Vorfeld direkt an einen zeitlich nachgelagerten Serienauftrag zur Produktion und Lieferung von

---

[325] Vgl. *KPMG* (2008c), S. 46.

Modulen gekoppelt, in dem die kundenspezifischen Werkzeuge zu verwenden sind.[326] Die Werkzeuge sind Teil des Aufbaus einer Fertigungsstraße, und deren Erstellung basiert in der Regel auf den gewonnen Erkenntnissen aus den vorgelagerten F&E-Tätigkeiten zur Herstellung des neuen Moduls.

Im Zuge des vielfältigen Angebots an Automodellen und des damit verbundenen aggressiven Verdrängungswettbewerbs sind die Anforderungen an die Automobile und ihre darin enthaltenen Module und Komponenten deutlich angestiegen.[327] Die Folge dieser Entwicklung ist ein Anstieg der für die Modulproduktion benötigten Werkzeuge.[328] Die Werkzeuge haben daher eine hohe Bedeutung für den reibungslosen Ablauf der Produktion und die zeitgerechte Fertigstellung und Lieferung der vom OEM benötigten Module, darüber hinaus haben sie maßgeblichen Einfluss auf die Qualität der Produktion.

Auch bei kundenspezifischen Werkzeugen ergibt sich eine gegenseitige Abhängigkeit zwischen OEM und 1st-Tier Supplier. Für den Zulieferer stellt die Tätigkeit der Entwicklung und Herstellung der Werkzeuge vor allem eine langfristige und spezifische Kapitalbindung dar. Der Zulieferer investiert in einen Gegenstand, der langfristig Kapazitäten für die Interaktion mit ausschließlich einem Kunden bindet und deren Amortisation von ausschließlich diesem Kunden abhängt. Für den OEM ergibt sich die Tatsache, dass der 1st-Tier Supplier über wesentliche Produktionsmittel verfügt, die zum einen für die herstellerspezifische Automobilherstellung zwingend und generell notwendig sind und deren Effektivität zum anderen den Erfolg und Misserfolg beim Endkunden maßgeblich mitbestimmen werden. Insofern kommt den kundenspezifischen Werkzeugen in der komplexen Lieferantenbeziehung eine wesentliche Bedeutung zu, die konkrete Vereinbarungen erforderlich macht.[329]

---

326 Diese Phase der Lieferantenbeziehung wird in Abschnitt 3.5 behandelt. Es sind durchaus auch andere Fälle denkbar. So kann einerseits die Herstellung und/oder Bereitstellung der Werkzeuge vom OEM übernommen werden. Der OEM kann sich dabei ebenfalls anderer Zulieferer bedienen. Dieser Fall impliziert die Möglichkeit, dass spezialisierte Zulieferer nichts weiter als die Produktion von Werkzeuge übernehmen. Die Herstellung kann dabei auf zur Verfügung gestellten Forschungs- und Entwicklungsvorgaben basieren und die Serienfertigung wird von einem Dritten übernommen. Derlei Fälle sind allerdings nicht Bestandteil der hier betrachteten Art von Lieferantenbeziehung und werden daher nicht weiter verfolgt.

327 Vgl. *Baumgarten/Thoms* (2002) S. 8.

328 Vgl. *KPMG* (2008c), S. 46.

329 Vgl. überblickartig auch *Lüdenbach/Hoffmann* (2009), § 18 Tz. 67.

3.4.3 Bestimmung von Art und Ablauf der Aktivitäten bei Entwicklung und Herstellung kundenspezifischer Werkzeuge

Zur Bestimmung von Art und Ablauf der überbetrieblichen Zusammenarbeit bei der Entwicklung und Herstellung der kundenspezifischen Werkzeuge ist vor allem die zeitliche Abfolge und die Art und Weise der den F&E-Tätigkeiten *nachgelagerten* Aktivitäten der Interaktionsparteien näher zu betrachten. Einen vereinfachten, zeitlich strukturierten Überblick gibt Abbildung 23.

Interaktions-		Tätigkeiten	
zeitpunkt	**form**	**OEM**	**1st-Tier Supplier**
t = 3	**vereinbarend abwickelnd**	Auftragsvergabe über Entwicklung und Herstellung eines kundenspezifischen Werkzeugs, Bekanntgabe der technischen Rahmendaten, Kontrolle und Abnahme des Prototypen	Entwicklung und Erstellung eines Werzeugprototypen
t = 4	**kontrollierend anpassend**	Kontrolle und Abnahme des finalen Werkzeugs	Herstellung des finalen kundenspezifischen Werkzeugs, Integration in die Fertigungsstraße zum Einsatz für die Serienfertigung

Quelle: Eigene Darstellung

Abbildung 23: Art und Ablauf der Aktivitäten zur Entwicklung und Erstellung kundenspezifischer Werkzeuge

Im *Zeitpunkt* t_3 wird der OEM dem 1st-Tier Supplier die technischen Rahmendaten und andere Anforderungen an die zu erstellenden Werkzeuge explizit mitteilen. Anhand dieser Rahmendaten beginnt der Zulieferer mit der Entwicklung und Erstellung eines Prototyps. Die Entwicklung und Herstellung des Prototyps erfolgt in ständiger Absprache und Abstimmung mit dem OEM. Nach Fertigstellung des Werkzeugprototypen wird dieser vom OEM zunächst umfangreich auf qualitative Erfüllung der genannten Rahmenbedingungen geprüft werden und anschließend abgenommen.[330]

Erst die Abnahme eines final entwickelten und hergestellten Prototyps führt zur Möglichkeit, in *Zeitpunkt* t_4 das endgültig zu verwendende und in die Fertigungsstrasse zu integrierende kundenspezifische Werkzeug herzustellen. Das finale und integrierte Werkzeug zur Serienherstellung wird auch in t_4 wiederum einer Kontrolle und Abnahme durch den OEM unterliegen.

---

330 Vgl. *Kuhn/Wiendahl/Eversheim* et al. (2002), S. 26-31; Erkenntnis auf Basis von Experteninterview.

Ein für den Zulieferer zentraler Unterschied zwischen Werkzeugprototyp und finalem Werkzeug liegt darin, dass für die Erstellung des Prototypen u.U. hohe Entwicklungsaufwendungen notwendig sind, während sich die Herstellung des finalen Werkzeugs auf den dafür erforderlichen Material- und Personaleinsatz beschränkt.[331]

Es soll an dieser Stelle darauf hingewiesen werden, dass auch bei den kundenspezifischen Werkzeugen grundsätzlich *drei Fälle* angenommen werden können. *Erstens* ist der Fall zu unterstellen, in dem der 1st-Tier Supplier die Entwicklung und Herstellung eines solchen Werkzeugs an einen 2nd-Tier Supplier auslagert oder sich am Markt befindlicher fertiger Lösungen bedient.[332] Der Aufwand aus der Bereitstellung des Werkzeugs für den Fertigungsprozess würde sich in einem solchen Fall auf einen bloßen Anschaffungsvorgang von einem in der Interaktion fremden Dritten beschränken. *Zweitens* ist der Fall denkbar, in dem der 1st-Tier Supplier bereits im Vorfeld über ausreichend Know-how verfügt, das kundenspezifische Werkzeug ohne wesentliche Entwicklungsleistungen herstellen zu können. *Drittens* kann der in Abbildung 23 dargestellte Fall unterstellt werden, indem der 1st-Tier Supplier zunächst durch Entwicklungsleistungen einen Werkzeugprototypen erstellt und erst nach erfolgter Kontrolle und Abnahme das finale Werkzeug herstellt. Der erste Fall betrifft nicht die direkte Interaktion zwischen OEM und 1st-Tier Supplier und soll daher nicht weiterverfolgt werden. Da der dritte Fall den zweiten Fall beinhaltet wird sich die folgende Untersuchung auf den dritten Fall konzentrieren.

3.4.4 Diametrale ökonomische Anreize und Konfliktpotenzial bei der Entwicklung und Herstellung kundenspezifischer Werkzeuge

Die aus der Spezifität der Werkzeuge hervorgehende beidseitige Abhängigkeit führt auch in der hier betrachteten zweiten Phase der Lieferantenbeziehung zu diametralen ökonomischen Anreizen und daraus hervorgehendem Konfliktpotenzial, was die Vereinbarungen für die Zusammenarbeit im Folgenden maßgeblich beeinflusst. Nachfolgend sollen die zentralen diametralen Anreize für beide Parteien erarbeitet werden.

Automobilzulieferer

Als zentraler Anreiz des 1st-Tier Suppliers kann eine Minimierung des aus der Investition in das kundenspezifische Werkzeug entstandenen wirtschaftlichen Risikos angenommen werden.

---

331 Vgl. *Mayer/Kortüm* (2009), S. 3.

332 Vgl. zu Kooperationen in der Automobilzulieferindustrie: *KPMG* (2008b).

Der Zulieferer wird danach streben, die mit dem Werkzeug einhergehende Kapitalbindung und damit verbundene Amortisationsunsicherheit schnellstmöglich abzubauen. Insofern wird er den OEM drängen, die Entwicklung und Erstellung des auf diesen zugeschnittenen Werkzeugs umgehend nach Fertigstellung und Abnahme in voller Höhe zu vergüten.

Dem 1st-Tier Supplier kann daher grundsätzlich kein Anreiz am Eigentum des kundenspezifischen Werkzeugs unterstellt werden, da eine anderweitige Verwendung von vornherein ausgeschlossen ist und die Übertragung des Eigentums als greifbare Gegenleistung für die vom Zulieferer bevorzugte Zahlung zu bewerten ist.[333] Ein Anreiz am Eigentum des kundenspezifischen Werkzeugs kann für den 1st-Tier Supplier nur dann angenommen werden, wenn die direkte Abrechnung der Entwicklung und Herstellung vom OEM nicht ermöglicht wird. In diesem Fall ist der Zulieferer von der Amortisation des Werkzeugs über den während der Serienlieferung zu erhaltenen Teilepreis abhängig. Der Zulieferer wird daher das Eigentum am Werkzeug als Pfand zur Absicherung gegen opportunistisches Verhalten des OEM favorisieren, da die Abhängigkeit des OEMs vom Produktionsoutput des Werkzeugs dem Zulieferer bekannt sein dürfte. Der OEM hätte aufgrund der mangelnden eigentumsrechtlichen Verfügbarkeit so keine Möglichkeit, das Werkzeug vor Amortisation abzuziehen und in Kooperation mit anderen Zulieferern einzusetzen bzw. diese Überlegung als Druck zur Kostensenkung einzusetzen.

Automobilhersteller

Dem OEM kann wie schon bei der Auslagerung von F&E-Tätigkeiten zunächst kein grundsätzlicher Anreiz unterstellt werden, sich am zuvor auf den Zulieferer abgewälzten ökonomischen Risiko beteiligen zu wollen. Hauptsächlich aus Kapitalverzinsungsaspekten wird der OEM versuchen, die Abgeltung der F&E-Tätigkeiten über den Teilepreise eines zukünftigen Serienauftrags vorzunehmen und keinen expliziten und individuell abrechenbaren Werkzeugentwicklungs- und Herstellungsauftrag zu erteilen. Auch die mit einem expliziten Auftrag verbundenen komplexen Koordinationsaufwendungen und einhergehende Transaktionskosten wirken dem Interesse an einer solchen Auftragsvergabe entgegen.

---

333 An dieser Stelle soll von der Überlegung weitergehender Verwendung von mit dem Werkzeug verbundenen Know-hows abstrahiert werden. Auch wenn dieser Gedankengang nicht grundsätzlich ausgeschlossen werden kann, so ist er doch zu unbestimmt, um an dieser Stelle weitere Untersuchungen zu unternehmen.

Als dominanter Anreiz des Automobilherstellers kann angenommen werden, an den vom 1st-Tier Supplier entwickelten und hergestellten kundenspezifischen Werkzeugen das rechtliche *Eigentum* zu erlangen. Die Werkzeuge bilden ein spezifisches Produktionsmittel für die Erstellung der vom OEM im Montageprozess zwingend benötigten Module. Die Werkzeuge nehmen daher für den reibungslosen Ablauf der Automobilherstellung und die zeitgerechte Fertigstellung und Belieferung der vom OEM versorgten Endkunden unmittelbar eine hohe Bedeutung ein. Darüber hinaus nehmen sie maßgeblichen Einfluss auf die Qualität der Fertigung. Der wirtschaftliche Erfolg der OEMs hängt somit u.a. auch von den kundenspezifischen Werkzeugen ab. Die Verfügbarkeit und Kontrolle dieser Werkzeuge bedeutet daher für den OEM eine wichtige strategische Absicherung auch gegen Abhängigkeiten. Um ein Ausnutzen dieser Abhängigkeit zu verhindern und eine nachhaltige Absicherung der Verfügbarkeit und Kontrolle über die Werkzeuge zu gewährleisten, wird der OEM daher im Wesentlichen nach dem rechtlichen Eigentum am Werkzeug streben.

3.4.5 Herleitung von Vereinbarungen über kundenspezifische Werkzeuge

Unter Anwendung des in Abschnitt 3.2 aufgestellten Basismodells auf die eben aufgezeigten diametralen ökonomischen Anreize der Transaktionsparteien sollen nun konkrete Vereinbarungen über Entwicklung und Herstellung kundenspezifischer Werkzeuge durch den 1st-Tier Supplier in der Interaktion mit dem OEM hergeleitet werden. Die Herleitung für diese zweite Liefer- und Leistungsphase der Lieferantenbeziehung folgt den Szenarien des Basismodells aus Abbildung 20.

Szenario I: Extreme Machtasymmetrie zu Gunsten des OEM

Da der OEM als machthabende Partei sämtliche diametralen ökonomischen Anreize zu seinen Gunsten entscheiden kann, soll im Szenario I eine Vereinbarung unterstellt werden, durch die der OEM nach Entwicklung und Fertigstellung der kundenspezifischen Werkzeuge rechtlicher Eigentümer wird und die Bezahlung der Leistung im Rahmen eines *Mehrkomponentenvertrags* über den Teilepreis der anschließenden Serienfertigung erfolgt.

Szenario II: Extreme Machtasymmetrie zu Gunsten des 1st-Tier Supplier

Analog soll für das Szenario II angenommen werden, dass der 1st-Tier Supplier durch die alleinige Verfügung von Macht sämtliche diametralen ökonomischen Anreize für sich entscheiden kann. So erfolgt die Entwicklung und Herstellung der kundenspezifischer Werkzeuge auf Basis eines expliziten Auftrags, der im rechtlichen Rahmen eines Dienstvertrags erfolgt und demnach eine fortwährende Abrechnung im Zeitablauf ermöglicht. Durch den expliziten Auftrag geht das rechtliche Eigentum wie vom Zulieferer gewünscht an den OEM über.

Szenario III: Machtasymmetrie mit Vorteilen für den OEM

Im Szenario III, in dem der OEM ein gewisses Übergewicht aber nicht die vollständige Herrschaft in der Machtverteilung besitzt, soll wiederum angenommen werden, dass es dem OEM gelingt, seine dominanten ökonomischen Anreiz in Form der Erlangung des rechtlichen Eigentums an den kundenspezifischen Werkzeugen und der Abgeltung der damit verbundenen Tätigkeiten über den Teilepreis zunächst weitestgehend durchzusetzen. Da nun auch der 1st-Tier Supplier über ein gewisses Maß an Macht verfügt, ist der OEM allerdings angehalten sich in Teilen auf Kompromisslösungen einzulassen bzw. dem Lieferanten Zugeständnisse zu machen. Derlei Zugeständnisse fokussieren sich vor allem auf das starke Interesse des Zulieferers, die Bezahlung für seine Leistung umgehend zu erhalten und die Kosten der langfristigen spezifischen Kapitalbindung und das damit verbundene wirtschaftliche Risiko nicht vollständig alleine zu tragen. Hinsichtlich eines Zugeständnisses sollen zwei mögliche Fälle unterschieden und im Folgenden in die Untersuchung einbezogen werden.

Erstens ist in der Praxis vermehrt die vorzeitige Beteiligung des OEMs an den Kosten der kundenspezifischen Werkzeuge über sogenannte *Werkzeugkostenzuschüsse* zu beobachten.[334] Bei einem derartigen Zuschuss des OEMs an den 1st-Tier Supplier handelt es sich um „eine Leistung, die vom Zuschussgeber zur Erreichung eines bestimmten, in seinem Interesse liegenden Ziels gewährt wird, und bei der die (erwartete) Gegenleistung des Zuschussempfängers in der Erfüllung des Förderungszwecks zugunsten des Zuschussgebers besteht.“[335] Bezogen auf die kundenspezifischen Werkzeuge liegt die Erfüllung des Förderzwecks in der Entwicklung und Herstellung des Werkzeugs nach den vorgegebenen Rahmenbedingungen, der Übergabe des rechtlichen Eigentums nach Fertigstellung sowie der verbindlichen Nutzung im folgenden Produktionsprozess. Bei der Gewährung eines Zuschusses kann dem OEM durchaus auch das Interesse unterstellt werden, das Risikos des Lieferanten aus der langfristigen Kapitalbindung und Vorfinanzierung zumindest teilweise senken zu wollen, da der wirtschaftliche Erfolg des OEMs auch von den Werkzeugen abhängig ist und hierbei aufkommende ökonomische Probleme des Zulieferers somit unmittelbare Auswirkung haben können. Für das vorliegende Szenario soll unterstellt werden, dass der Zuschuss des OEM aufgrund

---

334 Vgl. *KPMG* (2008c), S.46; *Deloitte* (2004), S. 24-27; *Wulf/Scheffbuch* (2000), S. 1885.

335 Vgl. *HFA* (1996), S. 330.

der geltenden Machtkonstellation nur einen Teil der Kosten des 1st-Tier Supplier deckt und der verbleibende Rest über den bei der Serienfertigung zu zahlenden Teilepreis abgegolten wird.[336]

Zweitens könnte der OEM - anstelle eines Zuschusses - ein Zugeständnis machen, in dem das rechtliche Eigentum am Werkzeug als eine Art Pfand beim 1st-Tier Supplier verbleibt. Durch dieses Entgegenkommen signalisiert der OEM die Bereitschaft, die Phase der Serienherstellung vollständig mit dem 1st-Tier Supplier abzuwickeln und auf die Möglichkeit des Abzugs des Werkzeugs explizit zu verzichten. Dem Supplier wäre damit ebenfalls höhere Sicherheit hinsichtlich der Amortisation gegeben.

Szenario IV: Machtasymmetrie mit Vorteilen für den 1st-Tier Supplier

Für eine Machtverteilung mit Vorteilen für den 1st-Tier Supplier ist ein Zugeständnis an den OEM dahingehend anzunehmen, dass der explizite Auftrag hier auf Basis eines Werkvertrags erfolgt, und der Zulieferer somit wesentliche Teile des Erfolgsrisikos übernimmt. Darüber hinaus soll aber in Anlehnung an Szenario III auch der Fall angenommen werden, dass der Zulieferer einem Werkzeugkostenzuschuss zustimmt. Abweichend zu Szenario III gilt allerdings, dass sowohl ein Werkvertrag als auch ein Zuschuss sämtliche entstandenen Kosten des Zulieferers abdeckt und die Bezahlung somit umgehend bei Fertigstellung als Ganzes und nicht in Teilen nachverlagert erfolgt.

Szenario V: Machtsymmetrie zwischen OEM und 1st-Tier Supplier

Für das Szenario der symmetrischen Machtverteilung soll erneut davon ausgegangen werden, dass der Konflikt aus diametralen Anreizen über einen gegenseitigen Geiselaustausch gelöst wird, der eine gleichgewichtige gegenseitige Abhängigkeit schafft. So wird zunächst die Bedeutung von Unsicherheit und Opportunismus und die damit verbundene Furcht maßgeblich verringert und dadurch anschließend eine Neutralisation der jeweils diametralen (dominanten) Anreize erreicht. Für das Szenario V soll demnach von folgender Vereinbarung ausgegangen werden.

Der OEM verzichtet auf das rechtliche Eigentum am kundenspezifischen Werkzeug und gibt seinem 1st-Tier Supplier eine verbindliche Zusage für den gesamten Serienauftrag der

---

336 Ergebnis des Experteninterviews, in der Regel decken die Zuschüsse die Kosten der Erstellung nicht.

Fahrzeugserie und sichert überdies einen Teilzuschuss unterhalb der Herstellungskosten als eine Art Vorfinanzierung zu. Durch diese Geisel verzichtet der OEM auf die Möglichkeit, die kundenspezifischen Werkzeuge frühzeitig (vor allem vor Amortisation) abzuziehen und in Kooperation mit einem anderen Zulieferer weiter zu nutzen, es entsteht so eine offen ersichtliche Abhängigkeit vom Zulieferer. Darüber hinaus wird mit dem Zuschuss bei der Finanzierung der spezifischen Aktivitäten ein klares Signal zur kooperativen und nachhaltigen Zusammenarbeit gegeben.

Der 1st-Tier Supplier garantiert seinerseits dem OEM über ein Exklusivbezugsrecht Liefermengen und –bereitschaft und sichert dem OEM überdies vertraglich zu, das Werkzeug ausschließlich für die spezifische Interaktion zu nutzen und fremde Dritte sowohl vom Gebrauch wie vom Know-how auszuschließen. Darüber hinaus stimmt der 1st-Tier Supplier der Abgeltung der Kosten des Werkzeugs über den Teilepreis der Serienherstellung zu. Durch diese Geisel tritt der Zulieferer finanziell in Vorleistung, macht die Amortisation der Werkzeuge explizit ausschließlich von der Interaktion mit dem OEM abhängig und signalisiert mit der Zustimmung zur Teilepreiszahlung zudem sein nachhaltiges Interesse an der Zusammenarbeit.[337]

Konfliktpunkt	Szenario				
	I	II	III	IV	V
Eigentum	OEM	OEM	OEM, *optional:* 1st-Tier Supplier	OEM	1st-Tier Supplier
Zeitpunkt der Vergütung	*nachgelagert* über Teilepreis	*sofort* über Dienstvertrag	*nachgelagert* über Teilepreis, aber Zuschuss kleiner den Aufwendungen (Verzicht auf Zuschuss bei Eigentum 1st-Tier Supplier)	*sofort* über Werkvertrag, *optional:* Zuschuss in Höhe der Aufwendungen	*nachgelagert* über Teilepreis mit Zuschuss kleiner den Aufwendungen

Quelle: Eigene Darstellung

Abbildung 24: Hergeleitete Vereinbarungen zu kundenspezifischen Werkzeugen

Der skizzierte Geiseltausch führt dazu, dass die Konflikte in der Vereinbarung einvernehmlich gelöst werden, da jede Partei in Bezug auf Furcht und Unsicherheit ein Pfand zur Absicherung erhält und somit das ökonomische Interesse durch Neutralisation der Opportunismusfurcht parallelisiert wird. Die Organisation der Zusammenarbeit entspricht am ehesten den in Kapitel

337 Vgl. zu rechtlichen Grundlagen die Arbeit von *Stumpf/Groß* (2005).

2.4.5 genannten Anforderungen zur transaktionskostenminimalen Organisation der komplexen Lieferantenbeziehung.

Abbildung 24 fasst die im Rahmen des Basismodells hergeleiteten konkreten Vereinbarungen zu kundenspezifischen Werkzeugen der komplexen Lieferantenbeziehung skizzenartig zusammen.

3.5 Serienfertigung und Lieferung

3.5.1 Begriffsbestimmung

Bei der *Serienfertigung* handelt es sich um die Produktion einer bestimmten Anzahl von Produkten gleicher Art und Ausprägung. Die Serienfertigung wird auch als intermittierende Fertigung bezeichnet, da „eine gemeinsame Fertigung unterschiedlicher, aber verwandter Produkte vorliegt und von einem Erzeugnis eine begrenzte Menge als zeitlich geschlossener Posten (Serie oder Los) hergestellt wird.“[338] Die Produktionsorganisation folgt grundsätzlich der Massenfertigung, unterscheidet sich aber quantitativ durch die Begrenzung der Stückzahlen und qualitativ auf die zuvor festgelegte ganz bestimmte Serie. Die Serienfertigung wird dabei in Klein- und Großserienfertigung unterschieden, wobei im Allgemeinen letztere für die Automobilindustrie zugrunde gelegt werden kann.[339]

Konkret auf die hier betrachtete Lieferantenbeziehung angewendet, handelt es sich bei der Serienfertigung um sämtliche Tätigkeiten des 1st-Tier Supplier, die zur Herstellung der Module für eine ganz bestimmte Fahrzeugserie des OEM durchgeführt werden müssen. Die Serienfertigung impliziert dabei auch die *Lieferung* der fertig gestellten Module an den OEM. Vor dem Hintergrund der von dem OEM forcierten schlanken Unternehmens- und Produktionsorganisationen sowie der stetigen Verkürzung von Produktions- und Abwicklungszeiten erfolgt die Lieferung meist just-in-time. Für einen OEM bietet sich bei just-in-time Lieferungen der Vorteil, dass keine innerbetrieblichen Läger für die Module mehr notwendig sind. Im theoretischen Idealfall erfolgt die Lieferung der Module durch den Lieferanten exakt in jenem Zeitpunkt, in dem das Modul im Montageprozess des OEM benötigt wird. Ohne an dieser Stelle den just-in-time Ansatz weiter zu verfolgen, wird auch ohne detaillierte Untersuchung deutlich, dass eine derartige Organisation der Serienfertigung und

---

[338] Vgl. *Adam* (1998), S. 22.
[339] Vgl. *Adam* (1998), S. 21-24.

Lieferung eine umfassenden Kooperation und ganzheitliche Denkweise beider Interaktionspartner zwingend erforderlich macht.[340]

3.5.2 Gewicht von Serienfertigung und Lieferung in der komplexen Lieferantenbeziehung

Die Serienfertigung und Lieferung kann als zentrale Wertschöpfungskomponente der komplexen Lieferantenbeziehung bezeichnet werden, da erst in dieser dritten Phase der Zusammenarbeit das konkrete, materielle Ergebnis produziert wird, welches schließlich im Montageprozess des OEMs Verwendung im Endprodukt für den Verbraucher findet. Auch in der Phase der Serienfertigung und Lieferung entsteht ein bedeutendes Abhängigkeitsverhältnis zwischen den beiden Parteien. Für den OEM ist die reibungslose Serienfertigung des 1st-Tier Supplier unabdingbare Voraussetzung für den weiteren Wertschöpfungsprozess der Automobilherstellung. Nur eine qualitativ einwandfreie Produktion, die Einhaltung der vereinbarten Produktionsmengen und Kosten sowie die termingerechte Lieferung der Module garantiert letztlich den benötigten Wertschöpfungsbeitrag des 1st-Tier Suppliers und verhilft dem OEM zur Realisation des ökonomischen Vorteils der überbetrieblichen Arbeitsteilung in der Automobilherstellung.[341]

Für den 1-st Tier Supplier bilden Serienfertigung und Lieferung und die damit verbundenen Teilepreiszahlungen des OEMs die Grundlage für die Amortisation des Lieferantenauftrags. Je nachdem wie die Abgeltung der Forschungs- und Entwicklungstätigkeiten und die Herstellung der kundenspezifischen Werkzeuge vereinbart wurden, erlangt diese Teilepreiszahlung zusätzliche Bedeutung.[342] Darüber hinaus bilden Serienfertigung und Lieferung ohne Schwierigkeiten vor allem die Basis für eine positive Reputation. Nur wenn sich der Zulieferer dauerhaft als verlässlicher Partner präsentiert, kann die Reputation am Markt nachhaltig ausgebaut und das Interesse der OEMs an weiteren Zusammenarbeiten gesteigert werden.[343]

3.5.3 Bestimmung von Art und Ablauf der Aktivitäten bei Serienfertigung und Lieferung

Zur Bestimmung von Art und Ablauf der überbetrieblichen Zusammenarbeit bei Serienfertigung und Lieferung sind wiederum die zeitliche Abfolge und die Art und Weise der den F&E-Tätigkeiten sowie der Entwicklung und Herstellung kundenspezifischer Werkzeuge *nachgela-*

---

340 Vgl. *Sohn* (1993), S.103-108.

341 Vgl. die Studie von *Kunh/Wiendahl/Eversheim* (2002); *Möller* (2005), S. 139f.

342 Vgl. Abschnitt 3.3 und 3.4.

343 Vgl. zur Bedeutung einer positiven Reputation des Zulieferers bei der Wahl eines Partners durch den OEM Abschnitt 2.4.5.3.

gerten Aktivitäten beider Parteien näher zu betrachten. Einen vereinfachten, zeitlich strukturierten Überblick gibt Abbildung 25.

<table>
<tr><th colspan="2">Interaktions-</th><th colspan="2">Tätigkeiten</th></tr>
<tr><th>zeitpunkt</th><th>form</th><th>OEM</th><th>1st-Tier Supplier</th></tr>
<tr><td>t = 5</td><td>kontrollierend
anpassend</td><td>Kontrolle und Abnahme der Fertigunsstraße</td><td>Finalisierung der Fertigungsstraße, Probeläufe</td></tr>
<tr><td>t = 6</td><td>kontrollierend
anpassend</td><td>Start of Production (SOP)</td><td>Start of Production (SOP)</td></tr>
<tr><td>t = 7</td><td>kontrollierend
anpassend</td><td rowspan="4">Bezug und Montage des Moduls</td><td rowspan="4">Herstellung und Lieferung des Moduls</td></tr>
<tr><td>t = 8</td><td>kontrollierend
anpassend</td></tr>
<tr><td>t = 9</td><td>kontrollierend
anpassend</td></tr>
<tr><td>t = 10</td><td>kontrollierend
anpassend</td></tr>
</table>

Quelle: Eigene Darstellung

Abbildung 25: Art und Ablauf der Aktivitäten der Serienfertigung und Lieferung

Im *Zeitpunkt* t_5 wird der 1st-Tier Supplier nach Integration der kundenspezifischen Werkzeuge die Fertigungsstraße finalisieren und die Produktionsbereitschaft herstellen. Diese Tätigkeit impliziert die Durchführung von Tests und Probeläufen.[344] Die Herstellung der Produktionsbereitschaft erfolgt nach Aussagen der befragten Experten bis zu einem halben Jahr vor Beginn der Serienfertigung, allgemein als „Start of Production" (SOP) bezeichnet.[345] Ein derartiger Puffer ermöglicht dem OEM ausreichend Zeit, um die Funktionalität der Fertigungsstraße und der darin enthaltenen Werkzeuge nochmal durch umfangreiche Kontrollen sicherzustellen und eine finale Abnahme vorzunehmen.[346] Die Abnahme der Fertigungsstraße ist bei entsprechenden Vereinbarungen häufig ein wichtiger Meilenstein im Hinblick auf die Vergütung vorhergegangener Leistungen wie die Entwicklung und Herstellung kundenspezifischer Werkzeuge.[347]

Der *Zeitpunkt* t_6 ist vor allem durch den Start der Serienfertigung (SOP) gekennzeichnet. Der durchschnittliche Produktlebenszyklus einer Fahrzeugserie liegt zwischen vier bis sechs Jahren, im Folgenden soll für die Dauer der Serienfertigung vereinheitlicht ein Zeitraum von fünf Jahren angenommen werden, der sich demzufolge in Abbildung 25 über die *Zeitpunkte* t_6 - t_{10}

---

344 Vgl. zum „Anlaufmanagement" *Voigt/Thiell* (2005), S. 9-40.

345 Vgl. *Kersten/Schröder/Zink* (2005), S. 94f.

346 Vgl. *Kuhn/Wiendahl/Eversheim* et al. (2002); *Wildemann* (2005), S. 43-67.

347 Erkenntnis aus Experteninterview; Vgl. *Backhaus* (1996), S. 21-25.

erstreckt.[348] Dieser Zeitraum ist für den 1st-Tier Supplier generell durch die Herstellung und Lieferung der Module geprägt. Im Speziellen impliziert diese Phase allerdings noch diverse andere Aufgabenbereiche. Mit der Herstellung und Lieferung gehen grundsätzlich Qualitäts-, Liefermengen- und Termingarantien einher. Der Zulieferer haftet hier in der Regel für sämtliche Verfehlungen, und zwar sowohl im Rahmen formeller Gewährleistungen nach BGB wie auch auf Basis von Kulanz.[349]

Darüber hinaus ist der Zeitraum der Serienfertigung in der Regel durch abnehmende Verkaufs- bzw. Teilebezugspreise gekennzeichnet. Die Verringerung dieser vom OEM zu zahlenden Teilepreise begründet sich auf der in Kapitel 2 vorgestellten Erfahrungskurve. Demnach kann ein Produzent bei Verdopplung seiner kumuliert produzierten Stückzahlen im Zeitablauf Art und Ablauf eines hergestellten Produkts dahingehend verbessern, dass eine signifikante Reduktion der Stückkosten unterstellt werden kann.[350] Da die Existenz dieser Erfahrungskurveneffekte in der Praxis allen Seiten bekannt ist, wird der Sachverhalt auf den Teilepreis des Moduls dynamisch angewendet, das heißt der Teilepreis wird in jeder Periode um einen bestimmten Prozentsatz verringert. Die Unterstellung der Erfahrungskurveneffekte verursacht auf allen Stufen der Wertschöpfungspyramide einen erheblichen Druck und unterstreicht im Wettbewerb der gesamten Branche die Bedeutung der Kosten als wichtigen Wettbewerbsparameter. Es ist daher auch der Fall zu erwähnen, dass die Erfahrungskurveneffekte der gesamten Phase schon für die Teilepreise ab dem Zeitpunkt t6 antizipiert werden, auch um im aggressiven Verdrängungswettbewerb der Zulieferbranche bestehen zu können. Nach Aussagen von Experten der Automobilbranche liegt dabei der Teilebezugspreis zu Anfang der Serienfertigung häufig sogar unter den Produktionskosten.[351]

3.5.4 Diametrale ökonomische Anreize und Konfliktpotenzial bei der Serienfertigung und Lieferung

Die zeitliche Dauer der Serienfertigung und Lieferung, die damit verbundene Abhängigkeit der beiden Parteien und die mit den Aktivitäten dieser Phase einhergehenden speziellen Fragestellungen führen auch in der dritten Phase der Lieferantenbeziehung zu Furcht vor Opportunismus und Unsicherheit auf beiden Seiten. Aus diesen Tatsachen folgen wiederum

---

348 Vgl. *Droege/Backhaus/Weiber* (1993), S. 54; *Möller* (2005), S. 140.

349 Erkenntnis aus Experteninterview.

350 Es wird allgemein von etwa 20-30% ausgegangen; für die Automobilindustrie geht *Meffert* (2001), S. 145 von etwa 12% aus; vgl. Abschnitt 2.3.2.3.

351 Vgl. hierzu auch allgemein die Überlegungen von *Womack/Jones/Roos* (1991), S. 63-69 und S. 147- 153.

diametrale ökonomische Anreize und ein daraus hervorgehendes Konfliktpotenzial, das die Vereinbarungen für die Zusammenarbeit maßgeblich beeinflussen. Vor allem den Teilepreisverhandlungen kommt hierbei entscheidende Bedeutung zu. Nachfolgend sollen die zentralen diametralen Anreize für beide Parteien erarbeitet werden.

Automobilzulieferer

Im Hinblick auf die Dauer der Serienfertigung und Lieferung konzentrieren sich die wesentlichen Anreize vor allem auf den vom OEM zu zahlenden Teilepreis. Die Produktionskosten werden in nicht unerheblichem Ausmaß von am Markt zu zahlenden Preisen für Rohstoffe und Energie beeinflusst. Die hierfür zu zahlenden Preise unterliegen starken Schwankungen und die künftige Preisentwicklung kann zum Zeitpunkt der Preisverhandlungen weder von einer Partei über die gesamte Dauer der Serienfertigung vorausgesagt werden noch realistisch beeinflusst werden kann.[352] Es liegt daher im Interesse des Zulieferers die Energie- und Rohstoffbestandteile der Herstellung gesondert vom OEM vergütet zu bekommen und das Risiko hier entstehender Preiserhöhungen auf den OEM abzuwälzen. Ein 1st-Tier Supplier wird daher für Energie und Rohstoffe ausgehend von einem Basispreis auf Preisanpassungsklauseln drängen, mit Hilfe derer etwaige Kostenerhöhungen an den OEM weitergegeben werden und somit im Kostenmanagement des Herstellungsprozesses nur noch eine untergeordnete Rolle spielen.

Im umgekehrten Fall kann prinzipiell nicht davon ausgegangen werden, dass der Zulieferer ein Interesse daran hat, die aus Erfahrungskurveneffekten und Innovationsanstrengungen resultierenden wirtschaftlichen Chancen der Serienfertigung und Lieferung mit dem OEM zu teilen. Schafft es der Zulieferer im Zeitablauf durch unterschiedliche Aktivitäten seine Kosten zu senken wird er aus rationaler und eigennütziger Sicht ein Interesse daran haben, die damit verbundenen ökonomischen Vorteile so weit wie möglich selbst zu vereinnahmen.

Automobilhersteller

Wie bereits in den vorherigen Phasen kann dem OEM - bezogen auf die ökonomischen Chancen und Risiken der Serienfertigung und Lieferung- aus rationalen und eigennützigen Aspekten kein Verlangen nach einer Übernahme des wirtschaftlichen Risikos unterstellt werden. Demzufolge wird ein OEM in keinem Fall Preisanpassungsklauseln für steigende Energie-

---

[352] Von der Möglichkeit des Hedgings sei an dieser Stelle abstrahiert.

und Rohstoffkosten favorisieren. Preisanpassungsklauseln sind auch deshalb kritisch zu beurteilen, da diese vom Lieferanten oftmals nur pauschal verlangt werden und vom OEM aufgrund mangelnder Informationen nicht detailliert nachvollzogen werden können. Dem OEM ist dabei die Furcht vor versteckten (opportunistischen) Preiserhöhungen zu unterstellen, die sich nicht nur aus schwankenden Energie- oder Rohstoffpreisen begründen.[353]

Überdies wird ein OEM gesteigertes Interesse an einer höchstmöglichen Vereinnahmung der Erträge aus Erfahrungskurveneffekten aufbauen. Während bezüglich der bloßen Skaleneffekte aus gesteigerten Produktionsvolumina ein Anreiz zu Bonus- und Mengenrabattvereinbarungen unterstellt werden kann, obliegt eine Verteilung der Erträge aus Erfahrungskurven- und Lerneffekten grundsätzlich dem Problem der asymmetrischen Informationsverteilung. Ohne verlässlichen und transparenten Informationsaustausch wird es für den OEM kaum möglich sein die genaue Höhe der genannten Effekte zu bestimmen. Neben einer pauschalen und progressiven Vorgehensweise bei den im Zeitablauf stattfindenden Preisverhandlungen kann dem OEM daher ein Interesse unterstellt werden, seinen Lieferanten zum open book accounting zu bewegen, bei dem der 1st-Tier Supplier dem OEM sämtliche mit der Zusammenarbeit verbundenen internen Kosteninformationen zur Verfügung stellt.[354] Dieser Anreiz soll auch deshalb unterstellt werden, da der OEM ex-ante wie ex-post opportunistisches Verhalten des Zulieferers in den Preisverhandlungen fürchtet.[355] Es bedarf hingegen keiner weiteren Analyse, dass die einseitige Offenlegung sensibler Kosteninformationen ohne begleitenden Nutzen nicht den Interessen des Lieferanten entsprechen wird.

Die Preisverhandlungen bilden demzufolge die Plattform, auf der die diametralen ökonomischen Anreize aufeinander treffen und wo der daraus hervorgehende Konflikt offen ausgetragen werden kann. Derlei Verhandlungen finden fortlaufend statt, ein vereinbarter Preis gilt in aller Regel nie länger als ein halbes Jahr.[356]

3.5.5 Herleitung von Vereinbarungen zur Serienfertigung und Lieferung

Bei der Herleitung von Vereinbarungen zur Serienfertigung und Lieferung ist es wichtig den möglichen Einfluss der vorangegangen Phasen nicht zu vernachlässigen. Für den Fall, dass

---

353 Vgl. hierzu auch *Womack/Jones/Roos* (1991), S. 63-69 und S. 147- 153.

354 Vgl. *Berry/Ahmed/Cullen et al.* (1997), S. 74f.; *Cullen/Berry/Seal et al.* (1999), S. 30-32; *Tomkins* (2001), S. 161-191; *Kajüter/Kulmala* (2005), S. 179-204.

355 Vgl. *Helper* (1990), S. 153; *Sydow* (1992), S. 158; *Hoffjan/Lührs* (2009), S. 9-11.

356 Erkenntnis Experteninterview; vgl. auch *Pfaffmann* (1998), S. 453-455.

die Tätigkeiten aus Forschung & Entwicklung und der Herstellung der Werkzeuge über den Teilepreis abgegolten werden, werden Vereinbarungen über einen Teilepreis diese Kostenkomponenten des Zulieferers enthalten. Die im Folgenden herzuleitenden Vereinbarungen über Serienfertigung und Lieferung müssen daher in Abhängigkeit der vorangegangen Vereinbarungen als Bestandteil eines phasenübergreifenden Rahmenvertrags verstanden werden, der ob seiner diversen Lieferung- und Leistungskomponenten grundsätzlich als *Mehrkomponentenvertrag* zu bewerten ist.[357] Gleichwohl wurden die teilweise vereinbarten Teilepreisaufschläge bereits in den beiden vorgelagerten Phasen ausreichend erörtert und brauchen hier nicht erneut diskutiert zu werden.

Unter Anwendung des in Abschnitt 3.2 aufgestellten Basismodells auf die aufgezeigten diametralen ökonomischen Anreize der Transaktionsparteien sollen nun analog zur vorangegangenen Vorgehensweise konkrete Vereinbarungen für die Phase der Serienfertigung und Lieferung durch den 1st-Tier Supplier in der Interaktion mit dem OEM hergeleitet werden. Die Herleitung für diese dritte Liefer- und Leistungsphase der Lieferantenbeziehung folgt wiederum den Szenarien des Basismodells aus Abbildung 20.

Szenario I: Extreme Machtasymmetrie zu Gunsten des OEM

Da der OEM den Annahmen folgend in diesem Szenario sämtliche diametralen ökonomischen Anreize zu seinen Gunsten entscheiden kann, wird eine Vereinbarung unterstellt, in der es zu keiner Beteiligung am wirtschaftlichen Risiko des 1st-Tier Supplier in Form von Preisanpassungsklauseln für schwankende Energie- und Rohstoffkosten kommt. Darüber hinaus kann der OEM durchsetzen, die wirtschaftlichen Chancen aus der Serienfertigung durch entsprechende Vereinbarungen komplett zu vereinnahmen. Dabei soll unterstellt werden, dass aus der gesamten Machtverfügung für den OEM die Möglichkeit besteht, dem 1st-Tier Supplier das open book accounting aufzuzwingen, welches der OEM in diesem Szenario einseitig zu seinen Gunsten nutzt. Durch die Einsicht in sämtliche Kosteninformationen wird der OEM die Skaleneffekte (vor allem aus Fixkostendegression) durch hinreichende Mengenrabatte bzw. -boni für sich beanspruchen und die Erträge aus Erfahrungs- und Lerneffekten durch entsprechend abnehmende Preisanpassungen selbst vereinnahmen.[358] Dem 1st-Tier Supplier wird

---

[357] Vgl. Abschnitt 3.3.5 und 3.4.5, vgl. zum Mehrkomponentenvertrag *Winkeljohann/Geißler* (2006), §252 Tz.45; *Erchinger/Melcher* (2009), S. 90.

[358] Vom Problem des mangelnden Anreizes bei vollständig ausbleibender Beteiligung sei in diesem extremen Szenario abstrahiert.

dabei über eine cost-plus Vereinbarung auf Basis seiner (abnehmenden) Kosten eine bestimmte Marge eingestanden.[359]

Der in Abschnitt 3.5.2 angeführten Übernahme formeller Gewährleistung sowie weiterführender Qualitäts-, Liefermengen- und Termingarantien kann sich der Zulieferer, unabhängig der betrachteten Machtverteilung, nie entziehen. Die Bedeutung verlässlicher Funktionalität und Verfügbarkeit steht im Mittelpunkt der Lieferantenbeziehung. Der OEM würde auf diese Zusagen und Absicherungen niemals verzichten. Daher wird im Folgenden für alle Szenarien davon ausgegangen, dass der 1st-Tier Supplier Qualitäts- und Termingarantien insgesamt übernimmt.

Szenario II: Extreme Machtasymmetrie zu Gunsten des 1st-Tier Supplier

Entsprechend wird für das Szenario II angenommen, dass der 1st-Tier Supplier durch die alleinige Verfügung von Macht sämtliche diametralen ökonomischen Anreize für sich entscheiden kann. So können Schwankungen der Energie- und Rohstoffpreise über Preisanpassungsklauseln an den OEM weitergegeben werden. Die Vorteile aus Erfahrungskurven-, Lern- und Skaleneffekten verbleiben durch einen im Zeitablauf konstant bleibenden Teilepreis vollständig beim Lieferanten, Mengenrabatte oder gleichwertige Boni werden nicht gewährt.

Szenario III: Machtasymmetrie mit Vorteilen für den OEM

Für jenen Fall, in dem für den OEM ein gewisses Übergewicht, jedoch nicht die vollständige Herrschaft in der Machtverteilung unterstellt wird, soll folglich angenommen werden, dass es dem OEM weiterhin gelingt, das ökonomische Risiko auf den 1st-Tier Supplier abzuwälzen und Preisanpassungsklauseln auszuschließen. Darüber hinaus wird unterstellt, dass der OEM sich der Erträge aus den genannten Erfahrungskurveneffekten bedienen kann. Gleichwohl muss der Macht des Lieferanten Rechnung getragen werden, indem Zugeständnisse durch eine Beteiligung an den wirtschaftlichen Chancen gemacht werden.

---

359 So z.B. praktiziert von General Motors, vgl. *Pfeffer/Salancik* (2003), S. 106; vgl. zu Anreizen hinsichtlich der Preisfindung im open book accounting: *Hoffjan/Lührs* (2009), S. 9-11.

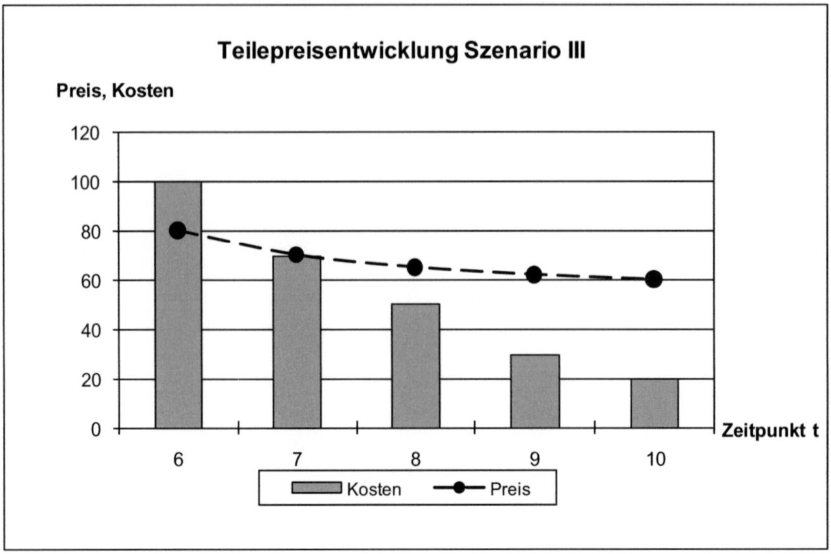

Quelle: Eigene Darstellung

Abbildung 26: Teilepreisentwicklung Szenario III

Für die Beteiligung wie die Vereinnahmung dieser Erträge ergibt sich die schwierige und bereits angedeutete Situation der asymmetrischen Informationsverteilung.[360] Der OEM verfügt nicht über die Macht, den Lieferanten zum open book accounting zu bewegen und somit verlässliche Informationen über Art und Ausmaß der Effekte zu erlangen. Der verlässliche und transparente Informationsaustausch über Kosten und Erträge ist hingegen zwingende Voraussetzung, um die Verteilung exakt im Sinne des OEMs durchzuführen. Es ist offensichtlich, dass dem Lieferanten bei benachteiligter Aufteilung von Erträgen kein gesteigertes Interesse unterstellt werden kann, derlei Informationen preiszugeben, da im Zeitablauf gewonnene Vorzüge unerkannt (opportunistisch) selbst vereinnahmt werden können.[361] Der OEM muss daher eine Vorgehensweise wählen, die auch ohne genaue Informationsbasis zum gewünschten Ergebnis führt.

---

360 Vgl. hierzu wiederum *Womack/Jones/Ross* (1991), S. 147-161.

361 Vgl. *Lamming/Caldwell/Harrison et al. (2001), S. 5.; Ellram* (2002), S. 41; *Lamming/Caldwell/Phillips et al.* (2005), S. 558; *Caglio/Ditillo* (2008), S. 886f.; *Hoffjan/Lührs* (2009); S. 8-11.

Für die Teilepreisentwicklung im Zeitablauf soll im Folgenden eine pauschale Vorgehensweise des OEM unterstellt werden. Diese Vorgehensweise versucht dabei nicht durch übermäßigen Aufwand (und hohe Transaktionskosten) das optimale Ergebnis zu erreichen, sondern ähnlich einer heuristischen Approximation durch Verzicht auf eine komplexe Vorgehensweise lediglich pauschal in die Nähe der gewünschten Lösung zu kommen.

Der OEM vereinbart neben pauschalen Mengenrabatten zum Serienfertigungsstart zunächst einen Preis, der knapp unterhalb der Herstellungskosten liegt. Es wird an dieser Stelle davon ausgegangen, dass der Supplier die Herstellungskosten zu Beginn der Serienfertigung in tatsächlicher Höhe offenlegt, auch wenn dieser Vorgang in der Praxis von hohem politischem und taktischem Manipulationspotenzial geprägt ist. Anschließend werden jährliche degressiv-pauschale Abschläge bestimmt. Die Höhe dieser Abschläge werden so gewählt, dass die Serienfertigung durch die zu erwartenden Effekte im Zeitablauf für den 1st-Tier Supplier profitabel wird. Diese Vorgehensweise hat für den OEM den Vorteil, dass neben der partiell vorgezogenen und sicheren Vereinnahmung der Erfahrungskurveneffekte, dem Lieferanten ein Anreiz gegeben wird, schnelle und vielfältige Anstrengungen zur Realisierung der Effekte zu unternehmen. Dieser Anreiz wird zudem gesteigert, da der Lieferant die - im Vorfeld angenommenen und durch die pauschal-degressive Vorgehensweise berücksichtigten Effekte - hinausgehenden Realisierungen ohne Teilung einbehalten darf. Abbildung 26 verdeutlicht die Annahme zur Preisentwicklung im Zeitablauf.[362]

Szenario IV: Machtasymmetrie mit Vorteilen für den 1st-Tier Supplier

Für den Fall einer asymmetrischen Machtverteilung mit Vorteilen für den 1st-Tier Supplier stimmt der Supplier im Unterschied zu *Szenario II* einer Beteiligung des OEM an den Erträgen aus den Erfahrungskurveneffekten zu. Diese Beteiligung erfolgt ähnlich wie eben bereits dargestellt mittels pauschal abnehmender Teilepreise im Zeitablauf. Es wird allerdings angenommen, dass sich der vereinbarte Teilepreis in Relation zu den anfallenden Kosten die gesamte Zeit über profitabel verhält und dass die pauschalen Abschläge die Verteilung der Erträge zugunsten des 1st-Tier Supplier lenken. Boni oder Mengenrabatte werden dem OEM hingegen nicht zugestanden.

[362] Vgl. zu Anfangspreisen unterhalb der Kosten wiederum *Womack/Jones/Ross* (1991). S. 147-161; Erkenntnis basiert zudem auf Experteninterviews.

Szenario V: Machtsymmetrie zwischen OEM und 1st-Tier Supplier

Das Szenario symmetrischer Machtverteilung wird in dieser Phase durch gegenseitige *partnerspezifische Investitionen* gelöst. Auch hier wird versucht durch die Schaffung einer gleichgewichtigen gegenseitigen Abhängigkeit, den Abbau von Unsicherheit und asymmetrischer Informationsverteilung den Ausschluss opportunistischen Verhaltens zu bewirken. So kann die aus Informationsasymmetrie und Unsicherheit resultierende Furcht des OEMs vor opportunistischem Verhalten des Suppliers bei Preisverhandlungen neutralisiert werden, indem der Supplier dem open book accounting zustimmt, also in die Offenlegung seiner internen Kostendaten investiert. Nur auf Basis objektiver und verlässlicher Kosteninformationen sind transparente Preisverhandlungen möglich. Die Aufteilung der zu erwartenden Kostenverbesserungen kann so über die Teilepreisanpassung im Zeitablauf im für beide Seiten offenen und transparenten Dialog vorgenommen werden. So kann der OEM zum ersten die geforderten Anpassungsklauseln für schwankende Energie- und Rohstoffpreise zusagen, auch weil bei diesen Preisanpassungen durch offen gelegte Kosten keine Ausnutzung mehr zu befürchten ist. Zum zweiten kann der OEM in Abhängigkeit der tatsächlichen Kostenentwicklung direkt an der aus Skaleneffekten zu erwartenden Fixkostendegression beteiligt werden. Zum dritten werden die Kostensenkungen aus Erfahrungskurveneffekten in einer für beide Seiten transparenten und bereits im Vorfeld festzulegenden Art und Weise objektiv und verlässlich aufgeteilt.

Als Gegeninvestition des OEMs soll angenommen werden, dass dieser einem Teilepreis zustimmt, der stets über den offenliegenden Selbstkosten des 1st-Tier Suppliers liegt. Darüber hinaus stimmt der OEM einer gleichwertigen Aufteilung bzw. Beteiligung des 1st-Tier Suppliers an realisierten Erfahrungskurveneffekten und Fixkostendegressionen zu. Nur wenn der Lieferant verlässliche Gewissheit darüber hat, wesentliche Teile der Erträge aus seinen unternommenen (bzw. zu unternehmenden) Anstrengungen zur Prozess- und Produktverbesserung selbst vereinnahmen zu können, lohnt sich einerseits die Zustimmung zum open book accounting und ergeben sich anderseits Anreize hinsichtlich Anstrengungen zur stetigen Kostenverbesserung.

An dieser Stelle ist die Überlegung anzustellen, dass der 1st-Tier Supplier aufgrund zugesicherter Profitabilität des Teilepreises möglicherweise keinen Anreiz verspürt, interne Prozessverbesserungen vorzunehmen oder Erfahrungskurveneffekte zu realisieren. Diese mögliche Problematik könnte durch Sondervereinbarungen gelöst werden, in denen eine Marge auf den Teilepreis in Abhängigkeit der im Zeitablauf realisierten Kosteneinsparungen durch Anstrengungen des 1st-Tier Suppliers gezahlt wird. Unterbleiben derartige Anstrenungen bzw. führen diese zu unzureichenden Kosteneinsparungen, wäre der OEM nur noch verpflichtet, die Selbstkosten zu erstatten. Hierdurch wäre ein Gewinn für den 1st-Tier Supplier nur gewährleistet, wenn ausreichende Erfahrungskurveneffekte realisiert werden. Um den Anreiz zu Anstrengung des 1st-Tier Suppliers zusätzlich zu erhöhen, wäre es optional denkbar, den 1st-Tier Supplier von realisierten Kosteneinsparungen überproportional profitieren zu lassen.

Konfliktpunkt	Szenario				
wirtschaftliches Risiko	**I**	**II**	**III**	**IV**	**V**
Preisanpassungsklauseln	*Nein*	*Ja*	*Nein*	*Ja*	*Ja*
Qualitäts- und Termingarantien	*1st-TierSupplier*	*1st-TierSupplier*	*1st-TierSupplier*	*1st-TierSupplier*	*1st-TierSupplier*
wirtschaftliche Chancen	**I**	**II**	**III**	**IV**	**V**
Bonus, Mengenrabatt	*Ja*	*Nein*	*Ja*	*Nein*	*Ja*
Teilepreisentwicklung im Zeitablauf	***abnehmend*** *cost plus Verfahren, auf Basis von open book accounting*	***konstant***	***abnehmend*** *pauschale Vorgehensweise zugunsten OEM mit anfänglich defizitären Teilepreisen*	***abnehmend*** *pauschale Vorgehensweise zugunsten 1st-Tier Supplier*	***abnehmend*** *Verteilung auf Basis von open book accounting*
Vereinnahmung der Erfahrungskurveneträge	*OEM*	*1st-Tier Supplier*	*OEM > 1st-Tier Supplier*	*1st-Tier Supplier > OEM*	*OEM = 1st-Tier Supplier*

Quelle: Eigene Darstellung

Abbildung 27: Hergeleitete Vereinbarungen zur Serienfertigung und Lieferung

Die vorgestellte Vereinbarung mit gegenseitigen partnerspezifischen Investitionen in wechselseitige Abhängigkeiten ermöglicht einen offenen und kooperativen Dialog und verringert signifikant die nicht unwesentlichen Transaktionskosten der Preisverhandlungen. Ohne den Effekt an dieser Stelle zu quantifizieren ist anzunehmen, dass eine derartige kooperative Vorgehensweise im Vergleich zu den vorherigen Szenarien aus ganzheitlichen Gesichtspunkten signifikante Effizienzvorteile verzeichnen wird.[363] Abbildung 27 fasst die im Rahmen des Basismodells hergeleiteten konkreten Vereinbarungen zur Phase der Serienfertigung und Lieferung der komplexen Lieferantenbeziehung abschließend skizzenartig zusammen.

---

[363] Zu Effizienzverlusten aus opportunistischen Teilepreisverhandlungen in der Automobilindustrie vgl. insbesondere *Womack/Roos/Jones* (1991), S. 147-152 und S. 152-161.

3.6 Vorhaltung latenter Produktionsbereitschaft

3.6.1 Begriffsbestimmung

Nach Ende der Serienfertigung ist es für den OEM erforderlich, die technische Versorgung der in Umlauf gebrachten Fahrzeuge fortwährend sicherzustellen. Auch wenn das Produkt nach Serienauslauf nicht länger produziert und den Kunden angeboten wird, so ist es dennoch notwendig, eine ausreichende Teileversorgung für etwaige Reparaturarbeiten im Zeitablauf der Lebensdauer der verkauften Fahrzeuge zu gewährleisten. Der OEM verpflichtet daher seinen Zulieferer über das Ende der Serienfertigung hinaus, für einen gewissen Zeitraum die Produktions- und Lieferbereitschaft der zuvor in Serie hergestellten Teile zu garantieren. Dem Zulieferer ist zunächst in Abhängigkeit seiner Lagerkapazitäten und der erforderlichen Kapitalbindung eine gewisse Bevorratung an Ersatzteilen zu unterstellen. Gleichwohl wird über die Bevorratung hinaus vom OEM der Nachweis einer latenten Produktionsbereitschaft gefordert, um jede mögliche Nachfrage nach Ersatzteilen im Zeitablauf sicherzustellen und den Fall von Fehlmengen aufgrund ungenügend bevorrateter Ersatzteile auszuschließen. Für den 1st-Tier Supplier entsteht so die Anforderung eine Fähigkeit zu entwickeln, die ggf. die Umrüstung seiner (neuen) Fertigungsstraßen dergestalt erlaubt, dass die alten Komponenten abermals hergestellt werden können. Diese Anforderung impliziert vor allem die Vorhaltung der serienspezifischen Komponenten für die Produktionsanlagen, u.a. der für die Serie entwickelten Werkzeuge.

3.6.2 Gewicht der Vorhaltung latenter Produktionsbereitschaft in der komplexen Lieferantenbeziehung

Für Automobilhersteller endet die Wertschöpfung aus der Produktion und dem Verkauf eines Fahrzeugs nicht bei der Auslieferung des Fahrzeugs an den Kunden. Speziell unter den Bedingungen des Käufermarkts und Verdrängungswettbewerbs ist der Service am Kunden ein wichtiger Bestandteil des Wettbewerbsfaktors Qualität.[364] Zu diesem Service gehört u.a. die verlässliche technische Versorgung und Betreuung des verkauften Fahrzeugs über den gesamten Lebenszyklus. Dem OEM kann im Zuge der aufgezeigten Strategie des Komplexitätsabbaus über die Verlagerung von Wertschöpfungsaktivitäten kein Interesse an einer Bevorratung und damit verbundener Kapitalbindung unterstellt werden, darüber hinaus wird auch keine verlässliche Schätzung der im Zeitablauf benötigten Ersatzteilmengen möglicht sein. Da überdies nur der Zulieferer über die Produktionskapazitäten- und Möglichkeiten zur Herstellung

---

[364] Vgl. *Adam* (1998), S. 129-142.

des benötigten Serienteils verfügt, ist es eine logische ökonomische Konsequenz, dass auch dieser Teil der Wertschöpfung als letzte Phase der Lieferantenbeziehung vom Zulieferer übernommen wird. Der OEM ist im Hinblick auf die Versorgung seiner Kunden im Bedarfsfall von der Liefer- und Produktionsbereitschaft seines Lieferanten abhängig. Hierbei bilden eine ausreichende Produktqualität wie auch Termintreue eine gewichtige Nebenbedingung. Für den Lieferanten ist es in dieser Phase wichtig, seine Zuverlässigkeit in der Interaktion auch weiterhin unter Beweis zu stellen und die in den ersten Phasen aufgebauten Parameter Vertrauen und Reputation nicht zu schädigen, auch um Folgeaufträge nicht zu gefährden.

3.6.3 Bestimmung von Art und Ablauf der Aktivitäten bei Vorhaltung latenter Produktionsbereitschaft

Zur Bestimmung von Art und Ablauf der überbetrieblichen Zusammenarbeit bei Vorhaltung latenter Produktionsbereitschaft gibt Abbildung 28 einen vereinfachten und zeitlich strukturierten Überblick. Für die folgende Untersuchung soll unterstellt werden, dass die Verpflichtung des Zulieferers zur Vorhaltung einer latenten Produktions- und Lieferbereitschaft auf einen Zeitraum von zehn Jahren beschränkt ist. Diese Phase kann sich in der Praxis durchaus auf einen längeren Zeitraum erstreckten.[365] Weiter wird unterstellt, dass der OEM kein wesentliches Ersatzteillager unterhält und demnach den Bezug von Ersatzteilen nur im Bedarfsfall über konkrete Anfragen durchführt.

Der 1st-Tier Supplier ist daher in der Pflicht, die latente Produktions- und Lieferbereitschaft über den gesamten Zeitraum von Zeitpunkt t_{11} bis einschließlich des Zeitpunkts t_{20} sicherzustellen. Da die Umrüstung der Maschinen in der Regel zu hohen einmaligen Fixkosten und Rüstzeiten führt, ist dem Zulieferer eine gewisse Lagerhaltung an Ersatzteilen zu unterstellen. Die Bevorratung ist zudem notwendig, um den OEM im Bedarfsfall termingerecht zu beliefern. Nicht selten wird ein Mindestmaß an Bevorratung zudem durch den OEM verbindlich vorgegeben. Für die Höhe der Bevorratung ist anzunehmen, dass der Zulieferer in Abhängigkeit seiner Bedarfserwartungen eine ökonomische Abwägung zwischen zu erwartenden Lagerkosten und Rüstkosten durchführt.

---

365 Erkenntnis aus Experteninterview; vgl. zur Problematik auch *HFA* (1996), S. 331; *Lüdenbach/Hoffmann* (2008), § 18 Tz. 69.

<table>
<tr><th colspan="2">Interaktions-</th><th colspan="2">Tätigkeiten</th></tr>
<tr><th>zeitpunkt</th><th>form</th><th>OEM</th><th>1st-Tier Supplier</th></tr>
<tr><td>t= 11</td><td>vereinbarend
abwickelnd</td><td rowspan="10">Bezug von Ersatzteilen nach Bedarf und auf Anfrage</td><td rowspan="10">Vorhaltung latenter Produktions- und Lieferbereitschaft</td></tr>
<tr><td>t= 12</td><td>vereinbarend
abwickelnd</td></tr>
<tr><td>t= 13</td><td>vereinbarend
abwickelnd</td></tr>
<tr><td>t= 14</td><td>vereinbarend
abwickelnd</td></tr>
<tr><td>t= 15</td><td>vereinbarend
abwickelnd</td></tr>
<tr><td>t= 16</td><td>vereinbarend
abwickelnd</td></tr>
<tr><td>t= 17</td><td>vereinbarend
abwickelnd</td></tr>
<tr><td>t= 18</td><td>vereinbarend
abwickelnd</td></tr>
<tr><td>t= 19</td><td>vereinbarend
abwickelnd</td></tr>
<tr><td>t= 20</td><td>vereinbarend
abwickelnd</td></tr>
</table>

Quelle: Eigene Darstellung

Abbildung 28: Art und Ablauf der Aktivitäten zur Vorhaltung latenter Produktions- und Lieferbereitschaft

3.6.4 Diametrale ökonomische Anreize und Konfliktpotenzial während der Vorhaltung latenter Produktionsbereitschaft

Den vorgehenden Ausführungen ist zu entnehmen, dass die Phase der Vorhaltung einer latenten Produktionsbereitschaft hinsichtlich Komplexität und Umfang der durchzuführenden Aktivitäten eher moderat zu bewerten ist. Obgleich auch diese Phase eine gewichtige Bedeutung in der Lieferantenbeziehung einnimmt, ist die Form der Zusammenarbeit im Vergleich zu den ersten drei Phasen nicht von derselben Intensität geprägt und beinhaltet demzufolge kein vergleichbares Konfliktpotenzial. Dennoch lassen sich auch hier diametrale ökonomische Anreize ableiten.

Automobilzulieferer

Der Automobilzulieferer wird im Grundsatz daran interessiert sein, mit dem Ersatzteil einen Verkaufspreis zu erzielen, der sämtliche Kosten der Vorhaltung der Produktions- und Lieferbereitschaft abdeckt. Wesentliche Kostenkomponenten bilden dabei die Lagerhaltung der spezifischen Teile der Produktionsanlagen und Werkzeuge, die Lagerhaltung und Kapitalbindung der auf Vorrat liegenden Ersatzteile und die Kosten der zur Ersatzteilproduktion notwendigen Umrüstung der bestehenden Fertigungsanlagen. Darüber hinaus wird der 1st-Tier

Supplier versuchen eine hohe Gewinnmarge durchzusetzen. So lassen sich bei Ersatzteilen in der Praxis tatsächlich erhöhte Gewinnmargen beobachten, ein Umstand der sich im Wesentlichen aus der in dieser Phase starken spezifischen Abhängigkeit des OEM von den zu liefernden Teilen des Lieferanten begründet.[366] Es ist daher zu unterstellen, dass sich der geforderte Teilepreis deutlich von jenem der Serienfertigung unterscheidet.

Ferner kann dem Lieferanten wiederum der Anreiz an einer Beteilung des OEM am ökonomischen Risiko unterstellt werden. Die geschilderten Kostenkomponenten des Zulieferers sind in erster Linie kundenspezifisch, d.h. eine Amortisation ist einzig und allein durch die Abnahme von Ersatzteilen des OEM möglich. Der OEM gibt teilweise bestimmte Mindestmengen an Ersatzteilvorräten vor. Darüber hinaus ist die Bevorratung in der Regel auch erforderlich, da der OEM im Bedarfsfall termingerecht beliefert werden muss und eine unmittelbare make-to-order Produktion u.U. zu lange dauern würde und zudem hohe Kosten verursacht. An dieser Stelle kann nun allgemein Furcht vor Unsicherheit bezüglich ungenügender Nachfrage unterstellt werden und speziell Furcht vor opportunistischem Verhalten des OEM, in Form einer übertriebenen Vorratsmengenvorgabe. Eine zu geringe Nachfrage führt dazu, dass der Lieferant seine Kosten aus der Vorhaltung der Produktionsbereitschaft nicht decken kann, da die auf Vorrat liegenden Ersatzteile nicht abgesetzt werden können. Dem 1st-Tier Supplier kann daher der Anreiz unterstellt werden, das Risiko nicht gedeckter Kosten auf den OEM abwälzen zu wollen.

Automobilhersteller

Dem Automobilhersteller kann analog zu den ersten drei Phasen kein grundsätzlicher Anreiz an einer Übernahme des wirtschaftlichen Risikos des Lieferanten unterstellt werden.[367] Insofern wird der OEM auch kein Interesse daran haben, sich an den Kosten der Lagerung oder Kosten für nicht in Anspruch genommene Ersatzteilvorräte zu beteiligen. Überdies kann aus den Verhaltensannahmen der Rationalität und Eigennützigkeit angenommen werden, dass der OEM einen möglichst geringen Teilepreis anstrebt. Hierbei wird sich der Gegensatz zum 1st-Tier Supplier weniger auf die Kostenkomponenten fokussieren, als auf die beanspruchte Marge. Um an dieser Stelle asymmetrische Informationsverteilung und opportunistisches Verhalten des Lieferanten ausschließen zu können, wird der OEM analog zur Teilepreisverhand-

---

366 Erkenntnis aus Experteninterview.

367 Vgl. Abschnitte 3.3.4, 3.4.4 und 3.5.4.

lung bei Serienfertigung auf die Offenlegung der internen Kostendaten (open book accounting) drängen.[368]

3.6.5 Herleitung von Vereinbarungen über die Vorhaltung einer latenten Produktionsbereitschaft

Unter Anwendung des in Abschnitt 3.2 aufgestellten Basismodells auf die eben aufgezeigten diametralen ökonomischen Anreize der Transaktionsparteien werden konkrete Vereinbarungen über die Vorhaltung einer latenten Produktions- und Lieferbereitschaft des 1st-Tier Supplier in der Interaktion mit dem OEM hergeleitet. Die Herleitung für die erste Liefer- und Leistungsphase der Lieferantenbeziehung folgt den Szenarien des Basismodells aus Abbildung 20.

Szenario I: Extreme Machtasymmetrie zu Gunsten des OEM

Da der OEM als mächtigere Partei sämtliche diametralen ökonomischen Anreize zu seinen Gunsten entscheiden kann, wird für das Szenario I unterstellt, dass der OEM hinsichtlich des Ersatzteilpreises die internen Kostendaten des Lieferanten einsehen kann und auf dieser Basis eine feste Marge vereinbart wird. Eine Beteiligung des OEMs am wirtschaftlichen Risiko möglicher, nicht gedeckter Kosten aus ungenügender Abnahme erfolgt nicht.

Szenario II: Extreme Machtasymmetrie zu Gunsten des 1st-Tier Supplier

Analog wird für das Szenario II angenommen, dass der 1st-Tier Supplier durch die alleinige Verfügung von Macht seine ökonomischen Anreize vollständig durchsetzt. So kann der Zulieferer den Teilepreis bestimmen, der nicht nur seine Kosten deckt, sondern aufgrund der asymmetrischen Informationsverteilung auch eine hohe Marge beinhaltet. Überdies wird angenommen, dass der Lieferant den OEM am Ende der Phase zur Erstattung etwaiger überbleibender Ersatzteile sowie ungedeckter Lagerkosten bewegen kann.

Szenario III: Machtasymmetrie mit Vorteilen für den OEM

Im Szenario III, in dem der OEM ein gewisses Übergewicht aber nicht die vollständige Herrschaft in der Machtverteilung besitzt, soll angenommen werden, dass es dem OEM zunächst gelingt, den Ersatzteilpreis auf Basis der zur Verfügung gestellten internen Kostendaten des Lieferanten zuzüglich eines festen Margenaufschlags zu bestimmen. Der vom 1st-Tier Supplier verfügten Macht wird anschließend Rechnung getragen, indem sich der OEM am

---

[368] Vgl. Abschnitt 3.5.4.

wirtschaftlichen Risiko möglicher ungedeckter Kosten beteiligt. Eine solche Beteiligung soll entweder in Form einer periodischen Zahlung (z.B. fixe Lagerkostenentschädigung) oder aber durch eine Ausgleichszahlung für nicht abgenommene, aber produzierte Ersatzteile angenommen werden.

Szenario IV: Machtasymmetrie mit Vorteilen für den 1st-Tier Supplier

Für den Fall einer asymmetrischen Machtverteilung mit Vorteilen für den 1st-Tier Supplier wird analog angenommen, dass der Zulieferer seine Teilepreisanreize wie in Szenario II durchsetzen kann. Als Zugeständnis an den OEM soll eine Übernahme von Teilen des wirtschaftlichen Risikos angenommen werden. So ist der OEM nicht wie in Szenario II angehalten, sämtliche Kosten zu übernehmen, sondern es erfolgt lediglich eine Beteiligung in Form der eben aufgeführten periodisch fixen Lagerkostenentschädigung bzw. einer Ausgleichszahlung für nicht abgenommene, aber produzierte Ersatzteile.

Szenario V: Machtsymmetrie zwischen OEM und 1st-Tier Supplier

Für das Szenario der symmetrischen Machtverteilung wird auf eine Kompromisslösung, vergleichbar einer gegenseitigen partnerspezifischen Investition, durch beiderseitiges Entgegenkommen gesetzt. Der 1st-Tier Supplier verzichtet auf überzogene Margenforderungen und legt seine Kosteninformationen dem OEM zur Festlegung einer fixen Marge mittels cost plus Verfahren offen. Der OEM wiederum sichert dem 1st-Tier Supplier die Übernahme sämtlicher ungedeckter Kosten zu. Zum einen wird der OEM zur Zahlung einer fixen periodisch abzuführenden Lagerkostenentschädigung für Produktionsanlagen und Werkzeuge verpflichtet. Zum anderen verpflichtet sich der OEM seine Bedarfsanfragen genauestens abzuwägen und etwaige Überbestände am Ende der Lieferantenbeziehung zu entschädigen.

Der skizzierte Kompromiss führt dazu, dass die Konflikte in der Vereinbarung einvernehmlich gelöst werden, da jede Partei, in Bezug auf Furcht und Unsicherheit, der anderen Entgegenkommen signalisiert. Darüber hinaus sichert die Vereinbarung einen ganzheitlichen Effizienzgewinn, da beide Parteien Anreize zur Kostenminimierung erhalten. Der 1st-Tier Supplier wird durch das open book accounting vom OEM hinsichtlich kostenminimaler Produktion und Lagerung unter Druck gesetzt, der OEM wiederum wird durch die Übernahme des Risikos ungedeckter Kosten angehalten sein, keine übertriebenen Forderungen bzgl. der Mindestbevorratung zu stellen und seine Bedarfsanforderungen genau abwägen und offen kommunizieren.

Abbildung 29 fasst die im Rahmen des Basismodells hergeleiteten konkreten Vereinbarungen zur Vorhaltung einer latenten Produktions- und Lieferbereitschaft in der komplexen Lieferantenbeziehung skizzenartig zusammen.

Konfliktpunkt	Szenario				
	I	II	III	IV	V
Teilepreis	cost plus Verfahren auf Basis von open book accounting	1st-Tier Supplier dominierter Fixpreis	cost plus Verfahren auf Basis von open book accounting	1st-Tier Supplier dominierter Fixpreis	cost plus Verfahren auf Basis von open book accounting
Risikoträger nicht gedeckter Kosten	1st-Tier Supplier	OEM	Beteiligung	Beteiligung	OEM

Quelle: Eigene Darstellung

Abbildung 29: Hergeleitete Vereinbarungen zur Vorhaltung latenter Produktions- und Lieferbereitschaft

3.7 Zusammenfassende Erkenntnisse

Zusammenfassend wurden im vorliegenden Kapitel 3 auf Basis eines umfassenden ökonomischen Basismodells sukzessive für jede Phase der komplexen Lieferantenbeziehungen Vereinbarungen über Lieferungen und Leistungen der überbetrieblichen Arbeitsteilung hergeleitet. Diese phasenindividuelle Vorgehensweise wurde gewählt, da im Zeitablauf eine mögliche Veränderung der auf die Art und Weise der zustande kommenden Vereinbarung wirkenden Rahmenbedingungen zu unterstellen ist. Durch die gewählte sukzessive phasenindividuelle Vorgehensweise können verschiedene Vereinbarungen jeder Phase miteinander kombiniert werden, so dass auf Grundlage der erfolgten Herleitungen jede (im Rahmen der Arbeit) denkbare phasenübergreifende Vereinbarungskonstellation erfasst und bearbeitet werden kann.[369] Die dabei verwendeten Annahmen und erzielten Ergebnisse wurden in Interviews mit ausgewählten Experten der Automobilindustrie auf ihre praktische Relevanz kritisch betrachtet und erörtert. Somit wurde einerseits durch theoretische Überlegungen und andererseits durch empirische kritische Überprüfung das vorliegende finale Ergebnis der Herleitung von Vereinbarungen der komplexen Lieferantenbeziehung hergeleitet.

---

369 Vgl. Abschnitt 3.2.1

Dabei wurde im vorliegenden Kapitel aufgezeigt, dass in jeder Phase verschiedene diametrale ökonomische Anreize und Konfliktpotenzial auf die Vereinbarungsverhandlungen wirken. Die Realisation einer konkreten Vereinbarung hängt im Wesentlichen von den einhergehenden ökonomischen Rahmenbedingungen ab. Es konnte stets jene Partei ihre ökonomischen Anreize gegen den Willen der anderen Partei in einer Vereinbarung durchsetzen, die über eine Machtasymmetrie zu ihren Gunsten verfügte. Das Ausmaß an Machtasymmetrie bestimmte das Ausmaß an Durchsetzungskraft der eigenen Anreize. In der vorangegangenen Untersuchung wurde in verschiedenen (Macht-)Szenarien deutlich, dass jede Phase der komplexen Lieferantenbeziehung trotz ökonomischer Übereinstimmung bei Liefer- und Leistungskomponenten in Abhängigkeit zur Machtverteilung unterschiedlich vereinbart werden kann.

Die vorliegende Arbeit beschränkt sich wie bereits erwähnt auf die Interaktion zwischen OEM und 1st-Tier Supplier. Es ist allerdings zu vermuten, dass die gewonnenen Erkenntnisse für Verhalten, Anreize und Vereinbarungen zwischen OEM und 1st-Tier Supplier in Teilen auch auf das Verhältnis zwischen 1st-Tier Supplier und den nachgelagerten Zulieferern der zweiten und dritten Stufe anwendbar wären, da in einem solchen Rollenverhältnis der 1st-Tier Supplier die Rolle des OEMs übernimmt. Das betrachtete dritte Szenario ist für diese Konstellation am ehesten wahrscheinlich, da der 1st-Tier Supplier in der Regel über ausreichend Macht verfügt, den vom OEM ausgeübten Druck schlicht an die nachgelagerten Zulieferstufen weiterzugeben. Im folgenden Kapitel gilt es nun zu klären, welche Abbildungsmöglichkeiten im Jahresabschluss nach HGB und IFRS allgemein für die vier aufgezeigten Phasen und speziell für die verschiedenen hergeleiteten Vereinbarungen bestehen.

4 Abbildungsmöglichkeiten für Vereinbarungen der komplexen Lieferantenbeziehung im Jahresabschluss nach HGB und IFRS

4.1 Konzeptionelle Grundlagen der Rechnungslegung

4.1.1 Überblick über die Unterschiede in der Rechnungslegung nach HGB und IFRS

Grundsätzlich kann festgehalten werden, dass die Rechnungslegungsregeln sowohl nach HGB als auch nach IFRS auf die Erstellung eines Jahresabschlusses zielen, der bestimmten Adressaten Informationen über die VFE-Lage des Unternehmens vermittelt, welche die tatsächlichen Verhältnissen wiedergeben. Diese Aussage ist (für die im Rahmen dieser Arbeit betrachteten Kapitalgesellschaften) nach HGB explizit durch die Generalnorm in § 264 Abs. 2[370] und nach IFRS im Framework in Tz. 46 sowie in IAS 1.13 explizit verankert. *Leffson* rückt diese Anforderung unter den von ihm noch weiter gefassteren Begriff der **Rechenschaft**, die als ein wesentlicher Zweck der Rechnungslegung bewertet wird und gegenüber an der Unternehmung in verschiedener Form beteiligten Adressaten prinzipiell abzulegen ist. Rechenschaft bedeutet hiernach „Offenlegung der Verwendung anvertrauten Kapitals in dem Sinne, daß dem Informationsberechtigten – das kann auch der Rechenschaftslegende selbst sein – ein so vollständiger, klarer und zutreffender Einblick in die Geschäftstätigkeit gegeben wird, daß dieser sich ein eigenes Urteil über das verwaltete Vermögen und die damit erzielten Erfolge bilden kann.“[371] Die beiden Rechnungslegungssysteme unterscheiden sich nun vor allem in der Bewertung, wie die Vermittlung eines Bildes über die tatsächlichen Verhältnisse der VFE-Lage zustande zu kommen hat. Diese unterschiedliche Interpretation basiert vor allem auf der Tatsache, dass beide Rechnungslegungssysteme unterschiedlichen Hauptzwecken folgen.

So ist ein Jahresabschluss nach dem **Handelsgesetzbuch** von dem übergeordneten Hauptzweck geprägt, Gläubiger (Fremdkapitalgeber) und andere am Unternehmen interessierte Gruppen zu schützen. Dieser Zweck entstammt der Überlegung, die Rechte jener zu sichern, die nicht an der Geschäftsführung beteiligt sind, aber aus individuellen Anreizen und Interessen an der Lage zu einem Stichtag und den daraus abzuleitenden Zukunftsaussichten des

---

370 Diese Gesetzesvorschrift entspricht dem Inhalt von Art. 2 Abs. 3 und 4 der 4. EG-Richtlinie, wonach die Informationsfunktion des Jahresabschlusses am Prinzip des „true and fair view“ auszurichten ist, vgl. hierzu *Lachnit* (1993), S. 193f.

371 Vgl. *Leffson* (1987), S. 64 und 63-66; *Selchert* (1993), S. 753f.; diese Bewertung ergibt sich auch aus dem IFRS-Rahmenkonzept, Tz. 14.

Unternehmens interessiert sind.[372] Darunter ist grundlegend die Aufgabe der Ermittlung eines Periodenergebnisses zu verstehen, das allgemein sämtlichen Adressaten Informationen über den Erfolgsbeitrag des Unternehmens einer Berichtsperiode und speziell Eignern Informationen über ausschüttungsfähige Beträge vermitteln soll (*Ausschüttungsbemessungsfunktion*).[373] Die Ermittlung des Periodenergebnisses ist allerdings beeinträchtigt vom *Zweck der nominellen Kapitalerhaltung*. Dieser soll gewährleisten, dass die Unternehmung nachhaltig sicheren Bestand hat und weiterhin Zahlungen an vorhandene Gläubiger leisten kann.[374] Der Zweck der nominellen Kapitalerhaltung steht in starkem Bezug zum Gläubigerschutz und hebt sich insofern als besonders dominant hervor, als dass speziell die Bewertungsvorschriften des HGB eine **vorsichtige** und reglementierte Gewinnermittlung implizieren und die Ausschüttungsbemessung somit begrenzen. Die Interessen von Fremdkapitalgebern werden hierdurch in einem besonderen Maße gegenüber den Interessen von Eigenkapitalgebern geschützt.[375]

Die Rechnungslegung wird nach HGB qualitativ von dem unbestimmten Rechtsbegriff der Grundsätze ordnungsmäßiger Buchführung (GoB) beherrscht. So fordern weitere Generalnormen des HGB neben einer *klaren* und *übersichtlichen* Form (§ 243 Abs. 2) explizit die Zugrundelegung der Grundsätze ordnungsmäßiger Buchführung bei Erstellung (§ 243 Abs. 1) und Informationsvermittlung (§264 Abs. 2 Satz 1). Aus den GoB werden gesetzlich nicht kodifizierte Grundsätze allgemein abgeleitet. Die GoB wirken dabei auf die Abbildung von Geschäftsvorfällen in der Form hin, dass die Vermittlung eines Bildes über die VFE-Lage unter Berücksichtigung der genannten handelsrechtlichen Zwecke zustande kommt.[376]

Hauptzweck der Rechnungslegung nach **IFRS** ist dagegen speziell die *Vermittlung entscheidungsrelevanter Informationen* über die VFE-Lage.[377] Aufgrund der Adressatenvielfalt (Investoren, Kreditgeber, Lieferanten, Staat, Öffentlichkeit und Kunden) können nicht alle Informationsinteressen berücksichtigt werden. Anders als im HGB wird der Fokus der Informationsvermittlung konkret auf Investoren (Eigenkapitalgeber) gelegt, da diese dem Unternehmen Risikokapital zur Verfügung stellen. Es wird angenommen, dass Informationen, die Investoren genügen, auch die Mehrzahl der anderen Adressaten weitgehend zufrieden stel-

---

372 Vgl. Leffson (1987), S. 41-43; Zur Erläuterung wesentlicher Adressaten und damit verbundenen Interessen vgl. *Pellens/Füllbier/Gassen* (2008), S. 4-7.

373 Vgl. *Coenenberg* (2000), S. 14-15; *Baetge/Kirsch/Thiele* (2007), S. 103.

374 Vgl. *Baetge/Kirsch/Thiele* (2007), S. 103f.

375 Vgl. *Winkeljohann/Schellhorn* (2006), § 264 Tz. 35f.

376 Vgl. *Baetge/Kirsch/Thiele* (2007), S. 106f.; *Pellens/Füllbier/Gassen*, (2008), S. 1-17.

377 Siehe IFRS-Framework, Tz. 12 und IAS 1.7.

len.[378] Das Framework verlangt als übergeordnete Basis für die entscheidungsrelevante Informationsvermittlung explizit die *Annahme der Unternehmensfortführung* und für die Erfolgsermittlung das *Konzept der Periodenabgrenzung* von Geschäftsvorfällen.[379] Klarer Unterschied zum HGB ist hier die Tatsache, dass keine Gläubigerschutz geprägten und Kapital erhaltenden Reglementierungen die Ermittlung des Periodenerfolgs beeinflussen. So hat die Ermittlung des Periodenergebnisses auch periodengerecht zu erfolgen, d.h. periodenübergreifende Geschäftsvorfälle und Projekte sind so im Jahresabschluss zu erfassen, dass die damit verbundenen Aufwendungen und Erträge ebenso wie Vermögenswerte und Verbindlichkeiten - unabhängig vom Zeitpunkt korrespondierender Zahlungsvorgänge - im Zeitpunkt ihrer wirtschaftlichen Verursachung erfasst und abgebildet werden.[380]

	HGB	IFRS
Ziel	**Vermittlung eines Bildes der VFE-Lage, das den tatsächlichen Verhältnissen entspricht**	
Grundlage	GoB	Framework
Hauptzweck	Schutz von Gläubigern (Fremdkapitalgeber) und anderen Adressaten	Vermittlung entscheidungsrelevanter Informationen an Investoren (Eigenkapitalgeber) und andere Andressaten
Basisgrundsätze	Ermittlung eines Periodenerfolgs als Basis zur Ausschüttung unter Berücksichtigung einer vorsichtigen und kapitalerhaltenden Jahresabschlusserstellung	Ermittlung eines Periodenerfolgs nach wirtschaftlicher Zugehörigkeit von Geschäftsvorfällen zu den einzelnen Berichtsperioden und unter Annahme der Unternehmensfortführung

Quelle: Eigene Darstellung

Abbildung 30: Unterschiedliche Zwecke der Rechnungslegung

Unter Berücksichtigung der genannten Basisgrundsätze bestimmt das IFRS-Framework konkret qualitative Anforderungen an die Abbildung von Geschäftsvorfällen im Jahresabschluss.[381] Abbildung 30 fasst die genannten Erkenntnisse zusammen.

4.1.2 Wesentliche Grundlagen der Rechnungslegung nach HGB

4.1.2.1 Allgemeine Grundlagen

Die Rechnungslegung nach HGB folgt dem kontinentaleuropäischen Rechtssystem des *Code Laws*. Ohne die mit diesem Rechtssystem verbundenen Rahmenbedingungen näher zu

---

378 Siehe IFRS-Framework, Tz. 9-11.

379 Siehe IFRS-Framework, Tz. 22 und 23.

380 Siehe IAS 1.25-26; IFRS-Framework, Tz. 22; Vgl. *Baetge/Kirsch/Thiele* (2002), S. 119; *Pellens/Füllbier/Gassen* (2008), S. 113f..

381 Siehe IFRS-Framework Tz. 24-46 und IAS 1.

betrachten, kann hier vereinfacht festgehalten werden, dass die Rechnungslegung im Rechtssystem des Code Laws einen bedeutenden Platz in der gesetzlich kodifizierten Unternehmensverfassung einnimmt und wie bereits im vorangegangen Abschnitt erwähnt als wesentliches Informations- und Kontrollinstrument für die bestehenden Unternehmensbeteiligten dient. Demzufolge basieren auf dem Jahresabschluss nach HGB unmittelbare Rechtsfolgen, wie die Gewinnausschüttung. Folglich stützt sich die Rechnungslegung nach HGB auf detaillierte gesetzliche Regelungen mit hohem Abstraktionsgrad, die sämtliche gleichartige Fälle abdecken sollen.[382] Um die Unternehmensbeteiligten und Fremdkapitalgeber zu schützen wird die Abbildung von Geschäftsvorfällen nach HGB besonders vom *Vorsichtsprinzip* geprägt. Der Jahresabschluss besteht formell aus Bilanz, GuV und Anhang und ist ab 2010 um eine Kapitalflussrechnung und einen Eigenkapitalspiegel zu ergänzen.[383]

Das HGB bietet keine Regelungen, die explizit auf individuelle Sachverhalte oder Geschäftsvorfälle eingehen. Vielmehr wird mit den Gesetzesregelungen ein übergreifender Rahmen geboten, der ob seiner Allgemeinheit und Unbestimmtheit ausreichend Platz bietet, jegliche Fälle individuell im Sinne der Generalnormen und unter Zugrundelegung der GoB abzubilden. Demzufolge existiert neben den Gesetzesregelungen eine Reihe fachlicher Kommentierungsmeinungen, die die allgemein gehaltenen handelsrechtlichen Rechnungslegungsstandards grundsätzlich interpretieren und deren Anwendung auf spezifische Fragestellungen auslegen. [384]

Die für die folgende Ausarbeitung relevanten *besonderen detaillierten gesetzlichen Regelungen* des HGB befinden sich im dritten Buch „Handelsbücher“ in den ersten beiden Abschnitten. Der **erste Abschnitt** „Vorschriften für alle Kaufleute“ im Sinne der §§ 1-7 HGB ist in den §§ 238-263 verankert. Neben Vorschriften zur Buchführung und dem Inventar und weiteren allgemeinen Anweisungen enthält der erste Abschnitt die bereits genannten Generalnormen mit der Forderung nach einer Aufstellung eines Jahresabschlusses nach den *Grundsätzen ordnungsmäßiger Buchführung* (§ 243 Abs. 1) in *klarer* und *übersichtlicher* Form (§ 243 Abs. 2) innerhalb der einem ordnungsmäßigen Geschäftsgang entsprechenden Zeit. Darüber hinaus

---

382 Vgl. für einen Vergleich der Rechtssysteme und die Auswirkungen auf die Rechnungslegung: *Evans* (2004), S. 210-243.

383 Dies begründet sich aus der Neufassung des § 264 Abs. 1 Satz 1 nach BilMoG., die Ergänzung um Kapitalflussrechnung und Eigenkapitalspiegel ist freiwillig schon früher möglich.

384 Im der vorliegenden Arbeit wird hierbei aus einer Reihe von Kommentarmeinungen im Wesentlichen auf *Ellrott/Förschle/Hoyos* et al. (2006) und auf *ADS* (2002) zurückgegriffen werden.

sind Ansatz- und Bewertungsvorschriften enthalten, die regeln, welche Positionen der Jahresabschluss zu erfassen und abzubilden hat und wie diese zu bewerten sind. Die Bewertungsvorschriften in den §§ 252-256 kodifizieren einzelne Grundsätze ordnungsmäßiger Buchführung und unterstreichen den Anspruch einer vorsichtigen Jahresabschlusserstellung.

Der **zweite Abschnitt** „Ergänzende Vorschriften für Kapitalgesellschaften (Aktiengesellschaften, Kommanditgesellschaften auf Aktien und Gesellschaften mit beschränkter Haftung) sowie bestimmte Personenhandelsgesellschaften" findet sich in den §§ 264-338, wobei für die vorliegende Arbeit nur die §§ 264 – 289 von Bedeutung sind. Dieser Abschnitt ergänzt bzw. erweitert die im ersten Abschnitt genannten Vorschriften für Kapitalgesellschaften und bestimmte in § 264a genannten Personenhandelsgesellschaften. Der Abschnitt trägt dem Umstand Rechnung, dass für Anteilseigner von Kapitalgesellschaften nicht wie bei Einzelkaufleuten und Personenhandelsgesellschaften eine Haftungspflicht besteht und darüber hinaus der Kreis am Unternehmen Beteiligter in aller Regel höher ist. Die Rechnungslegungsanforderungen werden daher erhöht und konkretisiert. Neben Ergänzungen zu den allgemeinen Vorschriften gibt es explizite Ausweisvorschriften für die Posten der Bilanz und GuV und strengere Bewertungsvorschriften sowie konkrete Vorgaben zu Anhang und Lagebericht. Die genannten Grundlagen sollen an dieser Stelle nicht weiter ausgeführt werden, da diese bereits an anderer Stelle umfassend diskutiert und erläutert werden und zudem keine neuen Erkenntnisse damit verbunden wären. Für eine detaillierte Auslegung der rechnungslegungsrelevanten Grundlagen nach HGB sei an dieser Stelle auf die Arbeit von *Baetge/Kirsch/Thiele* (2007) verwiesen.[385]

Im April 2009 hat der Gesetzgeber das Gesetz zur Modernisierung des Bilanzrechts, das sogenannte **Bilanzrechtsmodernisierungsgesetz (BilMoG)** endgültig verabschiedet.[386] Durch das BilMoG soll den Unternehmen eine einfachere und kostengünstigere Alternative zu den IFRS bieten, bei gleichzeitiger Verbesserung der Aussagekraft und Vergleichbarkeit von Jahresabschlüssen.[387] Hierbei kommt es für den Jahresabschlusserstellenden zu einigen grundlegenden veränderten Ansatz-, Ausweis- und Bewertungsvorschriften. Im Wesentlichen kommt die Anwendung der Änderung bei einem mit dem Kalenderjahr übereinstimmenden

---

385 *Baetge/Kirsch/Thiele* (2007), Bilanzen.

386 Die Verabschiedung des Gesetzes zur Modernisierung des Bilanzrechts (Bilanzmodernisierungsgesetz – BilMoG) erfolgte in der 214. Sitzung des Deutschen Bundestags am 26.3.2009 (BT-Drucks. 16/12407) sowie in der 857. Sitzung des Bundesrates am 3.4.2009 (BR-Drucks. 270/09); vgl. kommentierend: *Schruff/Melcher* (2009); *VMEBF & LGK* (2009).

387 Vgl. Einleitung zum BilMoG Teil B.

Geschäftsjahr ab dem Jahr 2010 verpflichtend zum Tragen. Eine freiwillige Anwendung ab 2009 ist jedoch möglich. Der Übergang zur erstmaligen Anwendung ist detailliert im EGHGB geregelt.[388] In der folgenden Ausarbeitung bzgl. der Abbildungsmöglichkeiten der Vereinbarungen der Lieferantenbeziehung für das HGB werden die Änderungen des BilMoGs bereits berücksichtigt.

4.1.2.2 Allgemeine Ansatzvorschriften

Für die Abbildung der komplexen Lieferantenbeziehung nach handelsrechtlichen Kriterien ist zunächst allgemein die Frage zu beantworten, welche Jahresabschlussposten sich aus den Geschäftsvorfällen ergeben, die nach dem Vollständigkeitsgebot aus § 246 Abs. 1 HGB im Jahresabschluss anzusetzen sind. Für die komplexe Lieferantenbeziehung sind allgemein vor allem die Ansatzvorschriften zur Erfassung von **Vermögensgegenständen** und **Schulden** von Relevanz. Der Ansatz dieser Jahresabschlussposten ist im Handelsrecht an bestimmte abstrakte und konkrete Voraussetzungen gebunden, die an dieser Stelle zentral dargestellt werden sollen.

Für den Ansatz eines **Vermögensgegenstandes** ist im HGB der Aktivierungsgrundsatz zu beachten. Der Aktivierungsgrundsatz setzt sich aus der abstrakten und konkreten Aktivierungsfähigkeit zusammen. Abstrakte Aktivierungsfähigkeit ist handelsrechtlich gegeben, wenn das Objekt selbstständig verkehrsfähig oder verwertbar und damit zur Schuldendeckung geeignet ist.[389] Konkrete Aktivierungsfähigkeit ist dann gegeben, wenn kein konkretes (gesetzliches) Verbot einer Aktivierung entgegen steht. Ein für diese Arbeit bedeutendes konkretes Aktivierungsverbot ergibt sich aus § 248 Abs. 2 HGB für selbsterstellte immaterielle Vermögensgegenstände. Mit Inkrafttreten des BilMoGs wird durch die Änderung des § 248 Abs. 2 in der neuen Fassung des HGB dem Bilanzierenden allerdings für selbsterstellte immaterielle Vermögensgegenstände künftig ein Wahlrecht zur Aktivierung eingeräumt. Das Wahlrecht ist gültig für selbstgeschaffene immaterielle Vermögensgegenstände des Anlagevermögens, mit deren Entwicklung in Geschäftsjahren begonnen wird, die nach dem 31.12.2009 beginnen. Für die Bilanzierung von Vermögensgegenstanden ist das wirtschaftliche Eigentum entscheidend. So ist durch die Anpassung des § 246 Abs. 1 in der neuen Fassung des HGB durch das BilMoG für Vermögensgegenstände explizit sichergestellt, dass, bei

---

388 Vgl. für einen Überblick über die Übergangsvorschriften zur Anwendung der Regelungen des BilMoG: *Zwirner/Künkele* (2009), S. 1081-1087; *Zülch/Hoffmann* (2009), S. 745-752.

389 Vgl. *ADS* (2002), § 246 Tz. 15; *Küting/Weber* (2004), § 246; *Baetge/Kirsch/Thiele* (2007), S. 158f.

Trennung von rechtlichen und wirtschaftlichen Eigentum, der wirtschaftliche Eigentümer den Vermögensgegenstand zu bilanzieren hat.[390] Als *wirtschaftlicher Eigentümer* gilt, wer Besitz, Gefahr, Nutzungen und Lasten eines Gutes hält.[391]

Der Ansatz von **Schulden** erfolgt analog anhand abstrakter und konkreter Passivierungsfähigkeit. Eine Schuld ist abstrakt passivierungsfähig, wenn eine Verpflichtung vorliegt, die zu einer wirtschaftlichen Belastung führt und zudem quantifizierbar ist. Die konkrete Passivierungsfähigkeit ergänzt die abstrakte Passivierungsfähigkeit um dominierende gesetzliche Vorschriften darüber, ob und in welcher Form abstrakt aktivierungsfähige Sachverhalte zu passivieren sind oder passiviert werden dürfen oder ob Sachverhalte, die nicht als abstrakt aktivierungsfähig einzustufen sind, dennoch passiviert werden müssen oder dürfen.[392]

4.1.2.3 Allgemeine Bewertungs- und Ausweisvorschriften

Für die Bewertung von Vermögensgegenständen und Schulden gelten allgemein § 252 HGB und speziell die §§ 253-255 HGB. Für die Erstbewertung von Vermögensgegenständen gelten im Aktivierungsfall die Regelungen zu den Anschaffungs- und Herstellungskosten aus 255 Abs. 1 und 2 HGB, die im Handelsrecht nach § 253 Abs. 1 die Obergrenze der Bewertung bilden. Die Höhe der Anschaffungskosten bemisst sich aus jenen direkt zurechenbaren Aufwendungen, die geleistet werden, um einen Vermögensgegenstand zu erwerben und diesen in einen betriebsbereiten Zustand zu versetzen. Demzufolge sind auch Anschaffungsnebenkosten, nachträgliche Anschaffungskosten und Anschaffungspreisminderungen zu berücksichtigen. Die Bewertung der Herstellungskosten enthält im Handelsrecht ein Wahlrecht. Verpflichtend anzusetzen sind die Einzelkosten des Material- und Personaleinsatz sowie angefallene Sonderkosten. Die Herstellungskosten dürfen um angemessene Material- und Personalgemeinkostenanteile sowie um bestimmte Abschreibungen, Verwaltungskostenanteile und Zinsaufwendungen ergänzt werden. Mit Inkrafttreten des BilMoGs kommt es jedoch zu einer Neufassung des § 255 Abs. 2 HGB. Die hier festgelegten Herstellungskosten beziehen künftig auch Material- und Personalgemeinkosten wie auch den korrespondierenden Werteverzehr des zur Herstellung eingesetzten Anlagevermögens verpflichtend mit ein. Das Wahlrecht, Kosten der allgemeinen Verwaltung sowie

---

390 Vgl. *Kühne/Melcher* (2009), S. 15-19.; *ADS* (2002), §246 Tz. 260-263.

391 Vgl. BFH-Urteil vom 13.10.1972 – I R 213/69, BStBl. 1973 II S. 369; *Hoffmann/Lüdenbach*, DStR 2004, Heft 41, S. 1758; *IDW ERS HFA 13* n.F. (2006), Tz. 50.

392 Vgl. *ADS* (2002), § 246 Tz. 102-160; *Küting/Weber* (2004); § 246; *Hoyos/Ring* (2006), § 247 Tz. 201-210; *Baetge/Kirsch/Thiele* (2007), S. 171-180.

angemessene Aufwendungen für soziale Leistungen mit einzubeziehen, bleibt bestehen. Explizit von der Aktivierung ausgeschlossen sind nach wie vor Vertriebskosten.[393]

Die Folgebewertung eines aktivierten Vermögensgegenstandes ergibt sich aus § 253 HGB und folgt in Abhängigkeit der Zuordnung zum Anlagevermögen oder Umlaufvermögen einer unterschiedlichen Vorgehensweise. Ein Vermögensgegenstand ist nach § 247 Abs. 2 HGB dem Anlagevermögen zuzuordnen, wenn dieser dazu bestimmt ist, dauerhaft dem Geschäftsbetrieb zu dienen. Dem Umlaufvermögen sind Vermögensgegenstände zuzuordnen, wenn sie „dem Betrieb nur für einen einmaligen Nutzungsvorgang (sofortiger Verkauf, Verbrauch) dienen"[394] sollen. Bei Zuordnung zum *Anlagevermögen* verlangt § 253 Abs. 2 HGB für die Folgebewertung eine Verminderung der angesetzten Herstellungskosten um planmäßige Abschreibungen im Zeitablauf. Die Höhe der Abschreibungen ist dabei in Anlehnung an die Nutzungsdauer bzw. den Werteverzehr vorzunehmen. Bei darüber hinausgehenden Wertminderungen (nicht planbarer Werteverzehr), die voraussichtlich andauern, sind die planmäßigen Abschreibungen um außerplanmäßige Wertminderungen zu ergänzen.[395]

Bei Zuordnung zum *Umlaufvermögen* gilt für die Folgebewertung das strenge Niederstwertprinzip aus § 253 Abs. 3 HGB. Demnach ist der sich aus den Anschaffungs- oder Herstellungskosten ergebende Vermögensgegenstand auf einen niedrigeren Wert abzuschreiben. Der niedrigere Wert ergibt sich – soweit verfügbar - aus einem Börsen- oder Marktpreis am Abschlussstichtag oder aus einem *beizulegenden Wert*, sofern dieser unterhalb der Anschaffungs- oder Herstellungskosten liegt.[396] Ein für die Folgebewertung eventuell zu ermittelnder beizulegender Zeitwert hat durch das BilMoG nach § 255 Abs. 4 HGB n.F. künftig dem Marktpreis zu entsprechen. Bei Fehlen eines aktiven Marktes ist der Wert mit Hilfe allgemein anerkannter Bewertungsmethoden zu ermitteln. Der *Ausweis* von angesetzten und bewerteten Vermögensgegenständen und Schulden ist nach § 266 HGB vorzunehmen. Der Ausweis von Jahresabschlussposten der GuV ist durch § 275 HGB vorgegeben.

---

393 Vgl. umfassend zu Herstellkosten *Baetge/Kirsch/Thiele* (2007), S.202-214; *Ellrott/Brendt* (2006), § 255 Tz. 330-405; *Baetge* (1996), S. 55-84; für Auswirkungen des BilMoGs vgl. *Melcher/Schaier* (2009), S. 6.

394 Vgl. *Ellrott/Schmidt-Wendt* (2006), §247, Tz. 352; BFH V R 47/71 v. 13.01.1972, S. 745.

395 Für Kapitalgesellschaften gilt nach § 279 Abs. 1 HGB das in § 253 Abs. 2 HGB aufgeführte Wahlrecht, außerplanmäßige Abschreibungen auch bei nur vorübergehenden Wertminderungen vorzunehmen, nur für Vermögensgegenstände, die Finanzanlagen sind. Mit Inkrafttreten des BilMoG wird dieses Wahlrecht auch für Personengesellschaften abgeschafft.

396 vgl. zur Folgebewertung von Vermögensgegenständen: *Baetge/Kirsch/Thiele* (2007), S. 222-256; *Hoyos/Schramm/Ring* (2006), § 253 Tz. 201-415; *Ellrott/Ring* (2006), § 253 Tz. 501-665.

Die Herstellungskosten für im Falle des ausgeübten Wahlrechts angesetzte selbsterstellte immaterielle Vermögensgegenstände des Anlagevermögens werden nach BilMoG eigens in einer Neufassung des § 255 Abs. 2a festgelegt. Demnach sind Entwicklungskosten im Sinne des § 255 Abs. 2 als Herstellungskosten zugelassen, soweit diese klar von den Aufwendungen für Forschung getrennt werden können. Die Abgrenzung von Forschung und Entwicklung ist in § 255 Abs. 2a HGB n.F. verankert und folgt der Definition der OECD.[397] Die Aktivierung von Forschungskosten, die im Zusammenhang mit der eigenständigen Suche nach neuen wissenschaftlichen Erkenntnissen ohne gesicherte wirtschaftliche Erfolgsaussicht stehen, sind von der Aktivierung explizit ausgeschlossen. Der aktivierte Betrag ist unter Berücksichtigung der entsprechenden passiven latenten Steuer durch § 268 Abs. 8 HGB n.F. mit einer Ausschüttungssperre belegt. Von den Änderungen bei der Berechnung der latenten Steuern sei an dieser Stelle abstrahiert.[398] Es ist lediglich zu beachten, dass durch die Anpassung des § 266 HGB n.F. ein aktivierter selbsterstellter immaterieller Vermögensgegenstand des Anlagevermögens ebenso wie latente Steuern explizit als Bilanzposten auszuweisen sind.

Konkrete Anforderungen an den *Anhang* sind im HGB durch die §§ 284-288 konkret geregelt. Ferner sind zusätzliche Anhangsangaben nach § 264 Abs. 2 Satz 2 HGB dann zu machen, wenn besondere Umstände dazu führen, dass der Jahresabschluss ein den tatsächlichen Verhältnissen entsprechendes Bild nicht vermittelt.

4.1.3 Wesentliche Grundlagen der Rechnungslegung nach IFRS

4.1.3.1 Allgemeine Grundlagen

Die Rechnungslegungssystematik nach IFRS basiert auf dem angelsächsischen Rechtssystem des Case Law. Dieses Rechtssystem bietet im Unterschied zum Code Law nur wenig gesetzliche Vorschriften zur Rechnungslegung, da diese als freier Bestandteil der individuellen Vertragsgestaltung interpretiert werden und nicht durch einen eng gefassten rechtlichen Rahmen vorgegeben werden sollen. So sind die IFRS auch, anders als das HGB, nicht gesetzlichen Ursprungs, da die Aufstellung durch ein privates Gremium innerhalb des International Accounting Standards Boards (IASB) – entwickelt werden.[399]

---

397 Vgl. Abschnitt 3.3.1.

398 Zur Bilanzierung von latenten Steuern im Einzel- und Konzernabschluss nach BilMoG vgl. *Wendholt/Wesemann* (2009), S. 64-76; *Zwirner/Künkele* (2009), S. 1086f.

399 Vgl. *Pellens/Füllbier/Gassen* (2008), S. 37 zur Anerkennung und Durchsetzung S. 96-104.

In der Rechnungslegung nach IFRS wird die Abbildung von Geschäftsvorfällen allgemein durch die qualitativen Anforderungen des IFRS Rahmenkonzepts (Framework) determiniert. Das Framework ist grundsätzlicher Natur und gibt – ähnlich wie die GoB – generelle Vorgaben, nach denen die Abbildung sämtlicher Geschäftsvorfälle zu erfolgen haben, um den Hauptzweck der entscheidungsrelevanten Informationsvermittlung zu erfüllen. Das Framework soll als Referenzrahmen fungieren, der gem. Tz. 1d den Jahresabschlusserstellern nicht nur bei der Anwendung bestehender IFRS Hilfestellung gibt, sondern auch einen Leitfaden dafür darstellt, jene Rechnungslegungsfragen zu lösen, die bislang nicht durch einen spezifischen Standard geregelt sind. Anders als im HGB gehen die Standards (IFRS, IAS) und korrespondierenden Interpretationen (IFRIC) detailliert auf spezielle Geschäftsvorfälle und Fragen der Rechnungslegung ein. Die Teilziffer 1 des Rahmenkonzepts enthält noch weitere grundlegende Zielsetzungen, die den Anspruch der IFRS untermauern, sämtliche Personen und Institutionen bei ihrer Arbeit in Bezug auf Rechnungslegungsfragen zu unterstützen.[400]

Das Framework selbst stellt explizit keinen Standard dar. Fragen zu Ansatz und Bewertung bestimmter Geschäftsvorfälle sind den bestehenden konkreten Standards zu entnehmen. Die dort erfassten Vorgaben haben stets Vorrang vor den unbestimmten Ausführungen im Rahmenkonzept.[401] Es ist allerdings zu erwähnen, dass in IAS 1 „Darstellung des Abschlusses“ wesentliche Inhalte des Rahmenkonzepts enthalten sind und damit die Anwendung grundlegender Ausführungen bei der Jahresabschlusserstellung verpflichtend ist. Bestandteile eines IFRS-Jahresabschlusses sind Bilanz, GuV, Kapitalflussrechnung, Eigenkapitalveränderungsrechnung und ein Anhang sowie weitere Angaben, wenn diese sich aus der Anwendung bestimmter IFRS ergeben. [402]

Auch für IFRS sollen die genannten Grundlagen und qualitativen Anforderungen hier nicht weiter ausgeführt werden. Diese Thematik ist bereits an anderer Stelle ausführlich diskutiert und erläutert, so dass in diesem Rahmen keine neuen Erkenntnisse zu erwarten sind. Für eine detaillierte Auslegung der rechnungslegungsrelevanten Grundlagen nach IFRS sei an dieser Stelle auf die Arbeit von *Pellens/Füllbier/Gassen et al.* (2008) verwiesen.[403]

---

400 Siehe IFRS-Framework, Tz. 1.
401 Siehe IFRS-Framework, Tz. 2 und 3.
402 Siehe IFRS-Framework, Tz. 7 und IAS 1.10.
403 Vgl. *Pellens/Fülbier/Gassen et al.* (2008), Internationale Rechnungslegung.

4.1.3.2 Allgemeine Ansatzvorschriften

Die Erfassung von Geschäftsvorfällen als Posten des Jahresabschlusses ist nach IFRS allgemein im Framework geregelt. Demzufolge hat der *Ansatz* eines **Vermögenswertes** dann zu erfolgen, wenn es sich um eine Ressource handelt, die in der Verfügungsmacht des Unternehmens steht und aus der in Zukunft wirtschaftlicher Nutzenzufluss zu erwarten ist.[404] Eine **Schuld** wäre anzusetzen, wenn es sich um eine gegenwärtige Verpflichtung handelt, die aus Ereignissen der Vergangenheit entstanden ist und deren Erfüllung Ressourcenabfluss verursacht.[405] Als **Ertrag** wird wirtschaftlicher Nutzenzufluss in Form von liquiden Mitteln oder Vermögensgegenständen während einer Periode und als **Aufwand** korrespondierender wirtschaftlicher Nutzenabfluss definiert.[406] Die im Framework verankerten allgemeinen Ansatzanforderungen werden in den einzelnen Rechnungslegungsstandards (IAS, IFRS) für bestimmte Geschäftsvorfälle noch weiter konkretisiert.

4.1.3.3 Allgemeine Bewertungs- und Ausweisvorschriften

Das Framework legt allgemein vier verschiedene Bewertungsgrundlagen für Jahresabschlussposten fest. In Tz. 100 werden *erstens* die historischen Anschaffungs- oder Herstellungskosten genannt. Für Vermögenswerte ist hier der Betrag der zu entrichtenden Zahlungsmittel oder der beizulegende Zeitwert (fair value) der Gegenleistung zum Erwerbszeitpunkt anzusetzen. Für Schulden ist der Betrag zugrunde zu legen, den der Bilanzierende im Austausch für die Verpflichtung erhaltenen hat bzw. der Betrag, der erwartungsgemäß zur Schuldentilgung aufgebracht werden muss. *Zweitens* wird die Bewertung zum Tageswert (current cost) zugelassen. Hierbei sind Vermögenswerte mit dem Betrag anzusetzen, der für den Erwerb desselben oder eines entsprechenden Vermögenswertes zum gegenwärtigen Zeitpunkt gezahlt werden müsste (Wiederbeschaffungswert). Schulden werden mit dem nicht diskontierten Betrag angesetzt, der für eine Begleichung der Verpflichtung zum gegenwärtigen Zeitpunkt erforderlich wäre. *Drittens* ist die Bewertung von Vermögenswerten zum Veräußerungswert und von Schulden zum Erfüllungsbetrag zugelassen. Der Veräußerungswert bestimmt sich dabei in Höhe des Betrags, der zum gegenwärtigen Zeitpunkt bei Veräußerung des Vermögenswertes erzielt werden könnte. Der Erfüllungsbetrag entspricht dem nicht diskontierten Betrag an Zahlungsmitteln, der voraussichtlich gezahlt werden muss, um die Schuld im normalen Geschäftsverlauf zu begleichen. *Viertens* ist die Bewertung zum Barwert (present value) zugelassen. Dabei

---

404 Vgl. grundlegend zum Vermögensbegriff nach IFRS: *Matena* (2004), S. 1-5.
405 Siehe Framework Tz. 49.
406 Siehe Framework Tz. 70.

werden Vermögenswerte mit dem Barwert des künftigen Nettomittelzuflusses angesetzt, den dieser Posten erwartungsgemäß im normalen Geschäftsverlauf erzielen wird. Schulden werden zum Barwert des künftigen Nettomittelabflusses angesetzt, der erwartungsgemäß im normalen Geschäftsverlauf für eine Erfüllung der Schuld erforderlich ist.[407]

Die konkreten Anwendungsmöglichkeiten der genannten und allgemein gültigen Bewertungsgrundlagen werden in den einzelnen Standards geregelt, deren Anwendung in Abhängigkeit der Einordnung von Geschäftsvorfällen erfolgt. Im Unterschied zum HGB haben die hier genannten Bewertungsgrundlagen daher eher allgemeinen Charakter. Auswahl und Einsatz sind im Folgenden stets individuell im Rahmen der verwendeten Standards zu prüfen.

Anders als nach HGB existieren nach IFRS keine expliziten *Ausweisvorschriften* für Bilanz und GuV. Mit IAS 1 existieren lediglich allgemeine Vorgaben, wie die Darstellung des Jahresabschlusses zu erfolgen hat. Als konkrete Anforderung ist dabei IAS 1.51-56 zu nennen, die Vermögenswerte und Schulden in der Bilanz in kurzfristigen und langfristigen Bestandteilen auszuweisen. Als kurzfristig gilt dabei ein Zeitraum von zwölf Monaten. Konkrete Anforderungen an den *Anhang* sind in IAS 1.103 genannt. Hierbei werden im Wesentlichen aktuelle Informationen gefordert, über die Grundlagen der Aufstellung des Abschlusses, die besonderen Bilanzierungs- und Bewertungsmethoden sowie weitere wesentliche Informationen die nicht in Bilanz, GuV, Eigenkapitalveränderungs- oder Kapitalflussrechnung enthalten sind.[408] Zudem ist in IAS 1.116 explizit auch die Angabe von verwendeten Annahmen bei Verwendung von Schätzungen gefordert. Weiterführende Anhangsangaben werden durch die Anwendung einzelner Standards explizit vorgegeben.

4.2 Abbildung der Forschungs- und Entwicklungsphase im Jahresabschluss des OEMs und 1st-Tier Suppliers nach HGB und IFRS

4.2.1 Rekapitulation der allgemeinen Ausgangssituation

Unter Zugrundelegung der in Abschnitt 3.3 gewonnenen Erkenntnisse und der im Rahmen des Basismodells hergeleiteten konkreten Vereinbarungen über Forschungs- und Entwicklungstätigkeiten in der komplexen Lieferantenbeziehung sollen im nachfolgenden Abschnitt für jedes Szenario[409] Möglichkeiten für die Erfassung im Jahresabschluss von 1st-

---

[407] Siehe Framework, Tz. 100; vgl. *Pellens/Fülbier/Gassen* et al. (2008), S. 126.

[408] Zu IAS 1 vgl. weiterführend *Brücks/Diehm/Kerkhoff* (2008), Tz. 186-336.

[409] Vgl. Abbildung 22.

Tier Supplier und OEM ausgearbeitet werden. Um die Ausarbeitung zu verbessern, werden an dieser Stelle aus den umfassenden ökonomischen Erkenntnissen des Abschnitts 3.3 kurz die rechnungslegungsrelevanten Einflussgrößen rekapitulierend verdichtet. Im Anschluss daran werden die für die Phase wesentlichen rechnungslegungsrelevanten Grundlagen nach HGB und IFRS zentral vorgestellt und schließlich in den verschiedenen Szenarien hermeneutisch angewendet.

Allgemeine Ausgangssituation

Ein OEM beauftragt einen 1st-Tier Supplier, F&E-Tätigkeiten im Hinblick auf ein Modul für eine neue Fahrzeugserie durchzuführen. Die F&E-Tätigkeiten werden als Teil eines nachgelagerten Auftrags zur Serienfertigung verstanden. Die langfristige Zusammenarbeit wird mittels eines relationalen Rahmenvertrags durch einen **Nomination Letter** oder einen **Letter of Intent** (LOI) vergeben, der neben der F&E-Phase für sämtliche nachfolgenden Phasen der komplexen Lieferantenbeziehung als Grundlage gültig ist. Die einzelnen Phasen werden nach Bedarf über individuelle Bestellanforderungen (purchase orders) auf Basis des Rahmenvertrags konkretisiert. Der Rahmenvertrag stellt einen Mehrkomponentenvertrag dar, in dem jede einzelne Wertschöpfungsphase mit getrennten Angeboten separat und in sich abgeschlossen verhandelt wird und einen eigenen Wert mit eigener schuldrechtlicher Verpflichtung darstellt.[410] Die schuldrechtliche Verpflichtung basiert auf der vertraglichen beidseitig vereinbarten Bestellanforderung des OEMs, die eine gegenseitige Verpflichtung zu Leistung und Gegenleistung bzgl. eines Güteraustausches begründet.[411]

Sowohl OEM als auch 1st-Tier Supplier haben bereits im Vorfeld der Interaktion Grundlagenforschung auf eigene Rechnung betrieben. Zum Zeitpunkt der Vertragsschließung ist der 1st-Tier Supplier angehalten, in enger Abstimmung mit dem OEM bis zu einem gewissen Zeitpunkt eigene Forschungs- und Entwicklungstätigkeiten zu unternehmen und abzuschließen, auch um die nächste Phase der Herstellung der neuen Fahrzeugserie nicht zu gefährden. Die Forschungs- und Entwicklungstätigkeiten umfassen einen Zeitraum von zwei Berichtsperio-

---

410 Vgl. Abschnitt 3.3.5, weiterführend zu Mehrkomponentenverträgen vgl. *Winkeljohann/Geißler* (2006), §252 Tz.45; so auch *KPMG* (2008c), S. 89-92; zur Bestimmung, ob Komponenten separat zu bilanzieren sind, kann zudem Anhang 00-21A des EITF Abstracts 00-21, Revenue Arrangements with Multiple Deliverables, herangezogen werden.

411 Hierbei wird auch von *synallagmatischen* Verträgen gesprochen, vgl. *Klunziger* (2007), S. 189-194.

den. Das Ergebnis liegt in Form eines Prototyps vor, der vom OEM formell abgenommen wird.[412]

Die in der F&E-Phase hergeleiteten Vereinbarungen zur Frage der Weiterverwendung der F&E-Ergebnisse durch den 1st-Tier Supplier betreffen nicht direkt die hier betrachtete Interaktion und führen zudem nicht zu komplexen bilanziellen Fragestellungen. Grundsätzlich ist lediglich für den Fall der Beteiligung des OEMs an etwaigen Skaleneffekten die Erfassung einer Schuld des 1st-Tier Suppliers gegenüber dem OEM zu prüfen. Weiterführende bilanzielle Erörterungen bedürfen sehr viel konkreterer Annahmen über Art und Ablauf der Weiterverwendung, die keine bedeutenden Erkenntnisse erwarten lassen und die im Rahmen dieser Arbeit auch aufgrund des damit verbundenen übermäßig hohen Abstraktionsgrades nicht weiterverfolgt werden sollen.

4.2.2 Rechnungslegungsrelevante Grundlagen für die Abbildung der Forschungs- und Entwicklungsphase

4.2.2.1 Handelsrecht

4.2.2.1.1 Auswahl relevanter Grundlagen

Neben den in Abschnitt 4.1.2.2 und 4.1.2.3 genannten allgemeinen Ansatz- und Bewertungsvorschriften sind für die Phase der Forschungs- und Entwicklungstätigkeiten für die Abbildung der hergeleiteten Vereinbarungen nach HGB spezielle Grundlagen zur Behandlung *langfristiger Fertigungsaufträge* und *Leasingverhältnisse* relevant. Die Relevanz der bilanziellen Behandlung langfristiger Fertigungsaufträge begründet sich darin, dass die F&E-Tätigkeiten des 1st-Tier Supplier über mindestens zwei Berichtsperioden andauern und in diesem Zusammenhang die spezielle Frage entsteht, wie aus der Auftragsfertigung hervorgehende Jahresabschlussposten im Zeitablauf zu behandeln sind. Die Relevanz spezieller Grundlagen zur Abbildung von Leasingverhältnissen begründet sich darin, dass in einigen der zu betrachteten Vereinbarungen konkret zu hinterfragen ist, ob rechtliches und wirtschaftliches Eigentum an den F&E-Ergebnissen der gleichen Partei zufallen oder ob möglicherweise aufgrund einer speziellen Ausgestaltung der Vereinbarungen eine Divergenz zustande kommt, der ein Leasingverhältnis zu Grunde liegt und die somit zu einer besonderen Abbildung im Jahresabschluss führt. Bei beiden Sachverhalten handelt es sich um Sonderfragen der Rech-

412 Derartige Prototypen liegen in der Regel in Form von elektronischen Computer Aided Design (CAD) Daten vor.

nungslegung, deren mögliche Behandlung im Jahresabschluss im Folgenden **zentral** für nachstehende Ausarbeitungen von Abbildungsmöglichkeiten erarbeitet werden soll.

4.2.2.1.2 Wesentliche Grundlagen zur Abbildung langfristiger Fertigungsaufträge

Bei den in komplexen Lieferantenbeziehung vereinbarten F&E-Tätigkeiten handelt es sich um einen kundenspezifischen und auftragsbezogen Herstellungsprozess, der über mehr als nur eine Berichtsperiode andauert und damit als langfristiger Fertigungsauftrag einzuordnen ist. Langfristige Fertigungsaufträge bzgl. Sach- oder Dienstleistungen basieren rechtlich auf *Werkverträgen* nach § 631 bzw. § 651 BGB.[413] Für die Abbildung langfristiger Fertigungsaufträge werden im Handelsrecht drei verschiedene Ansätze diskutiert, und zwar

(1) die Completed-Contract-Methode

(2) die Selbstkostenaktivierung

(3) die Percentage-of-Completion-Methode

Bei der *Completed-Contract-Methode* wird in enger Auslegung des Vorsichtsprinzips nach § 252 Abs. 1 Nr. 4 HGB die Gewinn- und Umsatzrealisation erst bei vollständiger Fertigstellung und nach erfolgter Abnahme durch den Auftraggeber vorgenommen (Realisationprinzip), während vorhersehbare Verluste und Risiken umgehend zu erfassen sind (Imparitätsprinzip).[414]

Der Ansatz zur *Selbstkostenaktivierung* basiert auf Kritik an der Completed-Contract-Methode. Hierbei wird darauf hingewiesen, dass nach oben dargestellter Vorgehensweise über die Bilanzstichtage des Herstellungsprozess aus den Vorgaben des § 255 Abs. 2 und 3 HGB bzgl. geltender Aktivierungsverbote für anteilige Vertriebskosten und Wahlrechte für bestimmte anteilige Gemeinkosten eine Bewertungsobergrenze der Herstellungskosten entsteht, die unterhalb der Selbstkosten liegt und damit zur Erfassung von buchhalterischen Auftragszwischenverlusten führt. Derartige Auftragszwischenverluste kommen aber ausschließlich aufgrund der gesetzlichen Bestimmungen zustande, ein tatsächlicher Verlust entsteht nicht, da der Auftraggeber zum Zeitpunkt der Fertigstellung in aller Regel die Selbstkosten zzgl. Gewinnaufschlag abgelten wird. Demzufolge wird in Höhe der Differenz zwischen aktivierten

---

413 Vgl. *Baetge/Kirsch/Thiele* (2007), S. 681; *Pellens/Fülbier/Gassen* (2006), *S. 367; Wüstemann/Wüstemann* (2009), S. 31-58; vgl. zu Werkverträgen Abschnitt 3.3.4.

414 Vgl. *Leffson* (1987), S. 278f.; *Baetge/Kirsch/Thiele* (2007), S. 682-686.

Herstellungskosten und Selbstkosten am Ende jeder Berichtsperiode ein Verlust erfasst, der faktisch ob der nachgelagerten Abrechnungsfähigkeit keinen Bestand hat. Der Jahreserfolg wird so unverhältnismäßigen Schwankungen ausgesetzt. Es wird daher in Teilen der Literatur als vertretbar angesehen, bei langfristiger Auftragsfertigung, die über mehr als zwei Berichtsperioden andauert, eine Erhöhung der Herstellungskosten bis zum jeweiligen Bilanzstichtag erreichten Selbstkosten vorzunehmen, soweit deren Einbringung als sicher gilt und im Anhang darüber berichtet wird.[415]

Als dritte Möglichkeit zur Abbildung langfristiger Fertigungsaufträge wird auf Basis einer erweiterten Kritik an der Completed-Contract-Methode in Anlehnung an die IFRS die *Percentage-of-Compeltion-Methode (PoC-Methode)* diskutiert. Durch Anwendung der PoC-Methode erfolgt am Ende eines jeden Bilanzstichtags eine Gewinn- und Umsatzrealisation entsprechend dem erreichten Leistungsfortschritt. Die daraus resultierenden Umsatzerlöse ergeben sich in aller Regel aus der cost-to-cost Methode.[416] Bei dieser Methode werden die kumuliert angefallenen Kosten des Auftrags ins Verhältnis zu den geplanten Gesamtkosten gesetzt und so der Fertigstellungsgrad ermittelt. Dieser wird wiederum mit den gesamten Auftragserlösen multipliziert und ergibt, unter Abzug der bereits in Vorperioden realisierten Erlöse und Berücksichtigung korrespondierender Aufwendungen, den zu erfassenden Erfolg der Berichtsperiode.[417] Befürworter der PoC-Methode weisen vor allem auf die verbesserte Darstellung eines den tatsächlichen Verhältnisse entsprechenden Bildes in der VFE-Lage im Hinblick auf die Forderung der Generalnorm aus § 264 Abs. 2 Satz 1 hin.[418]

Nach der hier vertretenen Auffassung ist handelsrechtlich ausschließlich die Completed-Contract-Methode zulässig. Diese Auffassung begründet sich hinsichtlich der Überlegungen zur Selbstkostenaktivierung in der gesetzlich mit § 255 Abs. 2 und 3 HGB eindeutig festgelegten Herstellungskostenobergrenze. Eine Bewertung über diese Grenze hinaus bedeutet einen Verstoß gegen die GoB, im Wesentlichen die Grundsätze der *Richtigkeit* und *Vergleichbarkeit*.[419] Demzufolge ist handelsrechtlich mit Verweis auf Verstoß gegen das Vorsichtsprinzip im Allgemeinen und das Realisationsprinzip im Speziellen auch die PoC-Methode abzulehnen, da unterjährig keine vollständige Fertigstellung und auch keine Ab-

---

415 Vgl. *Ellrott/Brendt* (2006), §255 Tz. 457-462.

416 Die cost-to-cost Methode ist in Praxis die bevorzugte Methode, grundsätzlich sind auch andere Methoden zulässig.

417 Vgl. *Pellens/Fülbier/Gassen* (2006), S. 367; Backhaus (1996), S. 21-45; *Freidank* (1989), S. 1201.

418 Vgl. *ADS (2002)*, § 252 Tz. 86-90.

419 Vgl. *Baetge/Kirsch/Thiele* (2007), S. 118-122, 684f; a.A. z.B. *Ellrott/Brendt* (2006), §255 Tz. 457-462.

nahme durch den Auftraggeber vollzogen wird und erwartete Umsatzerlöse und Gewinne bei andauerndem Herstellungsprozess als zu unsicher zu bewerten sind.[420] Für die vorliegende Arbeit wird handelsrechtlich bei langfristiger Auftragsfertigung daher ausschließlich die Completed-Contract-Methode zugrunde gelegt. Führt die Anwendung der Completed-Contract-Methode zu der Einschätzung, dass ein den tatsächlichen Verhältnissen entsprechendes Bild nicht vermittelt wird, so sind gem. § 264 Abs. 2 Satz 2 HGB im Anhang zusätzliche Angaben erforderlich.

4.2.2.1.3 Wesentliche Grundlagen zur Abbildung von Leasingverhältnissen

Unter einem Leasingverhältnis ist die vertraglich fixierte entgeltliche Überlassung eines Nutzungsrechts an einem bestimmten Vermögensgegenstand zwischen dem rechtlichen Eigentümer als Leasinggeber und einem Leasingnehmer zu verstehen. Vereinfacht betrachtet basiert ein Leasingvertrag auf einem Mietvertrag. In einem solchen Vertrag verpflichtet sich der rechtliche Eigentümer als Vermieter bzw. Leasinggeber eines Vermögens- bzw. Leasinggegenstands, dem Mieter bzw. Leasingnehmer gegen Zahlung einer Leasingrate zur Nutzung zur Verfügung zu stellen, ohne das auch das rechtliche Eigentum übertragen wird. Der rechtliche Eigentümer eines Vermögensgegenstandes ist berechtigt, diesen uneingeschränkt zu nutzen oder zu verwerten. Dabei obliegt ihm auch das Recht, diese Möglichkeit auf eine andere Person zu übertragen, ohne das rechtliche Eigentum übertragen zu müssen. In einem solchen Fall ist die Berechtigung zur Nutzung und Verwertung des Vermögensgegenstandes und das rechtliche Eigentum auf zwei verschiedene Personen verteilt.[421] Fraglich ist in diesem Zusammenhang, ob ein Leasingverhältnis vertraglich so geregelt ist, dass der Leasinggeber als rechtlicher Eigentümer dem Leasingnehmer das wirtschaftliche Eigentum überträgt. Wie bereits in den allgemeinen Ansatzvorschriften in Abschnitt 4.1.2.2 erläutert, ist für die Bilanzierung des Vermögensgegenstandes das wirtschaftliche Eigentum entscheidend.

Im Handelsrecht ist die Behandlung von Leasingverhältnissen nicht explizit geregelt. Die Abbildungsmöglichkeiten ergeben sich im Wesentlichen aus den Kommentierungen zum Han-

---

420 Gl. A .*Leffson* (1987), S. 278ff; *Baetge/Kirsch/Thiele* (2007), S. 686f.; a.A. *ADS*, § 252 Tz. 86-90.
421 Vgl. *Matena* (2004), S. 3f.

delsrecht,[422] die wiederum als Grundlage auf die Leasing-Erlasse des Bundesministeriums der Finanzen (BMF) verweisen.[423]

Demzufolge wird in der HGB-Kommentierung vor allem die Frage erörtert, nach welchen Kriterien das wirtschaftliche Eigentum dem Leasingnehmer zuzuordnen ist. Dieser Fall wird allgemein als *Finanzierungsleasing* bezeichnet. Der Leasingvertrag weicht in einer solchen Konstellation entscheidend vom allgemein bekannten Mietvertrag (als *Operating-Leasing* bezeichnet) ab. Ohne diese sehr umfassend diskutierte Prüfung hier vollständig vorstellen zu wollen, soll für die zu betrachtenden Vereinbarungen der komplexen Lieferantenbeziehung zusammengefasst festgehalten werden, dass Finanzierungsleasing in der betrachteten Lieferantenbeziehung vor allem dann angenommen werden muss, wenn

(a) der Leasingnehmer während einer Grundmietzeit unkündbar Leasingraten in Höhe der vom Leasinggeber insgesamt aufgewendeten Anschaffungs- und Herstellungskosten entrichtet (Vollamortisationsvertrag) und die Laufzeit weniger als 40% oder mehr als 90% der gesamten wirtschaftlichen Nutzungsdauer des Leasinggegenstandes ausmacht <u>oder wenn</u>

(b) es sich um Spezialleasing handelt, d.h. wenn der Leasinggegenstand in seiner Beschaffenheit derart auf den Leasingnehmer zugeschnitten ist, dass eine anderweitige Nutzung durch Dritte ökonomisch nicht nutzvoll erscheint.[424]

Wird das Vertragsverhältnis als Finanzierungsleasing klassifiziert, aktiviert der *Leasingnehmer* zum Barwert künftiger Leasingzahlungen den Vermögensgegenstand und passiviert korrespondierend eine Leasingverbindlichkeit. Der Vermögensgegenstand ist im Anlagevermögen auszuweisen und in der Folgebewertung planmäßig abzuschreiben. Die periodisch zu entrichtenden Tilgungszahlungen sind in aufwandserhöhende Zins und Verbindlichkeiten reduzierende Tilgungskomponenten aufzuteilen. Der *Leasinggeber* aktiviert in Höhe der abgezinsten Leasingraten eine Forderung, wobei die in der Zukunft erhaltenen Zahlungen in eine erfolgswirksame Zins- und eine forderungsmindernde Tilgungskomponente

---

422 Vgl. *ADS* (2002), § 246 Tz. 385-395; *Förschle/Kroner* (2006), § 246 Tz. 37-77; *Baetge/Kirsch/Thiele* (2007), S. 693-707.

423 Vgl. *BMF* (1971); *BMF* (1972); *BMF* (1975); *BMF* (1991).

424 Vgl. zur ökonomischen Einordnung von Leasing: *Perridon/Steiner* (2007), S. 445f., zur Bilanzierung und Klassifizierung von Leasingverhältnissen ausführlich *Leffson* (1976); *ADS* (2002), § 246 Tz. 385-395; *Förschle/Kroner* (2006), § 246 Tz. 37-47; *Baetge/Kirsch/Thiele* (2007), S. 693-707.

aufzuteilen sind. Operating-Leasingverhältnisse sind hingegen als normale Mietgeschäfte abzubilden.[425]

Einen Sonderfall stellt das sogenannte **sale-and-lease-back Geschäft** dar, bei der der Leasingnehmer einen Vermögensgegenstand zunächst herstellt und verkauft und anschließend im Rahmen eines Finanzierungsleasings wieder zurückleast. Ein derartiger Sachverhalt wäre individuell zu prüfen und in der Regel zu unterteilen. Hierbei wäre in einem ersten Schritt u.U. Gewinnrealisierung geboten, so lange der Vermögensgegenstand nicht zurückgekauft wird.[426] In einem zweiten Schritt wäre der abgeschlossene Leasingvertrag dann nach oben genannten Kriterien einzuordnen und entsprechend im Jahresabschluss abzubilden.

Es sei an dieser Stelle festgehalten, dass es handelsrechtlich selten zur Einordnung von Finanzierungsleasingverhältnissen kommt, da es an gesetzlichen Regelungen fehlt und die formellen Leasingerlasse des BMF in der Regel eine Vertragsmodellierung zulassen, die dem Bilanzierenden von vornherein den Ausschluss einer derartige Einordnung ermöglichen.

4.2.2.2 IFRS

4.2.2.2.1 Auswahl relevanter Grundlagen

Aus den gleichen Gründen wie oben für das HGB genannt, ist auch im IFRS-Jahresabschluss für die Phase der Forschung und Entwicklung speziell die Abbildung von langfristigen Fertigungsaufträgen und Leasing von Bedeutung. Anders als im HGB existieren nach IFRS hingegen durch spezielle Standards konkrete Regelungen. So werden die Abbildung *langfristiger Fertigungsaufträge* in *IAS 11* und *Leasing* in IAS 17 und IFRIC 4 geregelt. Der sich aus den F&E-Tätigkeiten ergebende Vermögenswert lässt grundsätzlich eine immaterielle Charaktereigenschaft annehmen. Die Erfassung solcher *immaterieller Vermögenswerte* ist nach IFRS speziell durch IAS 38 geregelt, der demzufolge ebenfalls zu spezieller Relevanz führt. Die wesentlichen Grundlagen der genannten Standards sollen im Folgenden **zentral** für nachstehende Ausarbeitungen von Abbildungsmöglichkeiten vorgestellt werden.

---

425 Vgl. *ADS* (2002), § 246 Tz. 392-395; *Baetge/Kirsch/Thiele* (2007), S. 704-706.

426 Hierbei handelt es sich um sogenannte sale-and-buy-back Geschäfte, die im Rahmen dieser Arbeit aber nicht von Bedeutung sind, vgl. hierzu *IDW ERS HFA 13* n.F. (2006), Tz. 1-47.

4.2.2.2.2 Wesentliche Grundlagen von IAS 11 Fertigungsaufträge

IAS 11 regelt für *Fertigungsaufträge* die Erfassung von Erträgen, Aufwendungen und Gewinnen. Ein Fertigungsauftrag besteht nach IAS 11.3, wenn ein Vertrag über die kundenspezifische Fertigung einzelner Gegenstände oder einer Anzahl von Gegenständen vorliegt, die hinsichtlich Design, Technologie und Funktion oder hinsichtlich ihrer endgültigen Verwendung aufeinander abgestimmt oder voneinander abhängig sind. Speziell für die hier betrachteten F&E-Tätigkeiten konkretisiert IAS 11.5 Fertigungsaufträge weiter als „Verträge über die Erbringung von Dienstleistungen, die direkt im Zusammenhang mit der Fertigung eines Vermögenswertes stehen" und meist als Kostenzuschlags- oder Festpreisvertrag formuliert werden.[427] Die Frage, wie langfristige Fertigungsaufträge in Mehrkomponentenverträgen abzugrenzen sind, sind durch IAS 11.8 und 11.9 geregelt.

Nach IAS 11.8 ist jede Komponente eines Rahmenvertrags als eigener Fertigungsauftrag zu behandeln, wenn

(a) getrennte Angebote für jeden Vermögenswert unterbreitet wurden,

(b) über jeden Vermögenswert separat verhandelt wurde und der Auftragnehmer sowie der Kunde die Vertragsbestandteile, die jeden einzelnen Vermögenswert betreffen, separat akzeptieren oder ablehnen konnten und

(c) Kosten und Erlöse jedes einzelnen Vermögenswerts getrennt ermittelt werden können.

Nach IAS 11.9 hingegen ist eine Gruppe von Verträgen mit einem einzelnen Kunden als ein einziger Fertigungsauftrag zu behandeln, wenn

(a) die Gruppe von Verträgen als ein einziges Paket verhandelt wird,

(b) die Verträge so eng miteinander verbunden sind, dass sie im Grunde Teil eines einzelnen Projekts mit einer Gesamtgewinnmarge sind und

(c) die Verträge gleichzeitig oder unmittelbar aufeinander folgend abgearbeitet werden.

Die Erfassung von Erträgen, Aufwendungen und Gewinnen ist von einer Einschätzung hinsichtlich des Ergebnisses des Fertigungsauftrags abhängig. Ist das Ergebnis des Fertigungsauftrags *verlässlich* zu schätzen, so sind nach IAS 11.22 die Auftragserlöse und –

---

[427] Siehe IAS 11.3 und IAS 11.6.

kosten aus dem Fertigungsauftrag entsprechend des Leistungsfortschritts am Bilanzstichtag jeweils als Erträge und Aufwendungen zu erfassen, und zwar gem. IAS 11.26 in den Perioden, in denen Leistung erbracht und Aufwendungen angefallen sind. Hierbei wird in der Regel die Percentage-of-Completion (PoC)-Methode nach IAS 11.25 verwendet.[428] Als Auftragserlöse gelten nach IAS 11.11 die vertraglich vereinbarten Erlöse, wobei nachträgliche Änderungen entsprechend zu berücksichtigen sind.[429] Als Auftragskosten gelten gem. IAS 11.16 die direkt mit dem Vertrag verbundenen Kosten, alle allgemein dem Vertrag zurechenbaren Kosten und sonstige Kosten, die dem Kunden vertragsgemäß gesondert in Rechnung gestellt werden können.[430]

Die Kriterien für eine verlässliche Schätzung von Auftragserlösen sind für *Festpreisverträge* nach IAS 11.23 erfüllt, wenn

(a) die gesamten Auftragserlöse verlässlich bewertet werden können;

(b) es wahrscheinlich ist, dass der wirtschaftliche Nutzen aus dem Vertrag dem Unternehmen zufließt,

(c) sowohl die bis zur Fertigstellung des Auftrags noch anfallenden Kosten als auch der Grad der erreichten Fertigstellung am Bilanzstichtag verlässlich bewertet werden können und

(d) die Auftragskosten eindeutig bestimmt und verlässlich bewertet werden können, so dass die bislang entstandenen Auftragskosten mit früheren Schätzungen verglichen werden können.

Für *Kostenzuschlagverträge* sind die Kriterien für eine verlässliche Schätzung von Auftragserlösen nach IAS 11.24 erfüllt, wenn

(a) es wahrscheinlich ist, dass der wirtschaftliche Nutzen aus dem Vertrag dem Unternehmen zufließt und

(b) die dem Vertrag zurechenbaren Auftragskosten eindeutig bestimmt und verlässlich bewertet werden können, unabhängig davon, ob sie gesondert abrechenbar sind.

---

428 Vgl. grundlegen zur PoC-Methode Abschnitt 4.2.2.1.2, die konkrete Anwendung wird bei der Erarbeitung der Abbildungsmöglichkeiten untersucht.

429 Siehe dazu IAS 11.11-15.

430 Siehe dazu IAS 11.16-21

Sofern gem. IAS 11.32 das Ergebnis eines Fertigungsauftrags nicht verlässlich geschätzt werden kann,

(a) ist der Erlös nur in Höhe der angefallenen Auftragskosten zu erfassen, die wahrscheinlich einbringbar sind und

(b) sind die Auftragskosten in der Periode, in der sie anfallen, als Aufwand zu erfassen.

Ein erwarteter Verlust durch den Fertigungsauftrag ist gemäß IAS 11.36 sofort als Aufwand zu erfassen.[431]

4.2.2.2.3 Wesentlich Grundlagen von IAS 38 Immaterielle Vermögenswerte

Die Erfassung von immateriellen Vermögenswerten ist in IAS 38 konkret geregelt. Gemäß IAS 38.8 definiert sich ein immaterieller Vermögenswert als identifizierbarer, nicht monetärer Vermögenswert ohne physische Substanz. Nach IAS 38.11-17 liegt ein immaterieller Vermögenswert dann vor, wenn *Identifizierbarkeit*, *Beherrschung* und *künftiger wirtschaftlicher Nutzen* gegeben sind. Die Ansatzkriterien für einen solchen Vermögenswert fordern für eine Erfassung im Jahresabschluss in IAS 38.21, dass dem Unternehmen der künftige wirtschaftliche Nutzen wahrscheinlich auch zugeht und die einhergehenden Anschaffungs- und Herstellungskosten verlässlich bewertet werden können. Für die vorliegende Arbeit sind für Ansatz und Bewertung einzeln erworbener immaterieller Vermögenswerte IAS 38.25-32 und für selbstgeschaffene immaterielle Vermögenswerte IAS 38.51-67 von Bedeutung.

Für den Ansatz einzeln erworbener immaterieller Vermögenswerte werden die Ansatzkriterien stets als erfüllt angesehen (IAS 38.25 und 26), da ein gezahlter Preis die erwartete Wahrscheinlichkeit des Nutzenzuflusses manifestiert und in aller Regel keine Probleme hinsichtlich einer verlässlichen Bewertung der Anschaffungskosten bestehen. Als zu erfassender Buchwert sind nach IAS 38.27 neben dem Erwerbspreis alle direkt zurechenbaren Kosten vorgesehen, die in Verbindung mit der Erstellung des vom Management gewünschten betriebsbereiten Zustands anfallen. Hierbei werden in IAS 38.28 explizit auch Kosten für Testläufe genannt. Unzulässige Bestandteile der Anschaffungskosten werden in IAS 38.29 aufgeführt, hier sind u.a. Verwaltungs- und andere Gemeinkosten von der Aktivierung ausgeschlossen.

---

431 Vgl. grundlegend zur Behandlung langfristiger Auftragsfertigung nach IAS 11: *Plock* (2004), S. 119-163; *Dobler* (2006), S. 161-164; *Keitz* (2008), IAS 11 Fertigungsaufträge, Tz. 1-250.

Der Ansatz selbsterstellter immaterieller Vermögenswerte gestaltet sich ungleich schwerer. IAS 38 unterteilt hierbei den Entstehungsprozess eines solchen Vermögenswertes in eine Forschungs- und eine Entwicklungsphase. Der Ansatz eines Vermögenswertes im Zusammenhang mit einer Forschungsphase wird in IAS 38.54-56 explizit untersagt. Das Verbot ist vor allem dadurch begründet, dass ein Unternehmen in der Forschungsphase nicht ausreichend nachweisen kann, dass ein möglicher Vermögenswert hinreichend konkret existiert, um für das Unternehmen einen voraussichtlichen wirtschaftlichen Nutzen zu erzeugen. Hieraus folgt, dass Aufwendungen aus der Forschungsphase grundsätzlich nicht aktiviert werden dürfen. Zur Bestimmung der Forschungsphase werden hauptsächlich die Charakteristika der Grundlagenforschung beispielhaft aufgeführt.[432]

Der Ansatz eines aus der Entwicklungsphase entstehenden Vermögenswertes ist nach IFRS hingegen verpflichtend. Ein Ansatz kommt nach IAS 38.57 dann in Betracht, wenn für den Vermögenswert *kumulativ*

(a) die technische Realisierbarkeit zur Fertigstellung und zur anschließenden Nutzung oder zum Verkauf gegeben ist,

(b) die Absicht zur Fertigstellung, anschließender Nutzung oder zum Verkauf besteht,

(c) die Fähigkeit zu anschließender Nutzung oder zum Verkauf besteht,

(d) ein Nachweis zur Art und Weise der Nutzung oder des Verkaufs gegeben ist,

(e) die Verfügbarkeit technischer und finanzieller Ressourcen zur Fertigstellung der Entwicklung gewährleistet ist und

(f) die Fähigkeit besteht, die der Entwicklung zurechenbaren Ausgaben verlässlich zu bewerten.

Die Aufnahme von Vermögenswerten aus der Entwicklungsphase im Gegensatz zur Forschungsphase in den Jahresabschluss wird damit begründet, dass Projekte in der Entwicklungsphase sehr viel fortgeschrittener sind als in der Forschungsphase und eher konkrete Schlüsse über die genannten Ansatzkriterien zulassen.[433]

Die *Erstbewertung* eines angesetzten selbsterstellten immateriellen Vermögenswertes ist in IAS 38.65-67 geregelt und umfasst die angefallenen Herstellungskosten, die ab jenem Zeit-

---

432 Vgl. dazu ausführlich Abschnitt 3.3.1.

433 Vgl. ausführlich *Böcking/Wiederhold* (2008), IAS 38 Tz. 56-85; *Schruff/Haaker* (2009), S. 441-487.

punkt anfallen, in denen der Vermögenswert die oben genannten Ansatzkriterien erstmals erfüllt. Hierbei ist eine klare Trennung der Forschungs- und Entwicklungsphase zwingend erforderlich. Können die Phasen nicht getrennt werden, kann ein Ansatz des Vermögenswertes nicht erfolgen, da in diesem Fall nach IAS 38.53 alle Kosten der Forschungsphase zugerechnet werden müssen und dementsprechend das konkrete Aktivierungsverbot aus IAS 38.54 greift. Als Bestandteil der Herstellungskosten gelten nach IAS 38.66 alle direkt zurechenbaren Kosten, die anfallen, um den Vermögenswert zu entwerfen, herzustellen und in der Art vorzubereiten, dass er für den vom Management beabsichtigen Gebrauch betriebsbereit ist. Hierbei werden u.a. Vertriebs- und Verwaltungsgemeinkosten sowie sonstige allgemeine Gemeinkosten, die nicht direkt dazu dienen, die Nutzung des Vermögenswertes vorzubereiten, ebenso wie etwaige entstehende Startverluste durch IAS 38.67 als Bestandteil der Herstellungskosten ausgeschlossen.

Die *Folgebewertung* kann grundsätzlich gemäß IAS 38.72 entweder nach dem Anschaffungskostenmodell oder nach dem Neubewertungsmodell erfolgen. Letzteres kann aber aufgrund eines fehlenden aktiven Marktes für die vorliegende Arbeit vernachlässigt werden. Für die hier betrachteten Fälle der komplexen Lieferantenbeziehung hat die Folgebewertung nach IAS 38.74 zu erfolgen. Der Buchwert eines angesetzten Vermögenswertes ist demnach in Anlehnung an seine Nutzungsdauer um planmäßige Abschreibungen ab dem Zeitpunkt der erstmaligen Verwendung zu verringern. Die Höhe der Abschreibung soll dabei dem erwarteten Verbrauch entsprechen. Auf dieser Grundlage kommt neben der linearen und degressiven Abschreibung auch die leistungsabhängige Anlehnung in Betracht. Die gewählte Abschreibungsmethode und die damit einhergehenden Parameter sind am Ende jeder Periode zu überprüfen. Unerwartete Wertminderungen sind in Anlehnung an IAS 36 zu prüfen und entsprechend zu erfassen.[434]

4.2.2.2.4 Wesentliche Grundlagen für die Abbildung von Leasingverhältnissen nach IAS 17 und IFRIC 4

4.2.2.2.4.1 Problematik

Die Erfassung von Leasingverhältnissen im Jahresabschluss wird in den IFRS konkret durch **IAS 17** geregelt. Demnach besteht nach IAS 17.4 ein *Leasingverhältnis*, wenn eine Vereinbarung vorliegt, bei der der Leasinggeber dem Leasingnehmer gegen eine Zahlung oder eine

---

434 Vgl. ausführlich zu IAS 38 *Thiele/Kühle* (2008), IAS 38, Tz. 190-201 und Tz. 260-304.

Reihe von Zahlungen das Recht auf Nutzung eines Vermögenswertes für einen vereinbarten Zeitraum überträgt. Leasingverhältnisse sind auch nach IFRS durch die Verteilung von wirtschaftlichem und rechtlichem Eigentum auf Leasingnehmer und Leasinggeber gekennzeichnet. Für die Bilanzierung des Vermögenswertes ist nach IFRS das wirtschaftliche Eigentum maßgeblich. In der Praxis und im Hinblick auf die hier untersuchte komplexe Lieferantenbeziehung sind regelmäßig Vereinbarungen zu beobachten, in denen bei wirtschaftlicher Betrachtungsweise ein Leasingverhältnis vorliegen mag, formell betrachtet die eben genannten Leasingverhältnis-Kriterien des IAS 17 aber nicht direkt erfüllt werden und die Anwendung des Standards somit nicht zustande kommt. Dieses Problemt ergibt sich zum Beispiel, wenn die Übertragung von Nutzungsrechten nicht explizit vereinbart wurde oder aber keine direkten Leasingraten vereinbart sind. Um diese Regelungslücke zu schließen, hat das IASB die Interpretation **IFRIC 4 „Determining whether an arrangemenent contains a lease“** erarbeitet, die den Anwendungsbereich von IAS 17 um **indirekte** Leasingverhältnisse erweitert. Dabei gibt die Interpretation keine Bilanzierungs- oder Leasingklassifizierungsanweisungen vor, sondern regelt lediglich, ob eine Vereinbarung mit indirekter Übertragung von Nutzungsrechten (verdeckte Leasingverhältnisse) in den Anwendungsbereich des IAS 17 fällt oder nicht.

4.2.2.2.4.2 Grundlagen und Anwendungsvoraussetzungen von IFRIC 4

Nach IFRIC 4.6 ist eine Vereinbarung als Leasingverhältnis zu bewerten, wenn

(a) die Erfüllung der Vereinbarung von der Nutzung eines *bestimmten Vermögenswerts* oder bestimmter Vermögenswerte abhängt und

(b) die Vereinbarung ein *Recht auf Nutzung* des Vermögenswerts überträgt.

Die Erfüllung einer Vereinbarung hängt nach IFRIC 4.7 und 4.8 immer dann von einem *bestimmten Vermögenswert* ab, wenn vertraglich festgelegt ist, dass ein spezieller Vermögenswert in der Interaktion verwendet werden soll und/oder eindeutig ersichtlich ist, dass nur ein ganz bestimmter Vermögenswert zur Erfüllung der vertraglichen Pflichten zum Einsatz kommen kann (z.B. wenn hierfür nur ein Vermögenswert im Bestand des Lieferanten ist).[435] Bezogen auf die hier betrachtete Lieferantenbeziehung und die dabei verwendeten Vermögenswerte (F&E-Ergebnisse und später auch kundenspezifische Werkzeuge) kann diese Gegeben-

---

[435] Vgl. *Lüdenbach/Freiberg* (2008), § 15 Tz. 5.

heit häufig als erfüllt bewertet werden. Der 1st-Tier Supplier kann den nachfolgenden Serienauftrag nur dann erfüllen, wenn im Rahmen des Produktionsprozesses die zuvor entwickelten und hergestellten Vermögenswerte verwendet werden, und zwar unabhängig von rechtlichen Eigentumsfragen. Dabei ist anzunehmen, dass die Vermögenswerte stets kundenspezifisch sind, also ausschließlich in der Interaktion mit einem bestimmten OEM für ein bestimmtes Teil verwendet werden können. Folglich ist auch die Amortisation ausschließlich in dieser spezifischen langfristigen Transaktion möglich. Es ist daher nicht davon auszugehen, dass der 1st-Tier Supplier von Vermögenswerten der genannten Art und Ausprägung mehrere auf Lager hält. Die Erfüllung der Vereinbarungen der Lieferantenbeziehung hängt in aller Regel von einem identifizierbaren Vermögenswert ab.

Schwieriger zu beantworten ist die Frage, ob die Vereinbarung ein *Recht auf Nutzung* des Vermögenswertes überträgt, da es häufig an expliziten Absprachen fehlt. IFRIC 4.9 konkretisiert daher dieses Kriterium dahingehend, dass für eine Vereinbarung die Übertragung eines Rechts auf Nutzung des Vermögenswerts wie folgt angenommen werden kann:

(a) Der Käufer hat die Fähigkeit oder das Recht, den Vermögenswert zu betreiben oder andere anzuweisen, den Vermögenswert in einer von ihm festgelegten Art zu betreiben, wobei er mehr als nur einen geringfügigen Betrag des Ausstoßes oder Nutzens des Vermögenswerts erhält oder kontrolliert.

(b) Der Käufer hat die Fähigkeit oder das Recht, den physischen Zugang zu dem zugrunde liegenden Vermögenswert zu bestimmen, während er mehr als einen geringfügigen Betrag des Ausstoßes oder Nutzens des Vermögenswerts erhält oder kontrolliert.

(c) Tatsachen und Umstände weisen auf die Unwahrscheinlichkeit hin, dass außer dem Käufer eine oder mehrere Parteien einen mehr als geringfügigen Betrag des Ausstoßes oder Nutzens, den der Vermögenswert in dem Zeitraum der Vereinbarung produziert oder erzeugt, übernehmen werden und der Preis, den der Käufer für das Ergebnis zahlen wird, weder vertraglich pro Produktionseinheit festgelegt wird noch dem aktuellen Marktpreis je Einheit des Ergebnisses zum Zeitpunkt der Lieferung des Ergebnisses entspricht.[436]

In der betrachteten Lieferantenbeziehung ist eindeutig davon auszugehen, dass der OEM sämtliche mit den Vermögenswerten produzierten Stückzahlen abnimmt und damit kontrol-

---

436 Vgl. zu IFRIC 4 auch *Lüdenbach/Freiberg* (2008), § 15 Tz. 4-11; *Beine/Nardmann* (2009), S. 814-818.

liert. Diese Annahme ergibt sich aus der beschriebenen kundenspezifischen Charaktereigenschaft des Geschäftsvorfalls und des verwendeten Vermögenswertes. Der 1st-Tier Supplier hätte gar keine Möglichkeit, die produzierten Stückzahlen anderweitig an Hersteller anderer Automarken abzusetzen, eben weil sie kundenspezifisch sind. Die Einstufung von Vereinbarungen der Lieferantenbeziehung als Leasingverhältnis nach IFRIC 4 und die damit verbundene Anwendung von IAS 17 ist vor allem davon abhängig, ob der OEM über die Möglichkeit verfügt,

- den 1st-Tier Supplier nach eigenen Wünschen und Motiven anzuweisen den Vermögenswert zu betreiben (IFRIC 4.9a),
- den effektiven physischen Zugang zu bestimmen (IFRIC 4.9b) oder
- die Preisgestaltung entscheidend zu beeinflussen (IFRIC 4.9c).

Diese Auslegung ist in den folgenden zu betrachtenden Vereinbarungen jeweils individuell zu bewerten.

4.2.2.2.4.3 Anwendung von IAS 17

IAS 17 kommt für Leasingverhältnisse zur Anwendung, die sich direkt aus der Definition des IAS 17.4 ergeben, oder wenn die Prüfung von IFRIC 4 zu dem Ergebnis geführt hat, es läge trotz Verfehlen von IAS 17.4 dennoch ein Leasingverhältnis mit indirekter Übertragung von Nutzungsrechten vor. Vergleichbar dem HGB ist für die Erfassung im Jahresabschluss die Einordnung des Leasingverhältnisses entscheidend. Mit der Einordnung des Leasingverhältnisses wird die Frage beantwortet, ob dem Leasingnehmer das wirtschaftliche Eigentum am Vermögenswert zuzuordnen ist (finance lease) oder ob der Leasinggeber trotz Übertragung von Nutzungsrechten wirtschaftlicher Eigentümer bleibt (operating lease). Maßgeblich für die Erfassung des Vermögenswertes ist die Frage, welcher Partei das wirtschaftliche Eigentum zuzuordnen ist. IAS 17.10 verweist explizit darauf, dass für die Einordnung als Finanzierungs- oder Operating-Leasing der wirtschaftliche Gehalt der Transaktion der formellen Ausgestaltung vorzuziehen ist. Als Beispiel für *Finanzierungsleasing*, wo die wesentlichen Chancen und Risiken auf den Leasingnehmer übertragen werden, werden in IAS 17.10 und 11 diverse Gestaltungen genannt. Für die betrachteten Vereinbarungen der Lieferantenbeziehung sind dabei die folgenden Gestaltungen von tragender Bedeutung:

(a) Die Laufzeit des Leasingverhältnisses umfasst den überwiegenden Teil der wirtschaftlichen Nutzungsdauer des Vermögenswerts, auch wenn das Eigentumsrecht nicht übertragen wird,

(b) zu Beginn des Leasingverhältnisses entspricht der Barwert der Mindestleasingzahlungen im Wesentlichen mindestens dem beizulegenden Zeitwert des Leasinggegenstands; und

(c) die Leasinggegenstände haben eine spezielle Beschaffenheit, so dass sie ohne wesentliche Veränderungen nur vom Leasingnehmer genutzt werden können.[437]

Die Abbildung eines *Finanzierungsleasingverhältnisses* erfolgt in der Bilanz des *Leasinggebers* nach IAS 17.36 durch Aktivierung einer Forderung und Realisierung eines Umsatzes. Die Finanzerträge sind über die Laufzeit zu verteilen. Die Einzahlungen der Leasingraten sind in Forderungstilgung und Finanzerträge aufzuteilen.[438] Die Anfangsbewertung der Forderung basiert dabei auf der Höhe des Nettoinvestitionswertes aus dem Leasingverhältnis. Nach IAS 17.4. entspricht der *Nettoinvestitionswert* der Bruttoinvestition, abgezinst mit jenem Zinssatz, der dem Leasingverhältnis zugrunde liegt. Weiter versteht der Standard unter der *Bruttoinvestition* in ein Leasingverhältnis die Summe aus den vom Leasinggeber erhaltenen *Mindestleasingzahlungen* und einem nicht garantierten Restwert, der zugunsten des Leasinggebers anfällt. Als Mindestleasingzahlungen werden wiederum diejenigen Zahlungen definiert, welche der Leasingnehmer während der Laufzeit des Leasingverhältnisses zu leisten hat oder zu denen er herangezogen werden kann.

In der Bilanz des *Leasingnehmers* hat die Aktivierung des Vermögenswertes und Passivierung einer Verbindlichkeit in gleicher Höhe zu erfolgen. Die Bewertung orientiert sich dabei am Fair Value des Vermögenswertes oder, wenn niedriger, dem Barwert der Mindestleasingraten. Die Auszahlung der Leasingraten ist in Tilgung und Zinsaufwendungen aufzuteilen. Die Abschreibung des Vermögenswertes erfolgt über die Laufzeit des Leasingvertrages oder, falls kürzer, über die geplante Nutzungsdauer.[439]

Die Abbildung eines *Operating-Leasingverhältnisses* erfolgt in der Bilanz des *Leasinggebers* durch Aktivierung des Vermögenswertes und planmäßiger Abschreibungen im Zeitablauf.

---

437 Vgl. ausführlich zu Gestaltung des Finanzierungsleasings *Beine/Nardmann* (2009), S. 783-787.

438 Siehe IAS 17.36-39.

439 Siehe IAS 17.20-27.

Die Leasingzahlungen des Leasingnehmers sind als Ertrag linear über die Laufzeit des Leasingverhältnisses zu erfassen, es sei denn, eine andere planmäßige Verteilung entspricht eher dem zeitlichen Verlauf, in dem sich der aus dem Leasinggegenstand erzielte Nutzenvorteil verringert.[440] Der *Leasingnehmer* hat die Leasingzahlungen linear als Aufwand zu erfassen, es sei denn, eine andere systematische Grundlage entspricht dem zeitlichen Verlauf des Nutzens für den Leasingnehmer, selbst wenn die Zahlungen nicht auf dieser Grundlage erfolgen.[441]

4.2.3 Abbildungsmöglichkeiten für hergeleitete Vereinbarungen der ökonomischen Analyse zur Phase der Forschungs- und Entwicklungstätigkeiten

4.2.3.1 Szenario I: Extreme Machtasymmetrie zu Gunsten des OEMs

4.2.3.1.1 Rekapitulation der Ausgangssituation

Aufgrund seiner starken Machtvorteile in der Interaktion setzt der OEM die Abgeltung der F&E-Tätigkeiten des 1st-Tier Suppliers über den Teilepreis zum Zeitpunkt des nachgelagerten Serienauftrags durch. Vereinbart ist ein fixer Betrag, der auf die geplanten Stückzahlen des OEMs verteilt wird. Garantierte Abnahmemengen oder Ausgleichzahlungen im Falle ungenügender Teileabnahmen sind nicht vereinbart. Zudem ist festgelegt, dass das rechtliche Eigentum am Ergebnis der F&E-Tätigkeiten umgehend nach Fertigstellung an den OEM übergeht.

4.2.3.1.2 Abbildungsmöglichkeiten im Jahresabschluss des 1st-Tier Suppliers

4.2.3.1.2.1 Abbildung nach HGB

Für den 1st-Tier Supplier handelt es sich um Forschungs- und Entwicklungstätigkeiten im Fremdauftrag. Eine Aktivierung der F&E-Tätigkeiten ist von der abstrakten und konkreten Aktivierungsfähigkeit abhängig.[442] Für die abstrakte Aktivierungsfähigkeit ist es erforderlich, dass die F&E-Ergebnisse selbstständig verwertbar, also am Bilanzstichtag zur Schuldendeckung geeignet sind. Bezüglich der selbstständigen Verwertbarkeit ist kritisch zu hinterfragen, ob nicht die speziell vereinbarte Zahlungsvereinbarung einer positiven Auslegung entgegenstehen könnte. Der OEM hat der Abgeltung der F&E-Tätigkeiten zwar zugestimmt, diese aber von der nachgelagerten Bedingung der Teilebestellung abhängig gemacht. So ist zum Zeitpunkt der Fertigstellung das F&E-Ergebnis zwar in der Interaktion mit dem OEM selbstständig verwertbar, allerdings ist aufgrund des unsicheren bzw. erst in der Zukunft

---

440 Siehe IAS 17.49-57.

441 Siehe IAS 17.33-35; vgl. weiterführen zu Leasingverhältnissen nach IAS 17 *Köhler/Gebhardt* (2008), IAS 17, Tz. 206-317.

442 Vgl. Abschnitt 4.1.2.2.

liegenden Zahlungseingangs das Schuldendeckungspotenzial am Bilanzstichtag möglicherweise zweifelhaft.

Nach der hier vertretenen Auffassung ergibt sich aus den F&E-Aufwendungen bzw. erzielten Ergebnissen dennoch ein selbstständig verwertbarer Vermögensgegenstand für den 1st-Tier Supplier. Die F&E-Tätigkeiten werden ausdrücklich im Auftrag des OEMs durchgeführt, dieser hat offensichtlich ein Interesse an den Tätigkeiten und bzgl. der Ergebnisse explizit eine quantifizierbare Zahlungsbereitschaft signalisiert, die formell betrachtet einer schuldrechtlichen Verpflichtung gleicht und somit für den 1st-Tier Supplier zunächst zur Schuldendeckung geeignet ist. Die F&E-Ergebnisse sind daher - wenn auch nur in der Interaktion mit dem OEM - selbstständig verwertbar. Die spezielle Form der Zahlungsmodalitäten steht dieser Annahme nicht entgegen. Die Tatsache, dass möglicherweise Unsicherheit bzgl. des Zahlungseingangs besteht, kann keinen Einfluss auf den Ansatz als Vermögensgegenstand nehmen, sondern ist bei der Bewertung zu berücksichtigen. Die F&E-Aufwendungen sind daher in einem ersten Schritt aktivierungspflichtig und in der Bilanz anzusetzen. Demzufolge kommt es bis zur Fertigstellung zum *Ansatz* der laufenden Aufwendungen im Vorratsvermögen als unfertige Leistung. Ein konkretes Aktivierungsverbot besteht nicht.

Die *Bewertung* erfolgt zu den genannten Herstellungskosten des § 255 Abs. 2 HGB. Bei Inkrafttreten des BilMoG ist hier der Einbezug von Material- und Personalgemeinkosten wie auch der korrespondierende Werteverzehr des zur Herstellung eingesetzten Anlagevermögens verpflichtend. Hierbei ist zu beachten, dass eine Vergütung der Herstellungskosten durch den OEM maximal nur in Höhe des im Vorfeld zugesicherten Fixbetrags (Teilepreisaufschlag multipliziert mit vom OEM geplanten Stückmengen) erwartet werden kann. Werden mehr Stückzahlen nachgefragt, als ursprünglich geplant, wird der OEM den Teilepreisaufschlag einstellen. Demzufolge wären Herstellungskosten, die den im Vorfeld vereinbarten Maximalbetrag übersteigen, umgehend als Aufwand zu erfassen.

Da es sich um periodenübergreifende Fertigungsdienstleistungen im Fremdauftrag handelt, sind die F&E-Tätigkeiten als langfristige Auftragsfertigung zu behandeln. Nach dem HGB ist bei langfristiger Auftragsfertigung nur die **Completed-Contract–Methode** zulässig, d.h. Umsätze und Gewinne dürfen nach dem in § 252 Abs. 4 HGB verankerten Realisationsprinzip nur im Jahresabschluss erfasst werden, wenn sie realisiert sind.[443] *Baetge/Kirsch/Thiele* sehen den Zeitpunkt der Realisation dann als erreicht an, wenn der Sprung zum Absatzmarkt erfüllt ist, konkret wenn (a) ein Kaufvertrag geschlossen wurde, (b) die geschuldete Leistung vom Kaufmann erbracht wurde, (c) die geschuldete Hauptleistung der Transaktion den Verfügungsbereich des leistenden Unternehmens verlassen hat und übergeben wurde und (d) die Abrechnungsfähigkeit gegeben ist.[444] Als maßgebliches Kriterium für die beiden letztgenannten Merkmale gilt der Übergang der Preisgefahr, d.h. wenn die Gefahr des zufälligen Untergangs und der zufälligen Verschlechterung der Kaufsache auf den Käufer übergeht.[445]

Mit der Übergabe des rechtlichen Eigentums ist der Sprung zum Absatzmarkt erfolgt und die Preisgefahr übergegangen. Dennoch ist an dieser Stelle eine wirtschaftliche Betrachtungsweise der Gesamtumstände erforderlich.[446] Die Preisgefahr des zufälligen Untergangs oder der Verschlechterung spielt bei dem hier betrachteten immateriellen Vermögensgegenstand, der in aller Regel auf elektronisch gesicherten Daten beruht, eine zu vernachlässigende Rolle. Die Abrechnungsfähigkeit ist durch Fertigstellung und Abnahme der Hauptleistung zwar gegeben, gleichwohl ist zu diesem Zeitpunkt aber kein Zahlungseingang zu erwarten, da dieser erst sukzessive zum nachgelagerten Zeitpunkt bei Teilelieferungen erfolgt. Daraus folgt, dass sich die aufgewendeten Lasten erst sukzessive über die Nutzungsdauer amortisieren werden. Der tatsächliche Zugang der gesamten Forderung bzw. Umsatzerlöse ist zudem aufgrund fehlender Abnahmegarantien gar nicht ausreichend sichergestellt. Hierbei ist zu beachten, dass die F&E-Ergebnisse unmittelbar dem Risiko von Wertschwankungen unterliegen. Findet die Fahrzeugserie des OEMs nicht ausreichend Kundennachfrage, kommt es nicht zu den für die Amortisation notwendigen Teilebestellungen durch den OEM, da dieser zur Abnahme nicht verpflichtet ist. Das damit verbundene Risiko verbleibt trotz rechtlicher Eigentumsübertragung eindeutig beim 1st-Tier Supplier. Der 1st-Tier Supplier hält weiterhin Besitz, Gefahr und Lasten sowie die Nutzung der F&E-Ergebnisse. Das wirtschaftliche Eigentum ist somit nicht an den OEM übertragen worden.[447] Demzufolge kommen die Ausbuchung des Vermögensgegenstandes und die Umsatz- und mögliche Gewinnrealisation zum Zeitpunkt der Abnahme durch den OEM (noch) nicht in Betracht.[448]

---

443 Vgl. hierzu ausführlich Abschnitt 4.2.2.1.2.

444 Vgl. *Leffson* (1987), S. 247f.; *Baetge/Kirsch/Thiele* (2007), S. 132-135.

445 Vgl. *Woerner* (1988), S. 769-771; *Ellrott/Ring* (2006), § 247 Tz 82.

446 So auch *IDW ERS HFA 13* n.F. (2006), Tz. 48.

447 Zum wirtschaftlichen Eigentum vgl. Abschnitt 4.1.2.2.

448 Vgl. *IDW ERS HFA 13* n.F. (2006), Tz 56-57.

Da im betrachteten Fall rechtliches und wirtschaftliches Eigentum an den F&E-Ergebnissen auseinanderfallen könnte grundsätzlich ein Leasingverhältnis oder sale-and-lease-back Geschäft vermutet werden, indem der OEM als rechtlicher Eigentümer als Leasinggeber und der 1st-Tier Supplier als Leasingnehmer einzuordnen wären.[449] Eine Einordnung des 1st-Tier Suppliers als Leasingnehmer scheitert allerdings grundlegend an einem mangelnden Leasingvertrag und darüber hinaus auch an fehlenden Zahlungen, die der 1st-Tier Supplier entrichten müsste. Ferner obliegt dem OEM zu jedem Zeitpunkt das Recht, den 1st-Tier Supplier von der weiteren Nutzung auszuschließen. Vor diesem Hintergrund kommt eine Würdigung des Geschäftsvorfalls unter Leasinggesichtspunkten handelsrechtlich nicht in Betracht.

Fraglich ist dennoch, wie der Verbleib des wirtschaftlichen Eigentum an den F&E-Ergebnissen beim 1st-Tier Supplier im Jahresabschluss abgebildet werden sollte. Bei Verbleib im Umlaufvermögen wären in Anlehnung an Teileabnahmen und damit verbundene sukzessive Umsatz- und Gewinnrealisation korrespondierend partielle Bestandsminderungen zu erfassen. Es ist allerdings zweifelhaft, inwieweit partielle Bestandsminderungen eines ganzheitlichen Vermögensgegenstandes den Dokumentations- und Rahmengrundsätzen ordnungs-mäßiger Buchführung entsprechen.[450] Nach der hier vertretenen Auffassung sollten die F&E-Ergebnisse ins Anlagevermögen umgebucht werden. Der 1st-Tier Supplier nutzt die damit verbundenen Erkenntnisse dauerhaft in seinem Betrieb zur Amortisation. Daher kann der Ausweis im Anlagevermögen auch ohne rechtliches Eigentum oder Finanzierungsleasingnehmerschaft vertreten werden. Eine solche Vorgehensweise wird zudem der vom BilMoG veranlassten Änderung des § 246 Abs. 1 HGB neue Fassung gerecht, dass der wirtschaftliche Eigentümer eines Vermögensgegenstandes auch den Ausweis vorzunehmen hat.

Für die Gewinnrealisation wird empfohlen, Umsätze sukzessive zum Zeitpunkt der Teilelieferung in Anlehnung an gelieferte Stückzahlen zu erfassen. Die im Anlagevermögen aktivierten F&E-Ergebnisse sind korrespondierend um planmäßige Abschreibungen zu verringern. Hierbei kann die Höhe der Abschreibung in Anlehnung an vom OEM abgenommene Serienteile im Verhältnis zu geplanten Gesamtabnahmemengen erfolgen. Die Anlehnung der planmäßigen Abschreibungen an die wirtschaftliche Nutzungsdauer oder einen gleichverteilten Abruf der im Vorfeld geplanten Teileabnahmen kann hier u.U. jedoch zu einer verbesserten Darstel-

---

449 Vgl. hierzu weiterführend *IDW ERS HFA 13* n.F. (2006), Tz. 70-72.

450 Vgl. *Baetge/Kirsch/Thiele* (2007), S. 144.

lung der VFE-Lage führen. Dies wäre z.B. dann der Fall, wenn die Vollamortisation mehr als unwahrscheinlich ist und eine Anlehnung der planmäßigen Abschreibungen an tatsächliche Abnahmen eine unverhältnismäßig hohe außerplanmäßige Abschreibung am Ende der Serienfertigung erwarten lässt. Wie anfangs erwähnt ist die Werthaltigkeit der im Anlagevermögen aktivierten F&E-Ergebnisse aufgrund der unmittelbaren Abhängigkeit zu ausreichenden Teileabnahmemengen fortlaufend kritisch zu überprüfen.

4.2.3.1.2.2 Abbildung nach IFRS

Die F&E-Tätigkeiten sind in der betrachteten Konstellation im Rahmen der Lieferantenbeziehung als *Fertigungsauftrag* nach IAS 11.5 zu bewerten, da es sich um die Erbringung einer Dienstleistung handelt, die direkt auf die Entwicklung und Herstellung eines bzw. mehrerer kundenspezifischer Vermögenswerte zielt.[451] Diese Annahme wird gefestigt durch die genaue Beachtung des englischen Originaltextes, der nicht von kundenspezifischer Fertigung, sondern von speziell ausgehandelten Verträgen (contracts specifically negotiated) spricht. Konkret betrachtet zielen die speziell ausgehandelten F&E-Tätigkeiten im Rahmen der langfristigen und komplexen Lieferantenbeziehung auf Erkenntnisgewinnung, die zunächst im Zusammenhang mit der nachfolgenden Entwicklung und Herstellung kundenspezifischer Werkzeuge und dem Aufbau einer zugehörigen Fertigungsstraße stehen, und anschließend die Serienherstellung gewährleisten sollen.

Nach der hier vertretenen Auffassung sind die F&E-Tätigkeiten in Anlehnung an IAS 11.8 getrennt von den nachfolgenden Wertschöpfungsphasen zu behandeln, da zum *Ersten* von getrennten Angeboten in jeder Stufe ausgegangen wird, zum *Zweiten* in jeder Stufe separate und unterschiedliche Verhandlungen stattfinden, die die Möglichkeit zur Ablehnung für beide Seiten beinhaltet, und zum *Dritten* Kosten und Erlöse jeder Phase getrennt ermittelt werden können. Die Betrachtung der Lieferantenbeziehung als ein einziger Fertigungsauftrag nach IAS 11.9 scheidet schon deswegen aus, weil die Phasen der Lieferantenbeziehung nicht schon im Vorfeld als Gruppe von Verträgen wie ein einziges Paket verhandelt werden.[452]

---

451 Vgl. zu den Grundlagen von IAS 11 Abschnitt 4.2.2.2.2; Die Tatsache, dass die in IAS 11.3 & 4 genannten Beispiele für Fertigungsaufträge ausschließlich Sachgüter betreffen, steht der Anwendung auf Dienstleistungen nicht entgegen, gl. A. *Lüdenbach* (2008), § 18, Tz. 8f.; *Buhleier* (2008), IAS 11 Tz. 21.

452 Vgl. *Hayn/Matena* (2009), S. 344f.

Die *Bewertung* der unfertigen Leistung während des Entwicklungs- und Erstellungsprozesses sowie die Umsatz- und Gewinnrealisation erfolgen demnach auf der Basis von IAS 11.[453] Hierdurch ergeben sich wesentliche Unterschiede zum HGB. Die Erfassung der mit dem Fertigungsauftrag verbundenen Auftragserlöse und Auftragskosten hat nach IAS 11.22 entsprechend dem Leistungsfortschritt am Bilanzstichtag als Erträge und Aufwendungen zu erfolgen. Im Unterschied zur **Completed-Contract–Methode** des HGB kommt es dabei nicht erst nach Fertigstellung des kompletten Auftrags zu ergebniswirksamer Erfassung von Erträgen und Aufwendungen, sondern bereits unmittelbar mit Aufnahme der Fertigungsarbeiten am Ende jeder Berichtsperiode. Diese Vorgehensweise resultiert aus dem in Abschnitt 4.1.1 gezeigten Basisgrundsatz der IFRS, einen Periodenerfolg nach wirtschaftlicher Zugehörigkeit zu den einzelnen Berichtsperioden zu ermitteln. Konkret auf IAS 11 und den F&E-Auftrag bezogen, sollen Auftragserlöse und -kosten in jenen Bilanzperioden erfasst werden, in denen die Leistung wirtschaftlich erbracht wurde.[454]

Die Gewinnrealisierung erfolgt nach IAS 11.25 in Anlehnung an den Fertigstellungsgrad (PoC-Methode). Bei der **PoC-Methode** werden am Ende der Berichtsperiode insgesamt angefallenen Auftragskosten ins Verhältnis zu den geplanten Gesamtkosten gesetzt (cost-to-cost-Methode) und so zunächst der Leistungsfortschritt ermittelt.[455] Anschließend werden - unter Berücksichtigung bereits in Vorperioden realisierter Posten - durch Multiplikation des Leistungsfortschritts mit den Auftragserlösen die Erträge, die Aufwendungen und auf diese Weise die Gewinne der Berichtsperiode im Jahresabschluss erfasst.[456] Die damit verbundene Gewinnrealisierung auf Basis des Leistungsfortschritts ist allerdings nur in dem Fall zulässig, in dem das Ergebnis des Fertigungsauftrags *verlässlich* zu schätzen ist.[457] Ist eine verlässliche Schätzung nicht möglich, so sind nach IAS 11.32 Erlöse maximal in Höhe der angefallenen Auftragskosten zu erfassen, aber nur in der Höhe, die als *wahrscheinlich* einbringbar gilt. Eine vorläufige Gewinnrealisation wäre dementsprechend nicht möglich. Aufwendungen wären vollständig zu erfassen und zwar in der Periode, in der sie angefallen sind. Ebenso wären erwartete Verluste umgehend als Aufwand zu erfassen.

---

[453] IAS 2 Vorräte und IAS 18 Umsatzrealisation sind bei Erfüllung der Anwendungsvoraussetzungen des IAS 11 explizit nicht anzuwenden, siehe. IAS 2.2 und IAS 18.4.

[454] Siehe IAS 11.26; vgl. *Pellens/Fülbier/Gassen* (2008), S.116, *Buhleier* (2008), IAS 11 Tz. 1-5.

[455] Grundsätzlich lässt IAS 11.30 auch andere Methoden zur Ermittlung des Leistungsfortschritts zu, etwa eine Begutachtung der erbrachten Leistung.

[456] Vgl. ausführlich zur PoC-Methode: *Hayn/Matena* (2009), S. 346-358, in WILEY Kommentar 2009, *Buhleier* (2008), IAS 11 Tz. 48-66.

[457] Siehe IAS 11.22.

Für den vorliegenden Festpreisvertrag (Fixpreis durch geplante Teileabnahmemengen) ist das Ergebnis dann verlässlich zu schätzen, wenn alle Kriterien aus IAS 11.23 erfüllt sind (siehe Abschnitt 4.2.2.2.2). Auch wenn die genannten Kriterien versuchen, den Begriff der Verlässlichkeit zu konkretisieren, ist eine eindeutige positive oder negative Auslegung an dieser Stelle schwer möglich. Hinsichtlich der betrachteten Vereinbarung ist hauptsächlich das Kriterium des *wahrscheinlichen Nutzenzuflusses* kritisch zu beurteilen. Da der OEM nicht verpflichtet ist, die geplanten Mengen, die zur vollständigen Vergütung der F&E-Tätigkeiten notwendig sind, auch abzunehmen, ist der Zufluss des wirtschaftlichen Nutzens aus dem Vertrag für den 1st-Tier Supplier nicht vollständig sichergestellt. Diese Tatsache gibt hingegen keine klare Auskunft darüber, ob nicht dennoch eine hinreichend sichere Wahrscheinlichkeit des Nutzenzuflusses besteht. Der Zusatzhinweis des IAS 11.29, eine verlässliche Schätzung über einen Auftrag bedürfe bezüglich der zu erbringenden Leistung „im Allgemeinen" für jede Auftragspartei durchsetzbare Rechte und Pflichten, ist nach der hier vertretenen Auffassung zu unbestimmt, als dass die hier betrachtete „spezielle" Vereinbarung zu einer eindeutigen Aussage über die Möglichkeit der verlässlichen Einschätzung führen könnte.[458]

Für die Entscheidung, ob das Kriterium der Verlässlichkeit vom 1st-Tier Supplier als erfüllt zu bewerten ist, ist eine subjektive Einschätzung unabdingbar und durch den Standard zugelassen. Damit eröffnet sich ein nicht zu unterschätzender Ermessensspielraum, denn insbesondere der Zeitpunkt der Gewinnrealisation ist von der Auslegung der verlässlichen Schätzbarkeit abhängig. Unter Bezugnahme auf das Framework in Teilziffer 31 sind Informationen dann verlässlich, wenn sie keine wesentlichen Fehler enthalten und frei von verzerrenden Einflüssen sind und sich die Adressaten darauf verlassen können, dass sie glaubwürdig darstellen, was sie vorgeben darzustellen oder was vernünftigerweise inhaltlich von ihnen erwartet werden kann. Hier wird vorgeschlagen, Verlässlichkeit dann anzunehmen, wenn einerseits vergangene Erfahrungen mit dem OEM gezeigt haben, dass es zu ausreichenden Teileabnahmen gekommen ist und andererseits konkrete Prognosen über zukünftig zu erwartende Abnahmemengen vorliegen. Liegen keinerlei oder nur ungenügende Erfahrungen und Prognosen vor, sollte auf die Gewinnrealisation nach dem Leistungsfortschritt nach IAS 11.22 verzichtet werden und IAS 11.32 zur Anwendung kommen.

---

458 Vgl. zur Problematik verlässlicher Schätzbarkeit bei langfristiger Auftragsfertigung: *Backhaus* (1996), S. 33-45.

Kommt der 1st-Tier Supplier zu einer positiven Auslegung der verlässlichen Schätzbarkeit des Ergebnisses, so sind die nach IAS 11.16-21 in der Berichtsperiode entstanden Auftragskosten in einem ersten Schritt im Vorratsvermögen zu aktivieren und am Ende der Berichtsperiode als Basis für die Erfassung von Erträgen, Gewinnen und Aufwendungen zu nutzen und demzufolge auszubuchen.[459] Die wesentlichen Schätzannahmen sind gem. IAS 1.116 im Anhang anzugeben.

Kommt der 1st-Tier Supplier hingegen zu einer negativen Auslegung der verlässlichen Schätzbarkeit, sind aus dem Fertigungsauftrag resultierende Kosten umgehend als Aufwand zu erfassen und Erträge maximal in Höhe jener angefallenen Auftragskosten, deren Einbringung als *wahrscheinlich* gilt. Die Gewinnerfassung ist demzufolge nicht möglich.[460] Die Schwierigkeiten und Ermessensspielräume, die mit der Qualifizierung und Quantifizierung des Parameters Wahrscheinlichkeit verbunden sind, entsprechen jenen, die im Zusammenhang mit der Auslegung der Begriffs Verlässlichkeit genannt wurden. Es bedarf auch an dieser Stelle einer subjektiven Einschätzung. Hierbei wird wiederum vorgeschlagen, sich – soweit vorhanden – an Erfahrungswerten der Vergangenheit zu orientieren. Da die im Zusammenhang mit den F&E-Tätigkeiten entstehenden Erträge und Aufwendungen mit der gewöhnlichen Geschäftstätigkeit im Zusammenhang stehen sind diese als *revenues* bzw. *expenses* auszuweisen.[461]

Im Unterschied zur zuvor erarbeiteten handelsrechtlichen Abbildung fällt auf, dass der Verbleib des wirtschaftlichen Eigentums beim 1st-Tier Supplier durch verbleibenden Besitz, Gefahr und Lasten einerseits der Gewinnrealisation nicht im Wege steht und andererseits der Ausweis der F&E-Ergebnisse als Vermögenswert offensichtlich beim OEM erfolgt, da der 1st-Tier Supplier den Abgang des Vorratsvermögen in der Bilanz durch Einbuchung einer Forderung in Höhe der erwarteten Umsatzerlöse ersetzt hat. Durch die Tatsache, dass in der Interaktion der OEM nach erfolgter Abnahme das rechtliche Eigentum an den F&E-Ergebnissen hält, das wirtschaftliche Eigentum aber beim 1st-Tier Supplier verbleibt, könnte die Frage nach einem Leasingverhältnis gestellt werden, welches in Abhängigkeit der Einordnung möglicherweise zu einer anderen Abbildung im Jahresabschluss führen könnte. Die Anwendung von IAS 17 scheitert umgehend an mangelnden Leasingraten, die IAS 17.4 für die

---

459 Hierbei ist die umgehende Erfassung als Aufwand ebenfalls denkbar.

460 Siehe IAS 11.32, der Ansatz eines selbsterstellten immateriellen Vermögenswertes nach IAS 38 kommt ebenfalls nicht in Betracht, da keine verlässliche Einschätzung über den Nutzenzufluss möglich ist.

461 Siehe IFRS Framework Tz. 74-80.

Einordnung eines Leasingverhältnisses zur Bedingung macht. Die Anwendung von IFRIC 4 führt aufgrund der Tatsache, dass der 1st-Tier Supplier die F&E-Ergebnisse dazu nutzt ausschließlich den OEM mit Produkten zu versorgen bei einer wirtschaftlichen Betrachtungsweise zu der Einordnung, dass der OEM als Leasingnehmer einzustufen wäre und diesem folglich auch der Ausweis des Vermögensgegenstandes zufiele. Da der OEM als rechtlicher Eigentümer gleichzeitig aber auch Leasinggeber wäre, führt eine weitere Untersuchung zu keinen logischen Ergebnissen. Bei genauer Betrachtung einer sich theoretisch ergebenden Leasingbilanzierung wird jedoch ersichtlich, dass die erarbeitete Vorgehensweise unter Anwendung von IAS 11 grundsätzlich dem Ergebnis einer Abbildung als Leasingverhältnis mit dem OEM als Leasingnehmer entspricht, da der OEM den Vermögenswert ausweist und der 1st-Tier Supplier korrespondierend eine Forderung erfasst hat. Vor diesem Hintergrund ist die erarbeitete Abbildung nach IAS 11 beizubehalten.

4.2.3.1.3 Abbildungsmöglichkeiten im Jahresabschluss des OEMs

4.2.3.1.3.1 Abbildung nach HGB

Grundsätzlich handelt es sich bei dem Fremdbezug der F&E-Tätigkeiten für den OEM um einen normalen Anschaffungsvorgang. Im Falle der akquirierten F&E-Ergebnisse ist allerdings fraglich, ob es zum Zeitpunkt der Abnahme und Übernahme des rechtlichen Eigentums zur Aktivierung eines Vermögensgegenstandes kommt. Für einen bilanziellen *Ansatz* ist der Aktivierungsgrundsatz maßgeblich, also eine Prüfung von abstrakter und konkreter Aktivierungsfähigkeit.[462] Da die abstrakte Aktivierungsfähigkeit gesetzlich nicht bestimmt ist, wird dieser Begriff in der Literatur kontrovers diskutiert.[463] Hierbei werden im Hinblick auf die abstrakte Aktivierungsfähigkeit eines Vermögensgegenstandes als erforderliche Merkmale im Wesentlichen die *selbständige Verkehrsfähigkeit*[464] oder auch *selbständige Verwertbarkeit*[465] gefordert. Beide Merkmale fordern einen direkten Nachweis zur Schuldendeckungsfähigkeit, der grundsätzlich aus dem Wortlaut des § 242 Abs. 1 Satz 1 HGB als notwendige Eigenschaft eines Vermögensgegenstandes abgeleitet wird. Dieser Gedanke begründet sich im für das HGB vorherrschenden Hauptzweck des Gläubigerschutzes. Demgemäß hat der Kaufmann am Bilanzstichtag seinen auf der Passivseite ausgewiesenen Schulden bestehendes Vermögen gegenüber zu stellen. Dem Adressaten bzw. Gläubiger soll so signalisiert werden, dass das

---

462 Vgl. hierzu Abschnitt 4.1.2.2.

463 Vgl. für eine Übersicht *Ross* (1996), S. 231-253.

464 Vgl. *ADS (2002)*, § 246 Tz. 15; *Hoyos/Huber* (1996), § 247, Tz. 389.

465 Vgl. *Baetge/Kirsch/Thiele* (2007), S. 159.

ausgewiesene Vermögen gegebenenfalls gegenüber Dritten in Geld umgewandelt und damit zur Schuldendeckung herangezogen werden kann.[466] Für die verlangte selbständige Verkehrsfähigkeit oder Verwertbarkeit werden in der Literatur verschiedene Kriterien diskutiert.[467]

Unter Zusammenfassung der wesentlichen Kriterien liegt selbständige Verkehrsfähigkeit oder Verwertbarkeit nach der hier vertretenen Auffassung dann vor, wenn ein Gut in der Interaktion mit Dritten *individuell verwertet* werden und für das Unternehmen hierdurch *monetärer Nutzenzufluss* erwartet werden kann. Ein derartiger *schuldendeckender Nutzenzufluss* kann durch die *Veräußerungsfähigkeit* des Gutes angenommen werden, d.h. wenn der Vermögensgegenstand im Rechtsverkehr individuell gegen Entgelt auf Dritte übertragen werden kann (sog. konkrete Einzelveräußerbarkeit).[468] Die daraus hervorgehende *Einzelveräußerbarkeit* kann auch dann angenommen werden, wenn Veräußerungsverbote vorliegen, da das Verbot an sich eine Veräußerbarkeit begründet (sog. abstrakte Einzelveräußerbarkeit).[469] Ferner ist Nutzenzufluss ebenso zu erwarten, wenn das Gut durch Nutzenüberlassung oder bedingten Verzicht gegenüber Dritten entgeltlich verwertet werden kann oder aber dem Gut ein individueller Wert bei etwaiger Pfändung (Einzelvollstreckbarkeit) zugeordnet werden kann.[470]

Nach der hier vertretenen Auffassung ist dieser Umstand im betrachteten Fall der Lieferantenbeziehung nicht gegeben. Der OEM hat die F&E-Tätigkeiten in Bezug auf ein individuelles Modul für seine Fahrzeugserie in Auftrag gegeben. Das vom 1st-Tier Supplier im Auftrag des OEM aufgebaute Wissen aus den F&E-Tätigkeiten ist derart spezifisch, dass es in der übergebenen Form wohl kaum einzeln durch Dritte verwertbar wäre.[471]

Fraglich ist, ob selbstständige Verwertbarkeit auch angenommen werden kann, wenn der Gegenstand einen wirtschaftlichen Wert darstellt, aus dem sich Nutzen für das Unternehmen ergibt.[472] Im betrachteten Fall besteht der wirtschaftliche Wert der F&E-Ergebnisse für den OEM darin, über Know-how zu verfügen, auf dessen Basis die Fertigung eines spezifischen

---

466 Vgl. *ADS* (2002), § 246 Tz. 13, *Baetge/Kirsch/Thiele* (2007), S. 160.
467 Vgl. *Keitz* (1997), S. 20-32; *ADS* (2002), § 246, Tz. 15-25, *Baetge/Kirsch/Thiele* (2007), S. 160-163.
468 Vgl. *Wichmann* (1988), S. 192-194; *ADS* (2002), § 246 Tz. 18-19.
469 Vgl. *Roland* (1980), S. 155, weiterführend *ADS* (2002), § 246 Tz. 19.
470 Vgl. *Baetge/Kirsch/Thiele* (2007), S. 160f.
471 Vom allgemeinen Interesse der Konkurrenz kann hier abstrahiert werden.
472 Diese Interpretation ergibt sich teilweise bei *Hoyos/Huber* (2006), § 247 Tz. 389f.

Moduls für eine vom OEM verantwortete Fahrzeugserie möglich wird. Die Verwertbarkeit wäre hier der Gebrauchsmöglichkeit durch den OEM selbst zuzuordnen, denn unter Anwendung der F&E-Ergebnisse erfolgt der Bezug (alternativ die eigene Fertigung) des Moduls und die Montage des Endprodukts, wodurch schließlich Umsatzerlöse generiert werden sollen, die wiederum zu monetärem und damit schuldendeckendem Nutzenzufluss führen.

Nach der hier vertretenen Auffassung können die eben aufgeführten Argumente nicht zu einer selbstständigen Verwertbarkeit führen und damit eine Aktivierung der bezogenen F&E-Ergebnisse begründen. Zwar ist der Überlegung, das erworbene Know-how der F&E-Ergebnisse für den OEM selbst als Nutzen zu bewerten, zuzustimmen. Das daraus hervorgehende Schuldendeckungspotenzial liegt aber bestenfalls in der Zukunft. Demzufolge kann sich für die Bilanz kein Vermögensgegenstand ergeben, der für am Bilanzstichtag bestehender Schulden zur Deckung geeignet wäre. Ein Ansatz wäre demnach irreführend für Gläubiger und andere Adressaten und zudem als Verstoß gegen die Rahmen- und Kapitalerhaltungsgrundsätze ordnungsmäßiger Buchführung zu werten.[473] Eine eigenständige Aktivierung der F&E-Ergebnisse kommt handelsrechtlich für den OEM nicht in Betracht. Die vorliegende Gebrauchsmöglichkeit ergibt keine selbstständige Verwertbarkeit.[474]

Es gilt indes zu prüfen, inwieweit die Passivierung einer Schuld unter Ansatz einer Verbindlichkeit oder Rückstellung und damit die Erfassung eines Aufwands zum Zeitpunkt der Eigentumsübernahme erforderlich ist. Hierfür wäre u.a. das Vorliegen einer Verpflichtung erforderlich.[475] Eine Verpflichtung zum Zeitpunkt der Bilanzerstellung liegt dann vor, wenn sich das Unternehmen dieser aus rechtlichen oder auch faktischen Gründen nicht mehr entziehen kann.[476] Grundsätzlich ergibt sich aus der Beauftragung des 1st-Tier Suppliers, F&E-Tätigkeiten durchzuführen und das Ergebnis zur Verfügung zu stellen, für den OEM eine schuldrechtliche Verpflichtung, da vertraglich durch die Bestellanforderung vereinbart wurde, die Leistung des 1st-Tier Suppliers durch monetäre Zahlung abzugelten. In einem ersten Schritt kann daher eine Verpflichtung angenommen werden. Die tatsächliche Abgeltung der F&E-Tätigkeiten erfolgt aber in Abhängigkeit von bestellten Stückmengen zum nachgelagerten Zeitpunkt der Serienherstellung. Eine rechtlich verpflichtende Abnahme ist dabei nicht

---

473 Vgl. zu den einzelnen GoB *Baetge/Kirsch/Thiele* (2007), S. 117-140.
474 Vgl. *von Keitz* (1997), S. 31f.; *ADS* (2002), § 246, Tz. 20.
475 Vgl. zur abstrakten und konkreten Passivierungsfähigkeit Abschnitt 4.1.2.2**Fehler! Verweisquelle konnte nicht gefunden werden.**.
476 Vgl. *Baetge/Kirsch/Thiele* (2007), S. 173.

vereinbart und liegt nicht vor.[477] Generell ist zwar davon auszugehen, dass die F&E-Tätigkeiten vergütet werden, da der OEM die später vom 1st-Tier Supplier gefertigten Module benötigt, um das neue Fahrzeug herzustellen und an Endkunden zu verkaufen. Zum Zeitpunkt der Bilanzerstellung rechtfertigt diese Annahme aber nicht den Ansatz einer Schuld, da eine Verpflichtung in Abhängigkeit von der nachgelagerten Entscheidung zur Teilebestellung steht und damit tatsächlich erst in der Zukunft entstehen bzw. bewertet werden kann. Im betrachteten Fall kommt es zum Zeitpunkt der Eigentumsübernahme der F&E-Ergebnisse daher nicht zum Ansatz einer Schuld.

Es gilt noch zu klären, wie die getätigten Ausgaben des OEMs für die F&E-Tätigkeiten zum Zeitpunkt des Teilebezugs im Jahresabschluss zu erfassen sind. Hierbei ist fraglich, inwieweit die voraussichtlich getätigten Ausgaben nicht doch zu einer Aktivierung führen können, und zwar als erhöhte Anschaffungskosten der Serienteile. Die Anschaffungskosten würden in diesem Fall zu einem Teil aus den vom 1st-Tier Supplier aufgewendeten Herstellungskosten bestehen sowie aus den im Vorfeld entstandenen F&E-Kosten. Nach der hier vertretenen Auffassung scheidet eine Aktivierung des Teilepreisaufschlags im Vorratsvermögen aus. Der vereinbarte Teilepreisaufschlag betrifft eine von der Serienfertigung unabhängig zu würdigende Phase, die eigenständig betrachtet nicht zur Aktivierung eines Vermögensgegenstandes geführt hat. Die bloße Kopplung der Vergütung der F&E-Phase an die Serienfertigung kann dabei nicht nachträglich eine Aktivierung rechtfertigen. Die Kosten der F&E-Tätigkeiten stehen auch nicht in unmittelbaren Zusammenhang mit der Serienfertigung und dem dabei entstehenden Modul. Der Teilepreisaufschlag ist nur für einen gewissen Maximalbetrag festgelegt und endet unabhängig von der Serienfertigung umgehend nach vollständiger Abgeltung.[478] Der für die F&E-Tätigkeiten gezahlte Preisaufschlag ist demnach vom OEM im Zeitpunkt des Teilebezugs als Aufwand zu erfassen.

4.2.3.1.3.2 Abbildung nach IFRS

Für die Bilanzierung beim OEM ist im Zeitpunkt der Abnahme und Eigentumsübertragung der F&E-Tätigkeiten des 1st-Tier Suppliers die gesonderte Anschaffung eines immateriellen Vermögenswertes auf der Basis von IAS 38 zu erwarten. Die F&E-Ergebnisse sind *identifizierbar*, *nicht monetär* und - abstrahiert von einem möglichen unwesentlichen Datenträger - *ohne physische Substanz*. Darüber hinaus *beherrscht* der OEM nach der Eigen-

---

[477] Vgl. *Hoyos/Ring* (2006), § 249 Tz. 29.
[478] Vgl. *Ellrott/Brendt* (2006), § 255 Tz. 22.

tumsübertragung die F&E-Ergebnisse und erwartet einen *künftigen wirtschaftlichen Nutzen*. Anders als im HGB handelt es sich demzufolge um einen immateriellen Vermögenswert im Sinne von IAS 38.

Für einen bilanziellen *Ansatz* ist es nach IAS 38 indessen noch erforderlich, dass der **zukünftige** wirtschaftliche Nutzen dem OEM auch wahrscheinlich zugeht und etwaige Anschaffungs- bzw. Herstellungskosten verlässlich bewertet werden können.[479] Der künftige Zugang des wirtschaftlichen Nutzens ist aufgrund des Zusammenhangs mit der zeitlich nachgelagerten Produktion und dem geplanten Verkauf einer neuen Fahrzeugserie an Endkunden wahrscheinlich.[480] Als korrespondierende Kosten kann die im Vorfeld vereinbarte Maximalvergütung an den 1st-Tier Supplier gewertet werden. Hierbei dürfte die vorliegende Einschätzung des Managements hinsichtlich geplanter Teileabnahmemengen das Kriterium der verlässlichen Bewertung erfüllen. Es ist allerdings fraglich, ob es sich dabei um Anschaffungs- oder Herstellungskosten handelt. Um einen Anschaffungsvorgang handelt es sich bei *echter Auftragsproduktion*, d.h. der Auftragsnehmer entwickelt und produziert auf Basis bestimmter Rahmenbedingungen unter Zugrundelegung eigener Fähigkeiten, im eigenen Namen und vor allem auf eigenes Risiko den Auftrag. Um einen Herstellungsvorgang handelt es sich hingegen bei *unechter Auftragsproduktion*, bei dem der Auftraggeber - vergleichbar einem Hersteller – das gesamte Risiko des Herstellungsprozesses übernimmt und im eigenen Namen und unter umfassenden Anweisungen handeln lässt. Der Produzent ist in dieser Konstellation lediglich Dienstleister auf Basis eines Geschäftsbesorgungsvertrages.[481]

Die Verrichtung der F&E-Tätigkeiten durch den 1st-Tier Supplier erfolgt in sehr enger Abstimmung mit dem OEM und in aller Regel auf konkreten Rahmenvorgaben.[482] Darüber hinaus liegt ein eindeutiger Bezug zur Fahrzeugserie des OEMs vor. Es ist daher zu hinterfragen, inwieweit die Herstellungstätigkeiten des 1st-Tier Suppliers als „verlängerte Werkbank" im Rahmen einer „unechten Auftragsproduktion" dem OEM zu zurechnen wären.[483] Bei einer solchen Schlussfolgerung wäre der Sachverhalt als Herstellungsvorgang durch den OEM selbst bilanziell zu erfassen.

---

479 Vgl. *Matena* (2004), S. 49.
480 Vgl. hierzu die handelsrechtliche Diskussion im Abschnitt zuvor.
481 Vgl. *Ellrott/Brendt* (2006), § 255 Tz. 109; *Hoffmann* (2008), § 13 Tz. 15f.
482 Vgl. Abschnitt 3.3.3.
483 *Ellrott/Brendt* (2006), § 255 Tz. 109.

Für das beschriebene Szenario und unter Berücksichtigung des in Abschnitt 3.3.3 erarbeiteten Ablaufs der Zusammenarbeit ist nach der hier vertretenen Auffassung nicht davon auszugehen, dass der 1st-Tier Supplier als reines ausführendes Organ des OEMs fungiert. Der 1st-Tier Supplier nimmt eine gewichtige Rolle im gesamten Herstellungsprozess ein, und zwar speziell für die neue Automobilserie des OEMs und allgemein für die gesamte Automobilherstellung. Hierbei ist dem 1st-Tier Supplier ein bedeutendes Interesse am Erfolg der F&E-Tätigkeiten zu unterstellen, welches sich schon aus Gründen der eigenen Marktreputation auch im Hinblick auf Folgeaufträge und die Zusammenarbeit mit anderen OEMs begründen dürfte.[484] Die Erstellung der F&E-Tätigkeiten erfolgt zu einem nicht unwesentlichen Anteil auf individuell erworbenen Erkenntnissen, die vor allem durch die Spezialisierung auf eine ganz bestimmt Fahrzeugkomponente im Rahmen langjähriger Geschäftstätigkeit erworben wurden. Dass der 1st-Tier Supplier verpflichtet ist, sich an bestimmte Vorgaben des OEMs zu halten, steht der Herstellereigenschaft nicht entgegen.[485] Es ist anzunehmen, dass das Ergebnis der F&E-Tätigkeiten zu einem bestimmten Anteil auch Erkenntnisse enthält, die während der Zusammenarbeit mit anderen OEMs gewonnen wurden, und dass die neu gewonnen Erkenntnisse für den Ausbau der eigenen Fähigkeiten und Kernkompetenzen und damit für die Marktpositionierung von hoher Bedeutung sind. Ferner ist der 1st-Tier Supplier verpflichtet, zu einem bestimmten Zeitpunkt und zu einem bestimmten maximalen Betrag ein Ergebnis zu liefern. Das Risiko des konzeptionellen Erfolgs ist daher im Sinne eines *Werkvertrags* dem 1st-Tier Supplier zu zuordnen.[486]

Vor diesem Hintergrund handelt es sich für den OEM um die gesonderte Anschaffung eines immateriellen Vermögenswertes, der in der Bilanz anzusetzen ist und mit den Anschaffungskosten in Höhe des vereinbarten Maximalbetrags zu bewerten ist, sofern zum Zeitpunkt der Eigentumsübertragung erwartet wird, dass die geplanten Teileabnahmen auch stattfinden. Korrespondierend ist eine Schuld zu erfassen, da von einer Verpflichtung ausgegangen werden muss, die aus Ereignissen der Vergangenheit entstanden ist und voraussichtlich zu Ressourcenabfluss führen wird. Aufgrund der Tatsache, dass die Zahlung erst nachgelagert erfolgt, sind die Anschaffungskosten nach IAS 38.32 zunächst zum Barwert anzusetzen. Die Differenz zur zu leistenden Gesamtzahlung ist als Anschaffungsnebenkosten unter Anwen-

---

484 Der Sachverhalt wäre in der Interaktion zwischen 1st-Tier und 2nd-Tier Supplier u.U. anders zu bewerten.
485 *Ellrott/Brendt* (2006), § 255 Tz. 109.
486 Vgl. *Nonnenmacher* (1993), S. 1234.

dung von IAS 23 nachträglich zu aktivieren.[487] Der Vermögenswert ist zum Zeitpunkt von Teileabnahmen in Anlehnung an die damit verbundene Tilgung der Schuld um planmäßige Abschreibungen zu verringern.

4.2.3.2 Szenario II: Extreme Machtasymmetrie zu Gunsten des 1st-Tier Suppliers

4.2.3.2.1 Rekapitulation der Ausgangssituation

Aufgrund seiner starken Machtvorteile in der Interaktion setzt der 1st-Tier Supplier die F&E-Tätigkeiten als eigenständigen Auftrag mit direkter Abrechnung auf Basis eines Dienstvertrages durch. Der 1st-Tier Supplier erhält bei Auftragsvergabe einen Vorschuss und stellt monatlich seine erbrachten Dienste in Rechnung. Das rechtliche Eigentum geht an den OEM über.

4.2.3.2.2 Abbildungsmöglichkeiten im Jahresabschluss des 1st-Tier Suppliers

4.2.3.2.2.1 Abbildung nach HGB

Im geschilderten Szenario handelt es sich um die Ausübung einer Dienstleistung im konkreten Fremdauftrag auf Basis eines zivilrechtlichen Dienstvertrags nach § 611ff. BGB.[488] Der 1st-Tier Supplier hat ab dem Zeitpunkt der Aufnahme der F&E-Tätigkeiten eine unfertige Leistung als immateriellen Vermögensgegenstand *anzusetzen* und im Umlaufvermögen *auszuweisen*. Die *Bewertung* erfolgt in Höhe der Herstellungskosten nach § 255 Abs. 2 HGB und umfasst die dem Auftrag direkt oder indirekt zurechenbaren F&E-Kosten.[489] Bei Inkrafttreten des BilMoG ist hier der Einbezug von Material- und Personalgemeinkosten wie auch der korrespondierende Werteverzehr des zur Herstellung eingesetzten Anlagevermögens verpflichtend.

Im geschilderten Szenario erhält der 1st-Tier Supplier im Vorfeld einen Zuschuss und stellt darüber hinausgehende Aufwendungen monatlich in Rechnung. Die *Umsatz- und Gewinnrealisation* hat demzufolge aufgrund der besonderen zivilrechtlichen Vertragssituation in Anlehnung an die monatlich erbrachten Leistungen zu erfolgen. Hierbei ist maßgeblich, dass der 1st-Tier Supplier formell nicht das Risiko des konzeptionellen Erfolgs trägt, sondern nach vordefinierten Kriterien für den OEM ein bestimmtes Ausmaß an Kapazitäten zur Erbringung der Leistung bereitstellt. Die Entstehung der Forderung und damit

---

487 Vgl. zur Neufassung des IAS 23 und damit verbundenen Aktivierungspflicht *Heintges/Urbanczik/Wulbrand* (2009), S. 633-639.

488 Vgl. hierzu Abschnitt 3.3.4.

489 Vgl. *Nonnemnacher* (1993), S. 1234, vgl. hierzu auch Abschnitt 4.1.2.3.

korrespondierender Umsätze und Gewinne sind daher nicht von weiteren Ereignissen abhängig. Die geschuldete Leistung ist direkt bei Verrichtung von F&E-Tätigkeiten erbracht und kann in Rechnung gestellt werden.[490] Der gewährte Vorschuss ist in Anlehnung an erbrachte Leistungen zu verrechnen, zu einem Ausweis von Vorräten kommt es nur kurzfristig, da die Abrechnungsfähigkeit unmittelbar gegeben ist und mit Realisation der Forderung auch der Aufwand unter Ausbuchung der Vorräte zu erfassen ist.

4.2.3.2.2.2 Abbildung nach IFRS

Für die Abbildung im IFRS Jahresabschluss ergeben sich grundsätzlich keine Unterschiede zur oben geschilderten Abbildung nach HGB. Allerdings ergibt sich eine Änderung im Rahmen der Vorgehensweise nach IFRS. Die Umsatz- und Gewinnrealisation ist im betrachteten Szenario nicht nach IAS 11 vorzunehmen, da ein *Fertigungsauftrag* auf Basis eines speziell ausgehandelten Vertrages im Sinne von IAS 11.3 stets impliziert, dass der Auftragnehmer einen bestimmten Erfolg schuldet, was auf der zivilrechtlichen Basis eines Dienstvertrags nicht gegeben ist.[491] Die Umsatzrealisation ist demzufolge allgemein nach IAS 18 und speziell nach IAS 18.20-28 vorzunehmen, deren Kriterien zur Umsatzrealisation jenen aus IAS 11 zum Teil wortwörtlich entsprechen und als Basis ebenfalls den Fertigstellungsgrad fordern, so dass die Einordnung des Geschäftsvorfalls in IAS 18 im Vergleich zu IAS 11 zu keinen Änderungen führt.[492] Die damit verbundene Vorgehensweise der Umsatz- und Gewinnrealisation unterscheidet sich aufgrund der monatlichen Abrechnungsfähigkeit faktisch nicht von der Abbildung im Jahresabschluss nach HGB.

4.2.3.2.3 Abbildungsmöglichkeiten im Jahresabschluss des OEMs

4.2.3.2.3.1 Abbildung nach HGB

Für den OEM als Auftraggeber der F&E-Tätigkeiten stellt sich erneut die Frage, ob der Auftrag als Anschaffungsvorgang aus *echter* Auftragsproduktion oder als Herstellungsvorgang aus *unechter* Auftragsproduktion zu bewerten ist.[493] Grundsätzlich gelten die bereits geschilderten ökonomischen Begebenheiten unverändert, nämlich dass der 1st-Tier in seiner Rolle nicht als reines ausführendes Organ des OEMs betrachtet werden kann und eine

---

490 Vgl. *Ellrott/Ring* (2006), § 247 Tz 99.
491 Vgl. *Baetge/Kirsch/Thiele* (2007), S. 682.
492 Vgl. zur Umsatzrealisation nach IAS die Ausführungen in Abschnitt 4.2.3.1.2.2
493 Vgl. hierzu Abschnitt 4.2.3.1.3.2.

gewichtige und langfristige Position im gesamten Wertschöpfungsprozess mit eigenem starkem Interesse am Erfolg der Zusammenarbeit einnimmt.

Im betrachteten Szenario haben sich die Voraussetzungen aber formell geändert, da die Zusammenarbeit explizit auf Basis eines Dienstvertrags erfolgt. Die wesentliche Veränderung liegt nach der hier vertretenen Auffassung darin, dass der 1st-Tier Supplier nicht mehr das Erfolgsrisiko am Ergebnis seiner F&E-Tätigkeiten trägt. Konkret führt diese vertragliche Regelung dazu, dass es dem 1st-Tier Supplier möglich ist, seine durchgeführten Tätigkeiten in Rechnung zu stellen, ohne dass die Qualität des dabei erzielten Resultats die Abrechnungsfähigkeit beeinträchtigen würde. Demzufolge ist das Erfolgsrisiko eindeutig dem OEM zu zuordnen. Es ist überdies anzunehmen, dass der OEM bei derartigen vertraglichen Voraussetzungen eine sehr viel stärkere Koordinationsrolle einnehmen und konkretere Rahmenbedingungen und Weisungen festlegen wird. Aus diesen Gründen ist die Zusammenarbeit als *unechte* Auftragsproduktion zu werten, bei dem der OEM faktisch die Rolle des Herstellers einnimmt.

Nach dem HGB in der alten Fassung scheitert der bilanzielle *Ansatz* des Herstellungsvorgangs am konkreten Verbot des § 248 Abs. 2 HGB für selbsterstellte immaterielle Vermögensgegenstände des Anlagevermögens. Durch die Neufassung des § 248 Abs. 2 durch das BilMoG wird dieses Verbot aufgehoben. Es gilt nun für selbstgeschaffene immaterielle Vermögensgegenstände des Anlagevermögens ein Ansatzwahlrecht, wenn mit deren Entwicklung in Geschäftsjahren begonnen wird, die nach dem 31.12.2009 beginnen. Der Tatbestand, dass ein konkretes Aktivierungsverbot nicht länger vorliegt, kann allerdings nicht die mangelnde abstrakte Aktivierungsfähigkeit ausgleichen. Auch wenn der OEM als Hersteller der F&E-Tätigkeiten einzuordnen ist, ist im Hinblick auf das F&E-Ergebnis keine selbständige Verwertbarkeit anzunehmen. Die in Abschnitt 4.2.3.1.2.1 aufgeführten Argumente gelten hier analog. Die monatlichen Abrechnungen des 1st-Tier Suppliers sind demzufolge als Aufwand zu erfassen.

4.2.3.2.3.2 Abbildung nach IFRS

Auch für die Abbildung nach IFRS ist der OEM als Hersteller der F&E-Tätigkeiten zu werten. Die im Rahmen der Erfassung nach HGB oben aufgeführten Argumente gelten hier gleichermaßen. Da der hergestellte Vermögenswert als *immateriell* zu qualifizieren ist, erfolgt die Erfassung im IFRS-Jahresabschluss wiederum nach IAS 38. Die allgemeinen *Ansatzvoraus-*

setzungen können dabei als erfüllt betrachtet werden.[494] Die speziell für selbst geschaffene immaterielle Vermögenswerte geltenden Ansatzkriterien sind in IAS 38.51-67 geregelt. Hierbei gilt für Aufwendungen der *Forschungsphase* das Aktivierungsverbot nach IAS 38.54-56 sowie eine Aktivierungspflicht für Aufwendungen der *Entwicklungsphase* für den Fall, in dem die Voraussetzungen aus IAS 38.57-64 erfüllt sind.[495] Für den betrachteten Fall kann angenommen werden, dass für Entwicklungsaufwendungen eine Aktivierungspflicht besteht, da *technische Realisierbarkeit*, *Absicht* wie *Fähigkeit zur Nutzung* und ein Nachweis über *Art und Weise* der Nutzung gegeben sind. Zudem kann ausreichende *Verfügbarkeit an Ressourcen* zur Fertigstellung unterstellt werden, wie auch die Fähigkeit die entstandenen *Ausgaben zu schätzen*. Außerdem ist zu unterstellen, dass der OEM aufgrund des starken Einbezugs in die F&E-Aktivitäten in der Lage sein wird, die Forschungs- und Entwicklungsaufwendungen hinreichend voneinander trennen zu können.

Die *Bewertung* erfolgt zu den genannten Herstellungskosten in IAS 38.65-66, die ab jenem Zeitpunkt anfallen, in denen der Vermögenswert die oben genannten Ansatzkriterien erstmals erfüllt. Dabei sind nach IAS 38.67 von den Herstellungskosten ausgeschlossene Bestandteile entsprechend zu beachten. Die *Folgebewertung* hat für die hier betrachtete Lieferantenbeziehung nach dem Anschaffungskostenmodell gem. IAS 38.74 zu erfolgen. Demgemäß ist ab dem Zeitpunkt der erstmaligen Verwendung der Buchwert in Anlehnung an die Nutzungsdauer um planmäßige Abschreibungen zu verringern. Unerwartete Wertminderungen sind in Anlehnung an IAS 36 zu prüfen und entsprechend zu erfassen.[496]

4.2.3.3 Szenario III: Machtasymmetrie mit Vorteilen für den OEM

4.2.3.3.1 Rekapitulation der Ausgangssituation

Der OEM setzt aufgrund der von ihm verfügten höheren Machtausprägung weiterhin durch, dass das Eigentum der F&E-Tätigkeiten an ihn übergeht und die Zahlung über den Teilepreis stattfindet. Aufgrund nur noch moderater Machtvorteile garantiert der OEM allerdings bestimmte Mindestabnahmemengen, die multipliziert mit dem Teilpreisaufschlag den im Vorfeld vereinbarten Selbstkosten inklusive eines Gewinnaufschlags des 1st-Tier Suppliers entspre-

---

494 Vgl. hierzu allgemein Abschnitt 4.2.2.2.3 und speziell für den betrachteten Vermögensgegenstand die bereits erfolgte und hier ebenfalls gültige Prüfung zur Erfüllung der Ansatzvoraussetzungen in Abschnitt 4.2.3.1.3.2.

495 Vgl. hierzu Abschnitt 4.2.2.2.3.

496 Vgl. hierzu Abschnitt 4.2.2.2.3.

chen. Unterbleibt ein Abruf der vereinbarten Mindestabnahme, verpflichtet sich der OEM, die verbleibende Differenz durch Einmalzahlung abzugelten.

Optional wurde eine Vereinbarung hergeleitet, in der der 1st-Tier Supplier Eigentümer der F&E-Ergebnisse bleibt. Für die damit verbundenen Abbildungsmöglichkeiten im Jahresabschluss sei an dieser Stelle auf das **Szenario V** verwiesen.

4.2.3.3.2 Abbildungsmöglichkeiten im Jahresabschluss des 1st-Tier Suppliers

4.2.3.3.2.1 Abbildung nach HGB

Die hier betrachtete Vereinbarung unterscheidet sich vom oben erörterten Szenario I nur durch die Tatsache, dass der OEM Abnahmemengen garantiert, deren kumulierter Teilepreisaufschlag der Höhe der für die F&E-Tätigkeiten vereinbarten Vergütung entspricht. Demzufolge ergeben sich *Ansatz* und *Bewertung* eines Vermögensgegenstandes mit *Ausweis* im Vorratsvermögen analog zu Szenario I. Die Umsatz- und Gewinnrealisation hingegen ist neu zu würdigen.

Hierbei ist fraglich, ob das Vorliegen der Abnahmegarantie nun schon im Zeitpunkt der Übergabe der F&E-Ergebnisse eine Gewinnrealisation rechtfertigt. Wie oben bereits aufgeführt, ist für die Gewinnrealisation der Sprung zum Absatzmarkt erforderlich.[497] In der betrachteten Vereinbarung ist zum Zeitpunkt der Abnahme und Eigentumsübertragung der F&E-Ergebnisse zwar die auf Basis einer Vereinbarung geschuldete Hauptleistung vom 1st-Tier Supplier erbracht und übertragen worden, allerdings ist die Abrechnungsfähigkeit kritisch zu hinterfragen. Die Abrechnungsfähigkeit ist hier explizit an eine *aufschiebende Bedingung* gekoppelt, und zwar an die Lieferung des finalen Endprodukts.[498] Die Tatsache, dass der OEM garantiert, im Falle ungenügender Abnahmemengen Ausgleichszahlungen zu leisten, entkräftet die Bedeutung der genannten Bedingung nicht, da dieser Fall zum Zeitpunkt der Übergabe weder eingetreten noch wahrscheinlich ist und die Abrechnungsfähigkeit dadurch nicht berührt wird. Die Abnahmegarantie verschafft dem 1st-Tier Supplier hauptsächlich Sicherheit darüber, dass sich die getätigten F&E-Investitionen amortisieren werden, dies gilt allerdings unter der Bedingung, dass zum nachgelagerten Zeitpunkt der Serienfertigung die nachgefragten Stückzahlen produziert und an den OEM geliefert werden.

---

[497] Vgl. Abschnitt 4.2.3.1.2.1.

[498] Bei Kaufverträgen mit *aufschiebender* Bedingung, tritt die von der Bedingung abhängig gemachte Wirkung erst bei Eintritt der Bedingung ein, siehe § 158 Abs. 1 BGB.

Fraglich ist an dieser Stelle, inwieweit die genannte Abrechnungsbedingung zur Teilelieferung der Gewinnrealisation tatsächlich entgegensteht. Grundsätzlich dürfen aufschiebend bedingte Forderungen erst mit Bedingungseintritt aktiviert werden,[499] es sei denn sie sind als hinreichend konkretisiert zu bewerten. Diese Einordnung kann als gegeben erachtet werden, wenn der Bedingungseintritt so gut wie sicher ist.[500] Für die hier betrachtete Lieferantenbeziehung kann davon ausgegangen werden, dass der 1st-Tier Supplier in jedem Fall in der Lage sein wird, die geforderten Stückzahlen zu produzieren. Demzufolge ist zum Zeitpunkt der Abnahme und Übergabe der F&E-Ergebnisse die Umsatz- und Gewinnrealisation vorzunehmen. Diese Konklusion rechtfertigt sich auch dadurch, dass in der betrachteten Konstellation aufgrund der Abnahmegarantie nur noch geringfügige bzw. begrenzte Risiken beim 1st-Tier Supplier verbleiben und das wirtschaftliche Eigentum dadurch bei Abnahme grundsätzlich dem OEM zugeordnet werden kann.[501] Es sei an dieser Stelle darauf hingewiesen, dass diese Einordnung in anderen Konstellationen als der hier betrachteten Art und Ausprägung von Lieferantenbeziehung abweichen kann und daher stets individuell vorzunehmen ist.

Kritisch zu hinterfragen bleibt noch die Höhe der zu realisierenden Umsätze. Eine vollständige Umsatzrealisation stützt primär auf die vom OEM abgegebene Garantie einer ausreichenden Abnahme von Stückzahlen und die Annahme, der 1st-Tier Supplier könnte im Zweifel fehlende F&E-Erlöse mit Verweis auf die Stückzahlgarantie einklagen. Eine solche Annahme mag formell betrachtet zutreffend sein, in der Realität darf jedoch nicht die erwähnte asymmetrische Machtverteilung zugunsten des OEM vernachlässigt werden. In der Praxis ist durchaus die Vergabe der genannten Teileabnahmegarantien zu beobachten, allerdings kann diesen trotz möglicherweise formal-rechtlicher Gültigkeit nicht immer eine tatsächliche Wirksamkeit unterstellt werden, wenn die im Vorfeld zugesicherten Abnahmemengen nicht erreicht werden können. In diesem Fall wird der 1st-Tier Supplier zwar eine Restforderung gegenüber dem OEM ausweisen, und zwar in jener Höhe, in der die tatsächlich nachgefragten Stückzahlen unter den garantierten Stückzahlen liegen und verbleibende Kostenanteile nicht abgegolten wurden. Nach Aussage der befragten Experten der Automobilindustrie ist die Zahlung dieser Restforderung durch den OEM auch zu beobachten, es kommt aber auch häufig zu einem Erlass dieser Posten im Zusammenhang mit der Vergabe neuer Werkzeug- und Serienaufträge als Vorabrabatt oder Eintrittsgeld.[502] Insbesondere 1st-Tier Supplier, die nur an wenige

---

499 Vgl. *BFH* (1995), Urteil vom 26.April 1995.

500 Vgl. *ADS* (2002), § 246 Tz. 53; *Ellrott/Ring* (2006), § 247 Tz. 77.

501 Vgl. *IDW ERS HFA 13 n.F.* (2006), Tz. 59.

502 Vgl. die wesentlichen Aussagen in den Experteninterviews in Anhang 6.

OEMs liefern, sind kaum in der Lage, sich diesen Forderungen seitens des OEMs zu entziehen, da Folgeaufträge wesentlich für die Fortführung des Unternehmens sind. Für die Höhe der Umsatz- und Gewinnrealisation ist es daher unabdingbar, im Vorfeld auf Basis von vergangenen Erfahrungen eine Einschätzung über die Wirksamkeit der erhaltenen Mindestabnahmegarantien vorzunehmen und auf die Gewinnrealisation im Zweifel zu verzichten.

4.2.3.3.2.2 Abbildung nach IFRS

Grundsätzlich ergeben sich für die Abbildung nach IFRS keine signifikanten Unterschiede zur oben erarbeiteten Abbildung des Szenario I.[503] Die Erfassung im Jahresabschluss erfolgt nach IAS 11 und die Gewinn- und Umsatzrealisation entsprechend nach dem Fertigstellungsgrad. Hierbei ist die vorliegende Abnahmegarantie allerdings als ein stärkeres Indiz zur verlässlichen Ergebnisschätzung zu bewerten, da im Sinne von IAS 11.29a die Abnahmegarantie als Pflicht des OEM bezüglich der zu erbringenden Leistung angenommen werden kann. Die oben geschilderten Zweifel hinsichtlich der Durchsetzbarkeit dieser Abnahmegarantie gelten jedoch auch nach IFRS und sind bei der verlässlichen Ergebnisschätzung ggf. zu beachten.

4.2.3.3.3 Abbildungsmöglichkeiten im Jahresabschluss des OEMs

4.2.3.3.3.1 Abbildung nach HGB

Auch für die Abbildung beim OEM ist die Auswirkung der nun vorliegenden Abnahmegarantie auf die erarbeiteten handelsrechtlichen Abbildungsmöglichkeiten aus dem ersten Szenario zu überprüfen. Grundsätzlich ändert sich nichts an der Einschätzung, dass zum Zeitpunkt der Ab- und Übernahme des rechtlichen Eigentums an den F&E-Ergebnissen kein Vermögensgegenstand vorliegt, da es an selbstständiger Verwertbarkeit fehlt.[504]

Es ist allerdings zu prüfen, inwieweit die abgegebene Erklärung, die Abgeltung der F&E-Tätigkeiten in jedem Fall über ausreichende Teileabnahmen bzw. eine Ausgleichszahlung vornehmen zu wollen, die Passivierung einer Schuld beeinträchtigt. Grundsätzlich liegt mit der Abnahmegarantie eine *Verpflichtung gegenüber einem Dritten* vor, die zu einer *zukünftigen wirtschaftlichen Belastung* führt, deren *Inanspruchnahme* unter den beschriebenen Voraussetzungen als *wahrscheinlich* gilt und der *Höhe nach gewiss* ist.[505] Hierbei ist fraglich, ob die Verpflichtung einer aufschiebenden Bedingung im Sinne des § 158 Abs. 1 BGB unterliegt, da

---

503 Vgl. Abschnitt 4.2.3.1.2.2.
504 Vgl. hierzu die Diskussion in Abschnitt 4.2.3.1.3.1.
505 Vgl. *Ellrott/Ring* (2006), § 247 Tz. 201.

eine unmittelbare Kopplung an die nachgelagerte Teilelieferung besteht. Grundsätzlich ist zum Zeitpunkt der Übernahme des rechtlichen Eigentums an den F&E-Tätigkeiten unter Berücksichtigung der zuvor abgegebenen Garantie, diese in jedem Fall abgelten zu wollen, die Verpflichtung dem Grunde und der Höhe nach gewiss entstanden. Die damit verbundene Auszahlung ist dementsprechend zum Zeitpunkt der Abnahme der F&E-Tätigkeiten unabhängig vom Zeitpunkt der Auszahlung wirtschaftlich verursacht. Eine aufschiebende Bedingung liegt hier nicht vor. Der OEM kann sich spätestens bei Abnahme der F&E-Tätigkeiten der Belastung nicht mehr entziehen.

Da Grund und Höhe gewiss sind und eine aufschiebende Bedingung im Hinblick auf die Verpflichtung nicht vorliegt, ist vom OEM eine Schuld anzusetzen und als Verbindlichkeit auszuweisen. Die Bewertung hat in voller Höhe der für die F&E-Tätigkeiten zugesicherten Vergütung zu erfolgen. Aufgrund der mangelnden Aktivierungsfähigkeit der F&E-Tätigkeiten ist die Verbindlichkeit aufwandswirksam zu erfassen. Die nachträglich bezogenen Teile sind bei Bezug nur zu ihren unmittelbar verursachten Anschaffungskosten zu bewerten, der zusätzlich für F&E-Tätigkeiten gezahlte Teilepreisaufschlag ist hiervon als Tilgungsanteil der Verbindlichkeit zu behandeln.[506]

4.2.3.3.3.2 Abbildung nach IFRS

Die Abnahmegarantie hat keine signifikanten Auswirkungen für die Abbildung beim OEM nach IFRS. Es gilt hier unverändert die erarbeitete Abbildungslösung des Szenario I.[507]

4.2.3.4 Szenario IV: Machtasymmetrie mit Vorteilen für den 1st-Tier Supplier

4.2.3.4.1 Rekapitulation der Ausgangssituation

Der 1st-Tier Supplier setzt aufgrund der von ihm verfügten höheren Machtausprägung weiterhin durch, dass die F&E-Tätigkeiten auf Basis eines eigenständigen Auftrags mit direkter Abgeltung nach Fertigstellung erfolgen. Das Eigentum geht an dem OEM über. Aufgrund der nur noch moderaten Machtvorteile gesteht der 1st-Tier Supplier dem OEM im Unterschied zu Szenario II die Auftragsabwicklung auf Basis eines Werkvertrags zu, d.h. der 1st-Tier Supplier übernimmt das konzeptionelle Erfolgsrisiko.

---

[506] Vgl. hierzu ausführlich Abschnitt 4.2.3.1.3.1.

[507] Vgl. Abschnitt 4.2.3.1.3.2.

4.2.3.4.2 Abbildungsmöglichkeiten im Jahresabschluss des 1st-Tier Suppliers

4.2.3.4.2.1 Abbildung nach HGB

Im geschilderten Szenario handelt es sich um die Ausübung einer Dienstleistung im konkreten Fremdauftrag, die nun im Unterschied zum zweiten Szenario auf Basis eines zivilrechtlichen Werkvertrags nach § 631ff. BGB erfolgt.[508] Der 1st-Tier Supplier hat ab dem Zeitpunkt der Aufnahme der F&E-Tätigkeiten eine unfertige Leistung als immateriellen Vermögensgegenstand *anzusetzen* und im Umlaufvermögen *auszuweisen*. Die *Bewertung* erfolgt in Höhe der Herstellungskosten nach § 255 Abs. 2 HGB und umfasst die dem Auftrag direkt oder indirekt zurechenbaren F&E-Kosten.[509] Bei Inkrafttreten des BilMoG ist der Einbezug von Material- und Personalgemeinkosten wie auch der korrespondierende Werteverzehr des zur Herstellung eingesetzten Anlagevermögens verpflichtend.

Die Besonderheit des Werkvertrags nimmt Einfluss auf die *Umsatz- und Gewinnrealisation.* Da unter den neuen vertraglichen Voraussetzungen – anders als beim Dienstvertrag – der 1st-Tier Supplier am Ende seiner Tätigkeiten den konzeptionellen Erfolg in eigenem Namen und auf eigene Rechnung garantiert, trägt er folglich auch die damit verbundenen Risiken. Die Umsatzrealisation kann demzufolge nicht mehr unmittelbar nach Verrichtung von Tätigkeiten vorgenommen werden, da der Sprung zum Absatzmarkt noch nicht erfolgt ist.[510] Die F&E-Tätigkeiten sind unter den gegebenen Voraussetzungen als langfristiger Fertigungsauftrag zu bewerten. Demzufolge erfolgt die Gewinn- und Umsatzrealisation nach der Completed-Contract-Methode, d.h. positive Erfolgsbeiträge werden erst nach deren vollständiger Fertigstellung, also zum Zeitpunkt der Abnahme durch den OEM, realisiert.[511]

4.2.3.4.2.2 Abbildung nach IFRS

Für die Abbildung im IFRS Jahresabschluss ergibt sich aus dem nun vorliegenden Werkvertrag die Anwendung von IAS 11, da die F&E-Tätigkeiten jetzt als Fertigungsauftrag einzuordnen sind. Im Gegensatz zum HGB kommt es dabei unter der Prämisse der möglichen *verlässlichen* Schätzung zur Umsatz- und Gewinnrealisation auf Basis des Fertigstellungsgra-

---

508 Vgl. hierzu Abschnitt 3.3.4.

509 Vgl. *Nonnenmacher* (1993), S. 1234; vgl. hierzu auch Abschnitt 4.1.2.3.

510 Vgl. hierzu Abschnitt 4.2.3.1.2.1.

511 Vgl. *Baetge/Kirsch/Thiele* (2007), S. 682-684; zudem zu langfristiger Auftragsfertigung nach HGB Abschnitt 4.2.2.1.2.

des. Hierbei werden am Ende jeder Bilanzperiode unter Anwendung der bereits vorgestellten PoC-Methode die entsprechenden Ertrags- und Aufwandspositionen erfasst.[512]

4.2.3.4.3 Abbildungsmöglichkeiten im Jahresabschluss des OEMs

4.2.3.4.3.1 Abbildung nach HGB

Die Aktivierung des rechtlichen Eigentums an den erworbenen F&E-Tätigkeiten ist aufgrund der oben gezeigten mangelnden Aktivierungsfähigkeit ausgeschlossen.[513] Die zum Zeitpunkt der Übernahme an den 1st-Tier Supplier gezahlte Vergütung ist handelsrechtlich demnach aufwandswirksam zu erfassen.

4.2.3.4.3.2 Abbildung nach IFRS

Nach IFRS handelt es sich um die gesonderte Anschaffung eines immateriellen Vermögensgegenstandes auf Basis eines Werkvertrages, der nach IAS 38 in der Bilanz anzusetzen und mit den Anschaffungskosten in Höhe des gezahlten Vergütungsbetrages zu bewerten ist. Für die damit verbundene bilanzielle Würdigung ist Abschnitt 4.2.3.1.3.2 analog anwendbar.

4.2.3.5 Szenario V: Machtsymmetrie zwischen OEM und 1st-Tier Supplier

4.2.3.5.1 Rekapitulation der Ausgangssituation

Bei symmetrischer Machtverteilung verbleibt das rechtliche Eigentum der F&E-Ergebnisse beim 1st-Tier Supplier. Die mit den Tätigkeiten verbundenen Aufwendungen werden dem OEM nachgelagert über einen erhöhten Teilepreis explizit in Rechnung gestellt. Der OEM gibt die verbindliche Zusage, Stückzahlen in wenigstens jener Höhe abzunehmen, die die Amortisation der F&E-Tätigkeiten des 1st-Tier Suppliers sichert oder alternativ diese durch eine Ausgleichszahlung abzugelten. Die Verrichtung der F&E-Tätigkeiten erfolgt in enger Abstimmung mit dem OEM, nach Fertigstellung kommt es zu einer informellen Abnahme.

4.2.3.5.2 Abbildungsmöglichkeiten im Jahresabschluss des 1st-Tier Suppliers

4.2.3.5.2.1 Abbildung nach HGB

Die F&E-Tätigkeiten des 1st-Tier Suppliers sind aufgrund fehlender rechtlicher Übertragung am Ende der Fertigstellung nicht mehr auf Basis eines Fremdauftrags, sondern als selbst er-

---

[512] Vgl. hierzu Abschnitt 4.2.3.1.2.2.

[513] Vgl. Abschnitt 4.2.3.1.3.1.

stellt zu beurteilen. Demzufolge wäre wiederum der Ansatz eines Vermögensgegenstandes zu prüfen. Aufgrund des starken Interesses des OEM an den F&E-Tätigkeiten kann die selbstständige Verwertbarkeit und daraus das resultierende Schuldendeckungspotenzial unterstellt werden. Die abstrakte Aktivierungsfähigkeit ist erfüllt. Inwieweit auch die konkrete Aktivierungsfähigkeit sämtlicher F&E-Aufwendungen gegeben ist, hängt ob seiner immateriellen Begebenheit zunächst von der Zuordnung des potentiellen Vermögensgegenstandes ab. Erfolgt die Zuordnung zum Umlaufvermögen sind keine weiteren Beschränkungen zu beachten.

Die Zuordnung zum Umlaufvermögen käme dann in Betracht, wenn der Vermögensgegenstand nur im Rahmen eines einmaligen Nutzenvorgangs verbraucht würde. Eine solche Annahme könnte für die F&E-Ergebnisse unterstellt werden, da diese zum einen stark kundenspezifisch sind, nur in der Interaktion im Rahmen eines Auftrags verwendet werden und zudem vom OEM abgegolten und damit indirekt eine Art Verkaufsvorgang angenommen werden könnte. Nach der hier vertretenen Auffassung kommt eine Einordnung der F&E-Ergebnisse als Vermögensgegenstand des Umlaufvermögens allerdings nicht in Betracht. Die F&E-Ergebnisse werden auf eigene Rechnung und eigenes Risiko erstellt, um die Herstellung von Modulen oder Systemkomponenten vorzunehmen. Hierbei werden die F&E-Ergebnisse vom 1st-Tier Supplier dauerhaft über einen längeren Zeitraum in verschiedenen Teileaufträgen genutzt. Es handelt sich demnach um ein Gebrauchsgut, das nach § 247 Abs. 2 HGB dazu bestimmt ist, dauernd dem Geschäftsbetrieb zu dienen. Die F&E-Tätigkeiten sind folglich nach Fertigstellung als selbsterstellter immaterieller Vermögensgegenstand des Anlagevermögens einzuordnen.

Durch die Zuordnung zum Anlagevermögen gilt für F&E-Tätigkeiten, die bis zum 31.12.2009 erfolgen, das Aktivierungsverbot für selbsterstellte immaterielle Vermögensgegenstände des Anlagevermögens aus § 248 Abs. 2 HGB alte Fassung, wohingegen für selbstgeschaffene immaterielle Vermögensgegenstände des Anlagevermögens, mit deren Entwicklung nach diesem Stichtag begonnen wird, durch Inkrafttreten des BilMoG ein Aktivierungswahlrecht für *Entwicklungstätigkeiten* besteht. Die Bewertung hat bei Ausübung des Wahlrechts auf Basis von § 255 Abs. 2a HGB neue Fassung zu erfolgen. Für Forschungskosten gilt ein Aktivierungsverbot. Zudem ist die geltende Ausschüttungssperre zu beachten.[514]

Mit Beginn der Nutzung zum Zeitpunkt der Serienherstellung sind nach § 253 Abs. 2 HGB in der Folgebewertung die angesetzten Herstellungskosten im Zeitablauf um planmäßige Abschreibungen zu vermindern. Die Höhe der Abschreibungen ist dabei in Anlehnung an die Nutzungsdauer bzw. den Werteverzehr vorzunehmen. Bei darüber hinausgehenden Wertminderungen (nicht planbarer Werteverzehr), die voraussichtlich andauern, sind die planmäßigen Abschreibungen um außerplanmäßige Wertminderungen zu ergänzen.[515] Der Vermögensgegenstand ist explizit als selbsterstellt und immateriell nach § 266 HGB n.F. auszuweisen.

4.2.3.5.2.2 Abbildung nach IFRS

Grundsätzlich ließe sich nach IFRS eine dem Handelsrecht vergleichbare Vorgehensweise annehmen. Für die Abbildung nach IFRS ist allerdings aufgrund konkreter Regelungen zur Leasingbilanzierung die handelsrechtlich nicht weiterverfolgte Frage zu stellen, in wie weit rechtliches und wirtschaftliches Eigentum in der betrachteten Vereinbarung auseinanderfallen und Einfluss auf die Abbildungsmöglichkeiten nehmen. Im betrachteten Szenario ist zunächst formell betrachtet das rechtliche und wirtschaftliche Eigentum dem 1st-Tier Supplier zuzuordnen. Es stellt sich die Frage, ob diese Einschätzung auch bei einer wirtschaftlichen Betrachtungsweise aufrecht erhalten werden kann.

Das konkrete Endergebnis der F&E-Tätigkeiten liefert dem 1st-Tier Supplier das Know-how, wie ein bestimmtes Modul für eine spezifische Fahrzeugserie eines bestimmten OEMs gefertigt werden kann. Ohne diese nachgelagerte Transaktion gäbe es kaum Anreize für den 1st-Tier Supplier derartig spezifische F&E-Tätigkeiten durchzuführen und in die Form eines greifbaren Endergebnisses zu bringen. Auch wenn für dieses Endergebnis formell ein Vermögenswert angenommen werden kann, sind nach wirtschaftlicher Betrachtungsweise damit verbundene Chancen und Risiken vor allem dem OEM zuzuordnen, da es sich um spezifisches Produktionswissen für die von diesem verantwortete Fahrzeugserie handelt, zu deren Vergü-

---

[514] Vgl. hierzu ausführlich Abschnitt 4.1.2.3.

[515] Für Kapitalgesellschaften gilt nach § 279 Abs. 1 HGB das in § 253 Abs. 2 HGB aufgeführte Wahlrecht, außerplanmäßige Abschreibungen auch bei nur vorübergehenden Wertminderungen vorzunehmen nur für Vermögensgegenstände, die Finanzanlagen sind. Mit Inkrafttreten des BilMoG wird dieses Wahlrecht auch für Personengesellschaften abgeschafft.

tung sich der OEM in jedem Fall verpflichtet hat. Fraglich ist an dieser Stelle, ob aus einer wirtschaftlichen Betrachtungsweise nicht der OEM als (wirtschaftlicher) Eigentümer zu bewerten wäre, der zudem zwecks entscheidungsrelevanter Informationsvermittlung den Adressaten den (wirtschaftlichen) Besitz dieses Vermögenswertes über eine entsprechende Erfassung im Jahresabschluss mitteilen müsste.

Eine solche Begebenheit lässt bei wirtschaftlicher Betrachtungsweise ein *Leasingverhältnis* annehmen. Nach IAS 17.4 ist ein Leasingverhältnis „eine Vereinbarung, bei der der Leasinggeber dem Leasingnehmer gegen eine Zahlung oder eine Reihe von Zahlungen das Recht auf Nutzung eines Vermögenswertes für einen vereinbarten Zeitraum überträgt.“[516] Im betrachteten Szenario lässt sich zwar das Kriterium „Zahlung“ im Hinblick auf den Teilepreisaufschlag als erfüllt ansehen, ein Recht zur Nutzung wird vom 1st-Tier Supplier hingegen formell nicht übertragen. Insofern scheidet die Anwendung von IAS 17 in erster Instanz aus.

Es ist allerdings festzuhalten, dass bei wirtschaftlicher Betrachtungsweise im vorliegenden Fall zwar kein formelles Nutzungsrecht an den OEM übertragen wird, aufgrund der besonderen Form der Zusammenarbeit und des übermäßigen kundenspezifischen Charakters der Transaktion indirekt aber eine derartige Übertragung vermutetet wird. Demzufolge könnte die Anwendung von IFRIC 4 die Einschätzung hinsichtlich eines Leasingverhältnisses in der betrachteten Vereinbarung entscheidend verändern.[517] Nach IFRIC 4.6 enthält eine Vereinbarung aufgrund ihres wirtschaftlichen Gehalts ein Leasingverhältnis, wenn

(a) die Erfüllung der Vereinbarung von der Nutzung eines bestimmten Vermögenswerts oder bestimmter Vermögenswerte (der Vermögenswert) abhängt **und**

(b) die Vereinbarung ein Recht auf Nutzung überträgt.

Bezogen auf das hier betrachtete Beispiel der überbetrieblichen Zusammenarbeit zwischen OEM und 1st-Tier Supplier und die zur Herstellung unabdingbar zu verwendenden kundenspezifischen F&E-Erkenntnisse kann das erstgenannte Kriterium regelmäßig als erfüllt bewertet werden. Die Beurteilung, ob die Vereinbarung ein Recht auf Nutzung überträgt, wird in IFRIC 4.9 näher konkretisiert.

---

[516] Siehe IAS 17.4

[517] Vgl. zu den Grundlagen von IFRIC 4 Abschnitt 4.2.2.2.4.2.

Nach IFRIC 4.9 überträgt eine Vereinbarung das Recht auf Nutzung, wenn die Vereinbarung dem Käufer (Leasingnehmer) das Recht überträgt, die Verwendung des zugrunde liegenden Vermögenswertes zu kontrollieren. Dies ist für den betrachteten Fall nach IFRIC 4.9c anzunehmen, wenn außer dem Käufer keine andere Partei mehr als einen geringfügigen Betrag des produzierten Ausstoßes abnimmt und der vom Käufer gezahlte Preis weder vertraglich pro Produktionseinheit festgelegt wird noch dem aktuellen Marktpreis je Einheit des Ergebnisses zum Zeitpunkt der Lieferung des Ergebnisses entspricht.

Im vorliegenden Szenario nimmt ausschließlich der OEM den auf Basis der F&E-Erkenntnisse produzierten Output ab. Ein Preis pro Produktionseinheit ist zwar vertraglich festgelegt, bei dieser Form der Vereinbarung handelt es sich aber um nichts weiter als eine Basis zur Fixpreisumlage. Hierbei ist klar geregelt, dass Abnahmemengen, die den Fixpreis überschreiten, einen Teilepreisaufschlag nicht mehr enthalten. Vice Versa wird bei Unterschreiten der zu Grunde gelegten Fixpreisverrechnungsbasis, also Abnahme unterhalb der geplanten Mengen, eine Ausgleichszahlung durch den OEM vorgenommen. Es handelt sich demnach um einen take-or-pay Vertrag, bei dem die Preisgestaltung das Risiko aus dem Vermögenswert auf den OEM überträgt. Aus diesem Grund ist auch zu unterstellen, dass ein etwaiger Marktpreis, sofern ein solcher existiert bzw. bestimmbar wäre, vom gezahlten Teilepreis abweichen würde. Ein 1st-Tier Supplier, der auf eigene Rechnung und eigenes Risiko vorgelagerte F&E-Tätigkeiten über den Teilepreis in Rechnung stellen würde, hätte weder die Möglichkeit, ungenügende Stückzahlen in Rechnung zu stellen, noch würde er auf die Möglichkeit verzichten, den Amortisationsbetrag übertreffende Deckungsbeiträge zu vereinnahmen.[518] Vor diesem Hintergrund sind die Kriterien aus IFRIC 4.9c ebenfalls erfüllt. Die Vereinbarung enthält ein Leasingverhältnis und ist nach IAS 17 im Jahresabschluss zu erfassen.

Folglich gilt es nach IAS 17.10 die Klassifizierung des Leasingverhältnisses zu prüfen. Leasingnehmer ist dabei der OEM, Leasinggeber der 1st-Tier Supplier. Ohne weitere detaillierte Ausführungen kann das Leasingverhältnis als *Finanzierungsleasing* klassifiziert werden, da der Vermögensgegenstand eine spezielle Beschaffenheit hat, die eine Nutzung nur durch den OEM ermöglicht und die Laufzeit des Leasingverhältnisses den überwiegenden Teil der

---

518 Vgl. detailliert zu IFRIC 4: *Götz/Spanheimer* (2005), S. 259; *Lüdenbach/Freiberg* (2006), S. 259-264 *Lüdenbach/Freiberg* (2008), § 15 Tz. 1-11; *Beine/Nardmann* (2009); S. 814-818.

Nutzungsdauer vermuten lässt.[519] Für den 1st-Tier Supplier als Leasinggeber ist die weitere Abbildung im Jahresabschluss in IAS 17.36-48 geregelt.

Nach IAS 17.36 hat der 1st-Tier Supplier eine Forderung in Höhe der abgezinsten Mindestleasingzahlungen anzusetzen.[520] Für die betrachtete Vereinbarung bestehen die Mindestleasingzahlungen aus dem Betrag, den der OEM dem 1st-Tier Supplier insgesamt über die Teilepreisvergütung zugesichert hat. Da diesbezüglich vom OEM eine Garantie abgegeben wurde, ist der gesamte Betrag anzusetzen. Ein nicht garantierter Restwert ist im betrachteten Fall nicht anzunehmen. Insofern entspricht die Summe der Mindestleasingzahlungen dem Wert der Bruttoinvestition. Wird dieser Wert mit einem marktgerechten Zinssatz abgezinst, entsteht der Nettoinvestitionswert, der zum Zeitpunkt der Fertigstellung der F&E-Ergebnisse den Gesamtwert der vom 1st-Tier Supplier zu erfassenden Forderung ausmacht. Die Finanzerträge sind nach IAS 17.39 auf eine Weise zu erfassen, die eine konstante periodische Verzinsung widerspiegeln.

Fraglich ist in diesem Zusammenhang noch, zu welchem Zeitpunkt die Einbuchung der Forderung und damit verbundene Umsatz- und Gewinnrealisation erfolgen sollte. Da die Verrichtung der F&E-Tätigkeiten mehr als zwei Berichtsperioden andauert, käme bei Möglichkeit der verlässlichen Schätzung von korrespondierenden Auftragserlösen und –kosten in Anlehnung an IAS 11.22 und IAS 18.20, die Erfassung auf Basis des Fertigstellungsgrads (PoC-Methode) in Betracht. Eine derartige Vorgehensweise ergibt sich allerdings nicht unmittelbar aus IAS 17. Nichtsdestotrotz ist unter Bezug auf den Basisgrundsatz der IFRS-Rechnungslegung dieser Vorgehensweise zu zustimmen. Das Framework verlangt mit dem Grundsatz der Periodenabgrenzung explizit, dass Aufwendungen und Erträge in jenen Perioden zu erfassen sind, in denen sie im betrieblichen Prozess anfallen. Sollten die oben genannten Kriterien des IAS 11.22ff. bzw. IAS 18.20ff. erfüllt sein, ist die Einbuchung der Forderung in Höhe des Nettoinvestitionswertes nach der PoC-Methode vorzunehmen.[521]

---

519 Vgl. *Köhler/Gebhardt* (2008), IAS 17 Tz. 169.

520 vgl. zu IAS 17 Abschnitt 4.2.2.2.4.3.

521 Gl. A. *Lüdenbach* (2008), § 18 Tz. 69-71.

4.2.3.5.3 Abbildungsmöglichkeiten im Jahresabschluss des OEMs

4.2.3.5.3.1 Abbildung nach HGB

Grundsätzlich ist festzuhalten, dass die eben erfolgte ökonomische Würdigung für die Abbildung nach IFRS beim 1st-Tier Supplier in gleichem Maße für den OEM und nach HGB gilt. Insofern kommt es zu der Frage, in wie weit die Vereinbarung auch handelsrechtlich als Leasingverhältnis zu behandeln wäre. Dabei ist festzuhalten, dass das HGB im Unterschied zu den IFRS keine vergleichbaren Regelungen zur Behandlung von Leasing im Jahresabschluss bietet. Abbildungsmöglichkeiten ergeben sich im Wesentlichen aus den Kommentierungen zum Handelsrecht[522], die wiederum als Grundlage auf die Leasing-Erlasse des BMF[523] verweisen. Sämtliche Kommentierungen fordern für die Leasingbilanzierung einen Miet- oder Leasingvertrag, in dem der Leasinggeber dem Leasingnehmer gegen Entgelt einen Vermögensgegenstand zur Nutzung zur Verfügung stellt.

Im betrachteten Szenario liegt weder ein solcher Vertrag vor, noch stellt der 1st-Tier Supplier dem OEM einen Vermögensgegenstand direkt zur Verfügung. Formell betrachtet ist der 1st-Tier Supplier rechtlicher wie wirtschaftlicher Eigentümer der F&E-Erkenntnisse, da sich diese in seinem Verfügungsbereich befinden und andere von der Nutzung ausgeschlossen werden können. Der 1st-Tier Supplier nutzt die Erkenntnisse zudem selber zur Produktion. Wie in der Würdigung nach IFRS kann in der Interaktion nur ein indirektes Nutzungsrecht unterstellt werden, welches nach der hier vertretenen Auffassung **handelsrechtlich** nicht ausreicht, eine Aktivierung der F&E-Erkenntnisse beim OEM als Leasingnehmer zu begründen. Diese Einschätzung ändert sich auch nicht unter Berücksichtigung der auf Basis des BilMoG ergänzenden Vorschriften des § 246 Abs. 1 HGB neue Fassung zur Bilanzierung des wirtschaftlichen Eigentums. Der Vorgang ist daher aus Sicht des OEM als normaler Anschaffungsvorgang zum Zeitpunkt der Bevorratung mit Serienteilen zu erfassen und im Vorratsvermögen auszuweisen.

Die Bewertung erfolgt in Höhe der Anschaffungskosten nach § 255 Abs. 1 HGB. Dabei ist in diesem Fall der Teilepreisaufschlag für die F&E-Tätigkeiten als Bestandteil der Anschaffungskosten des später bezogenen Moduls zu bewerten. Auf Basis der betrachteten Vereinbarung hat - im Unterschied zu anderen Fällen - im Vorfeld keine separate Transaktion stattgefunden. Die F&E-Tätigkeiten wurden formell betrachtet in eigenem Namen und auf

---

[522] Vgl. hierzu *ADS* (2002), § 246 Tz. 385-395; *Förschle/Kroner* (2006), § 246 Tz. 37-77; *Baetge/Kirsch/Thiele* (2007), S. 693-707.

[523] Vgl. *BMF* (1971); *BMF* (1972); *BMF* (1975); *BMF* (1991).

eigene Rechnung vom 1st-Tier Supplier als Vermögensgegenstand des Anlagevermögens hergestellt. Der damit verbundene Werteverzehr wird dem OEM ebenso in Rechnung gestellt wie die Nutzung anderen Anlagevermögens und ist damit Bestandteil des Teilepreises. Der hierbei aufgewendete Betrag ist vom OEM ausnahmslos als Anschaffungskosten des Vorratsvermögens zu aktivieren. Da der OEM die Vergütung der F&E-Tätigkeiten garantiert, ist im Anhang gem. § 285 Abs. 3 HGB die garantierte Vergütung als finanzielle Verpflichtung anzugeben.

4.2.3.5.3.2 Abbildung nach IFRS

Für die Abbildung nach IFRS lässt sich auf der oben für den 1st-Tier Supplier durchgeführten Argumentation aufbauen und demzufolge für die Vereinbarung ein Finanzierungsleasingverhältnis zu Grunde legen. Der OEM ist dabei Leasingnehmer und hat die Vereinbarung nach IAS 17.20-32 durchzuführen. Hierbei ist gem. IAS 17.20 zu Beginn der Laufzeit des Leasingverhältnisses der *Ansatz* eines Vermögenswertes und einer Schuld in gleicher Höhe geboten. Die *Bewertung* erfolgt in Höhe des zu Beginn des Leasingverhältnisses beizulegenden Zeitwerts des Leasinggegenstandes oder mit dem Barwert der Mindestleasingzahlungen, sofern dieser Wert niedriger ist.

Bei der Folgebewertung sind nach IAS 17.25 die Mindestleasingzahlungen in Finanzierungskosten und Tilgungsanteil der Restschuld aufzuteilen, wobei die Finanzierungskosten so über die Laufzeit zu verteilen sind, dass über die Perioden ein konstanter Zinssatz auf die verbliebene Schuld entsteht. Der Vermögenswert ist zudem nach den in IAS 38 festgelegten und oben bereits diskutierten Kriterien abzuschreiben. Für den OEM entsteht so mit Fertigstellung der F&E-Tätigkeiten durch den 1st-Tier Supplier zunächst durch den Ausweis von Vermögenswerte und Schuld eine Bilanzverlängerung und anschließend mit Beginn des Teilebezugs in jeder Berichtsperiode Abschreibungs- und Finanzierungsaufwand.

4.3 Abbildung kundenspezifischer Werkzeuge im Jahresabschluss des OEM und 1st-Tier Suppliers nach HGB und IFRS

4.3.1 Rekapitulation der allgemeinen Ausgangssituation

Unter Zugrundelegung der in Abschnitt 3.4 gewonnen Erkenntnisse und der im Rahmen des Basismodells hergeleiteten konkreten Vereinbarungen zu kundenspezifischen Werkzeugen in der komplexen Lieferantenbeziehung sollen im nachfolgenden Abschnitt für jedes Szenario[524] Möglichkeiten für die Erfassung im Jahresabschluss von 1st-Tier Supplier und OEM ausgearbeitet werden. Um die Ausarbeitung zu verbessern, werden an dieser Stelle aus den umfassenden ökonomischen Erkenntnissen des Abschnitt 3.4 kurz die rechnungslegungsrelevanten Einflussgrößen rekapitulierend verdichtet. Im Anschluss daran werden die für die Phase wesentlichen rechnungslegungsrelevanten Grundlagen nach HGB und IFRS zentral vorgestellt und schließlich in den verschiedenen Szenarien hermeneutisch angewendet.

Allgemeine Ausgangssituation

Der OEM beauftragt den 1st-Tier Supplier nach der Phase der F&E-Tätigkeiten auf Basis des relationalen Rahmenvertrags (LoI) die Entwicklung und Herstellung spezifischer Werkzeuge vorzunehmen. Der Rahmenvertrag stellt einen *Mehrkomponentenvertrag* dar, in dem jede einzelne Wertschöpfungsphase einen eigenen Wert mit eigener schuldrechtlicher Verpflichtung ergibt, mit getrennten Angeboten separat verhandelt wird und in sich abgeschlossen zu betrachten ist.[525] Der Werkzeugerstellung ist der Serienauftrag nachgelagert, in dem das Werkzeug - unabhängig sämtlicher Eigentumsfragen - obligatorisch für die Teileproduktion zu verwenden ist. Der 1st-Tier Supplier entwickelt auf der Basis der F&E-Ergebnisse und ggf. zusätzlicher Rahmenvorgaben des OEMs zunächst einen *Prototyp* des Werkzeugs. Dieser wird vom OEM überprüft und formell abgenommen. Im Anschluss daran produziert der 1st-Tier Supplier das finale *Serienwerkzeug* und integriert dieses in seine Produktionsstraße. Die Phase der Entwicklung und Herstellung kundenspezifischer Werkzeuge dauert zwei Berichtsperioden.

4.3.2 Rechnungslegungsrelevante Grundlagen für die Abbildung der Phase der kundenspezifischen Werkzeuge

4.3.2.1 Handelsrecht

4.3.2.1.1 Auswahl relevanter Grundlagen

Neben den in Abschnitt 4.1.2.2 und 4.1.2.3 genannten allgemeinen Ansatz- und Bewertungsvorschriften sind für die Phase der Entwicklung und Herstellung kundenspezifischer Werkzeuge vor allem Abbildungsgrundlagen zu *langfristigen Fertigungsaufträgen, Leasingverhältnissen* und *privaten Investitionszuschüssen* relevant. Für handelsrechtliche

---

[524] Vgl. Abbildung 24.

[525] Vgl. Abschnitt 3.3.5 und bzgl. des Mehrkomponentenvertrags die Erläuterungen in Abschnitt 4.2.1.

Grundlagen zur Abbildung von Leasingverhältnissen und langfristigen Fertigungsaufträgen sei auf die bereits erfolgte zentrale Ausarbeitung im Zusammenhang mit der F&E-Phase in den Abschnitten 4.2.2.1.2 und 4.2.2.1.3 verwiesen. Im Zusammenhang mit kundenspezifischen Werkzeugen kommt es in einigen Vereinbarungen zu Werkzeugkostenzuschüssen, die der OEM dem 1st-Tier Supplier zahlt um die hohe Vorfinanzierungsleistung abzumildern. Ein solcher Zuschuss beinhaltet konkrete Gegenleistungsansprüche des OEMs an den 1st-Tier Supplier. Hierbei ist zu klären, worin diese Gegenleistungsansprüche bestehen und welche Konsequenzen sich daraus speziell für die Behandlung im Jahresabschluss ergeben. Somit ergibt sich eine sehr spezielle Sonderfrage der Rechnungslegung, die im Rahmen des allgemein gefassten HGB nicht ausdrücklich geregelt ist und daher im Folgenden **zentral** für die nachstehende Ausarbeitung von Abbildungsmöglichkeiten erarbeitet wird.

4.3.2.1.2 Wesentliche Grundlagen zur Abbildung privater Investitionszuschüsse

Die Abbildung privater Investitionszuschüsse ist durch das HGB nicht explizit geregelt. Neben den existierenden Bilanzkommentarmeinungen existiert zur Bilanzierung privater Zuschüsse eine Stellungnahme des Hauptfachausschusses der Wirtschaftsprüfer in Deutschland (HFA), die für die vorliegende Arbeit als allgemeiner Leitfaden herangezogen wird.[526] In der betrachteten Lieferantenbeziehung kommt es zu einem privaten *Investitionszuschuss* des OEM an den 1st-Tier Supplier. Bei einem privaten Investitionszuschuss handelt es sich nach dem HFA um eine Leistung, die vom Zuschussgeber zur Herstellung eines bestimmten Vermögensgegenstandes (kundenspezifisches Werkzeug) gewährt wird und mit der sich der Empfänger (1st-Tier Supplier) verpflichtet, diesen für Zwecke des Zuschussgebers (OEM) zu erstellen und zu verwenden. Es handelt sich demnach um einen Zuschuss mit *Gegenleistungscharakter*.[527] Für die Erfassung im Jahresabschluss ist zunächst entscheiden, ob das Eigentum am bezuschussten Gegenstand beim Zuschussempfänger (1st-Tier Supplier) verbleibt oder an den Zuschussgeber (OEM) übertragen wird.

Verbleibt das *Eigentum beim 1st-Tier Supplier*, so ist in einem ersten Schritt klar abzugrenzen, für welche Leistungskomponenten der Zuschuss gewährt wurde. In der zu betrachtenden Phase verpflichtet sich der 1st-Tier Supplier, die Werkzeuge zu entwickeln, herzustellen, zur Produktion zu verwenden und schließlich für eine latente Lieferbereitschaft nach Auslauf der

---

526 Vgl. *HFA des IDW* (1996), Zur Bilanzierung privater Zuschüsse.

527 Vgl. *Ellrott/Brendt* (2006), § 255 Tz. 119, weiterführend zu anderen Gestaltungen in der Praxis *BFH* (2000); Urteil vom 29.11.2000.

Serienfertigung vorzuhalten. Fraglich ist an dieser Stelle, ob die genannten Verpflichtungen in Haupt- und Nebenpflichten unterteilt werden können. Nach der hier vertretenen Auffassung liegt die Hauptpflicht in der Entwicklung, Herstellung und Verwendung. Die Vorhaltung der Lieferbereitschaft entspricht einer untergeordneten Nebenpflicht und kann an dieser Stelle (zunächst) vernachlässigt werden. Der Zuschuss ist vom 1st-Tier Supplier bei Erhalt als erhaltene Anzahlung zu passivieren und in Anlehnung an *zeitliche* oder *mengenmäßige* Leistungskomponente ertragswirksam zu vereinnahmen.[528] In den zu betrachtenden Vereinbarungen sind beide Annahmen vertretbar. Als zeitliche Komponente könnte die Dauer der Serienfertigung angenommen werden. Als Mengenkomponente könnten die im Vorfeld vom OEM geplanten Abnahmemengen dienen. Bei Vereinnahmung des Zuschusses kann der Ausweis entweder in Anlehnung an § 277 Abs. 1 HGB als Umsatzerlöse bzw. als sonstige betriebliche Erträge erfolgen. Aufgrund des Gegenleistungscharakters ist ein direkter Abzug von den Anschaffungs- oder Herstellungskosten nicht möglich.[529]

Der OEM als Zuschussgeber aktiviert bei Auszahlung einen Gegenleistungsanspruch in Höhe des gezahlten Zuschusses.[530] Je nach vertraglicher Ausgestaltung kann der Ausweis bei ausstehender zeitbezogener Gegenleistungsverpflichtung als **Rechnungsabgrenzungsposten**, bei Recht auf Teilebezug als **immaterieller Vermögensgegenstand** oder bei vereinbarten Preisnachlässen auf die später zu beziehenden Serienteile wiederum als Rechnungsabgrenzungsposten (zeitlicher Bezug) oder **geleistete Anzahlung auf Vorratsvermögen** (Mengenbezug) bzw. in anderen Fällen als **sonstige Forderung** erfolgen. Die Auflösung erfolgt analog zum Vorgehen des Zuschussempfängers in Anlehnung an einen zeitlichen oder mengenmäßigen Leistungszeitraum. Außerplanmäßige Entwicklungen sind entsprechend zu berücksichtigen.[531]

Geht das *Eigentum* des Investitionsgegenstandes *auf den OEM* über, so ist der Zuschuss vom 1st-Tier Supplier bei Übergabe erfolgswirksam zu vereinnahmen, sofern keine weiteren Hauptverpflichtungen bestehen. Der OEM hätte den übergegangenen Vermögensgegenstand, sofern die Aktivierungsfähigkeit gegeben ist, zu aktivieren. Hierbei ist allerdings zu beachten, dass häufig nicht das wirtschaftliche Eigentum auf den OEM übergeht. So verbleibt das wirt-

---

528 So auch *Ellrott/Brendt* (2006), § 255 Tz. 119.

529 Vgl. *HFA des IDW* (1996), S. 330-334; *Ellrott/Brendt* (2006), § 255 Tz. 119; *Baetge/Kirsch/Thiele* (2007), S. 198.

530 Teilweise a.A. *Ellrott/Brendt* (2006), Tz. 119. Hierbei wird mit nicht aktivierungspflichtigen Aufwendungen für zukünftige Kosteneinsparungen argumentiert.

531 Vgl. *HFA des IDW* (1996), S. 336f.

schaftliche Eigentum bspw. dann beim 1st-Tier Supplier, wenn die vollständige Abgeltung der aufgewendeten Entwicklungs- und Herstellungskosten noch von der Nutzung des Werkzeugs im nachgelagerten Produktionsprozess und korrespondierender Teilelieferung abhängig ist. In einer solchen Konstellation trägt der 1st-Tier Supplier auch zum Zeitpunkt der rechtlichen Eigentumsübertragung noch die wirtschaftlichen Risiken der Werkzeuge und hat überdies noch zusätzliche, mit dem Zuschuss verbundene Verpflichtungen zu erfüllen. Die Erfassung des Zuschusses hat dann im Jahresabschluss von OEM und 1st-Tier Supplier so zu erfolgen, als wenn der 1st-Tier Supplier Eigentümer wäre. Diese Auslegung wird durch die Neufassung des § 246 Abs. 1 HGB durch BilMoG entsprechend gestützt, da hiernach explizit festgelegt ist, dass Vermögensgegenstände vom wirtschaftlichen Eigentümer zu bilanzieren sind.

4.3.2.2 IFRS

4.3.2.2.1 Auswahl relevanter Grundlagen

Neben den in Abschnitt 4.1.3.2 und 4.1.3.3 genannten allgemeinen Ansatz- und Bewertungsvorschriften sind ähnlich wie oben für das HGB genannt auch im IFRS-Jahresabschluss für die Phase der Entwicklung und Herstellung kundenspezifischer Werkzeuge speziell die Abbildung von langfristigen *Fertigungsaufträgen*, *Leasingverhältnissen* und *privaten Investitionszuschüssen* relevant. Darüber hinaus ist auch die Abbildung *immaterieller Vermögenswerte* von Bedeutung. Für die wesentlichen Grundlagen zur Abbildung von Fertigungsaufträgen, immateriellen Vermögensgegenständen und Leasingverhältnissen im IFRS-Jahresabschluss sei auf die bereits für die F&E-Phase erfolgte zentrale Ausarbeitung in Abschnitt 4.2.2.2 verwiesen. Die Abbildung von privaten Investitionszuschüsse ist nach IFRS durch die Interpretation IFRIC 18 geregelt, die im Folgenden für die Erarbeitung von Abbildungsmöglichkeiten für Vereinbarungen zu kundenspezifischen Werkzeugen zentral erläutert wird.

4.3.2.2.2 Wesentliche Grundlagen zur Abbildung privater Investitionszuschüsse unter Anwendung von IFRIC 18

Die IFRS regeln explizit nur die Bilanzierung *öffentlicher* Investitionszuschüsse mit IAS 20.[532] Da offensichtlich ein konkreter Standard fehlt, könnte für das Management nach IAS 8.10 die Möglichkeit bestehen, in eigenem Ermessen eine Bilanzierungsweise zu bestimmen, die einer entscheidungsrelevanten Informationsvermittlung im Sinne des Frameworks am

[532] Konkret regelt IAS 20 die „Bilanzierung und Darstellung von Zuwendungen der öffentlichen Hand“.

Ehesten genügt. Durch Inkrafttreten der Interpretation **IFRIC 18** *Transfers of Assets from Customers* ist im Januar 2009 durch das IASB allerdings eine Bilanzierungsvorgabe erarbeitet worden, die auf die Erfassung privater Zuschüsse Anwendung findet. IFRIC 18 ist nach den Teilziffern 4-7 von Unternehmen anzuwenden, die entweder einen Gegenstand des Sachanlagevermögens oder eine **Geldzahlung** (wie einen Zuschuss) zur Anschaffung oder Herstellung eines Vermögenswertes erhalten und diesen zur Ermöglichung eines dauerhaften Zugangs zur Versorgung mit Waren oder Dienstleistungen **zweckgebunden** nutzen müssen. In einigen der folgenden Vereinbarungen der betrachteten Lieferantenbeziehung gewährt der OEM dem 1st-Tier Supplier einen Zuschuss, damit dieser ein auf den OEM zugeschnittenes Werkzeug herstellt und im folgenden Produktionsprozess zur Modulherstellung nutzt. Die Frage des rechtlichen Eigentums am Werkzeug kann hier vernachlässigt werden. Es liegt die Herstellung eines Vermögenswertes vor, der - unabhängig von Eigentumsfragen - zweckgebunden genutzt wird.[533] Durch die Herstellung ermöglicht der 1st-Tier Supplier dem OEM den Zugang zur Versorgung mit Waren. Demzufolge ist IFRIC 18 bei Zuschussgewährung in einigen Szenarien der hier betrachteten Wertschöpfungsphase vom 1st-Tier Supplier anwendbar.[534]

Verbleibt das Eigentum am Werkzeug beim **1st-Tier Supplier als Zuschussnehmer**, hat dieser den hergestellten Vermögenswert zunächst nach den Regelungen des IAS 16 mit seinen vollen Anschaffungs- oder Herstellungskosten zu aktivieren. Erfolgt nach Herstellung des Werkzeugs der rechtliche und wirtschaftliche Eigentumsübergang auf den OEM, hat der 1st-Tier Supplier die Erfassung korrespondierender Umsätze und Gewinne nach IAS 11 vorzunehmen.[535] Für die **Erfassung des Zuschusses** verlangt IFRIC 18 unabhängig vom Eigentum am Werkzeug eine Anlehnung an die Gegenleistung des Zuschussnehmers. Wird nur *eine einzige Gegenleistung* (one service) erbracht, ist der Zuschuss entsprechend IFRIC 18.18 nach IAS 18.20 (bzw. IAS 11.22), also entsprechend der Erbringung der Gegenleistung nach dem Fertigstellungsgrad, umgehend ertragswirksam zu vereinnahmen. Eine derartige Vorgehensweise wäre beim Verkauf des Werkzeugs und Übergang des Eigentums an den OEM zu begründen. Bei *mehreren Gegenleistungen* (more than one separately identifiable service) ist der Zuschuss gem. IFRIC 18.19 verursachungsgerecht auf die verschiedenen Leistungskomponenten aufzuteilen und jeweils separat nach IAS 18.20 zu erfassen. Handelt es

---

533 IFRIC 18 problematisiert den Begriff des Vermögenswertes detaillierter, davon kann hier abstrahiert werden, vgl. weiterführend IFRIC 18.9-10.

534 Vgl. *Oversberg* (2009), S. 153f.

535 Vgl. für Grundlagen zur Ertragsrealisation nach IAS 11 Abschnitt 4.2.2.2.2.

sich um eine *dauerhafte Gegenleistung* (ongoing service), so erfolgt die Ertragserfassung gem. IFRIC 18.20 über die Vertragsdauer, aber keinesfalls länger als die wirtschaftliche Nutzungsdauer des Vermögenswertes.[536] Diese Vorgehensweise ist anzuwenden, wenn das Eigentum am Werkzeug beim 1st-Tier Supplier verbleibt. Neben der Werkzeugherstellung zahlt der OEM vor allem für die exklusive und stetige Produktions- und Lieferbereitschaft durch den 1st-Tier Supplier. Eine derartige Vergütung wäre durch den 1st-Tier Supplier durch Anwendung von IAS 18 als Nutzungsentgelt zu erfassen.[537] Neben der Vertragslaufzeit kämen hier als Basis der Zuschussvereinnahmung vor allem die geplanten Teileabsatzmengen in Betracht. Diese Vorgehensweise ist auch im Hinblick an eine perdiodengerechte Erfolgsvermittlung als sinnvoll zu erachten, da es keinen Unterschied machen kann, ob ein höherer Teilepreis bezahlt wird oder stattdessen ein Teil davon bereits vorab als Zuschuss.

Der **OEM als Zuschussgeber** würde *bei Übernahme des Eigentums* am Werkzeug den Zuschuss als Bestandteil der Anschaffungskosten, vergleichbar einer Vorauszahlung behandeln. Wird der Zuschuss hingegen *ohne Übernahme des Eigentums* gewährt, liegt in der Regel dennoch ein Anschaffungsvorgang vor. Der OEM erwirbt nach der hier vertretenen Auffassung jeweils unter Würdigung der Gesamtumstände entweder ein Exklusivbezugsrecht, welches neben der Entwicklung und Herstellung des Teils, vor allem den exklusiven Produktionseinsatz sowie die Vorhaltung der Liefer- und Versorgungsbereitschaft vergütet, oder alternativ einen Anspruch auf verbilligten Teilebezug, wobei der Zuschuss als Vorauszahlung auf Vorratsvermögen zu bewerten und auszuweisen wäre. Bei Einordnung zum exklusiven Teilebezugsrechts kommt es für den OEM zum Ansatz eines immateriellen Vermögenswertes nach IAS 38, da bei dem vertraglichen und damit identifizierbaren kontrollierten Exklusivbezugsrecht die Anschaffungskosten in Höhe der geleisteten Zahlung verlässlich bestimmbar sind, und ein zukünftiger Nutzenzufluss eben ob der gewährten Zahlung erwartet werden kann.[538]

---

536 Zu ähnlicher Auffassung kommt *Lüdenbach* (2008), § 18 Tz. 69-71 i.V.m. § 25 Tz 106-108.

537 So auch *KPMG* (2008c), S. 50f.

538 Vgl. ausführlich zu Ansatz und Bewertung nach IAS 38 Abschnitt 4.2.2.2.3.

4.3.3 Abbildungsmöglichkeiten für hergeleitete Vereinbarungen der ökonomischen Analyse zur Phase der kundenspezifischen Werkzeuge

4.3.3.1 Szenario I: Extreme Machtasymmetrie zu Gunsten des OEMs

4.3.3.1.1 Rekapitulation der Ausgangssituation

Aufgrund seiner starken Machtvorteile in der Interaktion setzt der OEM die Abgeltung der Entwicklung und Herstellung kundenspezifischer Werkzeuge durch den 1st-Tier Supplier *nachgelagert* über den Teilepreis zum Zeitpunkt des Serienauftrags durch. Vereinbart ist ein fixer Betrag, der auf die geplanten Stückzahlen des OEM verteilt wird. Zudem ist festgelegt, dass das rechtliche Eigentum an den kundenspezifischen Werkzeugen umgehend nach Abnahme und Fertigstellung an den OEM übergeht. Garantierte Abnahmemengen oder Ausgleichzahlungen im Falle ungenügender Teileabnahmen sind nicht vereinbart.

4.3.3.1.2 Abbildungsmöglichkeiten im Jahresabschluss des 1st-Tier Suppliers

4.3.3.1.2.1 Abbildung nach HGB

Prototypenwerkzeug

Bei der Entwicklung und Herstellung des Prototypenwerkzeugs handelt es sich für den 1st-Tier Supplier um einen langfristigen Fertigungsauftrag für einen Dritten. Demzufolge kommt es bis zur Fertigstellung zum *Ansatz* der laufenden Aufwendungen im Vorratsvermögen als unfertige Leistung. Die abstrakte wie konkrete Aktivierungsfähigkeit ist gegeben, da das Objekt selbstständig verwertbar und zur Schuldendeckung geeignet ist und kein konkretes Verbot existiert.[539] Die *Bewertung* erfolgt zu den bereits oben diskutierten Herstellungskosten des § 255 Abs. 2 HGB inklusive des Einbezugs von Material- und Personalgemeinkosten wie auch des korrespondierenden Werteverzehrs des zur Herstellung eingesetzten Anlagevermögens durch Inkrafttreten des BilMoGs. Hierbei ist wiederum zu beachten, dass eine Vergütung der Herstellungskosten durch den OEM maximal nur in Höhe des im Vorfeld zugesicherten Fixbetrags (Teilepreisaufschlag multipliziert mit vom OEM geplanten Stückmengen) erwartet werden kann. Werden mehr Stückzahlen nachgefragt, als ursprünglich geplant, wird der OEM den Teilepreisaufschlag einstellen. Demzufolge wären Herstellungskosten, die den im Vorfeld vereinbarten Maximalbetrag übersteigen, umgehend als Aufwand zu erfassen.

---

[539] Vgl. hierzu die Diskussion in Abschnitt 4.2.3.1.2.1, die hier analog gilt.

Für die Umsatz- und Gewinnrealisierung ist bei langfristiger Auftragsfertigung nach HGB nur die **Completed-Contract–Methode** zulässig, d.h. Umsätze und Gewinne dürfen erst am Ende der Fertigstellung bei Sprung zum Absatzmarkt im Jahresabschluss erfasst werden.[540] Wie bereits bei den oben betrachteten F&E-Tätigkeiten ist bei der vorliegenden Vereinbarung zum Zeitpunkt der Eigentumsübertragung an den OEM prinzipiell zwar der Sprung zum Absatzmarkt erfolgt, die wesentliche Risiken des kundenspezifischen Werkzeugs sind hingegen nicht an den OEM übertragen worden. So ist zum Zeitpunkt der Abnahme durch den OEM kein Zahlungseingang zu erwarten, da dieser erst sukzessive zum nachgelagerten Zeitpunkt bei Teilelieferungen erfolgt. Daraus folgt, dass sich die aufgewendeten Lasten erst sukzessive über die Nutzungsdauer amortisieren werden. Der tatsächliche Zugang der gesamten Forderung bzw. Umsatzerlöse ist zudem aufgrund fehlender Abnahmegarantien gar nicht ausreichend sichergestellt. Hierbei ist zu beachten, dass die kundenspezifischen Werkzeuge unmittelbar dem Risiko von Wertschwankungen unterliegen, das vom 1st-Tier Supplier zu tragen ist. Findet die Fahrzeugserie des OEMs nicht ausreichend Kundennachfrage, kommt es nicht zu den für die Amortisation notwendigen Teilebestellungen durch den OEM, da dieser zur Abnahme nicht verpflichtet ist. Der 1st-Tier Supplier hält demzufolge neben dem Besitz, auch Gefahr und Lasten an den kundenspezifischen Werkzeugen. Das wirtschaftliche Eigentum ist nicht an den OEM übertragen worden.[541] Demzufolge kommen die Ausbuchung des Vermögensgegenstandes und die Umsatz- und mögliche Gewinnrealisation zum Zeitpunkt der Abnahme durch den OEM (noch) nicht in Betracht.[542]Die Gewinn- und Umsatzrealisation kann analog zur oben für F&E-Tätigkeiten diskutierten Vorgehensweise erst sukzessive bei Teileabnahmen erfolgen. Dabei hat der 1st-Tier Supplier als wirtschaftlicher Eigentümer das kundenspezifische Werkzeug im Anlagevermögen auszuweisen und planmäßig abzuschreiben.[543]

Serienwerkzeug

Im Gegensatz zum Prototypenwerkzeug ist die Herstellung der (im Anschluss an die Abnahme des Prototypenwerkzeugs) herzustellenden finalen Serienwerkzeuge ungleich trivialer einzuordnen, da keine Entwicklungstätigkeiten mehr erforderlich sind, sondern auf Grundlage bereits vorliegender Rahmendaten ein überschaubarer Herstellungsprozess anfällt. Die gerade

---

540 Vgl. zur langfristigen Auftragsfertigung nach HGB ausführlich Abschnitt 4.2.2.1.2, die Kriterien für den Sprung zum Absatzmarkt wurden in Abschnitt 4.2.3.1.2.1 diskutiert.

541 Zum wirtschaftlichen Eigentum vgl. Abschnitt 4.1.2.2.

542 Vgl. *IDW ERS HFA 13* n.F. (2006), Tz 56-57.

543 Vgl. Abschnitt 4.2.3.1.2.1; zudem *IDW ERS 13 n.F.* (2006), Tz. 56f.

aufgezeigte Abbildung für Prototypenwerkzeuge ist für die Serienwerkzeuge analog anzuwenden. Es liegt ein Vermögensgegenstand vor, der anzusetzen und zu Herstellungskosten zu bewerten ist. Die Umsatzrealisation kann erst sukzessive bei Teileabnahmen erfolgen, da zum Zeitpunkt der Fertigstellung die wesentlichen Risiken beim 1st-Tier Supplier verbleiben.

Der 1st-Tier Supplier bleibt wirtschaftlicher Eigentümer der Werkzeuge und weist beide Vermögensgegenstände aufgrund dauerhaft verbleibender bedeutsamer Risiken in der Bilanz aus.[544] Die kundenspezifischen Werkzeuge sind analog zur oben für die F&E-Ergebnisse erarbeiteten Vorgehensweise nach Fertigstellung im Anlagevermögen auszuweisen und durch planmäßige Abschreibungen im Zeitablauf zu verringern.[545]

4.3.3.1.2.2 Abbildung nach IFRS

Da es sich um eine *kundenspezifische* Fertigung handelt, ist die Entwicklung und Herstellung der Werkzeuge nach IFRS ebenfalls als langfristiger Fertigungsauftrag zu bewerten und demzufolge nach IAS 11 abzubilden. Analog zur oben fürs erste Szenario der F&E-Tätigkeiten diskutierten Vorgehensweise ist auch die Werkzeugphase getrennt von vor- bzw. nachstehenden Phasen zu behandeln, da die Kriterien des IAS 11.8 erfüllt sind.[546] Fraglich ist allerdings, ob eine separate Behandlung auch für *Prototypenwerkzeuge* und *Serienwerkzeuge* erforderlich ist. In der betrachteten Untersuchung soll angenommen werden, dass die Phase der kundenspezifischen Werkzeuge als ein Vertrag mit einer Gesamtgewinnmarge verhandelt wurde und demnach gem. IAS 11.9 auch als ein einziger Fertigungsauftrag zu behandeln ist.

Die Bewertung des Auftrags erfolgt, bei *verlässlicher* Schätzbarkeit von Auftragserlösen und –kosten, gem. des Fertigstellungsgrads unter Anwendung der PoC-Methode. Die bereits oben diskutierten Schwierigkeiten hinsichtlich der Bestimmbarkeit des Kriteriums „Verlässlichkeit" gelten hier gleichermaßen.[547] Im betrachteten Szenario besteht die Schwierigkeit der verlässlichen Schätzbarkeit für Auftragserlöse vor allem in der Unsicherheit, dass der OEM die geplanten und zur Amortisation wie Gewinnerzielung unbedingt notwendigen Stückzahlen auch abnimmt. Inwieweit sich daraus eine überwiegende Unwahrscheinlichkeit des Nutzenzuflusses ergibt, liegt nach der hier vertretenen Auffassung im Ermessen des jeweiligen Unternehmens. Es wird wiederum vorgeschlagen, Verlässlichkeit dann anzunehmen,

---

544 Vgl. *IDW ERS HFA 13 n.F.* (2006), Tz. 56f.
545 Vgl. hierfür ausführlich die Diskussion zu F&E-Tätigkeiten in Abschnitt 4.2.3.1.2.1.
546 Vgl. hierzu Abschnitt 4.2.3.1.2.2.
547 Vgl. hierzu Abschnitt 4.2.3.1.2.2.

wenn vergangene Erfahrungen mit dem OEM und Zukunftsprognosen darauf hinweisen, dass es zu ausreichenden Teileabnahmen kommen wird. Liegen hingegen gegenteilige bzw. keine Erfahrungen oder Prognosen vor, sollte auf die Gewinnrealisation nach dem Leistungsfortschritt nach IAS 11.22 verzichtet werden und IAS 11.32 zur Anwendung kommen.[548]

Die Prüfung zur Abbildung eines Leasingverhältnisses kann für dieses Szenario aus den gleichen Gründen unterbleiben, die bereits in Abschnitt 4.2.3.1.2.2 erarbeitet wurden.

4.3.3.1.3 Abbildungsmöglichkeiten im Jahresabschluss des OEMs

4.3.3.1.3.1 Abbildung nach HGB

Für den Auftrag gebenden OEM stellt sich handelsrechtlich wie schon bei der Auftragsvergabe von F&E-Aktivitäten die grundsätzliche Frage, ob es zum Erwerb eines Vermögensgegenstandes kommt, der bilanziell als Vermögen erfasst werden kann. Hierfür ist erneut der Aktivierungsgrundsatz zu prüfen und zwar zunächst für das Prototypenwerkzeug und anschließend für die Serienwerkzeuge. Nach der hier vertretenen Auffassung scheidet eine Aktivierung aufgrund mangelnder selbstständiger Verwertbarkeit und daher fehlenden Schuldendeckungspotenzials aus den gleichen Gründen wie schon in der F&E-Phase aus. Es handelt sich um Prototypen- und Serienwerkzeuge für ein sehr spezifisches Modul einer bestimmten Fahrzeugserie. Diese Werkzeuge sind ausschließlich für die Herstellung dieser Teile für diesen einen OEM verwendbar. Vor diesem Hintergrund kann nicht davon ausgegangen werden, dass eine selbstständige Verwertbarkeit in einer Interaktion mit Dritten vorliegt. Ein Schuldendeckungspotenzial kann ebenfalls nicht unterstellt werden. Dem Argument, der OEM könne das Werkzeug theoretisch an einen anderen 1st-Tier Supplier im Zusammenhang mit der Vergabe eines Serienauftrags verkaufen, kann deshalb widersprochen werden, weil sich der 1st-Tier Supplier diese Ausgaben über einen höheren Teilepreis wiederholen würde. Es kann daher bei wirtschaftlicher Betrachtungsweise nicht von individueller Veräußerbarkeit ausgegangen werden kann. Ein Ansatz kommt demnach nicht Betracht.[549]

Für die Frage, ob die Passivierung einer Schuld erforderlich ist, sei an dieser Stelle ebenfalls auf die korrespondierende Diskussion der F&E-Phase in Abschnitt 4.2.3.1.3.1 verwiesen. Die Abgeltung der Entwicklung und Herstellung der Werkzeuge erfolgt in Abhängigkeit von be-

548 Vgl. ausführlich zur PoC-Methode und damit verbundenen Schwierigkeiten und Vorgehensweise analog für die hier betrachtete Vereinbarung anwendbar: Abschnitt 4.2.3.1.2.2.

549 Die Diskussion aus der F&E-Phase gilt hier analog, vgl. dazu ausführlich Abschnitt 4.2.3.1.3.1.

stellten Stückmengen zum Zeitpunkt der Serienherstellung. Eine rechtlich verpflichtende Abnahme ist dabei nicht vereinbart und liegt nicht vor, da eine Verpflichtung in Abhängigkeit von der Entscheidung zur Teilebestellung steht und damit erst in der Zukunft entstehen kann.[550] Im betrachteten Fall kommt es zum Zeitpunkt der rechtlichen Eigentumsübernahme der Werkzeuge daher nicht zum Ansatz einer Schuld.

Der für die Werkzeugentwicklung und –herstellung gezahlte Preisaufschlag ist vom OEM im Zeitpunkt des Teilebezugs als Aufwand zu erfassen. Eine Aktivierung als erhöhte Anschaffungskosten der Serienteile kommt nicht in Betracht.[551]

4.3.3.1.3.2 Abbildung nach IFRS

Nach IFRS ist zum Zeitpunkt der Übernahme des rechtlichen Eigentums ebenfalls zu prüfen, ob es zum Ansatz eines Vermögensgegenstands kommt. Hierbei stellt sich die Frage, ob IAS 38 weiterhin Anwendung finden kann, da es sich bei Prototypen- wie Serienwerkzeug nun um physische Objekte handelt, die grundsätzlich die Anwendung von IAS 16 „Sachanlagevermögen" vermuten lassen. Für das *Serienwerkzeug* trifft diese Annahme zu, da es sich um einen materiellen Wert handelt, der in der rechtlichen Verfügungsmacht des OEM steht und nach IAS 16.6 zum Zwecke der Herstellung von Gütern gehalten wird und deren Nutzung länger als eine Periode andauert. Für das *Prototypenwerkzeug* hingegen ist weiterhin die Anwendung von IAS 38 geboten, da in IAS 38.5 explizit Prototypen in den Anwendungsbereich des Standards miteinbezogen werden. Der Einbezug wird damit begründet, dass die physische Komponente aufgrund der umfassenden Entwicklungstätigkeiten lediglich als sekundär zu bewerten ist.

Anders als im Handelsrecht kommt es zum Zeitpunkt der Übernahme des rechtlichen Eigentums zum Ansatz eines Vermögensgegenstandes, da die IFRS im Framework explizit zukünftigen wirtschaftlichen Nutzenzufluss als Voraussetzung beinhalten. Dieses Kriterium ist für beide Werkzeugarten aus Sichtweise des OEMs als erfüllt zu bewerten. Ansatz und Bewertung erfolgen für das Prototypenwerkzeug dabei analog zur oben in Abschnitt 4.2.3.1.3.2 für die F&E-Phase korrespondierenden Diskussion nach IAS 38. Die Bewertung für das (monetär unbedeutendere) Serienwerkzeug erfolgt gem. IAS 16.7 zu Anschaffungskosten und

550 Vgl. *Hoyos/Ring* (2006), § 249, Tz. 29.
551 Vgl. dazu ausführlich Abschnitt 4.2.3.1.3.1.

ist im Folgenden gem. des Anschaffungskostenmodells aus IAS 16.30 um planmäßige Abschreibungen auf Basis des ökonomisch verursachten Werteverzehrs zu verringern.[552]

Als Höhe der Anschaffungskosten ist der mit dem 1st-Tier Supplier auf Basis der geplanten Abnahmemengen vereinbarte Maximalbetrag anzusetzen, sofern vom Management eine Abnahme in dieser Höhe zum Zeitpunkt der Eigentumsübernahme als realistisch eingeschätzt wird. Hierbei gilt es in Anlehnung an die vertragliche Vereinbarung eine ökonomisch verursachungsgerechte Aufteilung der Anschaffungskosten auf die beiden Werkzeuge vorzunehmen. Eine derartige Aufteilung sollte nach der hier vertretenen Auffassung keine Probleme bereiten, da entweder die Vergütung für beide Werkzeugarten separat vereinbart wurde oder aber für gewöhnlich sehr genaue interne Planungs- und Kostendaten vorliegen.

Eine sich an dieser Stelle ergebende Fragestellung, ob die Verteilung von rechtlichem und wirtschaftlichem Eigentum zwischen OEM und 1st-Tier Supplier die Prüfung eines Leasingverhältnisses erforderlich macht, ist in Abschnitt 4.2.3.1.2.2 abschließend beantwortet worden. Das dabei erarbeitet Ergebnis kann hier analog angewendet werden.

Korrespondierend zur Aktivierung der Werkzeuge ist vom OEM eine *Schuld* zu erfassen, da von einer Verpflichtung ausgegangen werden muss, die aus Ereignissen der Vergangenheit entstanden ist und voraussichtlich zu Ressourcenabfluss führen wird. Aufgrund der Tatsache, dass die Zahlung erst nachgelagert erfolgt, sind die Anschaffungskosten jeweils zum Barwert anzusetzen. Die Differenz zur zu leistenden Gesamtzahlung ist als Anschaffungsnebenkosten unter Anwendung von IAS 23 nachträglich zu aktivieren.[553] Der Vermögenswert ist zum Zeitpunkt von Teileabnahmen in Anlehnung an die damit verbundene Tilgung der Schuld um planmäßige Abschreibungen zu verringern.

4.3.3.2 Szenario II: Extreme Machtasymmetrie zu Gunsten des 1st-Tier Suppliers

4.3.3.2.1 Rekapitulation der Ausgangssituation

Aufgrund seiner starken Machtvorteile in der Interaktion setzt der 1st-Tier Supplier die Entwicklung und Herstellung der kundenspezifischen Werkzeuge als *eigenständigen Auftrag* mit

---

552 Theoretisch ist auch das Neubewertungsmodell möglich, von der Anwendung kann für den hier betrachteten Fall aber abstrahiert werden. Zum Neubewertungsmodell siehe IAS 16.31-42; als Abschreibungsmethode würde hier eine Anlehnung an abgerufene Stückzahlen im Verhältnis zu den geplanten Gesamtabnahmemengen vorgeschlagen.

553 Vgl. zur Neufassung des IAS 23 und damit verbundenen Aktivierungspflicht *Heintges/Urbanczik/Wulbrand* (2009), S. 633-639.

direkter Abrechnung auf Basis eines *Dienstvertrages* durch. Der 1st-Tier Supplier stellt monatlich seine erbrachten Dienste in Rechnung. Das rechtliche Eigentum geht an den OEM über.

4.3.3.2.2 Abbildungsmöglichkeiten im Jahresabschluss des 1st-Tier Suppliers

4.3.3.2.2.1 Abbildung nach HGB

Die in Abschnitt 4.2.3.2.2.1 für F&E-Tätigkeiten erarbeitete Vorgehensweise der handelsrechtlichen Erfassung von Auftragsleistungen auf Basis eines Dienstvertrags ist für die betrachtete Vereinbarung analog anwendbar. Um doppelte Erläuterungen zu vermeiden sei daher auf diesen Abschnitt verwiesen.

4.3.3.2.2.2 Abbildung nach IFRS

Die in Abschnitt 4.2.3.2.2.2 für F&E-Tätigkeiten erarbeitete Vorgehensweise der Erfassung von Auftragsleistungen auf Basis eines Dienstvertrags nach IFRS ist für die betrachtete Vereinbarung analog anwendbar. Um doppelte Erläuterungen zu vermeiden sei daher auf diesen Abschnitt verwiesen.

4.3.3.2.3 Abbildungsmöglichkeiten im Jahresabschluss des OEMs

4.3.3.2.3.1 Abbildung nach HGB

Aufgrund der Tatsache, dass der OEM auf Basis eines Dienstvertrags rechtlicher und wirtschaftlicher Eigentümer des Werkzeugs wird und faktisch das konzeptionelle Erfolgsrisiko trägt, ist der Geschäftsvorfall als *unechte* Auftragsproduktion zu bewerten.[554] Der OEM ist dabei als Hersteller anzusehen. Nichtsdestotrotz kann es aufgrund mangelnder selbstständiger Verwertbarkeit nicht zu einer Aktivierung der monatlichen Abrechnungen kommen. Da abstrakte Aktivierungsfähigkeit nicht vorliegt, sind die monatlichen Zahlungen an den 1st-Tier Supplier als Aufwand zu erfassen.[555]

4.3.3.2.3.2 Abbildung nach IFRS

Auch nach IFRS ist der OEM mit Verweis auf den Dienstvertrag und die Übernahme des Erfolgsrisikos als *Hersteller* zu bewerten. Anders als nach HGB kommt es aufgrund des zukünf-

---

554 Vgl. ausführlich zu echter und unechter Auftragsproduktion Abschnitt 4.2.3.1.3.2.

555 Vgl. hierzu ausführlich und analog anwendbar Abschnitt 4.2.3.2.3.1. Zur Begründung mangelnder selbstständiger Verwertbarkeit bei dem kundenspezifischen Werkzeug vgl. Abschnitt 4.3.3.1.3.1.

tig erwarteten Nutzenzuflusses dabei zum Ansatz eines Vermögensgegenstandes. Das Prototypenwerkzeug ist nach IAS 38 als selbsterstellt und unter Berücksichtigung des Aktivierungsverbotes für Forschungskosten zu bewerten. Die Bewertung des Serienwerkzeugs erfolgt zu den angefallenen Herstellungskosten nach IAS 16. Als Herstellungskosten sind in beiden Fällen die vom 1st-Tier Supplier monatlich in Rechnung gestellten Aufwendungen zzgl. eigener, den Werkzeugen zuzurechnenden Aufwendungen anzusetzen.[556]

4.3.3.3 Szenario III: Machtasymmetrie mit Vorteilen für den OEM

4.3.3.3.1 Rekapitulation der Ausgangssituation

Der OEM setzt aufgrund der von ihm verfügten höheren Machtausprägung weiterhin durch, dass das rechtliche *Eigentum* an den kundenspezifischen Werkzeugen an ihn übergeht und die *Zahlung nachgelagert* über den Teilepreis stattfindet. Aufgrund nur noch moderater Machtvorteile gewährt der OEM allerdings im Vorfeld einen *Investitionszuschuss* um die Finanzierungsvorleistungen des 1st-Tier Suppliers zu entlasten. Der Zuschuss liegt hierbei deutlich unterhalb der beim 1st-Tier Supplier angefallenen Selbstkosten und zugehöriger Gewinnmarge. Der Residualbetrag wird über den Teilepreis vergütet.

Optional wurde eine Vereinbarung hergeleitet, in der der 1st-Tier Supplier rechtlicher Eigentümer der kundenspezifischen Werkzeuge bleibt. Für die damit verbundenen Abbildungsmöglichkeiten im Jahresabschluss sei an dieser Stelle auf das **Szenario V** im weiter unten behandelten Abschnitt 4.3.3.5 verwiesen.

4.3.3.3.2 Abbildungsmöglichkeiten im Jahresabschluss des 1st-Tier Suppliers

4.3.3.3.2.1 Abbildung nach HGB

Die vorliegende Vereinbarung unterscheidet sich von dem in Abschnitt 4.3.3.1.2.1 diskutierten ersten Szenario nur durch den vom OEM gewährten *Investitionszuschuss*. Für die Abbildung dieses Zuschusses gilt es zunächst zu klären, worin die vom OEM erwartete relevante Gegenleistung des 1st-Tier Suppliers besteht. Hierfür kommen grundsätzlich die folgenden Gegenleistungen in Betracht:

- Entwicklung und Herstellung der Prototypen- und Serienwerkzeuge

[556] Vgl. analog die Ausführungen zu F&E bei vergleichbaren Rahmenbedingungen in Abschnitt 4.2.3.2.3.2.

- Verwendung der Werkzeuge im Produktionsprozess
- Gewährleistung der exklusiven Verwendung ausschließlich für den OEM
- Vorhaltung einer Produktions- und Lieferbereitschaft während der Serienfertigung
- Vorhaltung einer latenten Produktions- und Lieferbereitschaft nach Auslauf der Serienfertigung

In der betrachteten Konstellation übernimmt der OEM nach Fertigstellung der Werkzeuge das rechtliche Eigentum. Zu diesem Zeitpunkt ist die Gegenleistung des 1st-Tier Suppliers allerdings noch nicht vollständig erbracht. Mit der Übernahme des rechtlichen Eigentums sichert sich der OEM nur gegen Insolvenzgefahr des 1st-Tier Suppliers und die mögliche Know-how Weitergabe an Dritte ab. Das Werkzeug selber ist nur Mittel zum Zweck, ein faktisches Interesse am wirtschaftlichen Eigentum kann nicht unterstellt werden. Aufgrund der Tatsache, dass der Zuschuss unterhalb der Herstellungskosten des 1st-Tier Suppliers liegt, verbleiben wesentliche Risiken beim 1st-Tier Supplier, das wirtschaftliche Eigentum geht nicht auf den OEM über.[557]

Das hauptsächliche Interesse des OEMs besteht am exklusiven Bezug von mit dem Werkzeug hergestellten Modulen und der Lieferbereitschaft während der Serienproduktion. Der Zuschuss wird vom OEM gewährt, um der langen Vorfinanzierung und damit verbundenen Kapitalbindung des 1st-Tier Suppliers bis zum Beginn der Serienproduktion Rechnung zu tragen. Demzufolge ist zum Zeitpunkt der rechtlichen Eigentumsübertragung die Gegenleistung vom 1st-Tier Supplier noch nicht vollständig erbracht. Aufgrund der wechselseitigen Beziehungen in den oben genannten Gegenleistungen ist für die Vereinnahmung des Zuschusses auch keine Unterteilung der Leistungskomponenten, sondern nur eine ganzheitliche Betrachtung möglich.

Demzufolge ist der Zuschuss bei Erhalt zu passivieren und unter Berücksichtigung des Realisationsprinzips aus § 252 Abs. 1 Nr. 4 HGB mit Beginn der Teilelieferung aufgrund der mengenabhängigen Gegenleistung in Relation zu den vorab geplanten

---

557 Vgl. hierzu Abschnitt 4.3.3.1.2.1; zum wirtschaftlichen Eigentum vgl. Abschnitt 4.1.2.2.

Gesamtproduktionsmengen sukzessive ertragswirksam zu vereinnahmen.[558] Die Vorhaltung der latenten Produktionsbereitschaft nach Auslauf der Serienfertigung ist dabei als unwesentliche Nebenleistung zu bewerten und kann somit bei der Ertragsrealisation vernachlässigt werden. Diese Vorgehensweise ist auch im Hinblick auf eine klare, willkürfreie und vergleichbare Vermittlung der tatsächliche Verhältnisse der VFE-Lage zu befürworten, da es im Vergleich zu Abschnitt 4.3.3.1.2.1 keinen Unterschied machen kann, ob ein höherer Teilepreis bezahlt wird oder stattdessen ein Teil davon bereits vorab als Zuschuss.

Die Werkzeuge sind aufgrund des Verbleibs bedeutsamer Risiken und des wirtschaftlichen Eigentums analog zu Abschnitt 4.3.3.1.2.1 im Anlagevermögen auszuweisen und planmäßig abzuschreiben. Erfolgt die planmäßige Abschreibung ebenfalls in Anlehnung an die vom OEM abgenommenen Stückzahlen, werden die damit verbundenen Aufwendungen ergebnistechnisch durch die Auflösung des Zuschusses und den erhöhten Teilepreis vollständig neutralisiert. Eine Saldierung von Abschreibungen und Zuschussvereinnahmung innerhalb der GuV ist allerdings mit Verweis auf das Saldierungsverbot aus § 246 Abs. 2 HGB abzulehnen.

4.3.3.3.2.2 Abbildung nach IFRS

Die Abbildung des Zuschusses hat nach IFRS durch die Anwendung von IFRIC 18 zu erfolgen.[559] Dabei ist zunächst zu beachten, dass das Werkzeug formell nach Fertigstellung an den OEM übergeht, es sich also um einen Verkauf mit rechtlicher Eigentumsübertragung handelt. Die handelsrechtlichen Anmerkungen hinsichtlich des Verbleibs des wirtschaftlichen Eigentums beim 1st-Tier Supplier gelten nach IFRS gleichermaßen. Gleichwohl ist die Umsatz- und Gewinnrealisation durch die Einordnung der Transaktion als (langfristiger) Fertigungsauftrag nach IAS 11 abzubilden. Hierbei ist das maßgebliche Erfassungskriterium weniger an Chancen und Risiken bzw. wirtschaftliche Eigentumsfragen gekoppelt, als an die Möglichkeit, das Ergebnis des Fertigungsauftrags bestimmen zu können. Wie bereits in Abschnitt 4.2.3.1.2.2 ausführlich diskutiert, erfolgt die Gewinnrealisation auf Basis des Fertigstellungsgrades unmittelbar, sofern das Ergebnis *verlässlich* zu schätzen ist. Wie dabei erörtert, hängt die verlässliche Schätzung von subjektiver Einschätzung und individuellem Ermessen ab. Hierbei ist festzuhalten, dass der Tatbestand fehlender Abnahmegarantien und daraus hervorgehender Unsicherheit hinsichtlich der ausreichenden Amortisation des Werkzeugs durchaus eine kriti-

---

558 Vgl. *HFA des IDW* (1996), S. 331f.; Grundlagen zur Abbildung von Zuschüssen vgl. Abschnitt 4.3.2.1.2.

559 Vgl. zu den Grundlagen von IFRIC 18 Abschnitt 4.3.2.2.2.

sche Rolle spielen kann, der Umsatz- und Gewinnrealisation nach IAS 11 allerdings nicht zwingend entgegenstehen muss.[560]

Für die Erfassung der Gewinne und Umsätze ist nun zu beachten, dass sich die Vergütung der Herstellung des kundenspezifischen Werkzeugs, also *die Auftragserlöse,* aufteilen, und zwar zu einem Teil in einen feststehenden *Zuschuss*, zu einem anderen Teil in einen erhöhten aber in der Anzahl nicht garantierten *Teilepreisaufschlag*. Während die Auftragserlöse aus dem erhöhten Teilepreisaufschlag nach IAS 11 abgebildet werden, erfolgt die Erfassung des Zuschusses nach IFRIC 18. Dies erfordert eine Analyse der einhergehenden Gegenleistung. Hierfür ist es notwendig zu bestimmen, ob es sich nur um *eine* (one service), um *mehrere* (more than one separately identifiable service) oder um eine *dauerhafte* Gegenleistung (one-going service) handelt. Die im vorigen Abschnitt bei der handelsrechtlichen Würdigung genannten ökonomischen Überlegungen zur Gegenleistung gelten hier konsequenterweise gleichermaßen. Es ist offensichtlich, dass der Zuschuss für mehrere Gegenleistungen vom OEM gewährt wird. Die wechselseitigen Beziehungen in den oben genannten Gegenleistungen lassen allerdings keine verlässliche Aufteilung zu, so dass nur eine ganzheitliche Betrachtung möglich ist. Bei wirtschaftlicher Betrachtungsweise ist aus Sicht des OEMs die hauptsächlich favorisierte Gegenleistung in der Verwendung der Werkzeuge zur Produktion und Lieferung von Teilen zu werten. Demzufolge ist die Gegenleistung als *dauerhaft* einzuordnen, deren Zeitraum sich über die gesamte Phase der Serienfertigung erstreckt.[561] Der Zuschuss wäre somit bei strenger Auslegung von IFRIC 18 zum Zeitpunkt erfolgter Teilelieferungen in Anlehnung an geplante Gesamtabnahmemengen im Zeitablauf ertragswirksam zu erfassen.[562]

Die dargestellte Teilung der Auftragserlöse in Zuschuss und Teilepreisaufschlag hat nun analog auch für die *Auftragskosten* zu erfolgen. Dabei ist jener Teil, der dem Teilepreisaufschlag zuzuordnen ist, nach IAS 11 zu erfassen. Der Teil, der im Zusammenhang mit den Gegenleistungen des Zuschusses anfällt, ist hingegen separat nach IFRIC 18 zu behandeln. Da im geschilderten Fall das wirtschaftliche Eigentum beim 1st-Tier Supplier verbleibt, sind die angefallenen Herstellungskosten als Vermögenswert nach IAS 16 zu aktivieren und der Werte-

---

[560] Vgl. zur Diskussion einer verlässlichen Schätzung nach IAS 11 Abschnitt 4.2.3.1.2.2.
[561] Vgl. hierzu die Diskussion für die handelsrechtliche Abbildung in Abschnitt 4.3.3.3.2.1.
[562] Siehe IFRIC 18.20.

verzehr den Erträgen aus der Zuschussvereinnahmung über planmäßige Abschreibungen entgegenzustellen.[563]

Durch die geschilderte Vorgehensweise kommt es im Vergleich zum ersten Szenario zu einer stärkeren Verteilung von Umsätzen und Gewinnen im Zeitablauf. Hierbei ist festzuhalten, dass offensichtlich die bloße Veränderung der Zahlungsmodalitäten in den rechtlichen Ausgestaltungen der Vereinbarung erheblichen Einfluss auf die Darstellung des Geschäftsvorfalls nimmt. Vergleicht man die hier erarbeitete Vorgehensweise mit der Abbildung des gleichen Geschäftsvorfalls des ersten Szenarios, also ohne Zuschuss sondern mit vollständiger Zahlung über den Teilepreis, zeigt sich, dass - bei Annahme einer verlässlichen Schätzung der Auftragserlöse - im ersten Szenario Umsätze und Gewinne unmittelbar noch vor Aufnahme der Serienfertigung ausgewiesen werden, während bei Anwendung von IFRIC 18 der Teil des Zuschusses erst im Zeitablauf erfasst werden kann. Das in **Abbildung 31** aufgezeigte Zahlenbeispiel veranschaulicht die Zusammenhänge und Unterschiede.

Ausgangssituation: Entwicklung und Herstellung eines kundenspezifischns Werkzeug durch Supplier

Herstellungskosten: 180 GE

Vergütung: 200 GE, davon 100 GE vorab als Zuschuss und 100 GE über Teilepreisaufschlag

Planung Produktion und Lieferung von 100 Modulen in nachgelagerter Serienfertigung über, fünf Perioden, Entwicklung und Hersteller der Werkzeuge über zwei Perioden

Nebenbedingungen: Keine Abnahmegarantie durch OEM, aufgrund Erfahrung aus Vergangenheit schätzbar. ist die Abnahme aber mehr als wahrscheinlich, Ergebnis demzufolge verlässlich

n: Periodenanzahl

t: Periodenzeitpunkt in Anlehnung an insgesamt betrachtete Lieferantenbeziehung

Leistungsfortschritt und Abnahme von Modulen proportional zum Zeitablauf

	Szenario I							**Szenario I**						
	Werkzeug		**Serienfertigung**					**Werkzeug**		**Serienfertigung**				
n	1	2	3	4	5	6	7	1	2	3	4	5	6	7
t	3	4	5	6	7	8	8	3	4	5	6	7	8	8
Umsatz	100	100	0	0	0	0	0	50	50	20	20	20	20	20
Aufwand	90	90	0	0	0	0	0	45	45	18	18	18	18	18
Gewinn	10	10	0	0	0	0	0	5	5	2	2	2	2	2
Werkzeugaktivierun	0	0	0	0	0	0	0	45	45	72	54	36	18	0
passivierter Zuschus	0	0	0	0	0	0	0	100	100	80	60	40	20	0

Quelle: Eigene Darstellung

Abbildung 31: Auswirkungen von IFRIC 18

563 Siehe IFRIC 18.11; vgl. *Oversberg* (2009), S. 152f.

4.3.3.3.3 Abbildungsmöglichkeiten im Jahresabschluss des OEMs

4.3.3.3.3.1 Abbildung nach HGB

Für die handelsrechtliche Abbildung des Zuschusses beim OEM ist zunächst zu rekapitulieren, dass das wirtschaftliche Eigentum am Werkzeug beim 1st-Tier Supplier verbleibt. Zudem stellt das kundenspezifische Werkzeug aufgrund mangelnder selbstständiger Verwertbarkeit keinen aktivierungsfähigen Vermögensgegenstand dar. Demzufolge ist eine Abbildung des Zuschusses als Vorauszahlung schon aus logischen Gründen nicht möglich, weil keine Anschaffungskosten vorliegen.

Aufgrund der bereits diskutierten ökonomischen Gegenleistungen, die mit dem Zuschuss verbunden sind, kommt unter Anwendung der HFA-Stellungnahme[564] eine Aktivierung als *immaterieller Vermögensgegenstand* in Betracht. Durch die Zuschusszahlung kommt es beim OEM zum Abfluss liquider Mittel. Gleichzeitig erwirbt der OEM aber das Recht, in der folgenden Serienfertigung eine bestimmte Anzahl spezifischer Module unter exklusivem Einsatz des bezuschussten Werkzeugs gefertigt und geliefert zu bekommen. Dieses Recht ist entgeltlich erworben und selbstständig verwertbar, da bei Nichterfüllung der OEM den Zuschuss zurückverlangen kann. Darüber hinaus ist für den OEM anzunehmen, dass unter Berücksichtigung des rechtlichen Eigentums am Werkzeug, eine gewisse Anordnungs- und Verfügungsgewalt besteht. Gleiches gilt für den Zuschuss. Somit kommt es bei Auszahlung zur Aktivierung eines immateriellen Vermögensgegenstandes in Höhe des gezahlten Zuschusses, der in Anlehnung an den tatsächlich geplanten Mengenbezug zum Zeitpunkt der Serienfertigung planmäßig abzuschreiben ist.

Ergebnistechnisch besteht somit kein Unterschied zur vollständigen Abgeltung über den Teilepreis. Im betrachteten Szenario zahlt der OEM im Zeitpunkt der Teileabnahme einen erhöhten Teilepreis zur Abgeltung der Werkzeugherstellung, wobei der auf die Werkzeuge entfallende Anteil aufgrund mangelnder Aktivierungsfähigkeit umgehend aufwandswirksam zu erfassen ist. Zusätzlich wird die planmäßige Abschreibung auf das aktivierte Teilebezugsrecht erfasst. Der Aufwand entspricht damit exakt jener Höhe, die bei vollständiger Vergütung über den Teilepreis anfallen würde. Aus praktischer Sicht können beide Vorgehensweisen auch zu einer periodengerechten Erfolgsermittlung führen, da der OEM Teilebestellungen häufig just-in-time vornimmt und den erfassten (Material-)Aufwendungen meist, bedingt durch den direkten

---

564 *HFA des IDW* (1996).

Fahrzeugverkauf an Endkunden, die korrespondierenden Umsatzerlöse und Gewinne gegenübergestellt werden.

4.3.3.3.3.2 Abbildung nach IFRS

Nach IFRS liegt - unabhängig von der Zahlungsmodalität - zum Zeitpunkt der Abnahme des Werkzeugs ein Vermögenswert vor, der vom OEM zu aktivieren und auszuweisen ist. Das Prototypenwerkzeug ist dabei nach IAS 38, das Serienwerkzeug nach IAS 16 zu erfassen. Die Aktivierung rechtfertigt sich, anders als im HGB, vor allem durch den *erwarteten zukünftigen wirtschaftlichen Nutzenzufluss*, der vom OEM aufgrund des rechtlichen Eigentums *kontrolliert* und *beherrscht* wird. Die Tatsache, dass sich die Werkzeuge physisch beim 1st-Tier Supplier befinden und dort für die Serienfertigung genutzt werden, steht dieser Annahme nicht entgegen, da der OEM in der Regel klare Nutzungsanweisungen erteilt und zudem den 1st-Tier Supplier jederzeit von der weiteren Nutzung ausschließen kann.[565] Die selbstständige Verwertbarkeit zur Schuldendeckung am Bilanzstichtag ist für die Aktivierung nach IFRS nicht von Bedeutung. Der *Ansatz* eines Vermögenswertes ist daher geboten. Die *Bewertung* erfolgt sowohl für Prototypen- wie Serienwerkzeug zu Anschaffungskosten. Die Anschaffungskosten ergeben sich in Höhe der maximal geplanten Vergütung, die sich im betrachteten Szenario aufteilt, in den auf Planabsatzmengen vereinbarten Teilepreisaufschlag sowie den vorab gewährten Zuschuss.[566] Korrespondierend ist eine Verbindlichkeit zu erfassen. Der Zuschuss ist im Zahlungszeitpunkt als Anzahlung zu aktivieren und bei Abnahme der Werkzeuge gegen die Verbindlichkeit auszubuchen. Hierbei ist festzuhalten, dass eine separate Behandlung des Zuschusses als eigenständiges Teilebezugsrecht nach IAS 38 mit Bezug auf die bereits diskutierten Gegenleistungen vertretbar wäre. Die Anschaffungskosten des Vermögenswertes wären dann entsprechend zu verringern. Hinsichtlich der Darstellung in der VFE-Lage führen beide Vorgehensweisen zu einer gleichartigen Aussage.

---

[565] So hat das Experteninterview ergeben, dass es in Streitfällen durchaus schon zum Abzug der Werkzeuge und Vergabe des Serienauftrags an einen anderen Zulieferer gekommen ist.

[566] Eine Aktivierung wäre nicht möglich, wenn sich die Anschaffungskosten nicht verlässlich bestimmen ließen. Da Unternehmen über umfassende Planungs- und Controllinginstrumente verfügen, ist dieser Tatbestand praktisch für die betrachtete Konstellation irrelevant. Es ist davon auszugehen, dass das Management zu einer Schätzung stets in der Lage sein wird.

4.3.3.4 Szenario IV: Machtasymmetrie mit Vorteilen für den 1st-Tier Supplier

4.3.3.4.1 Rekapitulation der Ausgangssituation

Der 1st-Tier Supplier setzt aufgrund der von ihm verfügten höheren Machtausprägung weiterhin durch, dass die Entwicklung und Herstellung der kundenspezifischen Werkzeuge auf Basis eines *eigenständigen Auftrags mit direkter Abgeltung* erfolgen. Die Werkzeuge werden vom OEM formell abgenommen, womit das rechtliche *Eigentum* übergeht. Aufgrund der nur noch moderaten Machtvorteile gesteht der 1st-Tier Supplier dem OEM im Unterschied zu Szenario 2 die Auftragsabwicklung auf Basis eines *Werkvertrags* zu, d.h. der 1st-Tier Supplier übernimmt das konzeptionelle Erfolgsrisiko und zur Abrechnung kommt es erst nach Fertigstellung und Abnahme durch den OEM.

In der ökonomischen Analyse in Abschnitt 3.4.5 wurde für das hier zu betrachtende Szenario optional auch ein Zuschuss in Höhe der Herstellungskosten zzgl. Gewinnmarge hergeleitet. Bilanziell führt diese Option nicht zu komplexen Fragestellungen, der Zuschuss wäre vergleichbar einer Vorauszahlung zu behandeln. Daher wird diese Option im Folgenden nicht näher untersucht.

4.3.3.4.2 Abbildungsmöglichkeiten im Jahresabschluss des 1st-Tier Suppliers

4.3.3.4.2.1 Abbildung nach HGB

Für den 1st-Tier Supplier handelt es sich um einen langfristigen Fertigungsauftrag eines Dritten auf der Basis eines Werkvertrags. Die in Abschnitt 4.2.3.4.2.1 für F&E-Tätigkeiten erarbeitete Vorgehensweise der handelsrechtlichen Erfassung von Auftragsleistungen auf Basis eines *Werkvertrags* ist für die betrachtete Vereinbarung analog anwendbar. Um doppelte Erläuterungen zu vermeiden sei daher auf diesen Abschnitt verwiesen.

4.3.3.4.2.2 Abbildung nach IFRS

Auch nach IFRS handelt es sich für den 1st-Tier Supplier um einen langfristigen Fertigungsauftrag eines Dritten auf der Basis eines Werkvertrags. Demzufolge ist die Anwendung von IAS 11 erforderlich. Die in Abschnitt 4.2.3.4.2.2 für F&E-Tätigkeiten erarbeitete Vorgehensweise der handelsrechtlichen Erfassung von Auftragsleistungen auf Basis eines *Werkvertrags* ist für die betrachtete Vereinbarung analog anwendbar. Um doppelte Erläuterungen zu vermeiden sei daher auf diesen Abschnitt verwiesen.

4.3.3.4.3 Abbildungsmöglichkeiten im Jahresabschluss des OEMs

4.3.3.4.3.1 Abbildung nach HGB

Die Aktivierung der kundenspezifischen Prototypen- und Serienwerkzeuge ist aufgrund der oben in Abschnitt 4.3.3.1.3.1 ausführlich diskutierten mangelnden abstrakten Aktivierungsfähigkeit ausgeschlossen. Die zum Zeitpunkt der Übernahme gezahlte Vergütung ist handelsrechtlich demnach umgehend aufwandswirksam zu erfassen.

4.3.3.4.3.2 Abbildung nach IFRS

Nach IFRS handelt es sich für das Prototypenwerkzeug um die gesonderte Anschaffung eines immateriellen Vermögensgegenstandes auf Basis eines Werkvertrages, der nach IAS 38 in der Bilanz anzusetzen und zu Anschaffungskosten in Höhe der gezahlten Vergütung zu bewerten ist. Für das Serienwerkzeug ist IAS 16 analog anzuwenden. Für die damit verbundene detaillierte bilanzielle Würdigung sei auf Abschnitt 4.2.3.1.3.2 verwiesen, der hier analog anwendbar ist.

4.3.3.5 Szenario V: Machtsymmetrie zwischen OEM und 1st-Tier Supplier

4.3.3.5.1 Rekapitulation der Ausgangssituation

Bei symmetrischer Machtverteilung verbleibt das *rechtliche Eigentum* an den kundenspezifischen Werkzeugen beim 1st-Tier Supplier. Der OEM erteilt dem 1st-Tier Supplier im Vorfeld einen *Investitionszuschuss*, der deutlich unterhalb der Selbstkosten und zugehöriger Gewinnmarge des 1st-Tier Suppliers liegt. Der zur vollständigen Amortisation verbleibende Restbetrag wird dem OEM über einen *erhöhten Teilepreis* zum Zeitpunkt der Serienfertigung explizit in Rechnung gestellt. Abnahmegarantien, die die Amortisation des Werkzeugs für den 1st-Tier Supplier explizit sichern, sind nicht vereinbart. Die Entwicklung und Herstellung der kundenspezifischen Werkzeuge erfolgen in enger Abstimmung mit dem OEM, nach Fertigstellung kommt es zu einer informellen Abnahme.

4.3.3.5.2 Abbildungsmöglichkeiten im Jahresabschluss des 1st-Tier Suppliers

4.3.3.5.2.1 Abbildung nach HGB

Da das Eigentum am kundenspezifischen Werkzeug beim 1st-Tier Supplier verbleibt und anschließend im Produktionsprozess genutzt wird, lässt sich für die betrachtete Vereinbarung eine Entwicklung und Herstellung von Anlagevermögen zur dauerhaften Nutzung annehmen.

Leasing

Überlegungen hinsichtlich eines *Leasingverhältnisses* können handelsrechtlich bereits im Vorfeld ausgeschlossen werden. Zwar nimmt der OEM den gesamten mit dem Werkzeug produzierten Output ab und der verwendete Vermögensgegenstand ist auch eindeutig spezifisch zugeschnitten. Es liegt aber weder ein Leasingvertrag vor, noch obliegt dem OEM formell ein Nutzungsrecht. Im Gegenteil, das Werkzeug befindet sich neben dem rechtlichen Eigentum auch physisch in Besitzt und Verfügungsgewalt des 1st-Tier Supplier. Darüber hinaus werden formell keine Zahlungen zur Nutzung entrichtet, auch das wirtschaftliche Eigentum ist aufgrund mangelnder Abnahmegarantien und dem daraus hervorgehenden Amortisationsrisiko dem 1st-Tier Supplier zuzuordnen. Ein Leasingverhältnis liegt nach den handelsrechtlichen Kriterien nicht vor.[567]

Werkzeuge

Hinsichtlich des *Prototypenwerkzeugs* kommt es hier zur Selbsterstellung eines immateriellen Vermögensgegenstandes. Der Tatbestand, dass es sich beim Prototyp um einen materiellen Gegenstand handelt, kann vernachlässigt werden, da der wesentliche Anteil aufgrund umfassender (Forschungs- und) Entwicklungstätigkeiten immateriellen Ursprungs ist. Die abstrakte Aktivierungsfähigkeit ist dabei gegeben, da stets unterstellt werden kann, dass im Zweifel mit dem OEM ein potentieller Abnehmer für das Werkzeug bereit stünde, das Werkzeug also vom Standpunkt des 1st-Tier Supplier als *selbstständig verwertbar* qualifiziert ist und damit Schuldendeckungspotenzial aufweist.

Durch die Zuordnung zum Anlagevermögen gilt für sämtliche Aufwendungen, die bis zum 31.12.2009 im Zusammenhang mit der Erstellung der Werkzeuge erfolgen, das Aktivierungsverbot für selbsterstellte immaterielle Vermögensgegenstände des Anlagevermögens aus § 248 Abs. 2 HGB alte Fassung, wohingegen nach diesem Stichtag für neu begonnene Projekte durch Inkrafttreten des BilMoGs für Aufwendungen aus *Entwicklungstätigkeiten* ein Aktivierungswahlrecht eingeführt wurde. Die Bewertung hat bei Ausübung des Wahlrechts auf Basis von § 255 Abs. 2a HGB neue Fassung zu erfolgen. Für Forschungskosten gilt weiterhin ein Aktivierungsverbot. Zudem ist die geltende Ausschüttungssperre zu beachten.[568] Mit Beginn der Nutzung zum Zeitpunkt der Serienherstellung (SOP) sind nach § 253 Abs. 2 HGB in der *Folgebewertung* die angesetzten Herstellungskosten im Zeitablauf

---

567 Vgl. Abschnitt 4.2.2.1.3.

568 Vgl. hierzu ausführlich Abschnitt 4.1.2.3.

um planmäßige Abschreibungen zu vermindern. Die Höhe der Abschreibungen ist dabei in Anlehnung an die Nutzungsdauer bzw. den Werteverzehr vorzunehmen. Bei darüber hinausgehenden Wertminderungen (nicht planbarer Werteverzehr), die voraussichtlich andauern, sind die planmäßigen Abschreibungen um außerplanmäßige Wertminderungen zu ergänzen.[569] Der Vermögensgegenstand ist explizit als selbsterstellt und immateriell nach § 266 HGB n.F. auszuweisen.

Das *Serienwerkzeug* ist anders als das Prototypenwerkzeug dem materiellen Sachanlagevermögen zuzuordnen.[570] Die eben für das Prototypenwerkzeug aufgezeigte Bewertung gilt hier analog, allerdings ist hinsichtlich des Ansatzes ein Aktivierungsgebot zu beachten, da abstrakte wie konkrete Aktivierungsfähigkeit uneingeschränkt gegeben sind.

Zuschuss

Der vom OEM erhaltene Zuschuss ist bei Eingang zu passivieren und gemäß der in Abschnitt 4.3.3.3.2.1 erarbeiteten Vorgehensweise zu behandeln, da die aufgezeigte ökonomische Erörterung hier gleichermaßen gilt. Demzufolge ist mit Beginn der Teilelieferungsphase (SOP) aufgrund der mengenabhängigen Gegenleistung in Relation zu den vorab geplanten Gesamtabnahmemengen der Zuschuss sukzessive ertragswirksam zu vereinnahmen. Erfolgt die planmäßige Abschreibung der Werkzeuge ebenfalls in Anlehnung an vom OEM abgenommene Stückzahlen, werden die damit verbundenen Aufwendungen ergebnistechnisch durch die Auflösung des Zuschusses und den erhöhten Teilepreis vollständig neutralisiert. Eine Saldierung von Abschreibungen und Zuschussvereinnahmung innerhalb der GuV darf mit Verweis auf das Saldierungsverbot aus § 246 Abs. 2 HGB nicht erfolgen.

4.3.3.5.2.2 Abbildung nach IFRS

Wie bereits an vergleichbarer Stelle für die F&E-Phase erfolgt, kann auch in der hier betrachteten Vereinbarung für den IFRS Jahresabschluss ein Leasingverhältnis angenommen werden.[571] Anders als im HGB ist der Leasingbegriff in den IFRS sehr viel konkreter und umfassender geregelt. Zwar ergibt sich gem. der Definition des Leasingverhältnisses aus IAS

---

[569] Für Kapitalgesellschaften gilt nach § 279 Abs. 1 HGB das in § 253 Abs. 2 HGB aufgeführte Wahlrecht, außerplanmäßige Abschreibungen auch bei nur vorübergehenden Wertminderungen vorzunehmen nur für Vermögensgegenstände, die Finanzanlagen sind. Mit Inkrafttreten des BilMoG wird dieses Wahlrecht auch für Personengesellschaften abgeschafft.

[570] Vgl. Abschnitt 4.3.3.1.2.1.

[571] Vgl. hierzu die Erörterung für die F&E-Phase in Abschnitt 4.2.3.5.2.2.

17.4 aufgrund mangelnder Übertragung eines Nutzungsrechts direkt kein Leasingverhältnis. Für eine endgültige Aussage ist allerdings noch die Anwendung von IFRIC 4 zu prüfen. Hierbei ist der 1st-Tier Supplier als rechtlicher Eigentümer als potentieller Leasinggeber zu bewerten, während der OEM aufgrund der starken spezifischen Nutzung als Leasingnehmer anzunehmen wäre. Wie bereits in obigen Abschnitten grundlegend und detailliert erörtert, ist nach IFRIC 4.6 ein Leasingverhältnis auch dann anzunehmen, wenn die Erfüllung einer Vereinbarung von der Nutzung eines bestimmten Vermögenswertes abhängt und die Vereinbarung ein Recht auf Nutzung überträgt. Im betrachteten Fall kann der 1st-Tier Supplier nur dann Teile produzieren und liefern, wenn hierzu das kundenspezifische Werkzeug Verwendung findet. Diese Annahme gilt grundsätzlich für Prototypen- wie Serienwerkzeug. Die Tatsache, dass u.U. aus Gründen des Verschleißes mehrere dieser Werkzeuge vorrätig sind, steht nach der hier vertretenen Auffassung der genannten Annahme nicht entgegen. Eine solche Bevorratung ist der Langfristigkeit des Auftrags geschuldet und ist daher eindeutig zugeordnet. Die Werkzeuge sind im Hinblick auf die periodenübergreifende Erfüllungsdauer und den starken ökonomischen Zusammenhang als ganzheitliche Einheit zu bewerten. Demzufolge ist in der hier betrachteten Interaktion die Erfüllung des Serienauftrags (Vereinbarung) abhängig von der Nutzung des eindeutig identifizierten Werkzeugs (Vermögenswert).

Komplizierter ist die Frage zu beantworten, ob in der Vereinbarung dem OEM ein Recht auf Nutzung der Werkzeuge übertragen wird. Das Kriterium wird in IFRIC 4.9 konkretisiert. Hierbei liegt ein Recht auf Nutzung dann vor, wenn der Käufer mehr als einen geringfügigen Betrag des Ausstoßes des Vermögenswertes erhält und die Fähigkeit oder das Recht hat, den Vermögenswert zu betreiben bzw. andere anzuweisen, den Vermögenswert in einer von ihm festgelegten Art zu betreiben (IFRIC 4.9a) oder aber den physischen Zugang zu dem zugrunde liegenden Vermögenswert zu bestimmen (IFRIC 4.9b). Bei der oben beschriebenen Inter-aktionsform ist an dieser Stelle eindeutig davon auszugehen, dass der OEM sämtliche mit dem Werkzeug produzierten Stückzahlen abnimmt und damit kontrolliert. Diese Annahme ergibt sich aus der beschriebenen kundenspezifischen Charaktereigenschaft des Werkzeugs. Der 1st-Tier Supplier hätte gar keine Möglichkeit die produzierten Stückzahlen anderweitig an Hersteller anderer Automarken abzusetzen, eben weil sie kundenspezifisch sind.

Schwieriger ist in diesem Zusammenhang die Frage zu beantworten, ob der OEM über die Möglichkeit verfügt, den 1st-Tier Supplier nach eigenen Wünschen und Motiven anzuweisen den Vermögenswert zu betreiben oder den effektiven physischen Zugang zu bestimmen. Hierbei ist es in einem ersten Schritt entscheidend, dass das Werkzeug auf dem Werksgelände des 1st-Tier Suppliers für die Serienfertigung verwendet wird. Grundsätzlich wäre somit davon auszugehen, dass der 1st-Tier Supplier als Eigentümer und Besitzer in der Lage ist, den OEM im Zweifel vom effektiven physischen Zugang auszuschließen. Formell betrachtet ist die Möglichkeit des OEMs, den 1st-Tier Supplier anzuweisen, den Vermögenswert zu betreiben und den effektiven Zugang zu dem Werkzeug zu bestimmen, also nicht gegeben.

Eine solche Betrachtungsweise entspricht allerdings nach der hier vertretenen Auffassung nicht der Realität. In aller Regel besteht in der Interaktion eine starke ökonomische Abhängigkeit des 1st-Tier Suppliers, denn dieser ist zum einen bei der Amortisation der von ihm getätigten Ausgaben für Entwicklung und Herstellung des Werkzeugs ausschließlich von der langfristig angelegten Interaktion mit dem OEM abhängig. Zum anderen ist die Fortführung des 1st-Tier Supplierunternehmens auch von Folgeaufträgen des OEMs abhängig. Dementsprechend haben die Experteninterviews ergeben, dass unabhängig von Eigentumsfragen und Zutrittsberechtigungen, OEMs jederzeit maßgeblichen Einfluss auf die Betreibung der Verwertungsmöglichkeit nehmen, jederzeit effektiven physischen Zugang zu den Werkzeugen haben, die Produktionsweise überwachen und den Abnahmeprozess dominieren. Zusammenfassend ist daher davon auszugehen, dass in einer Lieferantenbeziehung zwischen OEM und 1st-Tier Supplier aus den genannten wirtschaftlichen Gesichtspunkten der OEM als Lei-stungsempfänger die Verwendung des Vermögenswertes kontrollieren kann.

Die Übertragung eines Nutzungsrechts liegt im betrachteten Fall aber, unabhängig von der oben aufgeführten wirtschaftlichen Betrachtungsweise, auch durch IFRIC 4.9c vor. Hierbei wird neben der Übernahme von mehr als einem geringfügigen Betrag des Ausstoßes des Vermögenswertes zusätzlich gefordert, dass der zu entrichtende Teilepreis weder vertraglich festgelegt wird, noch dem aktuellen Marktpreis entspricht. Wie bereits für die F&E-Tätigkeiten erwähnt, ist in der Automobilindustrie eine vertragliche Festlegung von Teilepreisen über die gesamte Lieferbeziehung nur teilweise gegeben. Teilepreise werden zwar bei der Auftragsvergabe zunächst festgelegt, aufgrund von Lernkurveneffekten und ständig geforderten Kostensenkungen jedoch anschließend ununterbrochen angepasst. Darüber hinaus kommt es in der betrachteten Vereinbarung zur Zahlung eines Zuschusses, mit dem der OEM u.a. der Vorfinanzierung des 1st-Tier Suppliers Rechnung trägt. Bei der Teileproduktion und -lieferung erfolgt später eine Anrechnung auf den Teilepreis. Demzufolge entspricht der Teilepreis in diesem Zusammenhang nicht dem aktuellen Marktpreis, der die Kosten der vorgelagerten Tätigkeiten grundsätzlich vollständig berücksichtigen würde.[572] Zusammenfassend liegt damit in der betrachteten Vereinbarung unter Anwendung von IFRIC 4 ein Leasingverhältnis vor, welches nach IAS 17 abzubilden ist.

Das Leasingverhältnis ist aufgrund der spezifischen Charaktereigenschaft des Werkzeugs und der Laufzeit über die Nutzungsdauer nach IAS 17.10 als *Finanzierungsleasing* einzuordnen. Der 1st-Tier Supplier hat als Leasinggeber eine Forderung zu erfassen und zwar in der Höhe der Mindestleasingzahlungen. Die Mindestleasingzahlungen entsprechen nach IAS 17.4 jenen Zahlungen, die der OEM als Leasingnehmer zu leisten hat oder zu denen er (rechtlich) herangezogen werden kann. In der betrachteten Vereinbarung könnten der Zuschuss sowie der erhöhte Teilepreisanteil als Bestandteil der Mindestleasingzahlungen in Frage kommen.

Der *Zuschuss* wird aus den bereits genannten ökonomischen Gründen vom OEM gewährt.[573] Hierbei ist ein klarer Zusammenhang mit der Teileproduktion und der Verwendung des Werkzeugs abzuleiten. Liegt ein Leasingverhältnis vor, so ist der Zuschuss als Bestandteil der Mindestleasingzahlungen zu bewerten. Die *Teilepreiszahlungen* wiederum können formell nicht zu den Mindestleasingzahlungen gerechnet werden. Der OEM kann zu keinerlei Zahlungen herangezogen werden, aus dem einfachen Grunde, dass die Zahlungen für das Werkzeug an Teilebestellungen gekoppelt sind und diese in freier Verantwortung des OEM stehen. Der Definition aus IAS 17.4 folgend bestehen die Mindestleasingzahlungen damit lediglich aus dem Zuschuss, der deutlich unter den Herstellungskosten des Werkzeugs liegt. Bei Anwendung der PoC-Methode aufgrund der langfristigen Fertigung ergibt sich damit im Vorfeld, dass die Auftragskosten die Auftragserlöse übersteigen.[574] Der dabei entstehende Differenzbetrag wäre nach IAS 11.34 umgehend als Verlust zu erfassen.

Eine derartige Abbildung des geschilderten Geschäftsvorfalls mag sich formell betrachtet aus IFRIC 4 ergeben. Die damit verbundene Informationsvermittlung steht allerdings in starkem Widerspruch zu den qualitativen Anforderungen an die IFRS Rechnungslegung, denn im Jahresabschluss des 1st-Tier Suppliers käme es zu einem vorgezogenen Verlust aus der aufwandswirksamen Erfassung der Auftragskosten des Werkzeugs, dem nur ungenügend

[572] Vgl. hierzu auch die Diskussion in Abschnitt 4.2.3.5.2.2.

[573] Vgl. Abschnitt 4.3.3.3.2.1.

[574] Vgl. zur Anwendung der Forderungseinbuchung auf Basis des Fertigstellungsgrades im Leasingverhältnis die aufgezeigte Argumentation in Abschnitt 4.2.3.5.2.2.

Auftragserlöse entgegenstehen und zum Zeitpunkt der Serienfertigung durch den erhöhten Teilepreis zu einem übermäßigen Gewinn, da Kosten bereits erfasst wurden. Diese Vorgehensweise stellt einen schweren Verstoß gegen den Basisgrundsatz der periodengerechten Erfolgsermittlung dar.

Nach der hier vertretenen Auffassung ist der beschriebene Sachverhalt daher anders zu lösen. Für eine Abbildung im Jahresabschluss im Sinne des IFRS Frameworks wird eine alternative Vorgehensweise vorgeschlagen. Als Basis dient dabei IAS 8.10, der für fehlende Standards greift. Auf IAS 8.10 wird deshalb Bezug genommen, da die strikte Anwendung von IFRIC 4 und IAS 17 in diesem speziellen Fall dem overriding principle einer Vermittlung der tatsächlichen wirtschaftlichen Verhältnisse aus IAS 1.13 unterzuordnen ist und daher eine alternative Vorgehensweise begründet.[575] Dabei ist für den beschriebenen Fall in Erwägung zu ziehen, die Annahme der Mindestleasingzahlungen um *hinreichend sicher zu erwartende* Zahlungen zu ergänzen. In der beschriebenen Situation kann der OEM zwar eindeutig nicht zu Bestellungen und damit zu Zahlungen verpflichtet werden. Dennoch ist faktisch davon auszugehen, dass eine gewisse Menge durch den OEM abgenommen werden muss, da Bestellung von Endkunden bedient werden müssen. Demzufolge sollte es möglich sein, auf Basis von Erfahrungswerten der Vergangenheit und Zukunftsprognosen bestimmte Abnahmemengen im Zeitablauf zu schätzen, sofern es sich nicht um Nischenprodukte oder gänzlich neue Fahrzeugtypen bzw. Ausstattungsmerkmale handelt. Bei Klassifizierung der Vereinbarung als Finanzierungsleasing ließe sich so für den 1st-Tier Supplier als Leasinggeber ein ansatzweise realistischer Wert für eine Forderung ermitteln. Das vorgeschlagene Vorgehen ist zwar nicht frei von subjektiven Ermessensspielräumen, welche mit Schätzungen unweigerlich verbunden sind. Andererseits basiert die Informationsvermittlung nach IFRS in vergleichbaren Situationen explizit auf dem „best-estimate" Ansatz.[576] Die Erfassung von Auftragserlösen und Auftragskosten hat dabei durch den starken Bezug der Entwicklung, Herstellung und Bereitstellung des kundenspezifischen Werkzeugs zur langfristigen Auftragsfertigung nach der PoC-Methode zu erfolgen.[577]

Der Zuschuss ist bei Erhalt zunächst zu passivieren und in dem hier betrachteten Fall, abweichend von der oben in Abschnitt 4.2.3.3.2.2 erarbeiteter Vorgehensweise, gem. IFRIC 18.18 in

---

[575] Vgl. *Köster* (2008), IAS 8 Tz. 112.

[576] Siehe bspw. IAS 37.

[577] Gl. A. *Lüdenbach* (2008), § 18 Tz. 69-71.

Anlehnung an den Fertigstellungsgrad umgehend forderungstilgend zu vereinnahmen.[578] Die sofortige Vereinnahmung ist deshalb möglich, weil in der vorliegenden Vereinbarung „only one service" geschuldet wird. Unabhängig davon, dass die ökonomischen Hintergründe der Zuschussgewährung nach wie vor gelten, liegt die wesentliche Gegenleistung des 1st-Tier Suppliers durch die Einordnung der Vereinbarung als Leasingverhältnis in der Bereitstellung des Nutzungsrechts. Diese Gegenleistung wird bei Fertigstellung erfüllt. Abstrahiert von der Finanzierungskomponente ist für die verbleibende Forderung bei erfolgten Teileabnahmen durch den OEM die entsprechende Tilgung zu erfassen.

4.3.3.5.3 Abbildungsmöglichkeiten im Jahresabschluss des OEMs

4.3.3.5.3.1 Abbildung nach HGB

In Anbetracht der Tatsache, dass der OEM handelsrechtlich bewertet weder rechtlicher noch wirtschaftlicher Eigentümer des Werkzeugs ist, stellt sich die Frage, wie die an den 1st-Tier Supplier gezahlte Vergütung im Jahresabschluss zu erfassen ist. Die Vergütung teilt sich auf. Zum einen erfolgt eine Vorabzahlung in Form eines Zuschusses. Zum anderen erfolgt bis zu einer gewissen (vorab vereinbarten) Höhe zum Zeitpunkt der Serienfertigung die Zahlung eines erhöhten Teilepreises.

Hinsichtlich des Teilepreises gilt es zu erörtern, inwieweit der hierin enthaltene Anteil für die Werkzeuge zu den Anschaffungskosten des Vorratsvermögens gewertet werden kann. In den vorangegangenen Szenarien wurde stets konkludiert, dass bei Übernahme des rechtlichen Eigentums am Werkzeug beim OEM eine Aktivierung an mangelnder selbstständiger Verwertbarkeit scheitert und nur jener Anteil zu aktivieren ist, der tatsächlich für die Serienherstellung gezahlt wurde.[579] Im hier betrachteten Fall ist der Geschäftsvorfall hingegen anders zu bewerten. Der OEM ist hier weder rechtlicher noch wirtschaftlicher Eigentümer des Werkzeugs und es ist der Serienfertigung keine separat zu erfassende Transaktion vorangegangen. Formell betrachtet hat der 1st-Tier Supplier in eigenem Namen und auf eigene Rechnung für seinen Produktionsprozess ein Werkzeug entwickelt und hergestellt. Der damit verbundene Werteverzehr wird dem OEM genau wie die Nutzung anderen

[578] Gl. A. *Lüdenbach* (2008), § 18 Tz. 69-71.

[579] Vgl. Abschnitt 4.3.3.1.3.1 i.V.m. Abschnitt 4.2.3.1.3.1.

Anlagevermögens über den Teilepreis in Rechnung gestellt. Der hierbei aufwendete Betrag ist vom OEM ausnahmslos als Anschaffungskosten des Vorratsvermögens zu aktivieren.[580]

Was den Zuschuss betrifft kann unter Berücksichtigung der gerade genannten Argumente nur eine geleistete Anzahlung auf Vorratsvermögen vorliegen.[581] Zwar ist anzunehmen, dass der OEM faktisch großen Einfluss auf die Herstellung und Verwendung des Werkzeugs nehmen wird, allerdings sind aufgrund der Tatsache, dass das Eigentum am Werkzeug beim 1st-Tier Supplier verbleibt, formell betrachtet keine konkreten Anordnungs- oder Verfügungsrechte für den OEM abzuleiten. Mit der Zahlung des Zuschusses erwirbt der OEM lediglich das Recht, diesen bei Bevorratung zum Zeitpunkt der Serienherstellung im Teilepreis entsprechend berücksichtigen zu lassen. Demzufolge liegt eine klassische Anzahlung vor. Nach der hier vertretenen Auffassung ist diese zu aktivieren, und zwar vor allem, weil eine Rückerstattung bei unterbliebenem Teilebezug als sicher angenommen werden kann und weil es bei der Abbildung im Jahresabschluss keinen Unterschied machen kann, ob dem 1st-Tier Supplier der Werteverzehr seines Anlagevermögens vollständig über einen erhöhten Teilepreis oder aufgeteilt über einen Zuschuss vergütet wird.[582] In beiden Fällen liegen Anschaffungskosten vor, die in der Bilanz des OEMs zu Vermögensgegenständen des Vorratsvermögens führen und entsprechend abzubilden sind.

4.3.3.5.3.2 Abbildung nach IFRS

Die oben für den 1st-Tier Supplier erarbeitete Feststellung, dass die betrachtete Vereinbarung ein Leasingverhältnis darstellt, gilt für den OEM analog. Hierbei ist der OEM als *Finanzierungsleasingnehmer* einzuordnen, der die kundenspezifischen Werkzeuge in der Bilanz anzusetzen und zu bewerten hat. Die Bewertung hat bei strikter Auslegung von IAS 17.20 mit den Mindestleasingzahlungen zu erfolgen. Wie oben bereits erwähnt können die Mindestleasingzahlungen formell betrachtet nur in Höhe des Zuschusses bewertet werden, da weitere Zahlungen nicht verpflichtend sind. Wie für den 1st-Tier Supplier ist auch hier festzuhalten, dass eine derartige Vorgehensweise nicht zu einer Informationsvermittlung führt, die den qualitativen Anforderungen des Frameworks entspricht. Erfolgt eine Erfassung des Werkzeugs nur in Höhe des Zuschusses entsteht eine zu geringe Abbildung von Vermögen und Werteverzehr, der verbleibende wirtschaftlich angefallene Aufwand würde nicht korrekt

---

580 Zu gleichem Schluss vgl. auch Abschnitt 4.2.3.5.3.1.

581 Vgl. *HFA des IDW* (1996), S. 337.

582 a.A. *Ellrott/Brendt* (2006), § 255 Tz. 119.

dargestellt. Der OEM hätte das zusätzlich anfallende Nutzungsentgelt, welches nachgelagert zum Zeitpunkt der Serienfertigung bei Teilabnahmen über den erhöhten Teilepreis gezahlt wird, grundsätzlich als (irrational hohen) Finanzierungsaufwand zu erfassen. Eine derartige Vorgehensweise verzerrt nach der hier vertretenen Auffassung die Informationsvermittlung. Der OEM ist als Leasingnehmer einzuordnen, folglich hat er auch den vollen Wert des geleasten Vermögensgegenstandes in der Bilanz sowie den damit verbundenen Werteverzehr in der GuV zu zeigen.

Auch wenn der OEM nicht zu Bestellungen und damit zu Zahlungen verpflichtet ist, muss, solange keine anderweitigen Erkenntnisse vorliegen, auszugegangen werden, dass die vorab geplante Menge durch den OEM auch abgenommen werden muss, da Endkunden mit Autos versorgt werden müssen. Demzufolge sollte es möglich sein, auf Basis von Planungen und Prognosen sowie Erfahrungswerten der Vergangenheit bestimmte Abnahmemengen im Zeitablauf *verlässlich* zu schätzen. Somit ergäbe sich für den OEM als Leasingnehmer ein verlässlicher Wert für eine Aktivierung des Leasingverhältnisses als Vermögenswert bzw. Schuld. Wie oben bereits eingeräumt, ist diese Vorgehensweise nicht frei von subjektiven Ermessensspielräumen, welche mit Schätzungen unweigerlich verbunden sind. Andererseits basiert die Informationsvermittlung nach IFRS in vergleichbaren Situationen explizit auf dem „best-estimate“ Ansatz.[583]

Nach der hier vertretenen Auffassung hat der OEM daher den Vermögensgegenstand korrespondierend zur für den 1st-Tier Supplier vorgeschlagenen Vorgehensweise und unter Bezug auf IAS 8.10 in Höhe des Zuschusses ergänzt um *hinreichend sicher zu erwartende* (abgezinste) Zahlungen zu aktivieren und in gleicher Höhe eine Verbindlichkeit zu erfassen. Auf IAS 8.10 wird deshalb Bezug genommen, da die strikte Anwendung von IFRIC 4 und IAS 17 in diesem speziellen Fall dem overriding principle einer Vermittlung der tatsächlichen wirtschaftlichen Verhältnisse aus IAS 1.13 unterzuordnen ist und daher eine alternative Vorgehensweise begründet.[584] Die Folgebewertung ist nach IAS 17.25 vorzunehmen. Etwaige Schätzungsgenauigkeiten sind bei Feststellung umgehend zu korrigierend und wenn nötig ergebniswirksam zu erfassen.

---

[583] Vgl. bspw. IAS 37.

[584] Vgl. *Köster* (2008), IAS 8 Tz. 112.

4.4 Abbildung der Phase der Serienherstellung und Lieferung des Endproduktes im Jahresabschluss des OEM und 1st-Tier Suppliers nach HGB und IFRS

4.4.1 Rekapitulation der allgemeinen Ausgangssituation

Unter Zugrundelegung der in Abschnitt 3.5 gewonnen Erkenntnisse und der im Rahmen des Basismodells hergeleiteten konkreten Vereinbarungen zur Serienfertigung und Lieferung in der komplexen Lieferantenbeziehung sollen im nachfolgenden Abschnitt für jedes Szenario[585] Möglichkeiten für die Erfassung im Jahresabschluss von 1st-Tier Supplier und OEM ausgearbeitet werden. Um die Ausarbeitung zu verbessern, werden an dieser Stelle aus den umfassenden ökonomischen Erkenntnissen des Abschnitts 3.5 kurz die rechnungslegungsrelevanten Einflussgrößen rekapitulierend verdichtet. Im Anschluss daran werden die für die Phase wesentlichen rechnungslegungsrelevanten Grundlagen nach HGB und IFRS zentral vorgestellt und schließlich in den verschiedenen Szenarien hermeneutisch angewendet.

Allgemeine Ausgangssituation

Der OEM beauftragt den 1st-Tier Supplier nach den Phasen der F&E-Tätigkeiten und Werkzeugherstellung wiederum auf Basis des relationalen Rahmenvertrags (LoI) auch die **Serienfertigung und Lieferung** der für die Fahrzeugserie letztlich entscheidenden Module bzw. Systemkomponenten vorzunehmen. Hierbei gibt der 1st-Tier Supplier dem OEM *Qualitätsgarantien* für die erstellten Module ab. Wie bereits oben erläutert, stellt der Rahmenvertrag einen *Mehrkomponentenvertrag* dar, in dem jede einzelne Wertschöpfungsphase einen eigenen Wert mit eigener schuldrechtlicher Verpflichtung ergibt, mit getrennten Angeboten separat verhandelt wird und in sich abgeschlossen zu betrachten ist.[586] Die Phase der Serienfertigung und Lieferung dauert fünf Berichtsperioden.[587] An dieser Stelle ist zu berücksichtigen, dass der gezahlte Teilepreis in einigen Fällen vorgelagerte Wertschöpfungsaktivitäten (F&E- bzw. Werkzeugtätigkeiten) mit vergütet. Die hiermit verbundenen Fragestellungen sind in den Abschnitten zuvor abschließend erörtert worden und sollen im Folgenden nicht erneut behandelt werden. Der in der ökonomischen Analyse für die betrachtete Phase diskutierte Anreiz hinsichtlich *Mindestabnahmemengen* zur Amortisation vorhergegangener Aktivitäten wird hier somit nicht erneut betrachtet.

---

585 Vgl. Abbildung 27.

586 Vgl. Abschnitt 3.3.5, weiterführend zu Mehrkomponentenverträgen vgl. *Winkeljohann/Geißler* (2006), §252 Tz.45; so auch *KPMG* (2008c), S. 89-92.

587 Vgl. hierzu ausführlich Abschnitt 3.5, von der Periode, in der die Abnahme durch den OEM stattfindet, soll abstrahiert werden.

Hinsichtlich des Teilepreises steht für die hier betrachtete Phase vor allem die Berücksichtigung der mit der Serienfertigung verbundenen wirtschaftlichen Chancen und Risiken im Fokus der Preisverhandlungen. Als wirtschaftliche Risiken wurden im Wesentlichen die mögliche negative Entwicklung der Rohstoffpreise und der damit verbundene Einfluss auf die Produktionskosten erarbeitet. Hierbei wurde als ein wesentlicher Streitpunkt die Vereinbarung von *Preisanpassungsklauseln* diskutiert. Als wirtschaftliche Chancen wurden die Verbesserung der Produktionskosten aufgrund von positiven Erfahrungskurveneffekten im Zeitablauf sowie Fixkostendegression bei hohen jährlichen Abnahmemengen genannt. Daraus ergaben sich Interessenkonflikte bei der Vereinnahmung dieser Chancen. Zum einen wurde über eine Berücksichtigung der sich aus positiven Erfahrungskurveneffekten ergebenden Kosteneinsparungen im Teilepreis über den Zeitablauf diskutiert und zum anderen die Beteiligung des OEMs an der Fixkostendegression über Boni bzw. Mengenrabatte diskutiert. Je in Abhängigkeit der getroffenen Vereinbarungen ergeben sich Auswirkungen auf die Abbildung im Jahresabschluss, deren rechnungslegungsrelevante Grundlagen im Folgenden zentral vorgestellt werden sollen.

4.4.2 Rechnungslegungsrelevante Grundlagen für die Abbildung der Phase der Serienherstellung und Lieferung

4.4.2.1 Handelsrecht

4.4.2.1.1 Auswahl relevanter Grundlagen

Neben den in Abschnitt 4.1.2.2 und 4.1.2.3 genannten allgemeinen Ansatz- und Bewertungsvorschriften sind für die Phase der Serienfertigung und Lieferung vor allem Abbildungsgrundlagen zu *Rückstellungen* von wesentlicher Bedeutung. Die grundlegende Frage entsteht für den 1st-Tier Supplier, und zwar im Wesentlichen, wie die vom OEM geforderten Beteiligungen im Jahresabschluss erfasst werden können. Die hierfür relevanten Grundlagen des HGB sollen im Folgenden **zentral** für die nachstehende Ausarbeitung von Abbildungsmöglichkeiten erarbeitet werden.

4.4.2.1.2 Wesentliche Grundlagen zur Abbildung von Rückstellungen im Handelsrecht

4.4.2.1.2.1 Allgemeiner Überblick

Bei Rückstellungen handelt es sich um die passivische Abbildung von aufwandswirksamen Verpflichtungen, die in der Zukunft zu Ausgaben führen werden und zum Zeitpunkt der

Bilanzerstellung wirtschaftlich bereits verursacht sind.[588] Der damit verbundene Aufwand ist unabhängig vom Zeitpunkt der Auszahlung dann auch in der Periode zu erfassen, in der die Verursachung erfolgt ist. Für den Ansatz von Rückstellungen sind handelsrechtlich die Kriterien des Passivierungsgrundsatzes zu erfüllen.[589] Ergibt sich hieraus eine Schuld, so ist diese dann als Rückstellung und nicht als Verbindlichkeit auszuweisen, wenn die künftigen Ausgaben dem Grunde und/oder der Höhe nach ungewiss sind. Der Passivierungsgrundsatz wird für Rückstellungen durch § 249 HGB weiter konkretisiert und in verschiedene Arten von Rückstellungen unterteilt. Das Handelsrecht unterscheidet dabei zwischen Rückstellungen für Außenverpflichtungen und Innenverpflichtungen.[590] Für die betrachtete Phase der Serienfertigung und Lieferung sind ausschließlich Rückstellungen für *Außenverpflichtungen* relevant. Als Rückstellungen für Außenverpflichtungen werden in § 249 Abs. 1 Satz 1 HGB explizit *Rückstellungen für ungewisse Verbindlichkeiten* und für *drohende Verluste* genannt. Die genannten Verpflichtungen sind deswegen als Außenverpflichtung zu bewerten, da diese Verpflichtungen gegenüber Dritten darstellen. Außenverpflichtungen sind rechtlich begründet oder entstehen aus einem faktischen Zwang heraus.[591]

Die *Bewertung* von Rückstellungen hat nach § 253 Abs. 1 HGB in Höhe jenes Betrags zu erfolgen, der nach vernünftiger kaufmännischer Beurteilung notwendig ist bzw. nach BilMoG konkreter in Höhe des nach vernünftiger kaufmännischer Beurteilung notwendigen Erfüllungsbetrags. Der *Ausweis* erfolgt entsprechend § 266 Abs. 1 und 3.B HGB. Das Inkrafttreten des Bilanzrechtsmodernisierungsgesetzes nimmt keine wesentlichen Auswirkungen auf die hier betrachteten Rückstellungen. Es kann lediglich hinsichtlich der Bewertung des Erfüllungsbetrags auf ein nun bestehendes Gebot zur Berücksichtigung von Preis- und Kostensteigerungen sowie ein *Diskontierungsgebot* verwiesen werden.[592]

4.4.2.1.2.2 Rückstellungen für ungewisse Verbindlichkeiten

Die Außenverpflichtung ist als *Rückstellung für ungewisse Verbindlichkeiten* anzusetzen, wenn, im Zusammenhang mit *vergangenen* Erträgen, in der Zukunft eine wirtschaftlich belastende und der Höhe nach quantifizierbare Verpflichtung gegenüber Dritten besteht, deren Zu-

---

588 Vgl. *Hoyos/Ring* (2006), § 247 Tz. 205.

589 Vgl. zum Passivierungsgrundsatz Abschnitt 4.1.2.2.

590 Vgl. *Baetge/Kirsch/Thiele* (2007), S. 415-418.

591 Vgl. zum rechtlichen Entstehen und zur wirtschaftlichen Verursachung: *Naumann* (1991), S. 529-536; *Hoyos/Ring* (2006), § 247 Tz. 202.

592 Vgl. weiterführend zu Änderungen der Rückstellungsbilanzierung nach BilMoG: *Drinhausen/Ramsauer* (2009), S. 46-53.

standekommen wahrscheinlich, aber noch nicht vollständig sicher ist. Die *Verpflichtung gegenüber Dritten* muss dabei hinreichend konkretisiert sein. Eine hinreichende Konkretisierung liegt in jedem Fall vor, wenn die Verpflichtung *rechtlich entstanden* ist, also ein Dritter die Leistung des bilanzierenden Unternehmens im Zweifelsfall privat-rechtlich bzw. öffentlich-rechtlich geltend machen kann. Ferner liegt eine Verpflichtung auch dann vor, wenn ein Dritter einen *faktischen* Leistungsanspruch geltend machen kann, also unabhängig von formal-rechtlichen Kriterien zum Zeitpunkt der Bilanzerstellung hinreichend sicher ist, dass es zu einer wirtschaftlichen Belastung kommen wird, der sich das Unternehmen nicht mehr entziehen kann.[593] In den meisten Teilen der Literatur sowie in der Finanzrechtsprechung wird daher die *wirtschaftliche Verursachung* als bereits ausreichend bewertet. Dabei gilt eine Rückstellung als *wirtschaftlich verursacht*, wenn eine konkrete Zugehörigkeit zukünftiger Aufwendungen zu bereits realisierten Erträgen besteht.[594] Dieser Überlegung soll auch hier gefolgt werden.

Des Weiteren ist es für den Ansatz der Rückstellung für ungewisse Verbindlichkeiten entscheidend, dass es zu einer *wirtschaftlichen Belastung* für das bilanzierende Unternehmen kommt, mit deren *Inanspruchnahme wahrscheinlich* zu rechnen ist.[595] Als wirtschaftliche Belastung gelten Zahlungen, die eine Vermögensminderung ergeben, ohne das eine Vermögensmehrung wie bspw. durch den Zugang von Anlage- oder Umlaufvermögen gegenübersteht.[596] Die Verpflichtung muss zuletzt auch *quantifizierbar* sein, wobei hier Schätzungen als Basis ausreichen.[597]

Die *Bewertung* der Rückstellung hat zum *Erfüllungsbetrag* zu erfolgen. Hierbei gilt für ungewisse Sachleistungsverpflichtungen der Einbezug sämtlicher Kostenarten und zwar auch jener, die bei einer Aktivierung aufgrund des Wahlrechts aus § 255 Abs. 2 HGB nicht berücksichtigt werden.[598]

---

593 Vgl. hierzu *BGH* (1991), Urteil vom 28.01.1991.

594 Vgl. *Moxter* (1985), S. 61; *BFH* (1989), Urteil vom 25.08.1989; *Naumann* (1991), S. 530f.; *Baetge/Kirsch/Thiele* (2007), S. 427.

595 Vgl. ausführlich zur Annahme der Wahrscheinlichkeit: *Hoyos/Ring* (2006), § 247 Tz. 42.

596 Vgl. *Hoyos/Ring* (2006), § 247 Tz. 24; *Baetge/Kirsch/Thiele* (2007), S. 426f.

597 *Baetge/Kirsch/Thiele* (2007), S. 427; zu Schätzungen vgl. *Hommel/Schulte* (2004), S. 1671-1678 .

598 Von weiterführenden Fragen kann hier abstrahiert werden, vgl. zum Erfüllungsbetrag und Fragen zur Berücksichtigung von Preissteigerungen und Abzinsung *Baetge/Kirsch/Thiele* (2007), S. 214-222.

4.4.2.1.2.3 Rückstellungen für Garantieverpflichtungen

Die im Rahmen dieser Phase der Lieferantenbeziehung für den 1st-Tier Supplier bedeutsame *Rückstellung für Garantieverpflichtungen* ist ebenfalls den ungewissen Verbindlichkeiten zuzuordnen, da sie auf einer bereits erfolgten Verkaufstransaktion basiert, in deren Zusammenhang Erträge (Umsatzerlöse) realisiert wurden und eine rechtlich verpflichtende Garantiezusage abgegeben wurde, die in der Zukunft zu Aufwand führen kann.[599] Die Gewährleistungsverpflichtung ergibt sich zunächst allgemein aufgrund der gesetzlichen Bestimmungen aus §§ 434-442 BGB oder §§ 633-638 BGB. In der betrachteten Lieferantenbeziehungen können Garantiezusagen seitens des Lieferanten in jedem Fall auch faktisch angenommen werden.[600] In der Praxis ist zu beobachten, dass selbst kleinste Qualitätsmängel umgehend zu Rückversand ganzer Chargen durch den OEM führen.[601]

Die Bewertung der Rückstellung erfolgt mit dem Erfüllungsbetrag zu Vollkosten. Für die betrachtete Lieferantenbeziehung ist dabei die Bildung von Einzel- und Pauschalrückstellungen zu diskutieren. Grundsätzlich verlangt der Grundsatz der Einzelbewertung in § 252 Abs. 3 HGB die Bildung einer Einzelrückstellung. Der Erfüllungsbetrag würde sich dabei aus erwarteten Gewährleistungsaufwendungen je Lieferung zusammensetzen. Für den 1st-Tier Supplier ist eine solche Vorgehensweise nahezu unmöglich, da sich für die vielen gelieferten Produkte nicht einzelne Mängel bewerten lassen. Zudem ist auch nicht davon auszugehen, dass bei derart vielen Produkten überhaupt in jedem Fall ein Mangel vorliegt. Eine derartige Vorgehensweise würde zu keiner periodengerechten Erfolgsermittlung führen.[602] Demzufolge kommt es hier zum Ansatz einer *Pauschalrückstellung* über alle Produkte. Dabei ist es von Bedeutung, dass es sich um gleichartige Produkte handelt, für deren Gewährleistungsinanspruchnahme gewisse Erfahrungswerte existieren. So sind auf Basis von Erfahrungen der Vergangenheit, mit einer bestimmten Wahrscheinlichkeit eine Gewährleistungsinanspruchnahme und die damit verbundenen Aufwendungen zu bestimmen. Ein Verstoß gegen den Grundsatz der Einzelbewertung liegt hierbei nicht vor.[603] Hierbei ist es üblich, den innerhalb einer Berichtsperiode angefallenen Gewährleistungsaufwand ins Verhältnis zu den Umsatzerlösen

---

599 Vgl. *Baetge/Kirsch/Thiele* (2007), S. 416.

600 Vgl. Abschnitt 3.5.

601 Ergebnis Experteninterview.

602 Vgl. *Baetge/Kirsch/Thiele* (2007), S. 431f.

603 Vgl. BFH (1983), Urteil vom 30.06.1983, zu Schätzverfahren *Hommel/Schulte* (2004), S. 1671-1678; weiterführend *Oesterle/Gauß* (1993), S. 618-620.

zu setzen und, ergänzt um weitere bekannte Einflussfaktoren, pauschal als Garantierückstellung zu erfassen.[604]

4.4.2.1.2.4 Rückstellungen für drohende Verluste

Eine Außenverpflichtung ist als Drohverlustrückstellung *anzusetzen*, wenn im Unterschied zur Rückstellung für ungewisse Verbindlichkeiten ein Zusammenhang mit *zukünftigen* Erträgen besteht, und die damit verbundenen künftigen Ausgaben diese voraussichtlich übersteigen. Die Drohverlustrückstellung begründet sich dabei aus dem Imparitätsprinzip aus § 252 Abs. 1 Nr. 4 HGB.[605] Sie dient der Antizipation künftiger Aufwandsüberschüsse aus *schwebenden Geschäften*. Unter einem schwebenden Geschäft ist ein Vertrag zu verstehen, der zweiseitig verpflichtend auf Leistungsaustausch ausgerichtet und zum Zeitpunkt der Bilanzerstellung von der zur Lieferung oder Leistung verpflichteten Vertragspartei noch nicht voll erfüllt ist.[606] Der Schwebezustand beginnt dabei grundsätzlich mit Vertragsabschluss.[607] Bei der hier betrachteten Phase der Lieferantenbeziehung handelt es sich aus 1st-Tier Suppliersicht im Zeitpunkt der Auftragsannahme zur Serienfertigung und Lieferung um ein schwebendes Absatzgeschäft, bei der sich der 1st-Tier Supplier zur Lieferung und Leistung verpflichtet hat, diese Verpflichtung aber noch nicht erfüllt wurde. Je nach Vereinbarung ist dabei der Ansatz einer Drohverlustrückstellung separat zu prüfen.

Die *Bewertung* hat in Höhe des vorliegenden Verpflichtungsüberschuss zu erfolgen, der voraussichtlich nicht durch zukünftige Erträge gedeckt ist und somit einen Verlust ergibt. Hierin liegt ein zentraler Unterschied zur Rückstellung für ungewisse Verbindlichkeiten, da nicht die gesamte Verbindlichkeit als Rückstellung erfasst wird, sondern lediglich der drohende Verpflichtungsüberschuss eines schwebenden Geschäfts. Die Bewertung in Höhe des *Verlustes* ergibt sich zwangsläufig aus einer *Saldierung*. Diese Vorgehensweise ist explizit vom Gesetzgeber gefordert und kann nicht als Ausnahme des Saldierungsverbots aus § 246 Abs. 2 HGB gewertet werden. Für die genaue Bewertung der Drohverlustrückstellungen ist die Saldierung wechselseitiger Ansprüche und Verpflichtungen aus dem schwebenden Geschäft durch die Bildung einer *Bewertungseinheit* durchzuführen.[608] Vereinfacht sind in dieser Bewertungseinheit erwartete zukünftige Erträge mit erwarteten zukünftige Aufwendun-

604 Vgl. Ergebnis Experteninterview.
605 Vgl. *Eifler* (1976), S. 15.; *Leffson* (1987), S. 347 und S. 381-383.
606 Vgl. *Hoyos/Ring* (2006), § 249 Tz. 52f.
607 Vgl. *IDW RS HFA 4* (2000), Tz. 7.
608 Vgl. *Moxter* (1993), S. 2481-2485; *Weber-Grellet* (1997), S. 2233-2238; *Hoyos/Ring* (2006), § 249 Tz. 655.

gen zu saldieren und etwaige entstehende Verlustbeiträge aufwandswirksam als Rückstellung abzubilden. Die Anforderung, Bewertungen in der Rechnungslegung aufgrund von *Erwartungen* durchzuführen, schafft per Definition subjektive Ermessenspielräume, die zwangläufig zu Ungleichheiten bei der Darstellung der VFE-Lage führen. Dementsprechend stellt sich die Frage nach einer objektiven Abgrenzung des Saldierungsbereichs, die in der Literatur kontrovers diskutiert wird, ohne zu einem konkreten Ergebnis zu führen.[609]

Ohne die gesamte Problematik der Festlegung des Saldierungsbereichs zu erörtern, soll für die vorliegende Arbeit festgehalten werden, dass, in Anlehnung an die HFA Stellungnahme RS 4, bei der Ermittlung des Saldierungsbereichs neben den erwarteten Aufwendungen aus *Hauptleistungs- und Nebenleistungsverpflichtungen* auch erwartete Erträge aus konkreten *wirtschaftlichen Vorteilen* zu berücksichtigen sind. Dabei gelten wirtschaftliche Vorteile als konkretisiert, wenn sie dem Grunde und der Höhe nach bestimmbar sind, in klarem wirtschaftlichem Zusammenhang mit dem schwebenden Absatzgeschäft stehen und durch Planungsrechnungen oder Erfahrungen der Vergangenheit bewertbar und realisierbar sind. Erträge, die sich aus bloßen Hoffnungen oder ungewissen Erwartungen begründen, dürfen nicht berücksichtigt werden.[610]

Für schwebende Absatzgeschäfte gilt, dass aktiviertes Vorratsvermögen umgehend auf den zu realisierenden Marktpreis abzuschreiben ist und erst darüber hinausgehende Verluste als Rückstellung anzusetzen sind.[611] Die dabei erwarteten Aufwendungen sind stets zu Vollkosten zu bewerten und zwar auch dann, falls im Vorratsvermögen vom Aktivierungswahlrecht zu Einzelkosten Gebrauch gemacht wurde.[612]

Eine Sonderfrage besteht noch hinsichtlich der Berücksichtigung von Preisveränderungen. Hierbei gilt im Folgenden, dass am Abschlussstichtag vorhersehbare Kosten- und Preisänderungen in die Bewertung der Drohverlustrückstellung Berücksichtigung finden müssen, sofern diese auf begründeten Erwartungen beruhen.[613] Die Berücksichtigung von Kosten-

---

609 Vgl. *IDW RS HFA 4* (2000), Tz. 25-27; *Baetge/Kirsch/Thiele* (2007), S. 449-453; vgl. das sogenannte Apothekerurteil des *BFH* (1997), v. 23.06.1997; kommentierend dazu: *Küting/Kessler* (1997), S. 1665-1673; *Herzig/Rieck* (1993), S. 1881-1885; vgl. allgemein zu Saldierungsproblemen: *Moxter* (1993), S. 2481-2485; *Karrenbrock* (1994), S. 97-103.

610 Vgl. *IDW RS HFA 4* (2000), Tz. 25-27.

611 Vgl. *IDW RS HFA 4* (2000), Tz. 20; *Herzig/Teschke* (2006), S. 576.581.

612 Vgl. *IDW RS HFA 4* (2000), Tz. 35; *Baetge/Kirsch/Thiele* (2007), S. 451.

613 Vgl. Vgl. *IDW RS HFA 4* (2000), Tz. 39-40; Vgl. grundlegend Behandlungen von Preissteigerungen im Jahresabschluss: *Koch* (1996).

und Preissteigerungen lässt sich durch das Imparitätsprinzip begründen. Die Berücksichtigung von **Kosten- und Preisverbesserungen**, wie sie sich in der betrachteten Lieferantenbeziehung vor allem aus Erfahrungskurveneffekten und Prozessverbesserungen im Zeitablauf ergeben würden, lassen sich dagegen im Handelsrecht schwieriger rechtfertigen. Hierbei ist auf die Notwendigkeit einer wirtschaftlichen Betrachtungsweise abzustellen. Die Nichtberücksichtigung von Erfahrungskurveneffekten und Prozessverbesserungen im Zeitablauf würde die ökonomischen Hintergründe des Geschäftsvorfalls ungenügend berücksichtigen und bei wirtschaftlicher Betrachtungsweise zu einer ungerechtfertigten Ausweitung der Drohverlustrückstellung führen, die ein verzerrtes Bild der VFE-Lage vermittelt und gegen die Grundsätze der Richtigkeit und nach der hier vertretenen Auffassung auch der Vollständigkeit verstößt. Nichts-destotrotz können derlei Kosten- bzw. Preisverbesserungen nur berücksichtigt werden, wenn sie dem Grunde und der Höhe nach bestimmbar und durch konkrete Planungen oder Erfahrungen belegbar sind. Eine Würdigung ist dabei stets individuell vorzunehmen.

4.4.2.2 IFRS

4.4.2.2.1 Auswahl relevanter Grundlagen

Neben den in Abschnitt 4.1.3.2 und 4.1.3.3 genannten allgemeinen Ansatz- und Bewertungsvorschriften sind ähnlich wie im Handelsrecht für die Phase der Serienherstellung und Lieferung wesentliche Grundlagen zur Abbildung von *Rückstellungen* relevant. Anders als im HGB liegt für die Abbildung von Rückstellungen im Jahresabschluss mit IAS 37 ein konkreter Standard vor, deren wesentliche Grundlagen für die nachfolgende Erarbeitung von Abbildungsmöglichkeiten für Vereinbarungen zur Phase der Serienherstellung und Lieferung im Folgenden **zentral** erarbeitet werden sollen.

4.4.2.2.2 Wesentliche Grundlagen zur Abbildung von Rückstellungen nach IAS 37

4.4.2.2.2.1 Allgemeiner Überblick

Nach IAS 37.10 ist eine Rückstellung eine Schuld, die bezüglich ihrer Fälligkeit und ihrer Höhe ungewiss ist. Eine Schuld wird in Anlehnung an das Framework definiert, als eine gegenwärtige Verpflichtung des Unternehmens, die aus Ereignissen der Vergangenheit entsteht und deren Erfüllung für das Unternehmen erwartungsgemäß mit einem Abfluss von Ressourcen mit wirtschaftlichem Nutzen verbunden ist. Hierbei ist festzuhalten, dass eine Schuld nur gegenüber Dritten bestehen kann und daher ausschließlich *Außenverpflichtungen* nach IFRS als Rückstellungen zu erfassen sind. Eine Verpflichtung besteht dann, wenn das Unternehmen über keine realistische Alternative verfügt, als die Verpflichtung zu erfüllen. Die Verpflichtung kann dabei rechtlichen wie faktischen Ursprungs sein.[614]

Eine Rückstellung ist nach IAS 37.14 anzusetzen, wenn

(a) einem Unternehmen aus einem Ereignis der Vergangenheit eine *gegenwärtige Verpflichtung* (rechtlich oder faktisch) entstanden ist,

(b) der Abfluss von Ressourcen mit wirtschaftlichem Nutzen zur Erfüllung dieser Verpflichtung *wahrscheinlich* ist und

(c) eine *verlässliche Schätzung* der Höhe der Verpflichtung möglich ist.

Die **Wahrscheinlichkeit des Nutzenzuflusses** ist ebenso wie schon das weiter oben diskutierte Kriterium der **verlässlichen Schätzung** zwangsläufig mit subjektiven Entscheidungen und Ermessenspielräumen verbunden.[615] Nach IAS 37.23 gilt der Eintritt eines Ereignisses dann als wahrscheinlich, wenn mehr Gründe dafür als dagegen sprechen, die Wahrscheinlichkeit also größer 50 Prozent beträgt. Wie genau diese Wahrscheinlichkeit objektiv quantifiziert werden soll, bleibt offen und führt zum angesprochenen Ermessensspielraum.[616] Gleiches gilt für die verlässliche Schätzung. Hierbei ist in IAS 37.25 explizit festgelegt, dass die Verwendung von Schätzungen als wesentlicher Bestandteil bei der Aufstellung von Abschlüssen im Allgemeinen und im Falle von Rückstellungen im Speziellen gilt und die Verlässlichkeit des Jahresabschlusses nicht in Frage stellt. Zudem wird klar festgestellt, dass in aller Regel jedes Unternehmen zu einer verlässlichen Schätzung in der Lage sein dürfte, was indirekt die angesprochenen Ermessensspielräume zulässt. Zum Vorgehen der Schätzung ist eine Bandbreite möglicher Ergebnisse zu bestimmen und von jenem Fall auszugehen, der nach Meinung des Unternehmens am verlässlichsten die gegenwärtige Verpflichtung abbildet.[617]

Dementsprechend erfolgt die **Bewertung** nach IAS 37.36 auf Basis der vom Unternehmen aufgestellten *bestmöglichen* Schätzung über jene Ausgaben, die bei vernünftiger Betrachtung zur Erfüllung der gegenwärtigen Verpflichtung zum Bilanzstichtag erforderlich sind. Hierbei sind nach IAS 37.42 mit dem Ereignis verbundene Risiken und Unsicherheiten zu

---

614 Siehe IAS 37.10.

615 Vgl. zur Problematik der Verlässlichkeit Abschnitt 4.2.3.1.2.2.

616 Vgl. *Hachmeister/Zeyer (2008), IAS 37 Tz. 212f.*

617 Kritisch zu derartigen Schätzungen und subjektiven Ermessenspielräumen vgl. *Clemm* (1989), S. 357-366; *Clemm* (1990), S. 780-783.

berücksichtigen. Mit IAS 37.38 wird explizit gefordert, dass das Management die Schätzung nach subjektivem Ermessen vorzunehmen hat und sich dabei neben eigenen Erfahrungswerten der Vergangenheit unabhängiger Sachverständiger bedienen kann. Bei Unsicherheiten hinsichtlich des als Rückstellung anzusetzenden Betrags ist nach IAS 37.39 die Erwartungswertmethode anzuwenden. Künftige Ereignisse, die den Betrag zur Erfüllung der Verpflichtung positiv wie negativ beeinflussen können, sind nach IAS 37.48-50 zu berücksichtigen, sofern es ausreichende objektive substantielle Hinweise auf deren Eintritt gibt. Langfristige Rückstellungen sind mit einem marktüblichen Zinssatz abzuzinsen.

4.4.2.2.2.2 Rückstellungen für ungewisse Verbindlichkeiten

Da nach IFRS Rückstellungen für Außenverpflichtungen nicht vergleichbar dem Handelsrecht unterteilt werden, können die gerade aufgeführten allgemeinen Grundlagen des IAS 37 als Ansatz- und Bewertungskriterien für Rückstellungen für ungewisse Verbindlichkeiten analog angewendet werden. Eine separate Behandlung ist nicht erforderlich.

4.4.2.2.2.3 Rückstellungen für Garantieverpflichtungen

Grundsätzlich gilt die Anwendbarkeit der aufgeführten allgemeinen Ansatz- und Bewertungskriterien des IAS 37 auch für die Garantierückstellung. Es ist hinzuzufügen, dass für Garantieverpflichtungen in IAS 37.24 explizit eine pauschale Vorgehensweise gefordert wird, bei der die Gruppe der gleichartigen Verpflichtungen als Ganzes betrachtet werden soll und eine Wahrscheinlichkeit der Inanspruchnahme insgesamt zu bestimmen ist. Hierbei spielt vor allem die Anwendung der Erwartungswertmethode eine wichtige Rolle. So sind auf Basis von Erfahrungen der Vergangenheit, mit einer bestimmten Wahrscheinlichkeit eine Gewährleistungsinanspruchnahme und die damit verbundenen Aufwendungen zu bestimmen.[618] In der Praxis ist zu beobachten, dass der innerhalb einer Berichtsperiode angefallene Gewährleistungsaufwand ins Verhältnis zu den Umsatzerlösen gesetzt wird und, ergänzt um weitere bekannte Einflussfaktoren, pauschal als Garantierückstellung erfasst wird.[619]

4.4.2.2.2.4 Rückstellungen für drohende Verluste

Zwar ist nach IAS 37 explizit keine Rückstellung für drohende Verluste vorgesehen, allerdings existiert mit den Teilziffern 66-69 eine Vorgabe zur Rückstellung *belastender Verträge.*

---

618 Vgl. zu Schätzverfahren: *Hommel/Schulte* (2004), S. 1671-1678; weiterführend *Oesterle/Gauß* (1993), S. 618-620.

619 Vgl. Ergebnis Experteninterview.

Ein belastender Vertrag ist nach IAS 37.10 ein Vertrag, bei dem die unvermeidbaren Kosten zur Erfüllung der vertraglichen Verpflichtungen höher sind, als der erwartete Nutzen. Bei Auslegung dieser Definition auf die langfristige und verbindliche Zusage zur Serienfertigung und Lieferung könnte sich aus Sicht des 1st-Tier Suppliers ein solch belastender Vertrag ergeben, der nach IFRS eventuell zu einer Rückstellung führt. Eine daraus resultierende Verpflichtung wäre grundlegend nach oben allgemein dargestellter Vorgehensweise als Rückstellung anzusetzen und zu bewerten.[620]

Vergleichbar dem Handelsrecht stellt sich auch nach IFRS die Frage, wie der Saldierungsbereich zwischen *unvermeidbaren Kosten* und *erwartetem Nutzen* abzugrenzen ist. Hierzu geben die IFRS keine genauen Anhaltspunkte.[621] Nach der hier vertretenen Auffassung sind mit Verweis auf IAS 37.42 konkret abzusehende Preiserhöhungen als Risiken bzw. Unsicherheiten zu den unvermeidbaren Kosten zu zählen. Ferner hat die Bewertung der Kostenkomponente zu Vollkosten zu erfolgen. Diese Vorgehensweise begründet sich durch Verweis auf IAS 37.36, dass jene Ausgaben zu berücksichtigen sind, die zur Erfüllung der Verpflichtung erforderlich sind, womit nur die Vollkosten gemeint sein können.

Hinsichtlich des erwarteten Nutzens soll die Abgrenzung in Anlehnung an die handelsrechtliche Vorgehensweise auf Basis der IDW Stellungnahme RS HFA 4 zu erfolgen. Hierbei sind konkrete *wirtschaftliche Vorteile* mit einzubeziehen. Diese Annahme rechtfertigt sich auch aus der Forderung aus IAS 37.48, *künftige Ereignisse*, sofern diese hinreichend konkretisiert sind, bei der Bewertung der Rückstellung zu berücksichtigen. Dabei gelten für die folgende Untersuchung auch für die Abbildung nach IFRS wirtschaftliche Vorteile als konkretisiert, wenn sie dem Grunde und der Höhe nach bestimmbar sind, in klarem wirtschaftlichem Zusammenhang mit dem schwebenden Absatzgeschäft stehen und durch Planungsrechnungen oder Erfahrungen der Vergangenheit bewertbar und realisierbar sind. Erträge, die sich aus bloßen Hoff-nungen oder ungewissen Erwartungen begründen, dürfen nicht berücksichtigt werden.[622]

Im Zusammenhang mit einem belastenden Vertrag ist bereits aktiviertes Vorratsvermögen nach IAS 37.69 umgehend auf den zu realisierenden Marktpreis abzuschreiben und erst dar-

---

620 Vgl. Abschnitt 4.4.2.2.2.4.

621 Vgl. zu dieser Problematik ausführlich *Förschle/Kroner/Heddäus* (1999), S. 41-43; *Hachmeister/Zeyer* (2008), IAS 37 Tz. 359-365; *Hoffmann* (2008), §21 Tz. 58-70.

622 Vgl. *IDW RS HFA 4* (2000), Tz. 25-27.

über hinausgehende Verluste sind als Rückstellung anzusetzen.[623] Die Rückstellung ist bei Langfristigkeit zudem abzuzinsen.

4.4.3 Abbildungsmöglichkeiten für hergeleitete Vereinbarungen der ökonomischen Analyse zur Phase der Serienherstellung und Lieferungen

4.4.3.1 Szenario I: Extreme Machtasymmetrie zu Gunsten des OEMs

4.4.3.1.1 Rekapitulation der Ausgangssituation

Aufgrund seiner extremen Machtvorteile in der Interaktion setzt der OEM eine vollständige Vereinnahmung der wirtschaftlichen Chancen durch. Demzufolge erhält der OEM die Vorteile der Fixkostendegression bei hohen Abnahmemengen unmittelbar über nachträgliche Boni bzw. Mengenrabatte gutgeschrieben. Die im Rahmen von Erfahrungskurveneffekten realisierten Kostensenkungen werden direkt über den Teilepreis an dem OEM weitergereicht. Hierbei hat der OEM über open book accounting ummittelbar Zugriff auf die internen Kostendaten des 1st-Tier Suppliers, so dass bestehende Kostensenkungen identifiziert und geradewegs über eine Verringerung des Teilepreises im Zeitablauf weitergereicht werden. Die Vergütung der Serienfertigung und Lieferung ist dabei als *cost plus Verfahren* zu bewerten, wobei dem 1st-Tier Supplier eine im Vorfeld zugestandene Marge auf die (nach unten variable) Kostengröße als Ausgangsbasis gezahlt wird. Dem OEM gelingt es, die wirtschaftlichen Risiken vollständig auf den 1st-Tier Supplier abzuwälzen. Kostensenkungen werden dabei vom OEM erwartet und vorausgesetzt, Kostensteigerungen bzw. Kostenstagnation grundsätzlich nicht akzeptiert. Preisanpassungsklauseln hinsichtlich negativer Rohstoffpreisschwankungen werden ebenfalls nicht akzeptiert. Hierbei ist festzuhalten, dass der Teilepreis im Zeitablauf ununterbrochen nach unten angepasst wird. So kann es vorkommen, dass negative Kostenentwicklungen (z.B. Rohstoffpreisverschlechterungen) über interne Verbesserungen überproportional ausgeglichen werden müssen oder aber im Zweifel auf Kosten der vom OEM zugestandenen Marge vom 1st-Tier Supplier zu tragen sind.[624] Gleichwohl erfolgt eine umgehende Vereinnahmung von positiven Rohstoffpreisentwicklungen (über open book accounting).[625] Der 1st-Tier Supplier erteilt für die hergestellten und gelieferten Module unabhängig von der Machtverteilung Qualitätsgarantien.

---

623 Vgl. *IDW RS HFA 4* (2000), Tz. 20; *Herzig/Teschke* (2006), S. 576.581.

624 Ergebnis Experteninterview.

625 Vgl. hierzu empirisch *Hoffjan/Lührs* (2009), S. 9-11.

4.4.3.1.2 Abbildungsmöglichkeiten im Jahresabschluss des 1st-Tier Suppliers

4.4.3.1.2.1 Abbildung nach HGB

Im betrachteten Szenario entstehen dem 1st-Tier Supplier während der Serienfertigung und Lieferung im Zuge der Übernahme sämtlicher wirtschaftlicher Risiken und Abtretung sämtlicher wirtschaftlicher Chancen verschiedene Verpflichtungen, deren Erfassung im Jahresabschluss sukzessive erarbeitet werden soll:

(1) Nachträgliche Preisgutschriften an den OEM bei hohen Abnahmemengen

Für den 1st-Tier Supplier entstehen bei hohen Abnahmemengen Fixkostendegressionen, die sich verringernd auf die Stückkosten auswirken. Derlei Kosteneinsparungen werden an den OEM am Jahresende in Form von nachträglich erteilten Gutschriften (in der Regel Boni) weitergegeben. Üblicherweise erfolgen die Gutschriften dabei innerhalb bestimmter Bandbreiten.[626] Im vorliegenden Fall liegt eine Verpflichtung gegenüber Dritten vor, die zu einer wirtschaftlichen Belastung führt und quantifizierbar ist. Da in aller Regel am Abschlussstichtag der Grund, aber meist noch nicht die Höhe als vollends gewiss bewertet werden kann, kommt es zum Ansatz einer Rückstellung für ausstehende Gutschriften.[627] Aufgrund des Bezugs zu bereits verkauften und gelieferten Teilen, d.h. bereits realisierten Erträgen, erfolgt der Ansatz als *Rückstellung für ungewisse Verbindlichkeiten.*[628] Die Bewertung erfolgt in Höhe des Erfüllungsbetrags, dessen Festlegung sich ohne große Probleme durchführen lassen sollte, da in aller Regel die Gutschriftsbeträge im Vorfeld vertraglich festgelegt sind. Eine Abzinsung kann aufgrund der Kurzfristigkeit unterbleiben.

(2) Preissenkungen bei Kosteneinsparungen aufgrund realisierter Erfahrungskurveneffekte

Da dem OEM aufgrund des open book accountings Kosteneinsparungen unmittelbar ersichtlich sind, kann unterstellt werden, dass die Vereinnahmung ebenfalls unmittelbar über eine Verringerung des Teilepreises erfolgt. Demzufolge kommt es für den 1st-Tier Supplier zu geringeren Umsatzerlösen bei Verkauf und Lieferung. Weitere Auswirkungen ergeben sich nicht.

---

[626] Vgl. Ergebnis Experteninterview.

[627] Insbesondere bei vereinbarten Bandbreiten liegt am Abschlussstichtag die genaue Zielerreichung in der Regel noch nicht vor, so dass die Höhe nicht exakt bestimmbar ist und geschätzt werden muss.

[628] Vgl. zur genauen Herleitung Abschnitt 4.4.2.1.2.2.

(3) Stetige Teilepreissenkung im Zeitablauf

Unabhängig von tatsächlich realisierten Kostensenkungen fordert der OEM fortwährend Teilepreissenkungen im Zeitablauf.[629] Diese fortwährende Teilepreissenkung führt solange nicht zu einer Abbildung im Jahresabschluss, wie der 1st-Tier Supplier in der Lage ist, die Teile noch mit Gewinn zu verkaufen. Hierbei ist festzuhalten, dass die vom OEM zugestandene Marge in aller Regel nur sehr gering ist und es daher im Laufe der Phase immer wieder vorkommen kann, dass der 1st-Tier Supplier wirtschaftliche Risiken in einem Maße übernehmen muss, die nicht sofort durch interne Maßnahmen ausgeglichen werden können. Der Serienauftrag wird dadurch für eine Weile defizitär und es stellt sich die Frage, wie diese Begebenheit im Jahresabschluss zu erfassen ist.

An dieser Stelle ist zu hinterfragen ob der schwebende Rahmenvertrag überhaupt den Ansatz einer Rückstellung rechtfertigen kann. So könnte argumentiert werden, dass zwar ein defizitärer Teilepreis feststeht, die Mengenkomponente hingegen von expliziten Teilebestellungen abhängig und damit nicht konkret genug ist. So sind zwar vom OEM insgesamt geplante Abnahmemengen übergreifend kommuniziert, die tatsächliche Teilebestellung erfolgt aber sukzessive auf der Basis von zukünftigen Bestellanforderungen (purchase orders). Hierbei ist fraglich, ob zum Zeitpunkt der Bilanzaufstellung überhaupt eine wirtschaftliche Verursachung angenommen werden kann. Nach der hier vertretenen Auffassung ist die betrachtete Konstellation einem einseitigen Optionsgeschäft gleichzusetzen, in dem der OEM über eine Kaufoption verfügt, der 1st-Tier Supplier eine Stillhalterverpflichtung innehat und demzufolge das Risiko trägt, den zu liefernden Gegenstand nicht zum ursprünglich kalkulierten Preis beschaffen bzw. herstellen zu können. Dieses Risiko besteht allgemein über die gesamte Phase der Serienfertigung und ist bei defizitären Teilepreisen hinreichend konkretisiert. Demzufolge ist eine Drohverlustrückstellung anzusetzen und in jener Höhe zu bewerten, die zur Glattstellung dieses Risikos voraussichtlich erforderlich ist.[630]

Es liegt demzufolge eine Verpflichtung gegenüber Dritten vor, die zu einer wirtschaftlichen Belastung führt und quantifizierbar ist, deren Höhe allerdings ungewiss ist. Im betrachteten Fall liegt ein schwebendes Geschäft vor, bei dem die zukünftigen Erträge die damit verbundenen Aufwendungen voraussichtlich nicht decken. Demzufolge kommt es zum Ansatz einer

---

629 Vgl. hierzu ausführlich die ökonomische Analyse in Abschnitt 3.5.

630 Vgl. *ADS* (2002), § 246 Tz. 346.

Drohverlustrückstellung.[631] Die Bewertung erfolgt in Höhe des Verpflichtungsüberschusses, der sich zwangsläufig aus der Saldierung der erwarteten zukünftigen Aufwendungen zu Vollkosten und der erwarteten zukünftigen Erträge ergibt. Die Festlegung und Bewertung dieses Saldierungsbereichs ist dabei kritisch zu hinterfragen. Grundsätzlich könnte angenommen werden, dass der 1st-Tier Supplier aufgrund der bestehenden dezitären Belieferung des OEMs den *gesamten* verbleibenden Serienauftrag mit Verlust durchführen müsste. Die derzeit geltenden Kosten würden den abzusehenden Teilepreisen gegenübergestellt und der Differenzbetrag ergäbe, multipliziert mit den voraussichtlich noch zu leistenden Liefermengen, die Höhe der Drohverlustrückstellung.[632]

Nach der hier vertretenen Auffassung ist im Hinblick auf die Langfristig der Lieferantenbeziehung und die darin enthaltene Dynamik eine solche Sichtweise zu statisch und kann in aller Regel nicht zu einer Darstellung im Jahresabschluss führen, die die tatsächlichen Verhältnisse des 1st-Tier Suppliers korrekt vermittelt. Bei einer derartigen Abbildung würde die Möglichkeit des 1st-Tier Suppliers unberücksichtigt bleiben, aufgrund von Spezialisierungen, Erfahrungskurveneffekten und weiteren Prozessverbesserungen die Serienfertigung und Lieferung im Zeitablauf so zu verändern, dass das schwebende Absatzgeschäft mittelfristig wieder profitabel wird. Demzufolge ist für die Bewertung der Drohverlustrückstellung nur jener Zeitraum zu berücksichtigen, in dem Module voraussichtlich auch mit Verlust abgesetzt werden müssen. Hierbei sind die zukünftigen Kosten und Erträge in der Höhe zu berücksichtigen, in der sie *voraussichtlich* anfallen werden.

Kann der 1st-Tier Supplier **konkret** nachweisen, dass er über Maßnahmen verfügt, die in der Zukunft Kosten und/oder Erträge dahingehend verändern, dass das Absatzgeschäft wieder profitabel wird, so sind diese Erwartungen bei der Bewertung der Drohverlustrückstellung entsprechend zu berücksichtigen. Eine Bewertung der Drohverlustrückstellung über den gesamten verbleibenden Zeitraum der Serienfertigung kommt dann nicht in Betracht. Für den konkreten Nachweis derlei Maßnahmen soll hier der IDW Stellungnahme RS HFA 4 gefolgt werden. Dabei ist für einen konkreten Nachweis zu fordern, dass Kosten und Nutzen zukünftiger Maßnahmen dem Grunde und der Höhe nach bestimmbar sind, in klarem wirtschaftlichem Zusammenhang mit dem schwebenden Absatzgeschäft stehen und durch Planungsrechnungen oder Erfahrungen der Vergangenheit bewertbar und realisierbar sind. Maßnahmen, die sich

[631] Vgl. ausführlich zur Drohverlustrückstellung im Handelsrecht Abschnitt 4.4.2.1.2.4.
[632] Von Preisänderungen und Abzinsung sei hier abstrahiert.

aus bloßen Hoffnungen oder ungewissen Erwartungen begründen, dürfen nicht berücksichtigt werden.[633]

Die Drohverlustrückstellung ist um das auf Lager befindliche Vorratsvermögen zu verringern, welches umgehend auf den zu realisierenden Marktpreis abzuwerten ist.[634] Künftige Preissteigerungen sind bei der Bewertung zu berücksichtigen, die Abzinsung der Drohverlustrückstellung ist bei Langfristigkeit durch Inkrafttreten des BilMoG obligatorisch geworden.[635] Hierbei ist auf einen eventuell entstehenden Neutralisationseffekt zu achten.

(4) Abgabe von Qualitätsgarantien

Für die vom 1st-Tier Supplier bei Lieferung der Module erteilten Gewährleistungszusagen bzw. Produktgarantien ist eine Rückstellung für ungewisse Verbindlichkeiten aus Garantieansprüchen *pauschal* anzusetzen. Für die dabei erforderliche Vorgehensweise sei auf die oben zentral erarbeitete Würdigung in Abschnitt 4.4.2.1.2.3 verwiesen, die hier analog anzuwenden ist.

4.4.3.1.2.2 Abbildung nach IFRS

Grundsätzlich ergeben sich keine nennenswerten Unterschiede der eben nach Handelsrecht aufgeführten Abbildungsanforderungen für die Zulieferverpflichtungen nach IFRS. Es sei daher an dieser Stelle auf die gerade erarbeiteten handelsrechtlichen Abbildungslösungen verwiesen.

Speziell zu erörtern ist allerdings wiederum die Frage, ob es im Falle defizitärer Teilepreise für den 1st-Tier Supplier zum Ansatz einer Rückstellung bzw. überhaupt zur Anwendung des IAS 37 kommen kann. Hierzu müssten in der getroffenen Vereinbarung Verluste aus einem *belastenden Vertrag* im Sinne des IAS 37.66 drohen. Grundsätzlich könnte - wie bereits im Handelsrecht diskutiert - der Standpunkt vertreten werden, ein solcher Vertrag läge aufgrund noch nicht erfolgter Teilebestellung gar nicht vor. Die übergeordnete Vereinbarung, die Serienfertigung allgemein zusammen durchführen zu wollen, wäre demnach nicht als belastender Vertrag einzustufen, da noch keine *feste Verpflichtung* (firm commitment) entstanden ist. Eine feste Verpflichtung ist in IAS 39.9 definiert als eine rechtlich bindende Vereinba-

---

633 Vgl. *IDW RS HFA 4* (2000), Tz. 25-27.

634 Hierbei sei auf den steuerlichen Vorteil verwiesen, da Abschreibungen im Gegensatz zur Drohverlustrückstellung steuerlich als Gewinn mindernd anerkannt sind, vgl. *Herzig/Teschke* (2006).

635 Vgl. zu Änderungen der Rückstellungsbewertung durch BilMoG *Drinhausen/Ramsauer* (2009).

rung zum Austausch einer bestimmten *Menge* an Ressourcen zu einem festgesetzten *Preis* und einem festgesetzten *Zeitpunkt* oder Zeitpunkten. Da im betrachteten Sachverhalt nur der Preis aber weder Zeitpunkt noch Menge festsetzt wurde, liegt eine feste Verpflichtung nicht vor. Die genaue Höhe der Teilebezugsmengen ist lediglich in Planmengen lose vereinbart, eine verbindliche Abnahme ist abhängig von zukünftig verursachten Teilebestellungen. Daraus wiederum könnte die Schlussfolgerung gezogen werden, dass aufgrund unbestimmter Mengenkomponente, unbekanntem Verursachungszeitpunkt und demzufolge mangelnder fester Verpflichtung ein belastender Vertrag gar nicht vorliegen kann.

Durch IAS 37.66 liegt ein belastender Vertrag vor, wenn die unvermeidbaren Kosten zur Erfüllung einer vertraglichen Verpflichtung höher als der erwartete wirtschaftliche Nutzen sind. In der betrachteten Konstellation hat sich der 1st-Tier Supplier verpflichtet den OEM über einen bestimmten Zeitraum mit Teilen zu versorgen, deren Menge der OEM frei bestimmen kann. Hierbei ist dem OEM ein Angebot gemacht worden, über dessen Annahme dieser vergleichbar einer einseitigen Kaufoption sukzessive entscheiden kann. Diese Kaufoption ist durch die übergreifende Regelung des Serienauftrags vertraglich fixiert, der 1st-Tier Supplier kann sich ihr nicht mehr entziehen, demnach ist eine Verpflichtung verursacht. Der 1st-Tier Supplier hält somit eine Stillhalterverpflichtung und trägt das Risiko, den zu liefernden Gegenstand nicht zum ursprünglich kalkulierten Preis beschaffen bzw. herstellen zu können. Dieses Risiko ist durch den defizitären Teilepreis konkretisiert und quantifizierbar. Formell betrachtet kommt ein Liefervertrag zwar erst zustande, wenn der OEM dem Angebot des 1st-Tier Suppliers über die Ausübung einer konkreten Teilebezugsanforderung (purchase order) zustimmt. Es ist aber mehr als wahrscheinlich, dass der OEM das vertraglich vereinbarte Angebot annehmen wird und die defizitäre Teilebestellung zustande kommt.[636] Die Mengenkomponente ist daher möglicherweise in der Höhe variabel (z.B. ist davon auszugehen, dass es in einer Absatzkrise zu geringeren Teilebestellungen kommen wird), aber in jedem Fall einschätzbar. Demzufolge liegt ein belastender Vertrag nach IAS 37.66 vor, der zum Ansatz einer Rückstellung nach IAS 37 führt und analog zur im vorigen Abschnitt beschriebenen handelsrechtlichen Vorgehensweise zu bewerten ist.[637]

Für die auch nach IFRS zu erfassende Garantierückstellung sei auf die oben zentral erarbeitete Würdigung in Abschnitt 4.4.2.2.2.3 verwiesen, die hier analog anzuwenden ist.

---

[636] Liegt die Wahrscheinlichkeit unter 50%, wäre im Anhang eine Eventualschuld anzugeben.

[637] Vgl. hierzu auch *Hachmeister/Zeyer* (2008), IAS 37 Tz. 345.

4.4.3.1.3 Abbildungsmöglichkeiten im Jahresabschluss des OEM

4.4.3.1.3.1 Abbildung nach HGB

Für den OEM ergeben sich handelsrechtlich keine nennenswerten Abbildungsfragen. Die Phase der Serienfertigung und Lieferung besteht aus einem reinen Einkaufsprozess, der im Bezugszeitpunkt zu Vorratsvermögen und einer korrespondierenden Verbindlichkeit aus Lieferungen und Leistungen führt. Die damit verbundenen bilanziellen Fragestellungen sind einfach zu lösen und müssen nicht weiter betrachtet werden. Hinsichtlich der Problematik eines Anteils im Teilepreis für vorangegangene Phasen sei auf die dafür relevanten Abschnitte weiter oben verwiesen.[638]

4.4.3.1.3.2 Abbildung nach IFRS

Auch nach IFRS existieren für den OEM keine komplexen bilanziellen Fragestellungen, da es sich um einen reinen Einkaufsprozess handelt. Eine Ausarbeitung der bilanziellen Abbildung kann daher wie bereits im Handelsrecht unterbleiben. Hinsichtlich der Problematik eines Anteils im Teilepreis für vorangegangene Phasen sei auch an dieser Stelle auf die dafür relevanten Abschnitte weiter oben verwiesen.[639]

4.4.3.2 Szenario II: Extreme Machtasymmetrie zu Gunsten des 1st-Tier Suppliers

4.4.3.2.1 Rekapitulation der Ausgangssituation

Aufgrund der extremen Machvorteile in der Interaktion setzt der 1st-Tier Supplier im Gegensatz zum ersten Szenario nun die Vereinnahmung sämtlicher Chancen und Abwälzung sämtlicher Risiken zu seinen Gunsten durch. Demzufolge bestehen *Preisanpassungsklauseln* für eine negative Entwicklung der Rohstoffpreise. Boni oder Mengenrabatte werden nicht zugestanden, der Teilepreis bleibt über die gesamte Laufzeit der Phase der Serienfertigung und Lieferung konstant bzw. für den 1st-Tier Supplier profitabel, so dass sämtliche Erfahrungskurveneffekte und Einsparungen aus Fixkostendegression vom 1st-Tier Supplier vereinnahmt werden können. Der 1st-Tier Supplier erteilt für die hergestellten und gelieferten Module unabhängig von der Machtverteilung *Qualitätsgarantien.*

---

[638] Vgl. für F&E Abschnitt 4.2 und für kundenspezifische Werkzeuge Abschnitt 4.3.

[639] Vgl. für F&E Abschnitt 4.2 und für kundenspezifische Werkzeuge Abschnitt 4.3.

4.4.3.2.2 Abbildungsmöglichkeiten im Jahresabschluss des 1st-Tier Suppliers

4.4.3.2.2.1 Abbildung nach HGB

Im hier betrachteten Szenario bestehen für den 1st-Tier Supplier mit Ausnahme der Abgabe von Produktqualitätsgarantien keinerlei Verpflichtungen, da weder nachträglich Boni gezahlt noch Teilepreissenkungen garantiert werden. Demzufolge handelt es sich um einen trivialen Verkaufsvorgang, der bei Teileproduktion zunächst zu Vorratsvermögen führt und bei Lieferung und Gefahrenübergang zu Umsatzerlösen. Die damit verbundenen bilanziellen Fragestellungen beinhalten keine übermäßige Komplexität und sollen daher nicht weiter ausgeführt werden. Da der Teilepreis stets profitabel ist, kommt der Ansatz von Drohverlustrückstellungen nicht in Betracht. Vom 1st-Tier Supplier realisierte Kostensenkungen werden nicht weitergegeben und erhöhen aufgrund verminderten Materialeinsatzes die Profitabilität.

Für die vom 1st-Tier Supplier bei Lieferung der Module erteilten Gewährleistungszusagen bzw. Produktgarantien ist eine Rückstellung für ungewisse Verbindlichkeiten aus Garantieansprüchen *pauschal* anzusetzen. Für die dabei erforderliche Vorgehensweise sei auf die oben zentral erarbeitete Würdigung in Abschnitt 4.4.2.1.2.3 verwiesen, die hier analog anzuwenden ist.

4.4.3.2.2.2 Abbildung nach IFRS

Nach IFRS bestehen keine nennenswerten Abweichungen zur eben nach Handelsrecht aufgezeigten Vorgehensweise und Schlussfolgerung. Für die auch nach IFRS zu erfassende Garantierückstellung sei auf die oben zentral erarbeitete Würdigung in Abschnitt 4.4.2.2.2.3 verwiesen, die hier analog anzuwenden ist.

4.4.3.2.3 Abbildungsmöglichkeiten im Jahresabschluss des OEM

4.4.3.2.3.1 Abbildung nach HGB

Für den OEM ergeben sich handelsrechtlich keine nennenswerten Abbildungsfragen. Die Phase der Serienfertigung und Lieferung besteht aus einem reinen Einkaufsprozess, der im Bezugszeitpunkt zu Vorratsvermögen und einer korrespondierenden Verbindlichkeit aus Lieferungen und Leistungen führt. Die damit verbundenen bilanziellen Fragestellungen sind einfach zu lösen und müssen nicht weiter betrachtet werden. Im Falle nachträglich in Rechnung gestellter *Preisanpassungen* ist vom OEM bei Rechnungserhalt einer Verbindlichkeit zu erfassen. Hinsichtlich der Problematik eines Anteils im Teilepreis für vorangegangene Phasen sei auf die dafür relevanten Abschnitte weiter oben verwiesen.[640]

4.4.3.2.3.2 Abbildung nach IFRS

Auch nach IFRS existieren für den OEM keine komplexen bilanziellen Fragestellungen, da es sich um einen reinen Einkaufsprozess handelt. Eine Ausarbeitung der bilanziellen Abbildung kann daher wie bereits im Handelsrecht unterbleiben. Hinsichtlich der Problematik eines Anteils im Teilepreis für vorangegangene Phasen sei auch an dieser Stelle auf die dafür relevanten Abschnitte weiter oben verwiesen.[641]

4.4.3.3 Szenario III: Machtasymmetrie mit Vorteilen für den OEM

4.4.3.3.1 Rekapitulation der Ausgangssituation

Der OEM trägt der nicht mehr vollständig durch ihn verfügten Macht in der Interaktion Rechnung, in dem eine Beteiligung des 1st-Tier Supplier an den wirtschaftlichen Chancen vereinbart wird. Hierbei wird eine pauschale Teilepreisreduktion für jede Periode beschlossen. Als Besonderheit wird festgelegt, dass der gezahlte Teilepreis in der ersten Periode unter den Selbstkosten des 1st-Tier Supplier liegt. Die im Folgenden realisierten Erfahrungskurveneffekte dürfen vom 1st-Tier Supplier vollständig und ohne Abstimmung mit dem OEM vereinnahmt werden. Diese Vereinbarung wird für den 1st-Tier Supplier dann profitabel, wenn die erzielten Kosteneinsparungen, die pauschale Teilepreisverringerung überproportional übertreffen und die Erlöse die Kosten übersteigen.[642] Preisanpassungsklauseln für verschlechterte Rohstoffpreisentwicklungen sind nicht vereinbart, an Fixkostendegressionen aus hohen Teileabnahmen ist der OEM durch Boni bzw. Mengenrabatte beteiligt. Der 1st-Tier Supplier erteilt für die hergestellten und gelieferten Module unabhängig von der Machtverteilung Qualitätsgarantien.

4.4.3.3.2 Abbildungsmöglichkeiten im Jahresabschluss des 1st-Tier Suppliers

4.4.3.3.2.1 Abbildung nach HGB

Grundsätzlich gelten die für das erste Szenario in Abschnitt 4.4.3.1.2.1 erarbeiteten Abbildungsmöglichkeiten hier analog. Im betrachteten Szenario ist im Hinblick auf den im Zeitab-

---

640 Vgl. für F&E Abschnitt 4.2 und für kundenspezifische Werkzeuge Abschnitt 4.3.
641 Vgl. für F&E Abschnitt 4.2 und für kundenspezifische Werkzeuge Abschnitt 4.3.
642 Vgl. zur ökonomischen Analyse Abschnitt 3.5.5.

lauf sinkenden Teilepreis festgelegt, dass dieser in der ersten Periode in jedem Fall unterhalb der beim 1st-Tier Supplier anfallenden Kosten liegen wird. Es ist zum Zeitpunkt der Aufnahme der Serienfertigung und Lieferung daher zu klären, mit welchen Maßnahmen des 1st-Tier Suppliers der Auftrag in die Profitabilität gesteuert werden kann. Hierbei ist zu erwähnen, dass der 1st-Tier Supplier den Auftrag ökonomisch als Ganzes und demnach periodenunabhängig betrachtet. Dabei gilt ein Auftrag als profitabel, wenn er in seiner Gesamtheit zu Gewinnen führt, also die insgesamt über alle produzierten und gelieferten Teile angefallenen Kosten unterhalb der insgesamt über alle produzierten und gelieferten Teile realisierten Umsatzerlöse liegen.[643] Die Rechnungslegung kann diesem Umstand hingegen nach der hier vertretenen Auffassung nicht folgen. Gemäß dem Vorsichts- bzw. Imparitätsprinzip aus § 252 Abs. 1 Satz 4 sind Verluste, die bis zum Stichtag angefallen sind, ebenso zu berücksichtigen, wie vorhersehbare Risiken. Demzufolge ist bis zu dem Zeitpunkt, zu dem der 1st-Tier Supplier *konkret* nachweisen kann, dass wieder profitabel gefertigt und verkauft werden kann, eine Drohverlustrückstellung nach oben vorgestellter Vorgehensweise zu erfassen. Eine ökonomische, also ganzheitliche Betrachtungsweise des Serienauftrags kommt hinsichtlich der Jahresabschlusserstellung nicht in Betracht.

4.4.3.3.2.2 Abbildung nach IFRS

Es ergeben sich keine nennenswerten Unterschiede der eben nach Handelsrecht aufgeführten Abbildungsanforderungen für die Verpflichtungen des 1st-Tier Suppliers nach IFRS. Es sei daher an dieser Stelle auf die gerade erarbeiteten handelsrechtlichen Abbildungslösungen verwiesen. Für die auch nach IFRS zu erfassende Garantierückstellung sei auf die oben zentral erarbeitete Würdigung in Abschnitt 4.4.2.2.2.3 verwiesen, die hier analog anzuwenden ist.

4.4.3.3.3 Abbildungsmöglichkeiten im Jahresabschluss des OEM

4.4.3.3.3.1 Abbildung nach HGB

Für die handelsrechtliche Abbildung des betrachteten Szenarios im Jahresabschluss des OEMs gilt Abschnitt 4.4.3.1.3.1 analog.

4.4.3.3.3.2 Abbildung nach IFRS

Für die Abbildung des betrachteten Szenarios im Jahresabschluss des OEMs nach IFRS gilt Abschnitt 4.4.3.1.3.2 analog.

---

643 Vgl. Erkenntnis Experteninterview.

4.4.3.4 Szenario IV: Machtasymmetrie mit Vorteilen für den 1st-Tier Supplier

4.4.3.4.1 Rekapitulation der Ausgangssituation

Der 1st-Tier Supplier trägt der nicht mehr vollständig durch ihn verfügten Macht in der Interaktion Rechnung, in dem eine Beteiligung des OEMs an den wirtschaftlichen Chancen vereinbart wird. Hierbei wird eine pauschale Teilepreisreduktion für jede Periode beschlossen. Dabei wurde angenommen, dass sich der vereinbarte Teilepreis in Relation zu den anfallenden Kosten die gesamte Zeit über profitabel verhält, und dass die pauschalen Abschläge die Verteilung der Erträge zugunsten des 1st-Tier Suppliers lenken. Boni oder Mengenrabatte werden nicht zugestanden, zudem gelten nach wie vor Preisanpassungsklauseln im Falle sich verschlechternder Rohstoffpreise. Der 1st-Tier Supplier erteilt für die hergestellten und gelieferten Module unabhängig von der Machtverteilung Qualitätsgarantien.

4.4.3.4.2 Abbildungsmöglichkeiten im Jahresabschluss des 1st-Tier Suppliers

4.4.3.4.2.1 Abbildung nach HGB

Für die handelsrechtliche Abbildung des betrachteten Szenarios im Jahresabschluss des 1st-Tier Suppliers gilt Abschnitt 4.4.3.2.2.1 analog.

4.4.3.4.2.2 Abbildung nach IFRS

Für die Abbildung des betrachteten Szenarios im Jahresabschluss des OEMs nach IFRS gilt Abschnitt 4.4.3.2.2.2 analog.

4.4.3.4.3 Abbildungsmöglichkeiten im Jahresabschluss des OEM

4.4.3.4.3.1 Abbildung nach HGB

Für die handelsrechtliche Abbildung des betrachteten Szenarios im Jahresabschluss des OEMs gilt Abschnitt 4.4.3.2.3.1 analog.

4.4.3.4.3.2 Abbildung nach IFRS

Für die Abbildung des betrachteten Szenarios im Jahresabschluss des OEMs nach IFRS gilt Abschnitt 4.4.3.2.3.2 analog.

4.4.3.5 Szenario V: Machtsymmetrie zwischen OEM und 1st-Tier Supplier

4.4.3.5.1 Rekapitulation der Ausgangssituation

Bei symmetrischer Machtverteilung erfolgt eine abnehmende Teilepreisentwicklung in Anlehnung an sich verändernde Kosten des 1st-Tier Suppliers. Hierbei sind die tatsächlich anfallenden Kosten jederzeit für beide Seiten ersichtlich, da open book accounting vereinbart ist. Der OEM akzeptiert Rohstoffpreisschwankungen als feste Kostengröße, so dass *Preisanpassungsklauseln* irrelevant sind. Kostensenkungen aufgrund von Erfahrungskurveneffekten und Fixkostendegression haben direkte Auswirkung auf den Teilepreis, der sich entsprechend verringert. Die positiven wie negativen Effekte werden verteilt, der Teilepreis sinkt im Zeitablauf, liegt aber zu jeder Zeit *über* den Selbstkosten des 1st-Tier Suppliers. Der 1st-Tier Supplier erteilt für die hergestellten und gelieferten Module unabhängig von der Machtverteilung Qualitätsgarantien.

4.4.3.5.2 Abbildungsmöglichkeiten im Jahresabschluss des 1st-Tier Suppliers

4.4.3.5.2.1 Abbildung nach HGB

Für die handelsrechtliche Abbildung des betrachteten Szenarios im Jahresabschluss des 1st-Tier Suppliers gilt Abschnitt 4.4.3.2.2.1 analog.

4.4.3.5.2.2 Abbildung nach IFRS

Für die Abbildung des betrachteten Szenarios im Jahresabschluss des OEMs nach IFRS gilt Abschnitt 4.4.3.2.2.2 analog.

4.4.3.5.3 Abbildungsmöglichkeiten im Jahresabschluss des OEM

4.4.3.5.3.1 Abbildung nach HGB

Für die handelsrechtliche Abbildung des betrachteten Szenarios im Jahresabschluss des OEMs gilt Abschnitt 4.4.3.2.3.1 analog.

4.4.3.5.3.2 Abbildung nach IFRS

Für die Abbildung des betrachteten Szenarios im Jahresabschluss des OEMs nach IFRS gilt Abschnitt 4.4.3.2.3.2 analog.

4.5 Abbildung der Phase der Vorhaltung einer latenten Produktions- und Lieferbereitschaft im Jahresabschluss des OEM und 1st-Tier Suppliers nach HGB und IFRS

4.5.1 Rekapitulation der allgemeinen Ausgangssituation

Nach Ende der Serienfertigung ist es für den OEM erforderlich, die technische Versorgung der in Umlauf gebrachten Fahrzeuge fortwährend sicherzustellen. Auch wenn das Produkt nach Serienauslauf nicht länger produziert und den Kunden angeboten wird, so ist es dennoch notwendig, eine ausreichende Teileversorgung für etwaige Reparaturarbeiten im Zeitablauf der Lebensdauer der verkauften Fahrzeuge zu gewährleisten. Der OEM verpflichtet daher den 1st-Tier Supplier für einen längeren Zeitraum die Produktions- und Lieferbereitschaft der zuvor in Serie hergestellten Teile zu garantieren. Dem 1st-Tier Supplier ist in Abhängigkeit seiner Lagerkapazitäten und der erforderlichen Kapitalbindung eine gewisse Bevorratung an Ersatzteilen zu unterstellen. Gleichwohl wird über die Bevorratung hinaus vom OEM der Nachweis einer latenten Produktionsbereitschaft gefordert, um jede mögliche Nachfrage nach Ersatzteilen im Zeitablauf sicherzustellen und den Fall von Fehlmengen aufgrund ungenügend bevorrateter Ersatzteile auszuschließen.

4.5.2 Bewertung der Relevanz der mit der Phase verbundenen bilanziellen Fragestellungen

Die in Abschnitt 3.6 hergeleiteten Liefer- und Leistungsvereinbarungen über die Phase der Vorhaltung einer latenten Produktions- und Lieferbereitschaft bringen hinsichtlich der Abbildung für den Jahresabschluss keine übermäßig komplexen Fragestellungen mit sich. Grundsätzlich handelt es sich für den 1st-Tier Supplier um eine profitable Verkaufstransaktion, und für den OEM um einen normalen Einkaufsvorgang. Im Falle übermäßiger Bevorratung durch den 1st-Tier Supplier stellen sich u.U. Fragen hinsichtlich der Werthaltigkeit des Vorratsvermögens. Die Vorhaltung der latenten Produktionsbereitschaft wurde im Hinblick auf die im Rahmen der Werkzeugkostenphase in einigen Fällen vom OEM gewährten Zuschüsse als zu vernachlässigende Nebenleistung bewertet. Die mit der Phase der latenten Produktions- und Lieferbereitschaft verbundenen Abbildungsmöglichkeiten für den Jahresabschluss brauchen daher hier nicht weiter untersucht zu werden.

5 Auswirkungen ausgewählter Abbildungsmöglichkeiten der komplexen Lieferantenbeziehung auf die VFE-Lage

5.1 Analyse allgemein gewonnener Erkenntnisse

Unter Berücksichtigung der in Kapitel 4 erarbeiteten Abbildungsmöglichkeiten für die in Kapitel 3 hergeleiteten Vereinbarungen der in Kapitel 2 ökonomisch analysierten komplexen Lieferantenbeziehung ist *allgemein* deutlich geworden, dass die hermeneutische Anwendung der jeweiligen Rechnungslegungssysteme zu einer Abbildung der komplexen Lieferantenbeziehung im Jahresabschluss führt, die im Sinne der jeweils geltenden Hauptzwecke und Basisgrundsätze steht.[644] In beiden Rechnungslegungssystemen existieren wirksame Rahmenbedingungen, die die Abbildung der betrachteten Vereinbarungen so steuern, dass die jeweils gültige Grundausrichtung die Darstellung der VFE-Lage in Bilanz und GuV prägt. Es wurde deutlich, dass subjektive Abbildungsvorgehensweisen und Ermessensspielräume, die eine derartige Abbildung stützen, nach HGB wie nach IFRS bewusst zugelassen sind.

So steht nach **HGB** primär der *Gläubigerschutz* im Fokus der Rechnungslegung. Demzufolge wird der Periodenerfolg auf Basis von vorsichtigen und kapitalerhaltenden Rahmengrundsätzen ermittelt. Es soll gewährleistet werden, dass die Unternehmung nachhaltig sicheren Bestand hat und weiterhin Zahlungen an vorhandene Gläubiger leisten kann.[645] In der vorangegangenen Untersuchung wurde dies vor allem bei den strengen Beschränkungen zur Erfassung von Vermögensgegenständen, der Ertragsrealisation bei langfristiger Auftragsfertigung und der Passivierung von Rückstellungen deutlich. In den genannten Fällen sind die Rechnungslegungsregeln nach HGB stets so ausgelegt, dass Gewinne erst berücksichtigt werden, wenn sie am Abschlussstichtag realisiert sind. Bis zum Abschlussstichtag angefallene Risiken und Verluste sind hingegen unmittelbar zu berücksichtigen. Vermögensgegenstände sind wiederum nur zu erfassen, wenn diese eindeutig der Schuldendeckung dienen können. Um eine derartige vorsichtige und kapitalerhaltende Abbildung von Geschäftsvorfällen zu ermöglichen, nimmt das HGB eine verzerrte periodische Erfolgsermittlung sowie subjektive Abbildungsvorgehensweisen und Ermessensspielräume in Kauf.

---

644 Vgl. Abschnitt 4.1.1 und Abbildung 30.

645 Vgl. *Baetge/Kirsch/Thiele* (2002), S. 99-102.

Nach **IFRS** hingegen steht die *Vermittlung entscheidungsrelevanter Informationen* über die VFE-Lage auf Basis des *Konzepts der Periodenabgrenzung* von Geschäftsvorfällen im Vordergrund.[646] Dabei wird ein wesentlicher Fokus auf die periodengerechte Ergebnisermittlung gelegt, d.h. periodenübergreifende Geschäftsvorfälle und Projekte sind so im Jahresabschluss zu erfassen, dass die damit verbundenen Aufwendungen und Erträge ebenso wie Vermögenswerte und Verbindlichkeiten - unabhängig vom Zeitpunkt korrespondierender Zahlungsvorgänge - im Zeitpunkt ihrer wirtschaftlichen Verursachung erfasst werden.[647] In der vorangegangenen Untersuchung wurde dies vor allem bei der Ertragsrealisation auf Basis der PoC-Methode und der Erfassung von Vermögensgegenständen deutlich. In den genannten Fällen sind die Rechnungslegungsregeln nach IFRS stets so ausgelegt, dass aus Geschäftsvorfällen entstehende Posten des Jahresabschlusses im jeweiligen ökonomischen Verursachungszeitpunkt erfasst und einander periodengerecht gegenübergestellt werden können. Um eine derartige Erfassung zu ermöglichen, nehmen auch die IFRS subjektive Abbildungsvorgehensweisen und Ermessensspielräume in Kauf.

Die Erkenntnis, dass die Anwendung der jeweiligen Rechnungslegungsstandards zu einer Abbildung der komplexen Lieferantenbeziehung gemäß der Hauptzwecke und Basisgrundsätze führt, konnte im Vorfeld zumindest erwartet werden. Es bleibt hingegen fraglich, ob unter Berücksichtigung der gewonnenen Erkenntnisse über Abbildungsmöglichkeiten nach HGB und IFRS dem Adressaten mit der jeweils verfolgten *zweckorientierten* Darstellung, in der VFE-Lage auch das von beiden Rechnungslegungssystemen geforderte Bild vermittelt wird, das den **tatsächlichen Verhältnissen** der spezifischen, ökonomischen und langfristigen Ausprägung der komplexen Lieferantenbeziehung gerecht wird. Der Jahresabschluss hat schließlich in beiden Rechnungslegungssystemen das Ziel, ein solches Bild zu vermitteln. Dieses Ziel ist im HGB durch die Generalnorm des § 264 Abs. 2 Satz 1 HGB und nach IFRS durch das Framework in Teilziffer 46 bzw. nach IAS 1.13 explizit festgelegt.

Im Folgenden soll daher in einem ersten Schritt definiert werden, wie ein den tatsächlichen Verhältnissen entsprechendes Bild konkret vermittelt werden kann. Im zweiten Schritt sollen bezogen auf sämtliche Phasen der komplexen Lieferantenbeziehung, für HGB und IFRS zunächst die *wesentlichen* Abbildungskonsequenzen zusammengefasst werden, die auf den jeweiligen Hauptzweck und die Basisgrundsätze zurückzuführen sind. Anschließend werden

---

646 Siehe IFRS-Framework, Tz. 22 und 23.

647 Siehe IAS 1.25-26; IFRS-Framework, Tz. 22; Vgl. *Pellens/Füllbier/Gassen* (2008), S. 114.

die aufgearbeiteten Abbildungskonsequenzen dahingehend kritisch gewürdigt, ob es hierbei zu einer Informationsvermittlung kommt, welche die VFE-Lage entsprechend den tatsächlich geltenden Verhältnissen darstellt.

5.2 Anforderungen an die Vermittlung eines den tatsächlichen Verhältnissen entsprechenden Bildes in der VFE-Lage eines Unternehmens

5.2.1 Allgemeine Anforderungen

Um die gewonnenen Erkenntnisse über Abbildungsmöglichkeiten der komplexen Lieferantenbeziehung hinsichtlich ihrer Vermittlung eines den tatsächlichen Verhältnissen entsprechenden Bildes in der VFE-Lage einer kritischen Würdigung zu unterziehen, ist es zunächst erforderlich zu definieren, welche konkreten Anforderungen an ein solches Bild zu stellen sind. In der Literatur findet sich zu dieser Frage keine abschließende Lösung.[648]

Der Überlegung, eine strikte Anwendung der Gesetzesvorschriften und GoB für das Handelsrecht und der Rechnungslegungsstandards und Interpretationen für IFRS führe automatisch zu einem Bild der tatsächlichen Verhältnisse, kann nach der hier vertretenen Auffassung nicht gefolgt werden. Bei einer solchen Annahme müssten beide Rechnungslegungssysteme zwangsläufig für sich beanspruchen, das geforderte Bild zu vermitteln. Es ist aber deutlich geworden, dass die Anwendung von HGB und IFRS teilweise zu ganz unterschiedlichen Abbildungsvorgaben im Jahresabschluss führt und die VFE-Lage somit verschieden dargestellt wird. Das zu vermittelnde Bild der tatsächlichen Verhältnisse kann nach der hier vertretenen Auffassung aber nur einer **einheitlichen** Definition entsprechen.

Der Zweck der Informationsvermittlung im Jahresabschlusses zielt grundsätzlich darauf, den Adressaten Informationen über die Tätigkeit der Unternehmung im abgelaufenen Geschäftsjahr und des dabei Erreichten zu vermitteln (Rechenschaftsfunktion).[649] Als zentrale Anforderung an die Informationsvermittlung in der VFE-Lage ist dabei eine *glaubwürdige Darstellung* zu nennen. Eine glaubwürdige Darstellung (faithful respresentation) verlangt, dass die vermittelten Informationen *objektiv*, *unverzerrt* und *neutral* ermittelt werden.[650]

---

648 Vgl. beispielhaft *ADS* (2002), Tz. 87-115; *Winkeljohann/Schellhorn* (2006), § 264 Tz. 39-45.

649 Vgl. dazu Abschnitt 4.1.

650 Vgl. zur faithful representation: *Lorson/Gattung* (2007), S. 657f.; *Lorson/Gattung* (2008), S. 556f.

Die Anforderung, derartige Informationen explizit auf Basis der *tatsächlichen* Verhältnisse zur Verfügung zu stellen, ist als Entscheidungsunterstützung für die Adressaten zu bewerten. Der interessierte Adressat soll in seinen Überlegungen und Interessen hinsichtlich des Unternehmens mit gültigen Informationen über die Lage des Unternehmens unterstützt werden. Solche Informationen können unabhängig vom jeweiligen Rechnungslegungssystem immer als *entscheidungsrelevant* bezeichnet werden, da vermittelte Informationen Einfluss auf Interessen und Anreize nehmen und Entscheidungen herbeiführen.[651] Das zentrale Mittel dieser (entscheidungsrelevanten) Informationsvermittlung ist die VFE-Lage. Der Umfang der VFE-Lage umfasst nach *Selchert* „die bis zum Bilanzstichtag bereits vollzogene Entwicklung (retrospektive Sicht) und ihre Entwicklungserwartung (prospektive Sicht) vom Bilanzstichtag aus. Die Lage ist somit als Inbegriff bisheriger und darauf fußender weiterer Entwicklung zu verstehen."[652] Dabei sind *sämtliche ökonomischen Belange* sowie *Ablauf und Stand* des komplexen betriebswirtschaftlichen Entwicklungsprozesses der Unternehmung abzubilden.[653] Es ist daher anzunehmen, dass der Jahresabschluss nach beiden Rechnungslegungssystemen immer dann die tatsächlichen Verhältnisse eines Unternehmens widergibt, wenn die VFE-Lage mindestens jene Informationen glaubwürdig vermittelt, die im Interesse der Adressaten stehen und zur Entscheidungsfindung benötigt werden. Das zu vermittelnde Bild der tatsächlichen Verhältnisse kann deshalb nur einer einheitlichen Definition entsprechen, da es für den Informationsempfänger zur Beantwortung seiner Informationsinteressen keinen Unterschied machen kann, welche Rechnungslegungsregeln zur Anwendung kommen.

Das Jahresabschluss aufstellende Unternehmen hat somit zu einem Stichtag – glaubwürdig – jene Informationen über den Stand der VFE-Lage des Unternehmens zu vermitteln, die die Informationsinteressen der Adressaten bedienen und folglich in ihrer Entscheidung in Bezug auf das Unternehmen unterstützen. Für die Informationsvermittlung im Jahresabschluss gilt daher folgender Zusammenhang:

Erfolgt in der VFE-Lage eine glaubwürdige, d.h. objektive, unverzerrte und neutrale Darstellung jener Informationen, die von den Adressaten für ihre Entscheidungsfindung benötigt werden, werden auch die tatsächlichen Verhältnisse korrekt dargestellt.

---

[651] Vgl. *Selchert* (1993), S. 754-757; *Baetge/Kirsch/Thiele* (2004), S. 14-19.

[652] Vgl. *Selchert* (1993), S. 756.

[653] Vgl. *Selchert* (1993), S. 756; *Winkeljohann/Schellhorn* (2006), § 264 Tz. 39; a.A. *ADS* (2002), § 264 Tz. 93a.

Um nun zu bestimmen, wie mit der VFE-Lage Informationen über die Unternehmung vermittelt werden sollen, die den *tatsächlichen* Verhältnissen entsprechen, ist in einem ersten Schritt abzugrenzen, was unter der VFE-Lage zu verstehen ist, und in einem zweiten Schritt ist zu bestimmen, welche entscheidungsrelevanten Fragen bzw. Interessen für Adressaten konkret von Bedeutung sind.

5.2.2 Definition der VFE-Lage

Mit der **Vermögenslage** soll das Unternehmen Auskunft über den Saldo der verfügten Vermögensgegenstände und zu bedienenden Schulden geben. Die Vermögenslage wird zentral in der – stichtagsbezogenen – Bilanz dargestellt, in der gemäß § 242 Abs. 1 HGB das Verhältnis von Vermögen und Schulden darzustellen ist. Ergänzende Informationen sind mittels Anhang und Eigenkapitalspiegel zu vermitteln.[654]

Mit der **Finanzlage** werden Informationen über die innerhalb einer Berichtsperiode eingesetzten Mittel sowie deren Fristigkeit gegeben. Allgemein vermittelt die Finanzlage sämtliche Informationen, die sich auf die Finanzierung der Gesellschaft beziehen, wie etwa Finanzstruktur, Deckungsverhältnisse, Fristigkeiten, Finanzierungsspielräume, Investitionsvorhaben, schwebende Bestellungen und Kreditlinien.[655] Die Darstellung der Finanzlage wird grundlegend über die Bilanz und ausführlich über die Kapitalflussrechnung vorgenommen, wiederum werden mittels Anhang Informationen ergänzt.[656]

	Jahresabschlusselement				
Information	Bilanz	GuV	Anhang	Kapitalfluss-rechnung	Eigenkapital-spiegel
Vermögenslage	X		X		X
Finanzlage	X		X	X	
Ertragslage		X	X		

Quelle: Eigene Darstellung

Abbildung 32: Jahresabschlusselemente zur Darstellung der VFE-Lage

654 Vgl. weiterführend zur Vermögenslage *Baetge/Kirsch/Thiele* (2004), S. 191-193.

655 Vgl. *IDW-Stellungnahme SABI 3/1986* (1986), S. 670f.

656 Vgl. weiterführend zur Finanzlage: *Baetge/Kirsch/Thiele* (2004), S. 225-228.

Mit der **Ertragslage** wird Auskunft darüber erteilt, wie sich der Erfolg des Unternehmens innerhalb einer Berichtsperiode zusammensetzt und damit im Wesentlichen die Veränderung des Reinvermögens bzw. Eigenkapitals zustande kommt. Hierbei ist Auskunft über die operative Ertrags- und Aufwandsstruktur, die Ergebnisse aus laufender Geschäftstätigkeit und außerordentlichen Begebenheiten sowie über den Einfluss periodenfremder Besonderheiten zu geben. Das zentrale Element des Jahresabschlusses für die Vermittlung der Ertragslage ist die Gewinn- und Verlustrechnung (GuV), deren Informationsvermittlung durch Angaben im Anhang ergänzt wird.[657] Für die drei genannten Lagen ist von einem **gleichrangigen** Verhältnis auszugehen.[658] Abbildung 32 fasst die zu verwendenden Elemente des Jahresabschlusses zur Vermittlung der VFE-Lage zusammen.

5.2.3 Relevante Informationsinteressen der Adressaten an der VFE-Lage

Für die Darstellung eines den tatsächlichen Verhältnissen entsprechenden Bildes hat die VFE-Lage jene Informationen zu vermitteln, die für eine Beurteilung durch den Adressaten von Bedeutung sind oder sein können. Hierbei ist grundsätzlich das gesamte Spektrum der Adressaten als *gleichrangig* zu bewerten.[659] In Bezug auf die betrachtete komplexe Lieferantenbeziehung werden für die verschiedenen Lagen folgende **relevante** Informationsinteressen der Adressaten angenommen:[660]

Vermögenslage

Die Adressaten verfolgen grundlegend ein Interesse über den Stand von Vermögen und Schulden von OEM wie 1st-Tier Supplier am Abschlussstichtag. Hierbei ist im Wesentlichen ein Interesse an der Information zu unterstellen, inwieweit das bestehende Vermögen in der Lage ist, die bestehenden Schulden zu decken. Gleichwohl kann aber hinsichtlich der Vergabe weiterer Kredite oder Investitionen auch ein Interesse an der Information unterstellt werden, welches Schuldendeckungspotenzial vom Vermögen *zukünftig* erwartet werden kann. Dieser Information kommt vor allem im Hinblick auf die langfristige Ausrichtung der Lieferantenbeziehung eine wesentliche Bedeutung zu, da in verschiedenen Wertschöpfungsphasen sowohl vom OEM wie vom 1st-Tier Supplier vorgelagerte

---

657 Vgl. weiterführend zur Ertragslage: *Baetge/Kirsch/Thiele* (2004), S. 335.

658 Vgl. zur VFE-Lage: *ADS* (2002), § 264 Tz. 60-85; *Winkeljohann/Schellhorn* (2006), § 274 Tz. 37.

659 Vgl. für einen Überblick der Interesstenten: Baetge/Kirsch/Thiele (2004), S. 14-24.

660 Für weitere, mit der VFE-Lage einhergehenden Informationsinteressen vgl. *Wölk* (1991), S. 156-180; *Selchert* (1993), S. 756-758.

Anstrengungen unternommen wurden, deren Amortisation erst deutlich nachgelagert geplant ist.

Finanzlage

Hinsichtlich der Finanzlage spielen vor allem Interessen an bestehenden und zu erwartenden Zahlungsmitteln bzw. Zahlungsmittelverpflichtungen eine Rolle. In der Lieferantenbeziehung sind hier zum einen die in einigen Fällen sehr hohe Vorfinanzierung verschiedener Phasen durch den 1st-Tier Supplier zu nennen und zum anderen die abgegebenen Zahlungsverpflichtungen durch den OEM. In Bezug auf die hier zu diskutierenden Abbildungsmöglichkeiten der Lieferantenbeziehung kommt der Finanzlage allerdings eine zu vernachlässigende Rolle zu.

Ertragslage

Das zentrale Informationsinteresse nahezu aller Adressaten hinsichtlich der Ertragslage besteht am in der abgelaufenen Periode erzielten **Erfolg**. Der Erfolg gibt Auskunft über die Fähigkeit des Unternehmens Vermögen zu mehren und damit Schulden zu tilgen. Darüber hinaus lässt sich aus dem Erfolg das Verhältnis des Ressourceneinsatzes ablesen und auf zukünftige Perioden schließen. *Baetge/Kirsch/Thiele* bewerten als zentrales Informationsziel der Ertragslage die Frage, „ob und vor allem auf welche Weise das analysierte Unternehmen Geld verdient oder verloren hat“[661]. Hierbei ist grundsätzlich ein klarer Zusammenhang zur Vermögenslage zu beachten, da die Veränderung des Vermögens im abgelaufenen Geschäftsjahr sich im Wesentlichen auf die Ertragslage zurückführen lässt.

Der Erfolg ergibt sich als Saldo zwischen *Erträgen* und *Aufwendungen*. Für den Adressaten ist es von Bedeutung, ein objektives, unverzerrtes und neutral ermitteltes Bild über die in der Periode wirtschaftlich verursachten Erträge und Aufwendungen zu bekommen. Für die betrachtete Lieferantenbeziehung sind daher ausschließlich jene *Aufwendungen* von Bedeutung, die in der abgelaufenen Periode aufgrund der operativen Geschäftstätigkeit (Leistungserstellung) wirtschaftlich verursacht worden sind. Ferner sind Aufwendungen von Interesse, die sich aus bestimmten Risiken und zu erwartenden Verlusten ergeben (Rückstellungen). Dabei interessieren den Adressaten nur Aufwendungen, die auch tatsächlich anfallen. Demzufolge sind Aufwendungen aus Risiken und erwarteten Verlusten nur dann von

---

661 Vgl. *Baetge/Kirsch/Thiele* (2004), S. 2.

Interesse, wenn korrespondierende Erträge zur Kompensation der anfallenden Aufwendungen nicht ausreichen oder nicht hinreichend konkretisiert sind. Nachträglich anfallende Aufwendungen, die im Zusammenhang mit bereits angefallenen Erträgen stehen, fallen ebenfalls in den Interessensbereich des Adressaten, wie periodenfremde und außerordentliche Sondereffekte.

Bezüglich der *Erträge* sind dem Adressaten die in einer Periode wirtschaftlich verursachten Umsatzerlöse (Leistungserstellung der operativen Geschäftstätigkeit) und sonstigen betrieblichen Erträge zu vermitteln. Darüber hinaus sind periodenfremde Geschäftsvorfälle und einmalige Sondereffekte von Interesse. Hinsichtlich der Information über Erträge kommt es zwangsläufig zu der Frage, ob die Abbildung gemäß des handelsrechtlichen Vorsichts- und Realisationsprinzip bei Sprung zum Absatzmarkt oder aber nach dem Grundsatz der periodengerechten Erfolgsermittlung gemäß der IFRS im Sinne der Adressaten ist. Nach der hier vertretenen Auffassung muss ein *tatsächliches* Bild der Ertragslage einer Unternehmung in einer bestimmten Periode neben den wirtschaftlich angefallenen Aufwendungen auch korrespondierende Erträge enthalten. Eine periodische Diskrepanz zwischen wirtschaftlicher Verursachung und Gewinnrealisation einerseits oder gar die separate Erfassung von Aufwendungen und Erträgen andererseits verzerren die Ertragslage und bedienen die Informationsinteressen der Adressaten unzureichend. Die Informationsvermittlung über Erträge konstant an den Sprung zum Absatzmarkt zu koppeln entspricht dabei übertriebener Vorsicht, die den Informationsinteressen der Adressaten entgegensteht. Informationen über Erträge sind dementsprechend in Anlehnung an angefallene Aufwendungen zu vermitteln, sofern sie hinreichend sicher sind. Hierbei gilt vice versa, dass es nicht zu übertriebenen oder gar willkürlichen Erwartungen kommen darf.

	Relevantes Informationsinteresse an der Lieferantenbeziehung
Vermögenslage	Wie ist der Stand von Vermögen und Schulden am Abschlussstichtag? Was kann vom Vermögen in Zukunft erwartet werden?
Finanzlage	Was sind bestehende und zu erwartende Zahlungsmittel bzw. Zahlungsmittelverpflichtungen?
Ertragslage	Wie setzt sich der tatsächliche Periodenerfolg zusammen? Was sind die wirtschaftlich verursachten Aufwendungen und Erträge?

Quelle: Eigene Darstellung

Abbildung 33: Relevante Informationsinteressen der Adressaten an der VFE-Lage

Das Interesse der Adressaten an der Ertragslage besteht an einem glaubwürdigen Erfolg, der den tatsächlichen Verhältnissen der abgelaufenen Periode entspricht. Ein solch ermittelter Erfolg darf weder durch übertriebene Vorsicht noch durch übertriebene Erwartungen verzerrt werden. Abbildung 33 fasst die erarbeiteten relevanten Informationsinteressen der Adressaten an der VFE-Lage zusammen.

5.2.4 Zusammenfassung der Kriterien an die Informationsvermittlung auf Basis tatsächlicher Verhältnisse

Unter Berücksichtigung der eben erarbeiteten Anforderungen an die VFE-Lage lassen sich folgende Kriterien an eine Informationsvermittlung über die komplexe Lieferantenbeziehung stellen, die zu einer Darstellung eines den tatsächlichen Verhältnissen entsprechenden Bildes führt:

- Die Informationsvermittlung über die komplexe Lieferantenbeziehung hat glaubwürdig, d.h. unverzerrt aber auch objektiv und neutral zu erfolgen.

- Die VFE-Lage hat über sämtliche ökonomischen Belange der Lieferantenbeziehung zu informieren. Dabei sind die bis zum Bilanzstichtag bekannten wesentlichen Entwicklungen zu berücksichtigen, es gilt aber ebenso relevante und konkrete Entwicklungserwartungen bei der Informationsvermittlung zu berücksichtigen.

- Bei der Darstellung der VFE-Lage ist auf die genannten Informationsinteressen der Adressaten einzugehen.

5.3 Kritische Würdigung wesentlicher Abbildungskonsequenzen nach HGB hinsichtlich der Vermittlung eines den tatsächlichen Verhältnissen entsprechenden Bildes

5.3.1 Aufarbeitung wesentlicher zweckorientierter Abbildungskonsequenzen

Die in Kapitel 4 für das Handelsrecht erarbeiteten Abbildungsmöglichkeiten haben sowohl für den OEM als auch für den 1st-Tier Supplier eine klare Dominanz des Vorsichtsprinzips und eine daraus hervorgehende vorsichtige Gewinnermittlung gezeigt. Die Anwendung der Rechnungslegungsregelungen nach HGB hat zu restriktiver Erfassung von Vermögen und Erträgen und einer bevorzugten Erfassung von Aufwendungen geführt. Diese Aussage begründet sich durch folgende Erkenntnisse:

- Die Ausarbeitung hat gezeigt, dass Vermögen gemäß des handelsrechtlichen Aktivierungsgrundsatzes nur dann zu erfassen ist, wenn es *selbstständig verwertbar* ist, d.h. ein klarer Bezug zum Deckungspotenzial der am Bilanzstichtag ausgewiesenen Schulden besteht. Um für potentielle Vermögensgegenstände eine selbstständige Verwertbarkeit annehmen zu können, bedarf es vereinfacht zusammengefasst einer konkreten Möglichkeit zur umgehenden Liquidation. Die bloße eigenständige Verwertungsmöglichkeit spielt indes keine Rolle, d.h. zukünftiges Nutzenpotenzial zur Ertragsrealisation durch Eigennutzung ist handelsrechtlich für die Erfassung von Vermögen ohne Bedeutung. So wurde in der Ausarbeitung für den OEM deutlich, dass der entgeltliche Erwerb von F&E-Erkenntnissen aber auch Werkzeugen regelmäßig nicht zu einer Aktivierung führen kann und die mit dem Erwerb verbundenen Ausgaben umgehend als Aufwand zu erfassen sind. Die Tatsache, dass sowohl F&E-Erkenntnisse als auch Werkzeuge für die zeitlich nachgelagerte Serienfertigung unabdingbar sind und ein klarer Zusammenhang zu wirtschaftlichem Nutzen bzw. Erträgen erkennbar ist, verhindert die mangelnde Aktivierungsfähigkeit nicht.[662]

- Für den 1st-Tier Supplier kam es hinsichtlich der F&E-Tätigkeiten und kundenspezifischer Werkzeuge in einigen Vereinbarungen zum Eigentum an den Endergebnissen. In beiden Fällen handelte es sich um *selbsterstellte immaterielle Vermögensgegenstände des Anlagevermögens*. Im Unterschied zum OEM konnte für den 1st-Tier Supplier eine Aktivierungsfähigkeit - begründet durch selbständige Verwertbarkeit aufgrund einer zu unterstellenden Verkaufsmöglichkeit an den OEM – zunächst abstrakt angenommen werden. Dennoch ist die Aktivierung im HGB nach alter Fassung konkret durch § 248 Abs. 2 untersagt bzw. nach Inkrafttreten des BilMoG maximal in Höhe der Entwicklungskosten möglich. Es besteht nach BilMoG ab 2010 ein Wahlrecht zur Aktivierung, d.h. der 1st-Tier Supplier kann nach neuer Fassung frei entscheiden ob die Herstellungskosten aktiviert werden oder unmittelbar als Aufwand erfasst werden sollen.

- Hinsichtlich der Erfassung von *Schulden* sind vor allem drohende Verluste während des Serienauftrags für den 1st-Tier Supplier problematisch. Die zentrale Frage fokussiert sich hier auf den Saldierungsbereich, aus dem etwaige Rückstellungen dann hervorgehen, wenn die zukünftig erwarteten Aufwendungen aus schwebenden Absatzgeschäften die zukünftig erwarteten Erträge übersteigen. Auch wenn in der Ausarbeitung des Kapitel 4 versucht wurde, eine konkrete und objektive Vorgehensweise festzulegen, liegt dennoch ein

662 Vgl. Abschnitt 4.2.3.1.3.1.

erheblicher Ermessensspielraum vor, da die Festlegung des Saldierungsbereichs zwangsläufig von subjektiven Entscheidungen und Einschätzungen abhängig ist. Grundsätzlich ist neben einer übertrieben vorsichtigen auch eine übermäßig positive Einschätzung möglich. Dennoch ist zu erwarten, dass der Bilanzersteller die vorhandenen Ermessensspielräume bevorzugt vorsichtsorientiert nutzen und stille Reserven aufbauen kann, da der Hinweis auf das Vorsichtsprinzip als Unterstützung solcher Einschätzung genutzt werden kann.

- Die Umsatz- und Gewinnrealisation ist handelsrechtlich an das dem Vorsichtsprinzip entstammende Realisationsprinzip gekoppelt, d.h. Gewinne dürfen erst bei Sprung zum Absatzmarkt und Übergang der Preisgefahr erfasst werden. Die damit verbundenen Auswirkungen auf die Abbildungsmöglichkeiten der komplexen Lieferantenbeziehung sind besonders bei langfristigen Fertigungsaufträgen für den 1st-Tier Supplier deutlich geworden. Handelsrechtlich ist aufgrund der uneingeschränkten Gültigkeit des Realisationsprinzips hier ausschließlich die Completed-Contract-Methode möglich.[663] Eine Erfassung von Erträgen und Aufwendungen in der Periode der wirtschaftlichen Verursachung in Anlehnung an den Fertigstellungsgrad kommt demnach grundsätzlich nicht in Betracht. Es wurde zudem für einige Vereinbarungen deutlich, dass aus Sicht des 1st-Tier Suppliers selbst nach Fertigstellung langfristiger Aufträge und Übergabe des formellen Eigentums an den OEM eine Umsatz- und Gewinnrealisation auch dann noch nicht möglich war, wenn bestimmte wirtschaftliche Risiken zurückblieben. Während die Gewinn- und Umsatzrealisation im Rahmen dieser Vorgehensweise prinzipiell ans Ende der langfristig angelegten Lieferantenbeziehung gesteuert wird, sind etwaige zu erwartende Risiken und Verluste zu jeder Zeit umgehend als Aufwand zu erfassen.

5.3.2 Kritische Würdigung

5.3.2.1 Ausgangslage

Bei der eben erfolgten Aufarbeitung der wesentlichen Abbildungskonsequenzen ist konkret verdeutlicht geworden, dass die handelsrechtliche Abbildung der Lieferantenbeziehung stark durch die Dominanz des Vorsichtsprinzips geprägt ist. Für die Abbildung der verschiedenen Phasen mit seinen Vereinbarungen bestehen nur moderarte Hürden zur Erfassung von Aufwendungen und Rückstellungen. Die Erfassung von Erträgen und Vermögen hingegen ist an sehr strenge Kriterien gebunden ist. Zudem existieren neben vorsichtigen Ansatz- und Be-

---

[663] Vgl. hierzu Abschnitt 4.2.2.1.2.

wertungsvorschriften gewichtige Ermessensspielräume, die eine vorsichtige Ermittlung des Periodenerfolgs bewusst zulassen. Hieraus ergeben sich über den gesamten Ablauf der Lieferantenbeziehung stille Reserven bzw. für den Bilanzierenden die Möglichkeit derartige Reserven nach eigenem Ermessen zu bilden. Es gilt nun zu untersuchen, welche Auswirkungen die gezeigten Abbildungskonsequenzen auf die VFE-Lage nehmen und inwieweit für die Adressaten ein den tatsächlichen Verhältnissen entsprechendes Bild vermittelt wird bzw. vermittelt werden kann.

5.3.2.2 Auswirkungen des handelsrechtlichen Aktivierungsgrundsatzes

Es wurde verdeutlicht, dass die Adressaten nach Handelsrecht ausschließlich über Vermögen informiert werden, das am Bilanzstichtag aufgrund **selbstständiger Verwertbarkeit** zur unmittelbaren Schuldendeckung in der Lage ist. Die Tatsache, dass das Unternehmen zum Bilanzstichtag über Objekte verfügt, aus denen bei Eigennutzung Möglichkeiten der *zukünftigen* Nutzengenerierung bzw. Ertragsrealisation hervorgehen, führt bei Anwendung des handelsrechtlichen Aktivierungsgrundsatzes nicht zu einem Ansatz und Ausweis von Vermögen. So unterbleibt nach HGB für den OEM in einigen Vereinbarungen die Aktivierung entgeltlich erworbener F&E-Erkenntnisse oder kundenspezifischer Werkzeuge, da diese aufgrund einzigartiger Spezifikationen das Kriterium der selbstständigen Verwertbarkeit nicht erfüllen können.[664] Gerade an dieser Art von Vermögen kann den Adressaten aber gesteigertes Interesse unterstellt werden, da es Auskunft über die Fähigkeit zur zukünftigen Ertragsrealisation des Unternehmens gibt. Zweifellos ist es wichtig, inwieweit ein Unternehmen am Bilanzstichtag in der Lage ist bestehende Schulden zu decken. Die Information über Vermögen aber auf rein statische bzw. vergangenheitsgerichtete Aussagen zu beschränken, wird zum einen den Informationsinteressen der Adressaten nicht gerecht und vernachlässigt zum anderen auch die ökonomischen und vor allem langfristigen Zusammenhänge der Lieferantenbeziehung. Die zur Vermögensminderung führende entgeltliche Anschaffung der F&E-Erkenntnisse wie auch der Werkzeuge hat einen klaren ökonomischen Bezug zur zeitlich nachgelagerten Ertragsrealisation, also Vermögensmehrung.

Das zentrale Instrument der Vermittlung von Informationen über die Vermögenslage ist die **Bilanz**. Durch die Nichtberücksichtigung zukunftsgerichteten Vermögens verfehlt diese in den genannten Vereinbarungen der diskutierten komplexen Lieferantenbeziehung eine glaub-

---

[664] Vgl. repräsentativ die Abschnitte 4.2.3.2.3.1 und 4.3.3.2.3.1.

würdige Darstellung, da ökomische Zusammenhänge unvollständig wiedergegeben werden. Zudem entstehen in der Vermögensübersicht über mehrere Perioden *Verzerrungen*. Diese Verzerrungen ergeben sich aus der **GuV** bzw. Ertragslage, aus der sich die Vermögensänderung der jeweiligen Periode ermittelt. Die vom OEM erworbenen F&E-Ergebnisse und Werkzeuge führen ob mangelnder Aktivierungsfähigkeit in der Periode des Erwerbs zu vermögensminderndem Aufwand, obwohl hinreichend sicher ist, dass in Folgeperioden daraus eine Ertragsrealisation und wirtschaftlicher Nutzenzufluss generiert wird. So werden in den Perioden des Bezugs Aufwendungen als gewinn- und damit vermögensmindernd **vollständig** erfasst. Zum Zeitpunkt der Serienfertigung, in der die genannten Objekte genutzt werden, ergeben sich - wirtschaftlich betrachtet - die Amortisationserträge der vorausgegangenen Investitionsaufwendungen. Da diese Aufwendungen bereits im Vorfeld vollständig erfasst wurden, stehen zum Zeitpunkt realisierter Erträgen keine Aufwendungen mehr entgegen. Die Erträge sind demnach einem Gewinn bzw. einer direkten Vermögenserhöhung gleichzusetzen.

Bei Berücksichtigung des ganzheitlichen ökonomischen Zusammenhangs der Lieferantenbeziehung werden die Aufwendungen und Vermögensminderungen durch diese Vorgehensweise in den ersten Phasen zu hoch dargestellt. Ebenso verhält es sich mit Erträgen und Vermögenserhöhungen zum nachgelagerten Zeitpunkt der Serienfertigung. Ökonomisch betrachtet müssten Aufwendungen und Erträge gem. ihrer wirtschaftlichen Verursachung in der gleichen Periode gegenübergestellt werden. Eine solche Vorgehensweise würde nicht nur Verzerrungen verhindern, sondern auch die genannten Informationsinteressen der Adressaten an Vermögens- und Ertragslage glaubwürdig bedienen.

Handlungsempfehlung

Fraglich ist an dieser Stelle, wie bei verzerrenden Einflüssen des handelsrechtlichen Aktivierungsgrundsatzes eine Darstellung der VFE-Lage auf Basis der tatsächlichen Verhältnisse dennoch erreicht werden kann. Grundsätzlich wäre es wünschenswert, eine Aktivierung von Objekten mit zukunftsorientiertem Nutzenzufluss im Anlagevermögen dennoch vorzunehmen. Durch diese Handhabung könnte zum Zeitpunkt der Ertragsrealisation der korrespondierende Werteverzehr über Abschreibungen als Aufwand gegenübergestellt werden und eine wirtschaftliche Vermittlung der Vermögens- und Ertragslage erreicht werden. Eine solche Vorgehensweise ist aber nicht mit dem Handelsrecht vereinbar, eine Aktivierung wäre nicht GoBkonform.[665] Dabei gilt es zu beachten, dass die Vermittlung eines den tatsächlichen Verhältnissen entsprechenden Bildes nach § 264 Abs. 2 Satz HGB explizit **„unter Beachtung der Grundsätze ordnungsmäßiger Buchführung“** zu erfolgen hat. Zwar kann nach der hier vertretenen Auffassung der Verweis auf die GoB nicht dazu führen, die VFE-Lage verzerrt darzustellen. Ein konkreter GoB-Verstoß im Sinne entscheidungsrelevanter Informationsvermittlung lässt sich hingegen handelsrechtlich auch nicht rechtfertigen. Dass im Rahmen des BilMoGs die hier aufgeführte Vermögensproblematik nicht diskutiert wurde soll hier zwar nicht weiter thematisiert werden, überrascht aber dennoch.

Um das Problem zu lösen, ist auf den Zusatzhinweis des § 264 Abs. 1 Satz 2 HGB abzustellen. Hier heißt es: „Führen besondere Umstände dazu, daß der Jahresabschluss ein den tatsächlichen Verhältnissen entsprechendes Bild im Sinne des Satzes 1 nicht vermittelt wird, so sind im Anhang zusätzliche Angaben zu machen.“ Bezogen auf die Lieferantenbeziehung ist im Anhang daher auf die genannte Problematik hinzuweisen und sind ergänzende Informationen zu geben. Hierzu sind mindestens Angaben erforderlich über:

- Die Höhe der für bestimmte Objekte erfassten Aufwendungen, die nicht als Anschaffungskosten aktiviert werden konnten, denen aber zukünftig konkretes Nutzenpotenzial zuzuordnen ist.
- Das Ausmaß, in dem das Jahresergebnis durch nichtaktivierungsfähige Aufwendungen beeinflusst wurde.
- Das Ausmaß, in dem das Jahresergebnis Erträge enthält, denen in früheren Perioden erfasste Aufwendungen wirtschaftliche zuzurechnen sind.

Inwieweit der Anhang in der Lage ist, die genannten Informationslücken ausreichend zu füllen, hängt dennoch vom Bilanzersteller ab, da das Gesetz an dieser Stelle keine konkreten Anforderungen hinsichtlich notwendiger Angaben stellt.

5.3.2.3 Umsatz- und Gewinnrealisation bei langfristiger Auftragsfertigung

Im Zuge der F&E-Tätigkeiten sowie Entwicklung und Herstellung kundenspezifischer Werkzeuge kommt es beim 1st-Tier Supplier in einigen Vereinbarungen zu Leistungserstellung im Fremdauftrag, die über mehrerer Periode andauerte. Nach HGB ist hinsichtlich der Abbildung

---

665 Vgl. hierzu die erfolgte Würdigung in Abschnitt 4.2.3.1.3.1.

derartiger langfristiger Auftragsfertigung nur die **Completed-Contract-Methode** möglich. Das bedeutet, dass aktivierungspflichtige Aufwendungen im Zeitablauf als Herstellungskosten nach § 255 Abs. 2 HGB n.F. (BilMoG) aktiviert werden. Hinsichtlich angemessener Teile der Kosten allgemeiner Verwaltung und bestimmter sozialer Aufwendungen besteht ein Wahlrecht zur Aktivierung. Für Vertriebskosten besteht ein Aktivierungsverbot. Die Gewinn- und Umsatzrealisation ist nach dem Realisationsprinzip erst dann möglich, wenn der Sprung zum Absatzmarkt erfolgt. Unabhängig von Fragen hinsichtlich verbleibender wesentlicher Risiken liegt dieser Zeitpunkt der Leistungserstellung nachgelagert und erfolgt dann kumuliert. Dem Adressaten wird hierdurch in Bilanz und GuV ein stark verzerrtes Bild über die Vermögens- und Ertragslage dargestellt.

Die obligatorische Anwendung der Completed-Contract-Methode führt dazu, dass Erträge und Aufwendungen nicht in der Periode ihrer wirtschaftlichen Verursachung erfasst werden können, sondern erst im Zeitpunkt des Sprungs zum Absatzmarkt. Hingegen kommt es für nicht aktivierungsfähige Aufwendungen zu einer umgehenden vermögensmindernden Erfassung in der Ertragslage. Zusätzlich kann der Bilanzierende für Teile der Herstellungskosten frei entscheiden, ob diese aktiviert oder umgehend als Aufwand erfasst werden sollen. Für den Adressaten ist es unmöglich, der Bilanz und GuV Informationen zu entnehmen, die die ökonomischen Zusammenhänge der langfristigen Auftragsfertigung vollständig und unverzerrt abbilden.

Zum ersten ist der Stand des Vermögens stets unvollständig, weil bestimmte Aufwendungen der Leistungserstellung nicht aktiviert werden (dürfen), obwohl diese später durch den Auftraggeber abgegolten werden. Hierdurch sind die Aufwendungen in den Perioden der Leistungserstellung zu hoch, das ausgewiesene Vermögen zu niedrig und die Erträge in der Realisationsperiode führen ökonomisch betrachtet zu einem zu hohen Gewinnanteil. Zum zweiten werden dem Adressaten in den Perioden der Leistungserstellung nur unzureichende Informationen über die wirtschaftlich verursachten Aufwendungen und gar keine Informationen über korrespondierende Erträge vermittelt. Durch die strenge Kopplung der Umsatz- und Gewinnrealisation an den Sprung zum Absatzmarkt erfolgt Ertrags-und Aufwandsrealisation nachgelagert und für alle vorgelagerten Perioden der Leistungserstellung kumuliert. Vor diesem Hintergrund kann durch die Anwendung der Completed-Contract-Methode kein Bild der VFE-Lage vermittelt werden, das den tatsächlichen Verhältnissen entspricht.

Handlungsempfehlung

Die Anwendung der Completed-Contract-Methode ist im Hinblick auf die betrachteten Vereinbarungen der Lieferantenbeziehung unter den gegebenen handelsrechtlichen Gesetzesregelungen und GoB nicht zu umgehen.[666] Demzufolge ist für eine Lösung der Problematik wiederum auf den Anhang zurückzukommen, da im betrachteten Fall erneut § 264 Abs. 1 Satz 2 HGB greift. Bezogen auf die Lieferantenbeziehung ist im Anhang daher auf die genannte Problematik hinzuweisen und ergänzende Informationen zu geben. Hierzu sind mindestens Angaben erforderlich über:

- Auftragsvolumen und voraussichtliche Dauer des Projekts.
- Das Ausmaß, in dem das Jahresergebnis durch nichtaktivierungsfähige und nichtaktivierungspflichtige Aufwendungen beeinflusst wird. [667]

Inwieweit der Anhang in der Lage ist, die genannten Informationslücken zur langfristigen Auftragsfertigung ausreichend zu füllen, hängt wiederum vom Bilanzersteller ab, da das Gesetz keine konkreten Anforderungen hinsichtlich notwendiger Angaben stellt.

5.3.2.4 Auswirkungen von Wahlrechten und Ermessensspielräumen

5.3.2.4.1 Wahlrecht zum Ansatz selbsterstellter immaterieller Vermögensgegenstände des Anlagevermögens

Durch Inkrafttreten des BilMoGs ist es dem Bilanzierenden künftig freigestellt, Herstellungskosten von selbsterstellten immateriellen Vermögensgegenständen des Anlagevermögens als Vermögensgegenstand zu aktivieren oder umgehend als Aufwand zu erfassen.[668] Dabei ist festzuhalten, dass eine Aktivierung der genannten Vermögensgegenstände nach altem HGB noch konkret verboten war (ist). Durch das Wahlrecht besteht jetzt zwar die Möglichkeit den Adressaten über bestehendes Vermögen zu informieren, gleichwohl kann ebenso trotz vorliegenden Vermögens im Sinne des Aktivierungsgrundsatzes, Ansatz und Ausweis nach

---

666 Vgl. hierzu Abschnitt 4.2.2.1.2; a.A. *Selchert* (1990), S. 797-805; *Stewing* (1990), S. 100-106; *ADS* (2002), § 252 Tz. 86-90; vgl. auch *Wüstemann/Wüstemann* (2009), S. 36f.

667 Die Ausübung des Wahlrechts für die Bewertung von Vorräten ist nach § 284 Abs. 2 Satz 1 HGB verpflichtend im Anhang anzugeben.

668 Vgl. hierzu Abschnitt 4.1.2.2; vgl. zudem *Arbeitskreis "Immaterielle Werte im Rechnungswesen" der Schmalenbach-Gesellschaft für Betriebswirtschaft e.V.* (2008), S. 1813-1821; *Laubach/Kraus/Bornhofen* (2009), S. 19-24.

eigenem Ermessen unterbleiben. In der Literatur ist die Möglichkeit der Aktivierung teilweise heftig umstritten und wird sogar als Verstoß gegen bewährte handelsrechtliche Grundbewertungen kritisiert.[669] Dieser Auffassung kann im Hinblick auf die hier betrachtete Abbildung von Vereinbarungen der komplexen Lieferantenbeziehung nicht gefolgt werden. Für die Vermittlung eines den tatsächlichen Verhältnissen entsprechenden Bildes der VFE-Lage kann es keine Alternative zum Ansatz von Vermögen geben, wenn denn solches nach im Vorfeld aufgestellten objektiven Kriterien (Aktivierungsgrundsatz) vorliegt.

In Bezug auf die komplexe Lieferantenbeziehung kam es für den 1st-Tier Supplier bei verbleibendem Eigentum an F&E-Ergebnissen und kundenspezifischen Prototypenwerkzeugen zu der Möglichkeit, die aus Entwicklungstätigkeiten hervorgehenden Aufwendungen als Vermögensgegenstand des Anlagevermögens zu Herstellungskosten anzusetzen.[670] Die angefallenen Entwicklungstätigkeiten stehen in klarem ökonomischem Bezug zu nachgelagerten wirtschaftlichen Nutzenzuflüssen in der Phase der Serienfertigung. Wird dem Adressaten diese Information vorenthalten, kommt es nach der hier vertretenen Auffassung in der Vermögens- wie Ertragslage zu einer Verzerrung und somit nicht zu einer glaubwürdigen Darstellung der tatsächlichen Verhältnisse. Darüber hinaus wird auch konkret gegen die GoB der Vollständigkeit und Richtigkeit (Willkürfreiheit) verstoßen. Setzt der 1st-Tier Supplier die von ihm verfügten und selbsterstellten F&E-Ergebnisse und kundenspezifischen Prototypenwerkzeuge nicht an, werden die ökonomischen Zusammenhänge der Lieferantenbeziehung unvollständig und unglaubwürdig wiedergegeben und die Informationsinteressen der Adressaten ungenügend bedient. In diesem Fall wird kein Bild der VFE-Lage vermittelt, das den tatsächlichen Verhältnissen entspricht.

Handlungsempfehlung

Ein Bild der VFE-Lage, das den tatsächlichen Verhältnissen entspricht, kann nur vermittelt werden, wenn es zum Ansatz und Ausweis der selbsterstellten Vermögensgegenstände des Anlagevermögens kommt. Auf das Wahlrecht zur umgehenden Aufwandserfassung ist daher zu verzichten und etwaige Vermögensgegenständesind zu Vollkosten anzusetzen. Nicht aktivierte Aufwendungen, die auf konkrete Verbote zurückzuführen sind, sind im Anhang anzuge-

---

[669] Vgl. hierzu z.B. *Moxter* (2008), S. 1514-1517.

[670] Grundsätzlich ergäbe sich die Frage auch für den OEM im Falle unechter Auftragsproduktion, die Aktivierungsfähigkeit scheiterte aber an mangelnder selbstständiger Verwertbarkeit.

ben, da diese in klarem ökonomischen Bezug zu dem Vermögensgegenstand stehen und die Abgeltung im Nachhinein voraussichtlich noch erfolgt.

5.3.2.4.2 Saldierungsbereich von Drohverlustrückstellungen

Für die Abbildung von Drohverlustrückstellungen in einer Höhe, die die tatsächlichen Verhältnisse in der VFE-Lage korrekt wiedergeben, bedarf es einer glaubwürdigen Ermittlung des Saldierungsbereichs. Hierzu ist die Berücksichtigung der ökonomischen Zusammenhänge der komplexen und langfristigen Lieferantenbeziehung notwendig. In Abschnitt 4.4.2.1.2.4 wurde bereits versucht, eine Handlungsempfehlung zur Abgrenzung des Saldierungsbereichs zu geben, die zu einer glaubwürdigen Informationsvermittlung führt. Dennoch muss festgehalten werden, dass der erarbeiteten Handlungsempfehlung vor allem theoretische Bedeutung zukommt. Faktisch liegt die Abgrenzung des Saldierungsbereichs im Ermessen des Bilanzierenden (und seinem Abschlussprüfer). Dass es hierbei zu verschiedenen subjektiven Einschätzungen kommen kann nicht verhindert werden. Auch ohne empirische Untersuchung ist dabei zu unterstellen, dass an dieser Stelle erhebliches Potenzial für Bilanz- und Ergebnispolitik besteht. Nahezu jede Einschätzung über die Zukunft ist zulässig, solange diese (subjektiv) begründet werden kann. Die Aussagekraft von Drohverlustrückstellungen in der Lieferantenbeziehung kann daher allenfalls als richtungsweisend bewertet werden. Da es sich stets um subjektive Einschätzungen handelt, kann die vollständige Vermeidung von Verzerrungen hier kaum ausgeschlossen werden.

Handlungsempfehlung

Als Handlungsempfehlung kann nur der Hinweis auf eine glaubwürdige Abgrenzung des Saldierungsbereichs gegeben werden. Zudem sollten die Methodik des Schätzverfahrens und die getroffenen Annahmen im *Anhang* angegeben werden.

5.3.2.5 Indirekte Leasingverhältnisse nach HGB

Während der Ausarbeitung von Abbildungsmöglichkeiten für Vereinbarungen der komplexen Lieferantenbeziehung ist es an einigen Stellen immer wieder zu der Frage gekommen, ob eventuell ein Finanzierungsleasingverhältnis vorliegt. Handelsrechtlich scheiterte bei den betrachteten Vereinbarungen die Klassifizierung eines Leasingverhältnisses meist an der Tatsache, dass weder ein entsprechender Vertrag vorlag noch explizite Zahlungen vereinbart waren oder gar Nutzungsrechte ausdrücklich überlassen wurden. Da es im HGB anders als in den IFRS keine vergleichbaren expliziten Regelungen zum Leasing im Allgemeinen und zu indirekten Leasingverhältnissen im Speziellen (IFRIC 4) gibt, spielte die Leasingbilanzierung in den handelsrechtlichen Abbildungsmöglichkeiten keine Rolle. Fraglich ist, ob in den Phasen, in denen der 1st-Tier Supplier zwar formell betrachtet rechtlicher und wirtschaftlicher Eigentümer von F&E-Ergebnissen und kundenspezifischen Werkzeugen ist, faktisch aber aufgrund der Abnahme des gesamten Outputs der gesamte wirtschaftliche Nutzen dem OEM zuzuordnen ist, die Informationsvermittlung verbessert werden würde, wenn der OEM vergleichbar den IFRS die Vermögensgegenstände unter Einordnung eines Finance Leases als Leasingnehmer bei sich ansetzen und ausweisen würde. Nach der hier vertretenen Auffassung ist diese Annahme unter Berücksichtigung der aufgezeigten Schwierigkeiten bei der Anwendung von IFRIC 4 zu bezweifeln. Grundsätzlich ist es zwar zu begrüßen, dass Vermögen dort ausgewiesen wird, wo es wirtschaftlich zuzurechnen ist. Die Anwendung von IFRIC 4 bzw. IAS 17 in den Vereinbarungen der komplexen Lieferantenbeziehung hat aber gezeigt, dass die Bewertungsfragen sehr stark von Einschätzungen abhängig sind, die wiederum auf subjektiven Entscheidungen basieren und damit automatisch Unsicherheiten und Verzerrungen beinhalten. Wie noch weiter unten für die Rechnungslegung nach IFRS zu diskutieren ist, wird vor diesem Hintergrund dem Adressaten zwar eine generelle Information über Vermögen gegeben. Die genaue Höhe ist aber ob der Notwendigkeit zur Schätzung stets zweifelhaft und unsicher. Demzufolge wird eine bestehende Informationslücke auf Kosten einer neuen erkauft. Hieraus ergibt sich grundsätzlich kein Vorteil. Das Fehlen einer vergleichbaren Regelung für versteckte Leasingverhältnisse im Handelsrecht ist nach der hier vertretenen Auffassung für die Abbildung der Vereinbarungen der komplexen Lieferantenbeziehung daher kein grundsätzlicher Nachteil für die Informationsvermittlung.

Handlungsempfehlung

Die Anwendung von IFRIC 4 hat gezeigt, dass die betrachteten Vereinbarungen zu komplex sind, als dass eine glaubwürdige Darstellung des Leasingverhältnisses möglich ist. Von daher sei nach Handelsrecht auf eine entsprechende Angabe im Anhang verwiesen, in der auf die besondere Nutzung von spezifischen Vermögensgegenständen in der Interaktion mit nur einem Kunden verwiesen werden kann.

5.3.3 Fazit

Die Aufarbeitung wesentlicher zweckorientierter handelsrechtlicher Abbildungskonsequenzen hat im Hinblick auf eine Darstellung des den tatsächlichen Verhältnissen entsprechenden Bildes der VFE-Lage verschiedene Probleme ergeben, die kritisch gewürdigt wurden. Hierbei wurde soweit möglich jeweils eine Handlungsempfehlung erarbeitet, um die identifizierten

Probleme der Informationsvermittlung zu lösen. Abbildung 34 fasst die vorangegangenen Ergebnisse skizzenartig zusammen.

Kritische Abbildungs-konsequenz	Aktivierung von Vermögen nur bei selbstständiger Verwertbarkeit	Umsatz- und Gewinnrealisation bei langfristiger Auftragsfertigung	Wahlrecht zum Ansatz selbsterstellter immaterieller Vermögensgegenstände des Anlagevermögens	Saldierungsbereich von Drohverlustrückstellungen	Fehlende Regelungen für versteckte Leasingverhältnisse, bzw. indirekte Übertragung von Nutzungsrechten vergleichbar IFRIC 4
Problematik	Verzerrung der Vermögens- und Ertragslage	Verzerrung der Vermögens- und Ertragslage	Unvollständiger und unglaubwürdiger Vermögensausweis; zudem Verzerrung der Vermögens- und Ertragslage	Verzerrung der Vermögens- und Ertragslage durch subjektive Einschätzungen, Ermessensspielraum und Bilanzpolitik	Unvollständiger Vermögensausweis
Handlungsempfehlung	Umfassende Anhangsangaben	Umfassende Anhangsangaben	Verzicht auf Wahlrecht, Aktivierung obligatorisch	objektive Festlegung des Saldierungsbereichs so weit möglich, Ungenauigkeiten aber nicht zu verhindern	Angaben im Anhang

Quelle: Eigene Darstellung

Abbildung 34: Zusammenfassung der Ergebnisse der handelsrechtlichen kritischen Würdigung

In der kritischen Würdigung ist deutlich geworden, dass aufgrund der starken Dominanz des Vorsichtsprinzips eine Informationsvermittlung auf Basis der tatsächlichen Verhältnisse für die genannten kritischen Abbildungskonsequenzen häufig nicht möglich ist. Hierbei ist vor allem zu kritisieren, dass in Bilanz und GuV als den zentralen Instrumenten der Informationsvermittlung keine Möglichkeit besteht, die aufgezeigten Informationslücken zu überbrücken. Dabei verhindern sowohl konkrete gesetzliche Ansatz- und Bewertungsvorschriften, aber auch bestehende Wahlrechte und Ermessenspielräume die geforderte Vermittlung des tatsächlichen Bildes. An dieser Stelle lässt sich daher ein Dilemma zwischen vorsichtiger Ermittlung des Periodenerfolgs und entscheidungsrelevanter Informationsvermittlung feststellen.[671] Der Verweis des Gesetzgebers etwaige Verzerrungen zwischen vorsichtiger Erfolgsermittlung nach GoB und entscheidungsrelevanter Informationsvermittlung über den Anhang

[671] Vgl. *Budde/ Förschle* (1988), S. 39-45; *Clemm* (1995), S. 135-156; *Moxter* (1995), S. 423; *Baetge/Kirsch/Thiele* (2004), S. 59-54.

auszugleichen ist vor allem insofern zu kritisieren, als dass keine konkreten Informationsangaben vorgegeben werden. Inwieweit der Anhang in der Lage ist, die genannten Informationslücken ausreichend zu füllen, bleibt dabei den Motiven des Bilanzerstellers überlassen. Es ist daher grundsätzlich zweifelhaft, dass der unbestimmte Verweis auf den Anhang ausreicht, um die Informationsqualität des handelsrechtlichen Jahresabschluss im Allgemeinen und für die hier betrachteten zahlreichen Vereinbarungen der komplexen Lieferantenbeziehung im Speziellen im Hinblick auf die Informationsinteressen entscheidungsorientierter Adressaten ausreichend zu erhöhen. Hier wären konkretere gesetzliche Anforderungen erstrebenswert.

5.4 Kritische Würdigung wesentlicher Abbildungskonsequenzen nach IFRS hinsichtlich der Vermittlung eines den tatsächlichen Verhältnissen entsprechenden Bildes

5.4.1 Aufarbeitung wesentlicher Abbildungskonsequenzen

Die in Kapitel 4 für IFRS erarbeiteten Abbildungsmöglichkeiten haben sowohl für OEM als auch für den 1st-Tier Supplier eine Dominanz der wirtschaftlichen Betrachtungsweise und der damit verbundenen periodengerechten Erfolgsermittlung ergeben. Die Anwendung der Rechnungslegungsregelungen nach IFRS führt zur Erfassung von Geschäftsvorfällen zum Zeitpunkt ihrer wirtschaftlichen Verursachung. Diese Vorgehensweise soll sicherstellen, dass das Ergebnis einer Periode nicht verzerrt und gemäß seines tatsächlichen wirtschaftlichen Gehalts dargestellt werden. Diese Aussage begründet sich durch folgende Erkenntnisse:

- Anders als im HGB ist die Erfassung von Vermögen nach IFRS klar definiert und explizit an **zukünftigen Nutzenzufluss** gebunden. Als Vermögenswert gilt dabei eine Ressource, die auf Grund von Ereignissen der Vergangenheit in der Verfügungsmacht des Unternehmens steht, und von der erwartet wird, dass dem Unternehmen aus ihr *künftiger* wirtschaftlicher Nutzen zufließt.[672] Der strenge Bezug zur Schuldendeckung gilt hierbei nicht. So wurde in der Ausarbeitung deutlich, dass Vermögen immer dann angesetzt werden musste, wenn OEM und/oder 1st-Tier Supplier zu einer positiven *Einschätzung* hinsichtlich des künftigen wirtschaftlichen Nutzenzuflusses kamen. Diese Tatsache basiert auf dem Gedanken, dass die bei der Anschaffung entstandenen Aufwendungen wirtschaftlich betrachtet das Ziel haben, in der Zukunft Erträge zu generieren. Diese Möglichkeit definiert nach den IFRS Vermögen. Durch die Aktivierung dieses Vermögens soll erreicht

[672] Siehe Framework Tz. 49a.

werden, dass den zukünftigen Erträgen der Aufwand aus der Vermögensnutzung einerseits nach wirtschaftlicher Verursachungsart (Werteverzehr) und andererseits im Verursachungszeitpunkt gegenübergestellt werden.

- Auch die Umsatz- und Gewinnrealisation (Revenue Recognition) folgt nach IFRS einer wirtschaftlichen Betrachtungsweise mit Fokus auf verursachungsgerechte periodische Zugehörigkeit. Im Hinblick auf die betrachteten Vereinbarungen der komplexen Lieferantenbeziehung wurde dies vor allem bei *langfristigen Fertigungsaufträgen* und der Anwendung von IAS 11 deutlich. Hier ist anders als im HGB nicht der Sprung zum Absatzmarkt für die Umsatz- und Gewinnrealisation entscheidend, sondern der Fertigstellungsgrad (**PoC-Methode**). Die Besonderheit ist, dass sowohl Aufwendungen als auch Erträge in der Periode ihrer wirtschaftlichen Verursachung, d.h. zum Zeitpunkt der tatsächlichen Leistungserbringung, in Bilanz und GuV erfasst werden. Als zentrale Bedingung zur Anwendung der PoC-Methode ist gefordert, dass eine *verlässliche Einschätzung* des Ergebnisses des Fertigungsauftrags möglich ist.

- Bei der Ausarbeitung ist für Abbildungsmöglichkeiten nach IFRS allgemein deutlich geworden, dass die periodengerechte und wirtschaftlich gerichtete Informationsvermittlung im Wesentlichen von **Einschätzungen des Bilanzierenden** beherrscht wird. Diese Erkenntnis wurde sowohl bei der Erfassung von Vermögen (Einschätzung zukünftigen wirtschaftlichen Nutzenzuflusses) als auch von Schulden bzw. Rückstellungen (Einschätzungen über Eintrittswahrscheinlichkeiten und Höhe der Verpflichtungsüberschüsse) deutlich. Einen besonders hohen Stellenwert nehmen Einschätzungen zudem bei der gerade angesprochenen PoC-Methode zur Umsatz- und Gewinnrealisation für langfristige Fertigungsaufträge ein. Die Realisation von Gewinnen ist nur dann möglich, wenn der Bilanzierende in der Lage ist, eine *Schätzung* über das Ergebnis des Fertigungsauftrags aufzustellen. Dabei fordern die IFRS für Schätzungen regelmäßig „Verlässlichkeit" ein. Es bleibt aber meist offen, welche konkreten Anforderungen an *verlässliche Schätzungen* zu stellen sind. Die Tatsache, dass mit Schätzungen stets Ungenauigkeiten sowie subjektive Ermessensspielräume verbunden sind, und somit per Definition ein Konflikt zur Verlässlichkeit besteht, führen nach IFRS jedenfalls nicht zu negativer Auslegung. Die

Verwendung von Schätzungen gilt nach IFRS explizit als ein wesentlicher Bestandteil bei der Aufstellung von Abschlüssen und beeinträchtigt nicht deren Verlässlichkeit.[673]

- In verschiedenen Vereinbarungen war es nach IFRS erforderlich, eine umfassende Analyse hinsichtlich der **Leasingverhältnisse** durchzuführen. Dieser Umstand resultierte aus Vereinbarungen, wo aufgrund einer *wirtschaftlichen Sichtweise* eine Aufteilung von wirtschaftlichem und rechtlichem Eigentum zu vermuten war. Die Abbildung von Leasingverhältnissen ist ein wesentlicher Bestandteil der IFRS. Mit IAS 17 existiert ein konkreter Standard, der die Abbildung von Vermögenswerten bei Auseinanderfallen von rechtlichem und wirtschaftlichem Eigentum bei Leasingnehmer und Leasinggeber detailliert regelt. In der betrachteten Lieferantenbeziehung kommt es aber primär deswegen zur Würdigung von Leasingverhältnissen, weil mit IFRIC 4 auch für **indirekte Leasingverhältnisse** eine Regelung existiert. Auch wenn bei einigen Vereinbarungen die F&E-Ergebnisse und kundenspezifischen Werkzeuge formell zu rechtlichem und wirtschaftlichen Eigentum beim 1st-Tier Supplier führen und explizit keine Übertragung von Nutzungsrechten vereinbart wurde, konnte aufgrund der Spezifität des Endprodukts und der damit verbundenen alleinigen Nachfrage durch den OEM dennoch ein Leasingverhältnis festgestellt werden. Hierbei wurde aus einer wirtschaftlichen Betrachtungsweise heraus dem OEM das wirtschaftliche Eigentum an den F&E-Ergebnissen sowie an den kundenspezifischen Werkzeugen zugerechnet und dieser unter Klassifizierung eines Finanzierungsleasingverhältnisses als Leasingnehmer bewertet. Die Folge war der Ansatz des Vermögenswertes beim OEM als Leasingnehmer und der Ansatz einer Forderung beim 1st-Tier Supplier als Leasinggeber. Für die Bewertung waren aber auch hier **Einschätzungen des Bilanzierenden** unumgänglich.

5.4.2 Kritische Würdigung

5.4.2.1 Ausgangslage

Der Hauptzweck der IFRS-Rechnungslegung gilt explizit der Vermittlung entscheidungsrelevanter Informationen an die Adressaten. Hierbei wird der Basisgrundsatz der periodengerechten Erfolgsermittlung nach wirtschaftlicher Verursachung verfolgt. Bei der oben erfolgten Aufarbeitung der wesentlichen Abbildungskonsequenzen ist konkret verdeutlicht geworden, dass die Erfassung von Vereinbarungen der Lieferantenbeziehung nach IFRS stark durch die

---

[673] Siehe IAS 37.25.

Dominanz dieser Konzepte geprägt wird. Vor diesem Hintergrund könnte bei Berücksichtigung der eben aufgezeigten Abbildungskonsequenzen zur Erfassung von Jahresabschlussposten zunächst davon ausgegangen werden, dass die Informationsinteressen der Adressaten an der VFE-Lage ausreichend erfüllt werden. Der im HGB entstandene Vorwurf übertriebener Vorsicht und vergangenheitsorientierter Sichtweise ist den IFRS kaum vorzuhalten.

Für die Abbildung der verschiedenen Phasen mit seinen Vereinbarungen bestehen nur moderate Hürden zur Erfassung von Vermögen und Erträgen. Es wurde deutlich, dass die wirtschaftliche und periodengerechte Abbildung von Geschäftsvorfällen im Wesentlichen auf **Einschätzungen** des Bilanzierenden basieren. Es gilt nun zu untersuchen, welche Auswirkungen die gezeigten Abbildungskonsequenzen auf die VFE-Lage nehmen und inwieweit für die Adressaten ein den tatsächlichen Verhältnissen entsprechendes Bild vermittelt wird bzw. vermittelt werden kann.

5.4.2.2 Der Einfluss von Schätzungen auf die IFRS-Rechnungslegung

Bei der Ausarbeitung der Abbildungsmöglichkeiten wurden sehr spezifische Geschäftsvorfälle mit *langfristigen* Auswirkungen betrachtet. Dabei wurde deutlich, dass die Abbildung der Geschäftsvorfälle in der Regel von Ereignissen der Zukunft abhängen. So ist die Erfassung von Vermögen und Erträgen stets abhängig vom zukünftigen Nutzenzufluss. Es ist dabei ohne weitere detaillierte Analyse offensichtlich, dass ob der Langfristigkeit und Zukunftsorientierung hinsichtlich des zukünftigen Nutzenzuflusses ein erhöhtes Maß an **Unsicherheit** besteht. Inwieweit dieses Maß an Unsicherheit eine Auswirkung auf die Erfassung von Vermögen und Erträgen nehmen kann, hat der Bilanzierende mittels einer **subjektiven Einschätzung** selbst zu entscheiden.

Derlei Schätzungen erlangten bei der Ausarbeitung von Abbildungsmöglichkeiten für die komplexe Lieferantenbeziehung sowohl bei der Ertragsrealisation nach PoC (1st-Tier Supplier), bei der Erfassung von Vermögenswerten (OEM und 1st-Tier Supplier), bei der Erfassung von Drohverlustrückstellungen (1st-Tier Supplier) sowie bei der Bewertung von Leasingverhältnissen (OEM und 1st-Tier Supplier) zentrale Bedeutung. Der Bilanzierende kann in den genannten Fällen, die Abbildung des Geschäftsvorfalls maßgeblich steuern, so lange eine Schätzung grundsätzlich möglich ist und diese als **verlässlich** bewertet werden kann. Im IFRS-Framework wird in F.33 angeführt, Informationen (und damit auch Schätzungen) seien *verlässlich*, „wenn sie keine wesentlichen Fehler enthalten und frei von verzerrenden Einflüssen sind und sich die Adressaten darauf verlassen können, dass sie glaubwürdig darstellen, was sie vorgeben darzustellen oder was vernünftigerweise inhaltlich von ihnen erwartet werden kann“. Bei eingehender Betrachtung der Kriterien zur Ertragsrealisation, Vermögenserfassung und Rückstellungsbildung, stellt sich die Frage, ob die Forderung nach einer *Schätzung*, die *verlässlich* und damit frei „von wesentlichen Fehlern…und verzerrenden Einflüssen“ sein soll, nicht unmittelbar einen Widerspruch darstellt.

Zwar widerspricht IAS 37.25 explizit einer Beeinträchtigung der Verlässlichkeit durch verwendete Schätzungen. Zur Abbildung einer Schätzung in der Rechnungslegung kommt es aber doch immer dann, wenn Ansatz und Bewertung einer Jahresabschlussposition *nicht exakt* ermittelt werden können.[674] Die Aufstellung einer Schätzung über unsichere und unbeeinflussbare Ereignisse in der Zukunft kann daher nicht den Anspruch erheben, frei von wesentlichen Fehlern zu sein, da niemand im Vorfeld die genauen Werte kennt. So bemerkt *Lüdenbach* auch treffend, dass „der Vornahme von Schätzungen…im Kern immer der Fehler inne [wohnt].“[675] Angesetzte Näherungswerte bestimmen sich aus subjektiven Erwartungen und individuell gewichteten Eintrittswahrscheinlichkeiten dem Werte und dem Grunde nach, die nur in den seltensten Fällen mit den tatsächlichen Begebenheiten übereinstimmen. Hierdurch kommt es zu legitimen Fehlschätzungen und damit Schätzungstoleranzen, die sich zum einen aus dem innewohnenden Fehler und zusätzlich aus Beurteilungs- und Ermessensspielräumen rechtfertigen lassen und nicht selten bilanzpolitisch genutzt werden. Nach *Clemm* sind „die Schätzungsunsicherheiten bzw. die Bandbreiten vertretbarer und logisch begründbarer und damit unwiderlegbarer Werte für diese Positionen…so erheblich, daß in ihnen volle oder sogar mehrere normale Jahresergebnisse Platz haben“[676]. Die individuell vertretenen und begründbaren Auffassungen der Unternehmen bzgl. zukünftiger Chancen und Risiken und daraus hervorgehende *Verlässlichkeit* einer Schätzung sind im Rahmen der bestehenden Reglungen kaum objektiv zu beurteilen.[677] Wenn das ausschlaggebende Kriterium zur Abbildung der genannten Geschäftsvorfälle *verlässliche* Schätzungen sein soll, so bedarf es einer objektiven Festlegung zur Bestimmung der Schätzung, die mit eingrenzenden Vorgaben zwar nicht die „innewohnenden Fehler“ beseitigen kann, zumindest aber bilanzpolitische Ermessensspielräume minimiert und anhand objektiver Maßstäbe *Verlässlichkeit* garantiert. Weder speziell IAS 11, 18, 37 oder 38 noch die IFRS allgemein bieten hier eine ausreichende Lösung.

---

674 Vgl. *IDW PS 314* (2001); S. 906f.; vgl. Zudem *IDW PS 314 n.F.* (2009), Tz. 10-14.
675 Vgl. *Lüdenbach* (2008); § 24 Tz. 39.
676 Vgl. *Clemm* (1990), S. 781.
677 Vgl. *Grau (2002), S.* 103-105.

Die Informationsvermittlung nach IFRS kann daher zwar den Anspruch erheben, eine wirtschaftliche und periodengerechte Informationsvermittlung zu verfolgen. Der Anspruch auf eine glaubwürdige Darstellung der tatsächlichen Verhältnisse ist aufgrund des starken Einflusses von subjektiven Entscheidungen jedoch in erster Instanz kaum nachweisbar. Die Vermutung liegt nahe, dass die Abbildung von Vereinbarungen der betrachteten Lieferantenbeziehung jeweils in Abhängigkeit individueller Einschätzungen des Bilanzierenden erfolgen und somit trotz äquivalenter ökonomischer Rahmenbedingungen eine unterschiedliche Darstellung der VFE-Lage erfolgen kann. Die Informationsvermittlung erfolgt so zwar frei von periodischen und wirtschaftlichen Verzerrungen, dieser vermeintliche Vorteil erfolgt aber auf Kosten subjektiver Verzerrungen, die sich aus den verschiedenen Einschätzungen heraus ergeben. Dass sich so eine verbesserte Darstellung der tatsächlichen Verhältnisse ergibt ist zu bezweifeln.

Die Verzerrung, die sich aus einer Schätzung ergibt, entsteht aus der Summe von *innewohnendem Fehler* und *bilanzpolitisch geprägten Schätzgrößen*. Dabei ergibt sich der innewohnende Fehler im Wesentlichen aus Unsicherheit über die Zukunft. Die dabei entstehende Verzerrung kann zwar mittels statistischer Methoden minimiert, aber nie ganz ausgeschlossen werden kann. Grundsätzlich führt dieser Fehler alleine betrachtet nur in seltenen Fällen zu einer wesentlichen Verzerrung. Die entscheidende Rolle spielt das vom Bilanzierenden ausgeübte subjektive Ermessen, das bei Annahme rationalen Handelns niemals ohne bilanzpolitische Anreize ausgeübt wird. Die hierbei entstehenden Verzerrungen können das Bild der VFE-Lage derart beeinträchtigen, dass ein tatsächliches Bild der Gesellschaft nicht mehr vermittelt wird.

Durch die aufgezeigten Nachteile der besonderen Bedeutung von Schätzungen für die Abbildung der komplexen Lieferantenbeziehung nach IFRS ist eine glaubwürdige, d.h. unverzerrte, objektive und neutrale Informationsvermittlung in der VFE-Lage kaum möglich. Die Anwendung von Schätzungen ist aber aufgrund der expliziten Verankerung in den IFRS-Standards nicht zu umgehen. Um dennoch ein Bild über die tatsächlichen Verhältnisse der Gesellschaft in der VFE-Lage zu vermitteln, bedarf es einerseits eines objektiven Schätzverfahrens und andererseits des Verzichts auf Ausübung von Bilanzpolitik. Darüber hinaus sind die verwendeten Schätzverfahren und getroffenen Annahmen den Adressaten im *Anhang* mitzuteilen. Für die aufgezeigten Abbildungskonsequenzen soll daher im Folgenden untersucht werden, wie eine Darstellung der tatsächlichen Verhältnisse trotz Notwendigkeit zur Schätzung erreicht werden kann.

5.4.2.3 Ansatz und Bewertung von Vermögen

Der Ansatz von Vermögen war in der betrachteten Lieferantenbeziehung häufig davon abhängig, inwieweit eine positive Einschätzung darüber vorlag, dass es in der Zukunft zu wirtschaftlichem Nutzenzufluss für das bilanzierende Unternehmen kommt. Diese Frage war seitens des OEMs grundsätzlich beim Erwerb von erteilten Auftragsleistungen (F&E und kundenspezifischen Werkzeugen) und zudem für OEM wie 1st-Tier Supplier bei selbsterstellten immateriellen Vermögenswerten zu beantworten.

Bei Berücksichtigung der betrachteten ökonomischen Zusammenhänge der Lieferantenbeziehung ist der Ansatz von Vermögenswerten nach der hier vertretenen Auffassung unproblematisch und sogar zwingend geboten. Es ist hinreichend sicher, dass es in der Zukunft zu Fahrzeugverkäufen an Endkunden kommen wird. Demzufolge kommt es sowohl für erworbene wie auch für selbsterstellte F&E-Ergebnisse oder Werkzeuge zukünftig zu Nutzenzufluss. Die Gesellschaften verfügen jeweils über Vermögen, über das der Adressat zu informieren ist. Eine gewinnmindernde Erfassung der getätigten Aufwendungen kommt nicht in Betracht, da diese Darstellung die tatsächlichen Verhältnisse unnötig verzerren würde.[678] Beim Ansatz der Vermögenswerte stellt die Notwendigkeit zur Einschätzung über künftigen Nutzenzufluss kein kritisches Problem dar.

Der kritische Einfluss von Schätzungen ergibt sich hinsichtlich der Erfassung von Vermögenswerten nur für jene Vereinbarungen, in denen die Höhe der Anschaffungs- bzw. Herstellungskosten unsicher sind. So kommt es in einigen Vereinbarungen für den OEM zum Erwerb von F&E-Ergebnissen bzw. kundenspezifischen Werkzeugen, deren Vergütung an nachgelagerte Teilebestellungen gekoppelt ist. Die tatsächliche Höhe dieser Teilebestellung ist im Aktivierungszeitpunkt des Vermögenswertes aber ungewiss. Um in diesen Fällen die Anschaffungskosten zu bestimmen, ist eine Einschätzung der voraussichtlich in der Zukunft nachgefragten und abgenommenen Teilemengen erforderlich. Analog lassen sich bei Eigenherstellung zwar in einem ersten Schritt die Herstellungskosten problemlos festlegen. Die Amortisation der aktivierten Kosten hängt aber wiederum an ausreichenden Teileabnahmen, so dass schon im Zeitpunkt der Aktivierung Unsicherheit über die tatsächliche Höhe der Bewertung besteht. In beiden Fällen kommt das jeweils bilanzierende Unternehmen nicht umhin, eine subjektive Einschätzung vorzunehmen und auf dieser Basis die Bewertungshöhe

---

678 Vgl. hierzu die Ausführungen der kritischen Würdigung nach Handelsrecht in Abschnitt

festzulegen. Die Art und Weise der Schätzung nimmt dabei maßgeblichen Einfluss auf die Informationsvermittlung in der Vermögens- und Ertragslage.

Handlungsempfehlung

Dass es zum Ansatz eines Vermögenswertes kommt, ist nach der hier vertretenen Auffassung im Hinblick auf die Vermittlung eines den tatsächlichen Vermögensverhältnissen Bildes ohne Alternative. Fraglich ist, wie eine Bewertung erreicht werden kann, die *glaubwürdig* das wirtschaftliche Nutzenpotenzial des aktivierten Vermögenswertes in Vermögens- und Ertragslage wiedergibt. Wie schon im HGB kann hinsichtlich einer objektiven Vorgehensweise zwar auch auf den Abschlussprüfer verwiesen werden. Um eine möglichst unverzerrte und objektive Schätzung mit geringen innewohnenden Fehlern aufzustellen, ist zunächst auf vereinbarte Planmengen zwischen OEM und 1st-Tier Supplier sowie weitere Prognosen abzustellen, sofern sich aus Erfahrungen der Vergangenheit ergibt, dass diese der Realität entsprechen. Hat sich in der Vergangenheit gezeigt, dass Planungsrechnungen zu Abnahmemengen keinen Bestand hatten, sind (pauschale) Risikoabschläge vorzunehmen. Auch wenn es sich hierbei ebenfalls um Schätzungen handelt, führt diese Vorgehensweise zu einer besseren Darstellung der VFE-Lage, als wenn der Ansatz eines Vermögenswertes (wie im HGB) unterbleiben würde. Nach der hier vertretenen Auffassung führt eine Schätzung, selbst wenn dieser Fehler inne wohnen, nicht zu einer vergleichbaren Verzerrung der Vermögens- und Ertragslage. Die Problematik einer Informationsvermittlung, die auf eine Aktivierung verzichtet, wurde in der handelsrechtlichen Würdigung bereits verdeutlich.[679] Dass es dabei zu einer möglichst glaubwürdigen Darstellung kommt, hängt jedoch in letzter Instanz vom Bilanzierenden ab. Es ist erforderlich, eine übertrieben vorsichtige wie übertrieben optimistische Einschätzung zu unterlassen. Zudem sollten die Methodik des Schätzverfahrens und die getroffenen Annahmen im *Anhang* angegeben werden. Es bleibt jedoch festzuhalten, dass die Ausübung von Ermessensspielraum faktisch kaum verhindert werden kann, sofern diese gewollt ist und sich begründen lässt.

5.4.2.4 Saldierungsbereich bei Drohverlusten

Für die Bestimmung des Saldierungsbereichs gilt die bereits für das Handelsrecht erfolgte Auslegung aus Abschnitt 5.3.2.4.2 analog.

---

679 Vgl. Abschnitt 5.3.2.2.

5.4.2.5 Gewinn- und Umsatzrealisation auf Basis der PoC-Methode

In zahlreichen Vereinbarungen, in denen der OEM beim 1st-Tier Supplier auf Basis eines Werkvertrages die Erstellung von F&E-Tätigkeiten und kundenspezifischen Werkzeugen in Auftrag gibt, ist der Leistungsaustausch als *langfristiger Fertigungsauftrag* zu qualifizieren, der nach IAS 11 abzubilden ist. Dabei sind Aufwendungen zu dem Zeitpunkt zu erfassen, in denen sie wirtschaftlich anfallen. Ihnen sind auf Basis der PoC-Methode Erträge gegenüberzustellen und Gewinne zu erfassen, soweit das Ergebnis des Fertigungsauftrags verlässlich zu schätzen ist. Aufgrund der Langfristigkeit des Auftrags bestehen für das Ergebnis des Fertigungsauftrags stets allgemeine und schwer einschätzbare Risiken, wie Preisgleitklauseln, Änderungswünsche, Nachforderungen, Terminprobleme etc.[680] Noch schwerer wiegt die Unsicherheit aber in jenen Vereinbarungen, in denen die Zahlung der vereinbarten Vergütung an spätere Abnahmemengen des OEMs gekoppelt ist. Da hier meist keine Abnahmegarantie gilt bzw. die Werthaltigkeit solcher Garantien stark zu bezweifeln ist, ist die Amortisation der getätigten Aufwendungen ungewiss. Kommt es hier zu einer Einschätzung, kann diese unter normalen Voraussetzungen unmöglich frei von Fehlern sein.

In Abschnitt 4.2.3.1.2.2 wurde dennoch bereits verdeutlicht, dass der Bilanzierende in aller Regel frei darüber entscheiden kann, ob eine solche Schätzung möglich ist oder nicht. Der Bilanzpolitik sind an dieser Stelle wenig Grenzen gesetzt. Das bilanzierende Unternehmen wird die Unverlässlichkeit einer Schätzung ebenso begründen können wie deren Verlässlichkeit. Die damit verbundene grundsätzliche Problematik hinsichtlich der Darstellung der tatsächlichen Verhältnisse ist nur schwer zu überbrücken.

Handlungsempfehlung

In Abschnitt 4.2.3.1.2.2 wurde bereits eine mögliche Vorgehensweise erarbeitet. Hierbei hat der Bilanzierende aufgrund von Erfahrungen der Vergangenheit und Zukunftsprognosen einzuschätzen, ob die vom OEM geplanten Abnahmemengen und die damit verbundene Vergütung und enthaltene Gewinnmarge auch tatsächlich zustande kommen. Bei dieser Einschätzung ist weder übertrieben vorsichtig noch übertrieben optimistisch vorzugehen. Durch eine objektive und neutrale Vorgehensweise ist so der innewohnende Fehler so gering wie möglich zu halten. Ist eine hinreichend sichere Schätzbarkeit des Ergebnisses möglich, kommt die Form der periodengerechten Aufwands- und Ertragsrealisation einer Darstellung der

---

[680] Vgl. *Baetge/Kirsch/Thiele* (2007), S. 686.

tatsächlichen Verhältnisse sehr nahe und bedient weitestgehend die Informationsinteressen der Adressaten hinsichtlich der Vermögens- und Ertragslage. Die dabei enthaltenen Schätzfehler sind hinsichtlich der Qualität der Informationsvermittlung solange zu vernachlässigen, wie die damit verbundenen Verzerrungseffekte kleiner denen einer Gewinnrealisation bei Sprung zum Absatzmarkt sind.

Liegen starke Unsicherheiten hinsichtlich der Teileabnahmemengen vor, sollte in jedem Fall auf die Gewinnrealisation verzichtet werden und die Ertragsrealisation maximal in Höhe der erfassten Aufwendungen vorgenommen werden. Die Ertragsrealisation ganz zu unterlassen und an den Sprung zum Absatzmarkt zu koppeln, kann nach der hier vertretenen Auffassung nur eine Lösung sein, wenn die Unsicherheiten so schwer wiegen, dass mit einer Vergütung nicht zu rechnen ist. Andernfalls werden Vermögens- und Ertragslage zu stark verzerrt dargestellt. Inwieweit eine Darstellung der tatsächlichen Verhältnisse möglich ist, hängt wiederum vom bilanzierenden Individuum ab. Wird auf bewusste Ausübung des (zulässigen wenn ökonomisch begründbaren) bilanzpolitischen Ermessensspielraums verzichtet, sind prinzipiell nur unwesentliche Schätzungenauigkeiten zu erwarten. Zudem sollten die Methodik des Schätzverfahrens und die getroffenen Annahmen im *Anhang* angegeben werden. Wie für alle zugelassenen Schätzgrößen gilt aber, dass die Ausübung von Ermessensspielraum faktisch kaum verhindert werden kann, sofern diese gewollt und begründbar ist.

5.4.2.6 Leasing

Bei der Klassifizierung von Leasingverhältnissen nach IFRIC 4 und der Anwendung von IAS 17 ist in der Ausarbeitung deutlich geworden, dass die Regelungen der Leasingbilanzierung nach IFRS nur schwer auf die spezifischen Vereinbarungen der komplexen Lieferantenbeziehung anzuwenden sind. In den betrachteten Fällen hält der 1st-Tier Supplier jeweils das rechtliche und wirtschaftliche Eigentum an F&E-Ergebnissen wie kundenspezifischen Werkzeugen.[681] Durch IFRIC 4 ist aber eine indirekte Übertragung eines Nutzungsrechts anzunehmen, wodurch der OEM zum Leasingnehmer in einem Finanzierungsleasingverhältnis nach IAS 17 wird. Demzufolge hat der OEM die Vermögenswerte als wirtschaftlicher Eigentümer zu aktivieren und der 1st-Tier Supplier eine Forderung anzusetzen. Die Bewertung hat in Höhe der Mindestleasingzahlungen zu erfolgen. Als Mintdesleasingzahlungen gelten nach IAS 17 aber jene Zahlungen, die der Leasingnehmers

---

[681] Vgl. Abschnitt 4.2.3.5.2.2 und 4.3.3.5.2.2

zu leisten hat. In den betrachteten Vereinbarungen sind die Zahlungen für die Nutzung wiederum verzögert zum Zeitpunkt der Serienfertigung an den Teilepreis gekoppelt. Hierbei liegen entweder keine Abnahmegarantien vor oder aber die Werthaltigkeit kann aus einer wirtschaftlichen Betrachtungsweise angezweifelt werden. Für die Höhe der Mindestleasingzahlungen lässt sich hier problemlos ein Wert von Null rechtfertigen, da der 1st-Tier Supplier den OEM nicht zur Zahlung verpflichten kann, wenn dieser keine Teile abnimmt. Demzufolge eröffnet sich an dieser Stelle erneut ein Ermessensspielraum, indem Mindestleasingzahlungen mit Null vertretbar sind wie auch eine Schätzung der voraussichtlich eingehenden Zahlungen.

Handlungsempfehlung

Nach der hier vertretenen Auffassung ist die Bewertung der Mindestleasingzahlungen in Höhe von Null auszuschließen. Es ist grundsätzlich davon auszugehen, dass es zu Teileabnahmen kommen wird. Der Ansatz mit Null führt beim 1st-Tier Supplier zu einem gewinnmindernden Vermögensabgang im Übergabezeitpunkt und direkt gewinnerhöhendem Vermögenszugang bei Teileabnahmen. Diese Vorgehensweise verzerrt das Bild der VFE-Lage vollständig und wird den Informationsinteressen der Adressaten keinesfalls gerecht. Die Mindestleasingzahlungen sind demnach in der Höhe anzusetzen, in der Teileabnahmen geschätzt werden. Die Vorgehensweise zur Schätzung entspricht dabei der eben geschilderten für die Gewinn- und Umsatzrealisation nach IAS 11. Die Methodik des Schätzverfahrens und die getroffenen Annahmen sollten den Adressaten im *Anhang* vermittelt werden. Allgemein ist hingegen die Frage zu stellen, ob die Anwendung von IFRIC 4 für die betrachteten Fälle der Lieferantenbeziehung überhaupt in Frage kommen sollte. Es ist anzunehmen, dass der Ansatz und Ausweis der Vermögenswerte beim 1st-Tier Supplier zu keiner schlechteren Darstellung der VFE-Lage führte, als die von Schätzungen geprägte Anwendung von IAS 17.

5.4.3 Fazit

Die Aufarbeitung wesentlicher zweckorientierter Abbildungskonsequenzen nach IFRS hat im Hinblick auf eine Darstellung des den tatsächlichen Verhältnissen entsprechenden Bildes der VFE-Lage vor allem das Problem des übermäßigen Einflusses von Schätzungen ergeben, die im Hinblick auf verschiedene Geschäftsvorfälle der Lieferantenbeziehung kritisch gewürdigt wurden. Hierbei wurde soweit möglich jeweils eine Handlungsempfehlung erarbeitet, um die identifizierten Probleme der Informationsvermittlung zu lösen. Abbildung 35 fasst die vorangegangenen Ergebnisse skizzenartig zusammen.

Kritische Abbildungs-konsequenz	Schätzungen als zentrale Notwendigkeit zur Erfassung von Geschäftsvorfällen	Erfassung von Vermögen	Saldierungsbereich von Drohverlust-rückstellungen	Umsatz- und Gewinnrealisation bei langfristiger Auftragsfertigung	Anwendung von IAS 17
Problematik	Verzerrung der Vermögens- und Ertragslage durch subjektive Ein-schätzungen, Ermessensspiel-raum und Bilanz-politik	Verzerrung der Vermögens- und Ertragslage durch subjektive Ein-schätzungen, Ermessensspiel-raum und Bilanz-politik	Verzerrung der Vermögens- und Ertragslage durch subjektive Ein-schätzungen, Ermessensspiel-raum und Bilanz-politik	Verzerrung der Vermögens- und Ertragslage durch subjektive Ein-schätzungen, Ermessensspiel-raum und Bilanz-politik	Unvollständiger und ungenauer Vermögensausweis
Handlungsempfehlung	objektive Schätzung soweit möglich, Verzicht auf Bilanzpolitik, Ungenaigkeiten aber nicht zu verhindern	objektive Schätzung der AK/HK soweit möglich, Verzicht auf Bilanzpolitik, Ungenaigkeiten aber nicht zu verhindern	objektive Festlegung des Saldierungsbereichs so weit möglich, Ungenauigkeiten aber nicht zu verhindern	objektive Schätzung des Ergebnisses soweit möglich, Verzicht auf Bilanzpolitik, Ungenaigkeiten aber nicht zu verhindern	Mindestleasingzahl ungen aufgrund hinreichend sicherer Erwartungen, Schätzung objektiv und ohne Bilanzpolitik vorhehmen, Ungenauigkeiten aber nicht zu verhindern.

Quelle: Eigene Darstellung

Abbildung 35: Zusammenfassung der Ergebnisse der kritischen Würdigung nach IFRS

Zusammenfassend führt das Konzept der Periodenabgrenzung und wirtschaftlicher Verursachung auf der Basis von Schätzungen dann zu einer verbesserten Vermittlung der tatsächlichen Verhältnisse, wenn vom Bilanzierenden versucht wird, aufgrund einer **objektiven** Vorgehensweise den innewohnenden Fehler so gering wie möglich zu halten und die Ungenauigkeit der Schätzung nicht durch Ausübung von bilanzpolitischem Ermessensspielraum noch zusätzlich erhöht wird. Inwieweit diese Vorgehensweise gelingt, hängt in hohem Maße vom Bilanzierenden selbst ab. Hier wären konkretere Anforderungen und Vorgaben an Schätzungen seitens der IFRS erstrebenswert.

5.5 Resümee und Ausblick

5.5.1 Allgemein

In der kritischen Würdigung ist deutlich geworden, dass eine Darstellung der tatsächlichen Verhältnisse der VFE-Lage durch bloße Anwendung der Rechnungslegungsregeln nach HGB und IFRS nicht gelingen kann. Um die Informationsinteressen der Adressaten ausreichend zu bedienen, ist der Bilanzierende gefordert, durch eine entsprechende Vorgehensweise und zusätzliche Anstrengungen auf eine solche Darstellung hinzuwirken. So kann es nach HGB nur dann gelingen, die tatsächlichen Verhältnisse der VFE-Lage eines Unternehmens darzustellen, wenn die stark vom Vorsichtsprinzip geprägte und dadurch verzerrte Bilanz und GUV über umfassende Anhangsangaben korrigiert wird.

Nach IFRS hingegen führt die periodengerechte Erfolgsermittlung auf Basis wirtschaftlicher Betrachtungsweise nur zur entscheidungsrelevanten Informationsvermittlung über die tatsächlichen Verhältnisse, wenn es bei verwendeten Schätzungen nicht zu übertriebenen Fehlern aus bilanzpolitischen Anreizen kommt. Vergleicht man die Qualität beider Rechnungslegungssysteme im Hinblick auf die Darstellung der tatsächlichen Verhältnisse führt vereinfacht betrachtet die periodengerechte Erfolgsermittlung nach IFRS immer dann zu einer besseren Darstellung der VFE-Lage, solange die Grenzkosten der Verzerrung aus Schätzungen kleiner den Grenzkosten der Verzerrung des Vorsichtsprinzips sind.

Es ist deutlich geworden, dass einige Vereinbarungen der betrachteten Lieferantenbeziehung ökonomisch derart speziell sind, dass eine Abbildung der tatsächlichen Verhältnisse für die Informationsinteressen der Adressaten nur ermöglicht wird, wenn Schätzverfahren zur Anwendung kommen. Aufgrund der Langfristigkeit und der damit verbundenen Unsicherheit im Hinblick auf die Ereignisse der Zukunft lassen sich diese Geschäftsvorfälle der komplexen Lieferantenbeziehung für die periodengerechte Informationsvermittlung nicht anders darstellen. Das Vorsichtsprinzip, das dazu führt, sämtliche Unsicherheiten auszusitzen, führt zu einer unverhältnismäßigen Verzerrung von Vermögens- und Ertragslage und kann das tatsächliche Bild der Lage einer Gesellschaft nicht vermitteln. Schätzungen sind demzufolge unvermeidbar. Werden hierbei objektive Schätzverfahren mit möglichst geringem innewohnendem Fehler verwendet und im Anschluss keine zusätzliche Verzerrungen aus bilanzpolitischen Motiven hinzugefügt, ist die Verwendung von Schätzverfahren zur periodengerechten Informationsvermittlung nach IFRS der vorsichtigen Ergebnisermittlung des HGB im Hinblick auf eine glaubwürdige Darstellung der tatsächlichen Verhältnisse vorzuziehen.

Es bleibt an dieser Stelle trotz der erfolgten Handlungsempfehlungen festzuhalten, dass die in beiden Rechnungslegungssystemen zugelassenen Ermessensspielräume und Wahlrechte einen zentralen und gewichtigen Widerspruch zur geforderten unverzerrten Informationsvermittlung darstellen. Solange Individuen mit subjektiven ökonomischen Anreizen Gestaltungspotenzial explizit eingeräumt wird, ist davon auszugehen, dass es auch zur Anwendung kommt.

Die Forderung der IFRS nach objektiven Schätzungen, die frei von Fehlern sind, sind als realitätsfremd zu kritisieren, solange keine konkreten Anforderungen oder Schätzverfahren vorgegeben werden. Die Forderung des HGB, eine Darstellung der tatsächlichen Verhältnisse der VFE-Lage unter strenger Berücksichtigung der GoB vorzunehmen, ist zumindest für die hier betrachtete komplexe Lieferantenbeziehung ebenfalls realitätsfremd. Da für das HGB die Forderung nach einer Durchbrechung des Vorsichtsprinzips ebenfalls unrealistisch ist, sind hier wenigstens konkrete Anforderungen an Anhangsangaben gefordert. Wenn der Gesetzgeber die Verzerrung der tatsächlichen Verhältnisse schon bewusst zulässt, so sollten für den Anhang entsprechende Anforderungen ausformuliert werden, die die Informationslücken schließen.

5.5.2 Bilanzpolitische Anreize für die Wahl von Vereinbarungen

Die Ausarbeitung in Kapitel 4 hat ergeben, dass es in Abhängigkeit der jeweiligen formellen Vereinbarung zu unterschiedlichen Abbildungsmöglichkeiten sowohl für HGB als auch für IFRS kommt. Die eben erfolgte Analyse hat dabei gezeigt, dass Unterschiede in den Vereinbarungen teilweise erheblichen Einfluss auf die Darstellung der VFE-Lage nehmen. Dabei ist vor allem festzuhalten, dass ökonomisch gleichwertige Lieferungen und Leistungen einer Phase in Abhängigkeit getroffener Vereinbarungen teilweise völlig unterschiedlich dargestellt werden. Die Vermutung liegt daher nahe, dass neben in den Kapitel 3 erarbeiteten ökonomischen Anreizen bezüglich bestimmter Vereinbarungen auch bilanzpolitische Interessen eine Rolle spielen werden. Ohne diesen Gedanken an dieser Stelle weiterauszuführen, kann angenommen werden, dass bei der Wahl einer Vereinbarung die Auswirkung auf die Darstellung der VFE-Lage eine nicht zu unterschätzende Rolle spielen wird. Dabei kann unterstellt werden, dass die hier aufgezeigten Rechnungslegungslücken und Schwierigkeiten den Bilanzierenden sehr wohl bekannt sein dürften und teilweise bewusst angewendet werden, um ein gewünschtes Bild der VFE-Lage zu vermitteln.

5.5.3 Leasing

In der Ausarbeitung wurde deutlich, dass Regelungen zur Bilanzierung der in der Lieferantenbeziehung anzunehmenden Leasingverhältnisse entweder nicht existieren (HGB) oder aufgrund unzureichender Ausführungen (IFRIC 4 und IAS 17) nicht zu einer verbesserten Abbildung der tatsächlichen Verhältnisse führen.

Für die Leasingbilanzierung nach IFRS ist vom IASB derzeit in Gemeinschaft mit dem FASB eine grundlegende Reform in Planung. Diesbezüglich ist im März 2009 das Diskussionspapier

"Leases: Preliminary Views" veröffentlicht worden.[682] Zur Diskussion steht, Leasingverhältnisse in Zukunft ausschließlich in Anlehnung an Nutzungsrechte abzubilden. Vereinfacht würde diese Vorgehensweise dazu führen, dass in einem Leasingverhältnis jede Partei den von ihr verfügten Anteil an Nutzungsrechten an einem Vermögenswert als Vermögen zu erfassen hätte. Bei einem Vermögenswert, dem insgesamt eine zehnjährige Nutzungsdauer zu Grunde gelegt wird und der vom Leasingnehmer für einen Zeitraum von fünf Jahren gegen Zahlung genutzt wird oder deren Nutzung indirekt nach IFRIC 4 unterstellt werden kann, würden Leasingnehmer und Leasinggeber jeweils die Hälfte des Vermögenswertes im Anlagevermögen ausweisen. Der Leasinggeber würde voraussichtlich bei Abgang der Hälfte der Nutzungsrechte eine Forderung aktivieren, der Leasingnehmer korrespondierend eine Verbindlichkeit. Im Hinblick auf die Darstellung der tatsächlichen Verhältnisse wäre die Vermittlung von verfügtem Vermögen und Schulden verbessert, da der Ausweis von Leasinggegenständen zukünftig auch aufgeteilt erfolgen kann. Adressaten würden zudem vor allem bei operating Leases klar und eindeutig über verfügte Nutzungsrechte und damit verbundene Zahlungsverpflichtungen direkt über die Bilanz informiert.[683]

Die im Rahmen der Lieferantenbeziehung nach IFRS identifizierten Anwendungsprobleme des IAS 17 zur Bestimmung der Mindestleasingraten bestehen indessen unverändert weiter, da der OEM hier nicht zur Zahlung verpflichtet ist. Das Problem fokussiert sich daher weniger auf den Ausweis des Vermögenswertes als die unklare Bewertung. Die Diskussion zur Bilanzierung von Leasingverhältnissen mittels des Nutzungsrechteansatzes löst dieses Problem nicht. Um einen Ansatz von Null ausschließen zu können, wäre es erforderlich, Mindestleasingzahlungen auch zuzulassen, sofern diese als hinreichend sicher eingeschätzt werden. Hiermit ist aber wiederum eine Schätzung erforderlich, die - wie bereits ausführlich gezeigt - grundsätzlich im Gegensatz zur glaubwürdigen Informationsvermittlung stehen kann. Dieses Problem ist nur vom Bilanzierenden selbst zu lösen, indem den die der Schätzung ohnehin innewohnenden Fehler nicht mit zusätzlichen bilanzpolitischen Verzerrungen belastet werden.

Für die Leasingbilanzierung nach HGB sind derzeit keine Reformen oder Anpassungen an die IFRS geplant. Demzufolge gilt durch den nach BilMoG in § 246 Abs. 1 hinzugefügten Hinweis zwar, dass der wirtschaftliche Eigentümer den Vermögensgegenstand auch zu bilanzieren

---

682 Vgl. *IASB* (2009); das Diskussionspapier "Leases: Preliminary Views" ist unter www.iasb.org abrufbar.

683 Vgl. kommentierend zur geplanten Leasingreform: *Findeisen/Sabel* (2009), S. 1885-1894; *Leibfried/Kleibold* (2009), S. 408-413.

hat. Die bestehenden Regelungslücken hinsichtlich indirekter Nutzungsrechte bzw. verbleibenden Gestaltungsmöglichkeiten aufgrund fehlender klarer Regelungen wurden damit jedoch nicht behoben.

5.5.4 1st-Tier Supplier als special purpose entity

In der vorliegenden Arbeit wurde deutlich, dass in der Interaktion zwischen OEM und 1st-Tier Supplier das Machtgefüge eine entscheidende Rolle spielt. Auch wenn dabei jede Machtverteilung denkbar ist, so ist in der Realität die asymmetrische Machtverteilung zugunsten des OEMs am häufigsten zu beobachtende. Die OEMs sind in der Lage, den 1st-Tier Suppliers ihre ökonomischen Forderungen aufzuzwingen. Hierbei kann unter Umständen die Dominanz des OEMs so stark sein, dass theoretisch die Eigenständigkeit des zuliefernden Unternehmens in Frage gestellt werden könnte. Aus einer wirtschaftlichen Betrachtungsweise könnte der 1st-Tier Supplier eine Art special puporse entity (Zweckgesellschaft) des OEMs darstellen. Zweckgesellschaften zeichnen sich nach SIC 12.1 dadurch aus, dass sie

- ein eng definiertes Zie,l
- zugunsten eines anderen Unternehmens (Sponsor) verfolgen,
- bei der der Sponsor typischerweise Gründer der Zweckgesellschaft ist.

Die Frage, inwieweit bei wirtschaftlicher Betrachtungsweise der 1st-Tier Supplier (als verlängerte Werkbank) eine solche Zweckgesellschaft darstellen könnte, muss an dieser Stelle offenbleiben. Gleichwohl ist ihr vor dem Hintergrund der hier untersuchten ökonomischen Zusammenhänge eine nicht zu unterschätzende Bedeutung beizumessen.[684]

---

[684] Vgl. zu special purpose entities *Matena* (2004), S. 192-218; *Zoeger/Möller* (2009), S. 309-315.

6 Zusammenfassung

In der Automobilindustrie ist seit Anfang der 1990er Jahre eine signifikante Verlagerung umfassender Wertschöpfungsaktivitäten von Automobilherstellern (OEMs) auf zuliefernde Unternehmen zu beobachten. Der Anteil der großen Automobilhersteller an den wesentlichen Herstellungsprozessen eines Kraftfahrzeugs geht merklich zurück. Der OEM beschränkt seine Herstellungstätigkeiten auf die Montage der von 1st-Tier Suppliern angelieferter Komponenten und fokussiert seine Fähigkeiten vielmehr auf Markenpflege und Vertriebstätigkeiten. Ziel der vorliegenden Arbeit war es, die komplexe Zusammenarbeit zwischen OEM und 1st-Tier Supplier bei der Herstellung von Kraftfahrzeugen ökonomisch zu analysieren und daraus hervorgehende Auswirkungen auf die Abbildung im Jahresabschluss nach HGB und IFRS zu untersuchen. Dabei entstand grundlegend die Frage, welche ökonomischen Entwicklungen, Hintergründe und Motive die überbetriebliche Arbeitsteilung begründen und welche Voraussetzungen, Art und Ausprägung hierfür erforderlich sind.

Die Auslagerung der Wertschöpfungsaktivitäten durch den OEM betrifft die gesamte Entwicklung und Herstellung eines Kraftfahrzeugs. So übernehmen 1st-Tier Supplier bereits zu Beginn einer Fahrzeugserie Forschungs-und Entwicklungstätigkeiten sowie die Entwicklung und Herstellung zur Produktion notwendiger kundenspezifischer Werkzeuge bevor die Serienfertigung anläuft. Im Anschluss garantiert der 1st-Tier Supplier über lange Zeiträume die Vorhaltung einer Produktionsbereitschaft, um den OEM im Bedarfsfall mit Ersatzteilen ausreichend zu versorgen. Die hierbei entstehende langfristige Zusammenarbeit in verschiedenen Wertschöpfungsphasen beinhalten diametrale ökonomische Anreize zwischen beiden Parteien. Diese Tatsache führte zu der Frage, welche konkreten Tätigkeiten die genannten Phasen umfassen, welche wesentlichen ökonomischen Interessenkonflikte dabei entstehen und mit welchen Vereinbarungen die Parteien die Zusammenarbeit schließlich regeln.

Weiterführend waren jene Fragen von Interesse, die sich hinsichtlich der Abbildung von erarbeiteten Vereinbarungen der komplexen Lieferantenbeziehung im Jahresabschluss nach HGB und IFRS ergeben. Darüber hinaus ergab sich die Frage, ob die zur Verfügung stehenden Rechnungslegungsstandards nach HGB und IFRS ausreichen, um die betrachteten Vereinbarungen den tatsächlichen Verhältnissen entsprechend im Jahresabschluss abzubilden. Die in dieser Arbeit im Hinblick auf die genannten Fragestellungen gewonnenen Ergebnisse können wie folgt zusammengefasst werden:

Zur Frage, welche ökonomischen Entwicklungen, Hintergründe und Motive eine komplexe Lieferantenbeziehung begründen:

Ökonomische Entwicklungen und Hintergründe

- Die OEMs produzierten bis in die späten 1980er Jahre nach tayloristischen Prinzipien. Diese Form der Produktionsorganisation führt dann zu Vorteilen, wenn gleichbleibende Produkte ohne Veränderungen im Zeitablauf in Masse hergestellt werden. Dabei stellten die (westlichen) OEMs den größten Teil der benötigten Teile für die Fahrzeugserien selber her. Der Produktionsprozess war entsprechend lang und komplex. Durch den starren Produktionsverlauf konnte das Produktionssystem aber auf den Herstellungsprozess abgestimmt und fortwährend optimiert werden. Da es zu Zeiten des Verkäufermarktes keine wesentlichen Produktveränderungen gab, führte diese starre Form der Massenfertigung lange Zeit zu einer effizienten Unternehmensführung.

- Durch den Wandel vom Verkäufer- zum Käufermarkt haben sich die Anforderungen an Automobilhersteller signifikant verändert. Um Kraftfahrzeuge am Markt absetzen zu können, wurde es erforderlich, vielschichtige und sich stetig ändernde Kundenwünsche zu bedienen. Hierfür sind vor allem Produktvarianten und Produktneueinführungen auf Basis von fortwährenden technischen Erneuerungen und Innovationen erforderlich.

- Die OEMs reagierten zwar auf die Anforderungen des Käufermarkts mit einer deutlichen Ausweitung des Produktportfolios, vernachlässigten aber eine Anpassung ihrer Unternehmensorganisation. Die starre Produktionsorganisation war nicht in der Lage, die Ausweitung und ständige Veränderung des Angebots profitabel abzubilden. Als besonders nachteilhaft erwies sich, dass durch den hohen Grad an vertikaler Integration die Produktionsprozesse für ein Kraftfahrzeug sehr lang waren und übermäßig viele zu koordinierenden Schnittstellen existierten. Der dabei entstehende Grad an Unternehmenskomplexität war für die OEMs weder durchschaubar noch beherrschbar. Viele OEMs gerieten in die Komplexitätsfalle, wobei die zusätzlich angebotenen Fahrzeugvarianten zu einem Komplexitätsanstieg führten, deren Koordination Kostenzuwächse verursachte, die von den zusätzlichen Erträgen gar nicht mehr gedeckt werden konnten. Durch die Starrheit der Systeme kam es zusätzlich zu Qualitätsproblemen, hohen Leerzeiten und Lieferterminschwierigkeiten.

- Um unter den Bedingungen des Käufermarktes weiterhin profitabel agieren zu können, musste die Organisation der Automobilherstellung grundlegend verändert werden. Eine gute Orientierung boten dabei japanische Hersteller, allen voran Toyota, die u.a. durch *Lean Management* die Philosophie einer schlanken Unternehmensorganisation verfolgten. Die Überlegungen sind darauf gerichtet, das Unternehmen insgesamt auf seine Kernbereiche auszurichten und zu beschränken, also eine sparsame Form der Massenproduktion zu schaffen, in der mit weniger mehr erreicht wird. Hierbei sind sämtliche Tätigkeiten zu unterlassen, die externe Lieferanten besser, günstiger und schneller können. Vor dem Hintergrund steigender Erfolge japanischer Produzenten und den Problemen der tayloristisch organisierten Produktionsprozesse reagierten die Automobilhersteller auf die Anregungen des Lean-Konzepts. Der Grad der vertikalen Integration kam ebenso auf den Prüfstand wie Art und Umfang der zu Lieferanten unterhaltenen Beziehungen.

Wesentliche ökonomische Motive des Automobilherstellers

- Durch die Erfolge japanischer Unternehmen auf den Käufermärkten mittels Lean Management und damit verbundener Verringerung der Fertigungstiefe steht der Grad der vertikalen Integration bei Automobilherstellern seit den 1990er Jahren grundsätzlich auf dem Prüfstand. Von der Verringerung der Fertigungstiefe versprechen sich die OEMs bis heute eine Optimierung der strategischen Erfolgsfaktoren Kosten, Zeit und Qualität und eine nachhaltige Verbesserung im Wettbewerbsumfeld des Käufermarkts. Eine Auslagerung von Wertschöpfungsaktivitäten erfolgt im Wesentlichen an *1st-Tier Supplier*, die in der Lage sind, ganze Module hoher Aggregation in Eigenverantwortung zu entwickeln, zu produzieren und zu liefern. Hintergrund dieser *modular* und *single sourcing Strategie* ist das Motiv des OEMs, die interne Komplexitätsverringerung nicht durch eine übermäßige Anzahl neu zu koordinierender Schnittstellen der überbetrieblichen externen Arbeitsteilung zu Nichte zu machen.

- Für die Bestimmung auszulagernder Tätigkeiten haben die OEMs zunächst eine Unterteilung der Wertkette ihrer Unternehmung in Wertschöpfungsaktivitäten vorzunehmen. Anschließend erfolgt eine Überprüfung auf Wertbeitrag und Wettbewerbsvorteile. Danach ist grundsätzlich jede Tätigkeit zur Auslagerung geeignet, bei der ein Automobilhersteller keine Kernkompetenz besitzt. Die Motivation zur Auslagerung ist dabei umso höher, je größer die internen Komplexitätsprobleme des vertikal integrierten Automobilhersteller sind und je weniger dieser selber in der Lage ist, die Wertschöpfung effizient voran zu treiben. Wird eine Aktivität weiterhin intern erstellt, kommt es zur Organisationsform *Hierar-*

chie, erfolgt ein externer Bezug wird die Organisationsform als *Markt* bezeichnet. Der Anreiz zur Auslagerung einer Wertschöpfungsaktivität an externe Lieferanten kommt allgemein immer dann in Frage, wenn der Wertbeitrag des externen Leistungsbezugs über dem der internen Leistungserstellung liegt. Ein höherer Wertbeitrag kann sich entweder aus höher generiertem Abnehmernutzen und/oder geringeren Kosten ergeben. Der Vergleich interner Produktionskosten mit externen Einkaufspreisen greift hierbei aber zu kurz. Zum einen müssen intern die Komplexitätskosten berücksichtig werden, zum anderen sind dem externen Bezug die Transaktionskosten der marktlichen Inanspruchnahme hinzuzurechnen.

- Unter Anwendung der Transaktionskostentheorie auf die Zusammenarbeit zwischen OEM und 1st-Tier Supplier bestimmen sich Höhe und Gewicht der Transaktionskosten primär durch das latente Opportunismuspotenzial der Interaktion. Die Möglichkeit des Opportunismus konkretisiert im Wesentlichen die Annahme individueller Nutzenmaximierung in der Interaktion mit anderen Wirtschaftssubjekten. Dabei wird allgemein angenommen, dass ein Akteur seine Interessen auch zum Nachteil des anderen ausüben kann. Demzufolge kann auch angenommen werden, dass sich in einer Interaktion beide Seiten der Möglichkeit des opportunistischen Verhaltens der Gegenseite ex-ante bewusst sind, etwaige negative Folgen fürchten und daher (ex-ante und ex-post) Anstrengungen unternehmen werden, die Opportunismusgefahr zu minimieren bzw. ganz auszuschließen. Es liegt auf der Hand, dass derlei Aktionen Kosten verursachen, die allesamt in die Kategorie der Transaktionskosten einzuordnen sind. Allgemein gilt für Transaktionen daher, dass mit steigender *Furcht vor Opportunismus* auch die Transaktionskosten steigen werden.

- Während die internen Komplexitätskosten vor allem von der Organisation der Unternehmung und der erforderlichen Schnittstellenkoordination abhängen, werden Transaktionskosten durch die Ausprägung der Wertschöpfungseigenschaften *Spezifität*, *strategische Bedeutung*, *Abhängigkeit* und *Unsicherheit* determiniert. Mit zunehmender Ausprägung dieser Eigenschaften steigen die Transaktionskosten über die Komplexitätskosten und der Marktbezug der Leistung ist ökonomisch nicht mehr sinnvoll. Hierbei kann der Fall entstehen, dass der Bezug einer Leistung über einen Lieferanten aufgrund zu hoher Transaktionskosten unterbleibt, obwohl der Einkaufspreis deutlich unter den Kosten der eigenen Erstellung liegt und die Wertaktivität nicht den Anforderungen einer Kernkompetenz entspricht. Automobilhersteller werden daher stets daran interessiert sein, Transaktionskosten zu senken, um die Auslagerung einer Tätigkeit profitabel zu gestalten und um die ökonomischen Vorteile hinsichtlich vermeidbarer interner Komplexitätskosten zu nutzen.

Wesentliche ökonomische Motive des 1st-Tier Suppliers

- Ein zulieferndes Unternehmen profitiert von den Komplexitätsproblemen der Hersteller, wenn es in der Lage ist, ein Angebot für eine bestimmte Teilaktivität zu unterbreiten, welches für die OEMs zu höheren Wertbeiträgen führt, also verbesserte Ausprägung in Abnehmernutzen und/oder Kosten gewährleistet. Die Zulieferbetriebe profitieren besonders von dem aggressiven Verdrängungswettbewerb der Automobilhersteller um Endkunden und Marktanteile. Für die OEMs besteht kaum eine Alternative zur Verringerung der Fertigungstiefe durch Nachfrage nach externen Lieferanten, um nicht mittelfristig im Wettbewerbsumfeld nationaler und internationaler Käufermarktstrukturen unterzugehen.

- Die Motivation für 1st-Tier Supplier besteht so weniger in der Erschaffung allgemeiner Nachfrage nach ihrer Tätigkeit, sondern fokussiert sich mehr auf die Bündelung der eigenen Fähigkeiten zu einem vergleichsweise attraktiven Angebot, welches zu höherem Abnehmernutzen und geringeren Kosten für die Automobilhersteller, einem Wettbewerbsvorteil gegenüber anderen 1st-Tier Suppliern führt und nicht zuletzt als gewinnbringende Wertschöpfungsaktivität produziert werden kann.

- Ein höherer Wertbeitrag des 1st-Tier Suppliers begründet sich einerseits durch *Spezialisierung* auf eine bestimmte Teilaktivität. Anderseits können durch das begrenzte Produktportfolio des 1st-Tier Suppliers die Vorteile der *standardisierten Massenproduktion* genutzt werden. Der 1st-Tier Supplier kann dabei seine gesamten Fähigkeiten und Ressourcen auf eine Teilaktivität fokussieren und so einen höhen Abnehmernutzen zu geringeren Kosten generieren. Durch das ebenfalls sehr aggressive Wettbewerbsumfeld der Zulieferbranche besteht ein hoher Druck, diese Vorteile stetig auszubauen. Das Produktportfolio muss gewinnbringend produziert und abgesetzt werden. Es ist zudem zwingend erforderlich, die eigene Wertkette so zu steuern, dass die Produktion der Teilleistung nahezu ausschließlich auf Kernkompetenzen basiert und damit verbundene Wettbewerbsvorteile gegenüber Konkurrenten und potentiellen Markteintretern nachhaltig gesichert werden.

- Es kommt auch für den 1st-Tier Supplier zu Transaktionskosten in der Interaktion mit dem Hersteller. Die bekannten Einflussfaktoren (*Abhängigkeit, Unsicherheit, Spezifität, strategische Bedeutung*) unterscheiden sich von jenen des Automobilherstellers nur in der Auslegung. Transaktionskosten können je nach Höhe und Gewicht einen entscheidenden Einfluss auf das Angebot an einen Hersteller nehmen und den Vorteil der marktlichen Interaktion insgesamt verringern. Beim 1st-Tier Supplier ist daher analog zum OEM stets der Anreiz gegeben, Höhe und Gewicht von Transaktionskosten in der Interaktion mit dem OEM so weit es geht zu minimieren.

Zur Frage, welche Voraussetzungen für die überbetriebliche Arbeitsteilung erforderlich sind und welcher Art und Ausprägung eine zustande kommende Kooperation entspricht:

- Der Vorteil des überbetrieblichen Leistungsaustausches über die Organisationsform Markt zwischen OEM und 1st-Tier Supplier wird dann hinfällig, wenn die ausgetauschte Leistung *spezifisch* und *strategisch bedeutsam* ist und zudem *Unsicherheit* und *Abhängigkeit* verstärkt Opportunismusfurcht hervorrufen. In diesem Fall verhindern die übermäßig hohen Transaktionskosten den externen Bezug. Die Lieferantenvorteile aus Spezialisierung und Standardisierung gelten aber gerade für spezifische, unsichere und/oder strategisch bedeutsame Wertschöpfungsaktivitäten. Für die langfristige und komplexe Zusammenarbeit zwischen Automobilherstellern und spezialisierten 1st-Tier Suppliern kann unter diesen Bedingungen eine überbetriebliche Zusammenarbeit in Form der Organisationsform Markt nicht zustande kommen. Die Voraussetzungen zur Organisation der überbetrieblichen Arbeitsteilung sind daher zu erweitern.

- Als Ergänzung zu den Organisationsformen Markt und Hierarchie wurde die *hybride* Organisation betrachtet. Diese Mischform hat vereinfacht das Ziel, die Vorteile der Organisationsformen Markt und Hierarchie zu vereinen und die Nachteile durch vertragliche Gestaltung und eine erweiterte Form der Zusammenarbeit so weit wie möglich auszuschließen und so Transaktionskosten zu minimieren.

- Als hybride Organisationsform der überbetrieblichen Zusammenarbeit zwischen OEM und 1st-Tier Supplier wurde die *strategische Allianz* ausgewählt. Unter strategischen Allianzen wird die Kooperation mindestens zweier rechtlich voneinander unabhängiger Unternehmen verstanden, die durch Zusammenlegung ihrer Fähigkeiten und Kernkompetenzen eine Wertschöpfungsaktivität in Zusammenarbeit effizienter erstellen, als wenn diese in (möglicher) Eigenarbeit gefertigt würde. Die Unternehmen haben bei solchen Allianzen immer das Ziel, ihre Wettbewerbsposition durch den Ausbau der eigenen Kernkompetenzen zu stärken und die langfristige Unternehmensentwicklung durch optimalen Einsatz der eigenen Ressourcen zu sichern. Eine stabile, langfristig angelegte, vertrauensvolle Zusammenarbeit zwischen OEM und 1st-Tier Supplier in einer strategischen Allianz ermöglicht die Vorteile aus Markt und Hierarchie hinsichtlich der strategischen Erfolgsfaktoren Kosten, Zeit und Qualität zu bündeln und nachhaltig auszubauen.

- Die Zusammenarbeit zwischen OEM und 1st-Tier Supplier ist auf Basis der Überlegungen strategischer Allianzen so zu organisieren, dass langfristig und nachhaltig *Unsicherheit* abgebaut, *asymmetrischer Informationsverteilung* entgegengewirkt und *opportunistisches Verhalten* von vornherein ausgeschlossen wird. Es bedarf hierzu anhaltender, vertrauensbildender Signale und kooperativen Verhaltens über die gesamte Phase der Zusammenarbeit. Durch die Minimierung der Furcht vor Opportunismus auf beiden Seiten können Transaktionskosten trotz hoher Ausprägung der relevanten Einflussfaktoren deutlich verringert werden. Hierbei ist einerseits der gezielte Austausch des spezifischen und strategisch bedeutsamen Know-hows sowie anderer wesentlicher Informationen, die gemeinsame fortwährende Verbesserung sämtlicher strategischer Erfolgsfaktoren und der offene Umgang mit erzielten Erfolgen bei gerechter Verteilung des damit verbundenen Gewinnpotenzials von tragender Bedeutung. Andererseits muss in der Zusammenarbeit von vornherein ersichtlich sein, dass auf keiner Seite opportunistisches Verhalten bzgl. der Ausnutzung entstehender Abhängigkeiten bzw. Informationsdefiziten oder der gezielte Ausbau asymmetrischer Informationsverteilung betrieben wird bzw. zu befürchten ist.

- Als geeignete Maßnahmen wurde das Instrument des *relationalen Vertrags* vorgestellt. Die Idee dieses Instruments zielt im Kern darauf, dass eine langfristige und komplexe Zusammenarbeit, die von hoher Spezifität, strategischer Bedeutung, Abhängigkeit und Unsicherheit geprägt ist, aus den eben genannten Gründen nicht durch eine vollständige vertragsrechtliche Regelung gestalten werden kann. Die Überlegung relationaler Verträge verzichtet dabei bewusst auf den Anspruch, sämtliche Eventualitäten vollständig erfassen und regeln zu können. Das Vertragswerk soll lediglich den Rahmen der Zusammenarbeit festlegen und dabei bewusst bestimmte Lücken eingestehen, die erst im Nachhinein im direkten Dialog der Vertragspartner konkretisiert werden sollen. Es besteht so jederzeit die Möglichkeit, bessere Erkenntnisse in die Kooperation einfließen zu lassen und die Zusammenarbeit stetig und formlos zu verbessern, ohne an ein einengendes Vertragswerk gebunden zu sein. Im Verlauf der Zusammenarbeit können sich so - ohne wesentliche formalrechtliche Anforderungen - stillschweigende aber anerkannte Verfahren der

Konfliktlösung etablieren. Die Transaktionskosten für Vereinbarungen, Abwicklungen und Anpassungen halten sich stark in Grenzen. Derlei Freiräume kommen auch der Forderung nach einer offenen und vertrauensvollen Zusammenarbeit nach, da den Parteien gewisse Spielräume ganz bewusst zugestanden werden und eine fortwährende Kommunikation erforderlich ist.

- Bezüglich des Ausschlusses opportunistischen Verhaltens ist das Instrument des relationalen Vertrags um bestimmte Maßnahmen zu ergänzen. Hier wurde der *Geiselaustausch*, die *partnerspezifischen Investitionen* und das *bilaterale Monopol* aufgeführt. Alle drei genannten Maßnahmen haben zum Ziel, eine gegenseitige Abhängigkeit zu erzeugen, welches Fehlverhalten von vornherein ausschließt und so die Furcht vor Opportunismus und korrespondierende Transaktionskosten neutralisiert.

Zur Frage, welche konkreten Tätigkeiten die einzelnen Phasen der Lieferantenbeziehung umfassen, wo die entscheidenden Interessenkonflikte entstehen und mit welchen Vereinbarungen Automobilhersteller und Automobilzulieferer die Zusammenarbeit regeln:

Tätigkeiten in den einzelnen Phasen der Lieferantenbeziehung

- Im Rahmen der komplexen Lieferantenbeziehung übernimmt der 1st-Tier Supplier vom OEM die wesentlichen Wertschöpfungsaktivitäten für das Modul einer Fahrzeugserie. Der Lieferantenauftrag ist langfristig über einen Zeitraum von ca. 20 Jahren angelegt und ist in dieser Arbeit in *vier* verschiedene Phasen aufgeteilt worden.

- Der 1st-Tier Supplier übernimmt in der *ersten* Phase zu Beginn der Neueinführung einer Fahrzeugserie durch den OEM umfassende *Forschungs- und Entwicklungstätigkeiten.* Hierbei ist der 1st-Tier Supplier angehalten, auf Basis der vom OEM vorgegeben Rahmenbedingungen und eigener Grundlagenforschungskenntnisse, Erfahrungs- und Spezialisierungsfähigkeiten, gezielte angewandte Forschung zu betreiben, um die gewünschte Lösung entwickeln zu können. Die Koordination der Zusammenarbeit zwischen OEM und 1st-Tier Supplier ist sehr intensiv. Über regelmäßigen Informationsaustausch der Interaktionspartner wird sichergestellt, dass das gewünschte Ergebnis termin- und qualitätsgetreu realisiert werden kann.

- In der *zweiten* Phase hat der 1st-Tier Supplier *kundenspezifische Werkzeuge* zu entwickeln und herzustellen, um das gewünschte auf den OEM zugeschnittene Modul im Anschluss in einer eigenen Fertigungsstraße produzieren zu können. Diese Werkzeuge sind ausschließlich in der Interaktion mit dem OEM einsetzbar. In dieser Phase erstellt der 1st-Tier Supplier auf Basis vorgegebener Rahmenbedingungen zunächst durch eigene Entwicklungsleistungen einen Werkzeugprototyp, der vom OEM kontrolliert und abgenommen wird. Im Anschluss erfolgt die Herstellung der finalen Serienwerkzeuge.

- In der *dritten* Phase hat der 1st-Tier Supplier die *Serienfertigung und Lieferung* vorzunehmen. Nach Integration der kundenspezifischen Werkzeuge ist hierbei zunächst die Fertigungsstraße zu finalisieren und eine Produktionsbereitschaft herstellen, die vom OEM abgenommen wird. Im Anschluss beginnt die Herstellung und zeitgerechte Lieferung der Module über einen Zeitraum von etwa fünf Jahren, in dem die Fahrzeugserie vom OEM vertrieben wird. Mit der Herstellung und Lieferung gehen Qualitäts-, Liefermengen- und Termingarantien einher. Der 1st-Tier Supplier haftet für sämtliche Verfehlungen, und zwar sowohl im Rahmen formeller Gewährleistungen nach BGB wie auch auf Basis von Kulanz

- In der *vierten* Phase hat der 1st-Tier Supplier nach Auslauf der Fahrzeugserie schließlich die ausreichende Versorgung des OEMs mit Ersatzteilen durch *Vorhaltung einer latenten Produktionsbereitschaft* über einen Zeitraum von zehn Jahren zu gewährleisten. Da die Umrüstung der Maschinen zu hohen einmaligen Fixkosten und Rüstzeiten führt und die Lieferung an den OEM häufig unmittelbar zu erfolgen hat, ist dem 1st-Tier Supplier eine gewisse Lagerhaltung an Ersatzteilen zu unterstellen.

Interessenskonflikte zwischen OEM und 1st-Tier Supplier

- Die zentralen Interessenskonflikte zwischen OEM und 1st-Tier Supplier bestehen hinsichtlich der Aufteilung wirtschaftlicher Chancen und Risiken aus der Zusammenarbeit und der Absicherung gegenüber opportunistischen Verhaltens des jeweils anderen. Hinsichtlich F&E-Tätigkeiten sowie der Entwicklung und Herstellung kundenspezifischer Werkzeuge ergeben sich diametrale Anreize bzgl. Eigentumsfragen und dem Zeitpunkt der Vergütung. So beansprucht der OEM stets das rechtliche Eigentum an den Endergebnissen und favorisiert die *zeitlich nachgelagerte* Vergütung über den Teilepreis der Serienfertigung, während der 1st-Tier Supplier vor allem eine umgehende Vergütung seiner Aufwendungen anstrebt und nicht in Vorleistung treten will. In den Phasen der Serienfertigung und latenten

Produktionsbereitschaft fokussiert sich der Interessenkonflikt auf die Teilepreisverhandlungen. Im Mittelpunkt des Konflikts steht die Frage, wie Kostensenkungen aus Erfahrungskurveneffekten und Größenvorteilen bzw. Kostensteigerungen aufgrund negativer Rohstoffpreisentwicklungen oder anhaltender Bevorratung bzw. Einlagerung im Zeitablauf berücksichtigt und verteilt werden können.

Vereinbarungen über Lieferungen und Leistungen in den einzelnen Phasen

- Für die Herleitung von Vereinbarungen wurden die einzelnen Phasen jeweils individuell betrachtet. Das zugrunde gelegte Basismodell verwendet als zentrale Annahme eigennütziges und rationales Verhalten von OEM und 1st-Tier Supplier. Für die Organisation der bestehenden Interessenkonflikte wurde *Macht* als zentrale Einflussgröße angenommen. Macht wurde als jene Fähigkeit definiert, einen anderen auch gegen dessen Willen zu einer bestimmten Vereinbarung zu bewegen. Im Basismodell werden fünf verschiedene Szenarien unterschiedlicher Machtverteilung zwischen OEM und 1st-Tier Supplier zugrunde gelegt, die von *extrem asymmetrischer Machtverteilung* bis zu *symmetrischer Machtverteilung* reichen. Unter Anwendung des Basismodells auf die einzelnen Liefer- und Leistungsphasen wurden für die verschiedenen Szenarien jeweils Lösungen der aus den diametralen Anreizen hervorgehenden Interessenskonflikte in Abhängigkeit der Machtverteilung herausgearbeitet. Die zugrunde gelegten Annahmen des Basismodells, die herausgearbeiteten Anreize und Interessenskonflikte sowie die hergeleiteten Vereinbarungen wurden in wenig strukturierten Interviews mit ausgewählten Experten der Automobilbranche auf ihren Praxis- und Realitätsgehalt kritisch diskutiert. Hierbei hervorgebrachte Anmerkungen sind in die Ergebnisse eingeflossen. Prinzipiell wurde das Szenario einer starken Machtverteilung zugunsten des OEMs als das Szenario mit der höchsten Praxisrelevanz bewertet.

- Während in Szenarien mit unterstellter asymmetrischer Machtverteilung jene Partei ihre Anreize durchsetzen konnte, die über mehr Macht verfügte, wurden in Szenarien mit symmetrischer Machtverteilung Kompromissvorschläge und beiderseitiges Entgegenkommen zu Grunde gelegt. Die ökonomische Basis für die Lösung der Konflikte bei symmetrischer Machtverteilung bildete dabei die in der ökonomischen Analyse gewonnenen Erkenntnisse bzgl. eines *Geiselaustausches* und *partnerspezifischer Investitionen.* Als zentrale Kompromisslösungen hinsichtlich des Zeitpunkts der Vergütung wurden für den nachgelagerten Fall seitens des OEMs garantierte *Mindestabnahmemengen* diskutiert, die die Amortisation der vom 1st-Tier Supplier in Vorleistung erbrachten Aufwendungen gewährleisten sollen. Ferner wurden vorab zu *zahlende Werkzeugkostenzuschüsse* diskutiert, die das Finanzierungsrisiko des 1st-Tier Suppliers minimieren. Im Umkehrschluss wurde für den Fall der umgehenden Vergütung die Übernahme des konzeptionellen Risikos durch den 1st-Tier Supplier auf Basis eines Werkvertrags erörtert. Als Kompromiss bzgl. des Interessenskonflikts über die Verteilung von Kostensenkungen und Kostenerhöhungen im Teilepreis wurden *Preisanpassungsklauseln* für Rohstoffpreisentwicklung sowie für die transparente Verteilung von Erfahrungkurveneffekten und Größenvorteilen das *open book accounting* erarbeitet.

Zur Frage, welche Abbildungsmöglichkeiten im Rahmen der Rechnungslegungsstandards nach HGB und IFRS im Jahresabschluss für Vereinbarungen der komplexen Lieferantenbeziehung auf Basis der ökonomischen Analyse bestehen:

Phase der Forschung und Entwicklung

- Die Abbildung von Vereinbarungen in der Phase der Forschungs- und Entwicklung ist im Wesentlichen von der Anwendung und Auslegung von Rechnungslegungsregelungen zu langfristiger Auftragsfertigung, Leasingverhältnissen und immateriellen Vermögensgegenständen geprägt.

- Nach HGB ist beim 1st-Tier Supplier die Umsatz- und Gewinnrealisation für die im Fremdauftrag entwickelten und hergestellten F&E-Ergebnisse ausschließlich unter Anwendung der Completed-Contract Methode möglich. Darüber hinaus kann die Umsatz- und Gewinnrealisation nur dann erfolgen, wenn keine wesentlichen Risiken mehr beim 1st-Tier Supplier verbleiben. Hierbei ist unabhängig von rechtlichen Eigentumsfragen vor allem entscheidend, ob der OEM die Amortisation der getätigten Aufwendungen zusichert oder ob dieses Risiko beim 1st-Tier Supplier verbleibt. Für den OEM ergibt sich hingegen trotz möglicherweise rechtlichen Eigentums an den F&E-Ergebnissen aufgrund der strengen Anforderungen des abstrakten Aktivierungsgrundsatzes und der darin für den Ansatz von Vermögensgegenständen geforderten selbständigen Verwertbarkeit aufgrund der spezifischen Eigenschaften der F&E-Ergebnisse handelsrechtlich kein Vermögensgegenstand. Leasingfragen spielen handelsrechtlich in den betrachteten Vereinbarungen keine Rolle, da in keiner Vereinbarung formelle Leasingverträge vorliegen und der rechtliche Eigentümer keine Nutzungsrechte überträgt.

- Nach IFRS sind für den 1st-Tier Supplier die F&E-Tätigkeiten in der Regel als langfristiger Auftragsfertigung zu bewerten und durch Anwendung von IAS 11 für die Umsatz- und Gewinnrealisation die PoC-Methode anwendbar, sofern das Ergebnis des F&E-Auftrags verlässlich geschätzt werden kann. Auftragserlöse und Auftragskosten sind dabei umgehend zum Zeitpunkt der wirtschaftlichen Verursachung zu erfassen. Nach IFRS ergeben sich Vermögenswerte durch die Möglichkeit in der Zukunft Nutzenzufluss generieren zu können. Für den OEM ergibt sich so durch den erteilten Fremdauftrag bei Übernahme des rechtlichen Eigentums ein immaterieller Vermögenswert nach IAS 38. Dem OEM ist dieser Vermögenswert durch die Anwendung der speziellen Leasingregelungen aus IFRIC 4 und IAS 17 wirtschaftlich auch in jenen Vereinbarungen zuzuordnen, in denen der 1st-Tier Supplier über das rechtliche Eigentum verfügt.

Phase der Herstellung kundenspezifischer Werkzeuge

- Die Abbildung von Vereinbarungen in der Phase der kundenspezifischen Werkzeuge ist im Wesentlichen von der Anwendung und Auslegung von Rechnungslegungsregelungen zu langfristiger Auftragsfertigung, Leasingverhältnissen und Zuschüssen geprägt.

- Nach HGB ist für den 1st-Tier Supplier für die im Fremdauftrag entwickelten und hergestellten Werkzeuge die Umsatz- und Gewinnrealisation analog zur F&E-Phase nur unter Anwendung der Completed-Contract Methode möglich und von der Übergabe der wesentlichen Risiken abhängig. Dem OEM ist ebenfalls analog zur F&E-Phase trotz Fremdbezugs und Übernahme des rechtlichen Eigentums an den Werkzeugen kein Ansatz eines Vermögensgegenstandes möglich. Der Ansatz scheitert an den spezifischen Eigenschaften der Werkzeuge unter Berücksichtigung des abstrakten Aktivierungsgrundsatzes aufgrund mangelnder selbstständiger Verwertbarkeit. Leasingfragen spielen handelsrechtlich in den betrachteten Vereinbarungen keine Rolle, da in keiner Vereinbarung formelle Leasingverträge vorliegen und der rechtliche Eigentümer keine Nutzungsrechte überträgt. Im Falle gezahlter Zuschüsse ist der 1st-Tier Supplier als Zuschussempfänger angehalten, die erfolgswirksame Vereinnahmung in Anlehnung an die Gegenleistung vorzunehmen. Für den OEM als Zuschussgeber führt der gezahlte Zuschuss in Abhängigkeit der Vereinbarung entweder zu einem immateriellen Vermögensgegenstand oder zu einer geleisteten Anzahlung auf Vorratsvermögen.

- Nach IFRS ist für den 1st-Tier Supplier die Entwicklung und Herstellung der Werkzeuge in der Regel als langfristige Auftragsfertigung zu bewerten und durch Anwendung von

IAS 11 für die Umsatz- und Gewinnrealisation die PoC-Methode anwendbar, sofern das Ergebnis des Auftrags verlässlich geschätzt werden kann. Auftragserlöse und Auftragskosten sind dabei umgehend zum Zeitpunkt der wirtschaftlichen Verursachung zu erfassen. Nach IFRS ergeben sich Vermögenswerte durch die Möglichkeit, in der Zukunft Nutzenzufluss generieren zu können. Für den OEM ergibt sich so durch den erteilten Fremdauftrag bei Übernahme des rechtlichen Eigentums ein immaterieller Vermögenswert aus dem Prototypenwerkzeug nach IAS 38 und ein Sachanlagevermögenswert für das Serienwerkzeug nach IAS 16. Dem OEM ist dieser Vermögenswert durch die Anwendung der speziellen Leasingregelungen aus IFRIC 4 und IAS 17 wirtschaftlich auch in jenen Vereinbarungen zuzuordnen, in denen der 1st-Tier Supplier über das rechtliche Eigentum verfügt. Zuschüsse sind unter Anwendung von IFRIC 18 analog zur handelsrechtlichen Vorgehensweise bei 1st-Tier Supplier und OEM zu erfassen.

Phase der Serienfertigung und Lieferung

- Die Abbildung von Vereinbarungen in der Phase der Serienfertigung und Lieferung wirft im Wesentlichen bilanzielle Problemstellungen für den Zulieferer auf, da dieser in hohem Maße wirtschaftliche Risiken allein zu tragen hat und dem OEM in vielen Vereinbarungen entstandene wirtschaftliche Chancen nachträglich zu vergüten hat. Demzufolge steht die Erfassung von Rückstellungen im Fokus dieser Phase.

- Nach HGB kommt es für den 1st-Tier Supplier bei nachträglich zu vergütenden Boni oder Mengenrabatten zum Ansatz einer Rückstellung für ungewisse Verbindlichkeiten. Ferner ist eine Rückstellung für Garantien bzw. Gewährleistungsrisiken vom 1st-Tier Supplier zu erfassen. Für die Bewertung gilt jeweils der Erfüllungsbetrag. Nach IFRS führt die Anwendung des entsprechenden Standards IAS 37 zu vergleichbaren Ergebnissen.

- Die stetige Senkung des Teilepreises begründet für den Fall, in dem der Teilepreis die Vollkosten der Herstellung des 1st-Tier Suppliers nicht mehr decken kann, den Ansatz einer Drohverlustrückstellung nach HGB bzw. einer Rückstellung aus belastenden Verträgen nach IAS 37.66. Der Saldierungsbereich ist so festzulegen, dass zukünftige Kosten und Erträge in der Höhe berücksichtigt werden, in der sie tatsächlich anfallen. Hierbei ist weder übertrieben vorsichtig noch übertrieben optimistisch vorzugehen.

Phase der Vorhaltung einer latenten Produktions- und Lieferbereitschaft nach Auslauf der Serienfertigung

- Die Vereinbarungen der Phase der Vorhaltung einer latenten Produktions- und Lieferbereitschaft sind weder für 1st-Tier Supplier noch für OEM und unabhängig der Anwendung von HGB oder IFRS mit komplexen bilanziellen Fragestellungen verbunden. Für den 1st-Tier Supplier beinhaltet die Phase einen profitablen Verkaufsprozess, für den OEM besteht vice versa ein herkömmlicher Einkaufsprozess.

Zur Frage, welche Auswirkungen die erarbeiteten Abbildungsmöglichkeiten für Vereinbarungen der komplexen Lieferantenbeziehung auf die Darstellung der VFE-Lage nehmen und ob es dabei zur Vermittlung eines den tatsächlichen Verhältnissen entsprechenden Bildes kommt:

- Um in der VFE-Lage ein den tatsächlichen Verhältnissen entsprechendes Bild zu vermitteln, ist eine glaubwürdige, d.h. objektive, unverzerrte und neutrale Darstellung jener Informationen erforderlich, die von den Adressaten für ihre Entscheidungsfindung benötigt werden.

- Die hermeneutische Anwendung der jeweiligen Rechnungslegungssysteme führt zu einer Abbildung der komplexen Lieferantenbeziehung im Jahresabschluss, die im Sinne der jeweils geltenden Hauptzwecke und Basisgrundsätze steht. In beiden Rechnungslegungssystemen existieren wirksame Rahmenbedingungen, die die Abbildung der betrachteten Vereinbarungen so steuern, dass die jeweils gültige Grundausrichtung die Darstellung der VFE-Lage in Bilanz und GuV prägt. Dabei sind subjektive Abbildungsvorgehensweisen und Ermessensspielräume, die eine derartige Abbildung stützen, nach HGB wie nach IFRS bewusst zugelassen.

- Die starke Dominanz des Vorsichtsprinzips im HGB führt für einige Vereinbarungen zu einer Informationsvermittlung in Bilanz und GuV, die die tatsächlichen Verhältnisse der komplexen Lieferantenbeziehung nicht ausreichend wiedergibt und die Informationsinteressen der Adressaten ungenügend bedient. Dies wird vor allem bei den strengen Beschränkungen zur Erfassung von Vermögensgegenständen, der Ertragsrealisation bei langfristiger Auftragsfertigung und der Passivierung von Rückstellungen deutlich. In den genannten Fällen sind die Rechnungslegungsregeln nach HGB stets so ausgelegt, dass Gewinne erst berücksichtigt werden, wenn sie am Abschlussstichtag realisiert sind.

Bis zum Abschlussstichtag angefallene Risiken und Verluste sind hingegen unmittelbar zu berücksichtigen. Vermögensgegenstände sind wiederum nur zu erfassen, wenn diese eindeutig der Schuldendeckung dienen können. Um eine derartige vorsichtige und kapitalerhaltende Abbildung von Geschäftsvorfällen zu ermöglichen, nimmt das HGB eine verzerrte periodische Erfolgsermittlung sowie subjektive Abbildungsvorgehensweisen und Ermessensspielräume in Kauf. Hierbei ist vor allem zu kritisieren, dass in Bilanz und GuV als den zentralen Instrumenten der Informationsvermittlung keine Möglichkeit besteht, die aufgezeigten Informationslücken zu überbrücken. Dabei verhindern sowohl konkrete gesetzliche Ansatz- und Bewertungsvorschriften, aber auch bestehende Wahlrechte und Ermessenspielräume die geforderte Vermittlung des tatsächlichen Bildes. An dieser Stelle lässt sich daher ein Dilemma zwischen vorsichtiger Ermittlung des Periodenerfolgs und entscheidungsrelevanter Informationsvermittlung feststellen. Der Verweis des Gesetzgebers, etwaige Verzerrungen zwischen vorsichtiger Erfolgsermittlung nach GoB und entscheidungsrelevanter Informationsvermittlung über den Anhang auszugleichen, ist vor allem insofern zu kritisieren, als dass keine konkreten Informationsangaben vorgegeben werden. In der Ausarbeitung sind verschiedene Vorschläge erarbeitet worden über den Anhang die Informationslücken in Bilanz und GuV auszugleichen. Inwieweit der Anhang aber tatsächlich in der Lage ist, die genannten Informationslücken ausreichend zu überbrücken bleibt letztlich allein dem Bilanzerstellers überlassen. Hier wären konkretere gesetzliche Anforderungen erstrebenswert.

- Die Dominanz des *Konzepts der Periodenabgrenzung* von Geschäftsvorfällen nach IFRS führt grundsätzlich zunächst zu einer Informationsvermittlung, die den tatsächlichen Verhältnissen der Vereinbarungen der komplexen Lieferantenbeziehung wiedergibt und die Informationsinteressen der Adressaten bedient. In der vorangegangenen Untersuchung ist dies vor allem bei der Ertragsrealisation auf Basis des wirtschaftlich verursachten Fertigstellungsgrads und der Erfassung von Vermögensgegenständen deutlich geworden. In den genannten Fällen sind die Rechnungslegungsregeln nach IFRS stets so ausgelegt, dass aus Geschäftsvorfällen entstehende Posten des Jahresabschlusses im jeweiligen ökonomischen Verursachungszeitpunkt erfasst und einander periodengerecht und damit unverzerrt gegenübergestellt werden können. Um eine derartige Erfassung zu ermöglichen, nehmen die IFRS aber subjektive Abbildungsvorgehensweisen und Ermessensspielräume in Form von Schätzungen in Kauf. Die IFRS geben hierbei keine konkreten Anforderungen an die zu verwendenden Schätzverfahren und überlassen diese Entscheidung dem Bilanzierenden. Die Informationsvermittlung nach IFRS erfolgt so zwar frei von periodischen und wirtschaftlichen Verzerrungen, dieser vermeintliche Vorteil erfolgt aber auf Kosten subjektiver Verzerrungen, die sich aus den verschiedenen Einschätzungen heraus ergeben. Dass sich so automatisch eine verbesserte Darstellung der tatsächlichen Verhältnisse ergibt ist zu bezweifeln. Dabei ist festzuhalten, dass das Konzept der Periodenabgrenzung und wirtschaftlicher Verursachung auf der Basis von Schätzungen nur dann zu einer verbesserten Vermittlung der tatsächlichen Verhältnisse führen kann, wenn vom Bilanzierenden versucht wird, aufgrund einer objektiven Vorgehensweise den einer Schätzung stets innewohnenden Fehler so gering wie möglich zu halten und die Ungenauigkeit der Schätzung nicht durch Ausübung von bilanzpolitischem Ermessensspielraum noch zusätzlich erhöht wird. Hierbei wurde soweit möglich jeweils eine Handlungsempfehlung für kritische Vereinbarungen erarbeitet. Inwieweit diese Vorgehensweise gelingt, hängt in hohem Maße vom Bilanzierenden selbst ab. Insgesamt wären konkretere Anforderungen und Vorgaben an Schätzungen seitens der IFRS erstrebenswert.

Anhang

Anlage 1 Anonymisierte Teilnehmer des Experteninterviews

Teilnehmer	Funktion	Branche
1	Partner	Beratungsbranche
2	Senior Manager	Beratungsbranche
3	Partner	Beratungsbranche
4	Controlling	Automobilindustrie
5	Geschäftsführer	Automobilindustrie
6	Vertrieb	Automobilindustrie
7	Controlling	Automobilindustrie
8	Controlling	Automobilindustrie
9	Accounting	Automobilindustrie

Anlage 2 Interviewleitfaden 1

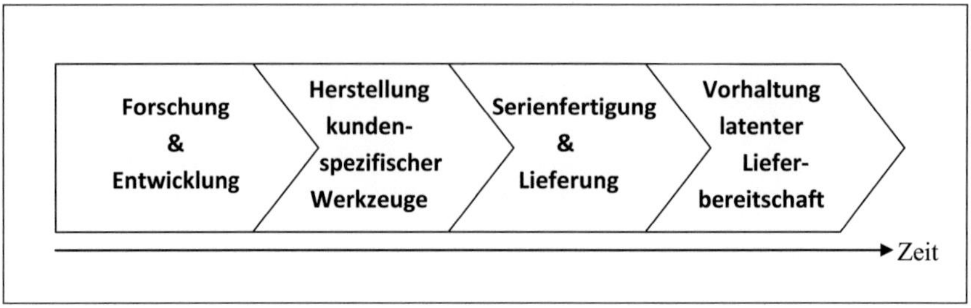

Zentrale Fragestellungen:

- Art, Ablauf und Bedeutung der Zusammenarbeit
- relevante Motive, Anreize und Ziele der jeweiligen Parteien,
- Schwierigkeiten und Konfliktpotenzial,
- spezifische Besonderheiten.

Anlage 3 Interviewleitfaden 2

Interaktions-		Tätigkeiten		
zeitpunkt	form	OEM	1st-Tier Supplier	Phase
t = -1	lose	Forschung in Grundlagen und Anwendung für die Entwicklung einer neuen Fahrzeugserie	Forschung in Grundlagen und Anwendung auf eigenen Impuls und Rechnung	Forschung & Entwicklung
t = 0	anbahnend	Allgemeine Nachfrage nach Lieferanten bzgl. der Entwicklung und Lieferung von Modulen für die neue Fahrzeugserie	Unterbreitung eines Angebots auf den Erkenntnissen der Nachfrage und der Basis der eigenen F&E-Fähigkeiten und Kernkompetenzen aus Spezialisierung und Grundlagenforschung	
t = 1	vereinbarend abwickelnd	Auftragsvergabe über Forschung und Entwicklung eines Moduls für die neue Fahrzeugserie des OEM	Auftragsannahme über Forschung und Entwicklung eines Moduls für die neue Fahrzeugserie des OEM	
t = 2	kontrollierend anpassend	Kontrolle des finalen Prototyps, Entscheidung über Herstellung und Vermarktung des entwickelten Moduls in der neuen Fahrzeugserie	Abschluss von Forschung & Entwicklung, Entscheidungsfindung hinsichtlich der Erstellung des neuen Moduls	
t = 3	vereinbarend abwickelnd	Auftragsvergabe über Entwicklung und Herstellung eines kundenspezifischen Werkzeugs, Bekanntgabe der technischen Rahmendaten, Kontrolle und Abnahme des Prototypen	Entwicklung und Erstellung eines Werzeugprototypen	kundenspezifische Werkzeuge
t = 4	kontrollierend anpassend	Kontrolle und Abnahme des finalen Werkzeugs	Herstellung des finalen kundenspezifischen Werkzeugs, Integration in die Fertigungsstraße zum Einsatz für die Serienfertigung	
t = 5	kontrollierend anpassend	Kontrolle und Abnahme der Fertigunsstraße	Finalisierung der Fertigungsstraße, Probeläufe	Serienherstellung und Lieferung
t = 6	kontrollierend anpassend	Start of Production (SOP) Bezug und Montage des Moduls	Start of Production (SOP) Herstellung und Lieferung des Moduls	
t = 7	kontrollierend anpassend	Bezug und Montage des Moduls	Herstellung und Lieferung des Moduls	
t = 8	kontrollierend anpassend			
t = 9	kontrollierend anpassend			
t = 10	kontrollierend anpassend			
t= 11	vereinbarend abwickelnd	Bezug von Ersatzteilen nach Bedarf und auf Anfrage	Vorhaltung latenter Produktions- und Lieferbereitschaft	Vorhaltung latenter Produktions- und Lieferbereitschaft
t= 12	vereinbarend abwickelnd			
t= 13	vereinbarend abwickelnd			
t= 14	vereinbarend abwickelnd			
t= 15	vereinbarend abwickelnd			
t= 16	vereinbarend abwickelnd			
t= 17	vereinbarend abwickelnd			
t= 18	vereinbarend abwickelnd			
t= 19	vereinbarend abwickelnd			
t= 20	vereinbarend abwickelnd			

<u>Zentrale Fragestellung:</u> Diskussion der erarbeiteten Erkenntnisse über Art und Ablauf der gesamten Lieferantenbeziehung

Anlage 4 Interviewleitfaden 3

	Machtverteilung		
Szenario	**OEM**	**1st-Tier Supplier**	**Ausprägung**
I	1	0	extrem asymmetrisch
II	0	1	extrem asymmetrisch
III	1 > OEM > 1st-Tier Supplier > 0		asymmetrisch
IV	1 > 1st-Tier Supplier > OEM > 0		asymmetrisch
V	0,5	0,5	symmetrisch

Zentrale Fragestellung:

Diskussion der Annahmen des Basismodells und der Folgen daraus für zustande kommende Vereinbarungen

Anlage 5 Interviewleitfaden 4

Zentrale Fragestellung:

Vorlage der in Kapitel 3 hergeleiteten Vereinbarungen in den einzelnen Liefer- und Leistungsphasen der Lieferantenbeziehung an Interviewpartner und Erörterung der Ergebnisse

(1) Hergeleitete Vereinbarungen zu Forschung- und Entwicklungstätigkeiten

Konfliktpunkt	Szenario				
	I	II	III	IV	V
Eigentum	OEM	OEM	OEM, *optional:* 1st-Tier Supplier	OEM	1st-Tier Supplier
Zeitpunkt der Vergütung	nachgelagert über Teilepreis	Direkt, Dienstvertrag	nachgelagert über Teilepreis, Abnahmegarantie	Direkt, Werkvertrag	nachgelagert über Teilepreis, Abnahmegarantie
Weiterverwendungrecht der F&E-Kenntnisse für 1st-Tier Suplier	Nein	Ja	Bedingt	Bedingt	Bedingt

(2) Hergeleitete Vereinbarungen zu kundenspezifischen Werkzeugen

Konfliktpunkt	Szenario				
	I	II	III	IV	V
Eigentum	OEM	OEM	OEM, *optional:* 1st-Tier Supplier	OEM	1st-Tier Supplier
Zeitpunkt der Vergütung	*nachgelagert* über Teilepreis	*sofort* über Dienstvertrag	*nachgelagert* über Teilepreis, aber Zuschuss kleiner den Aufwendungen (Verzicht auf Zuschuss bei Eigentum 1st-Tier Supplier)	*sofort* über Werkvertrag, *optional:* Zuschuss in Höhe der Aufwendungen	*nachgelagert* über Teilepreis mit Zuschuss kleiner den Aufwendungen

(3) Hergeleitete Vereinbarungen zur Serienfertigung und Lieferung

Konfliktpunkt	Szenario				
wirtschaftliches Risiko	**I**	**II**	**III**	**IV**	**V**
Preisanpassungsklauseln	*Nein*	*Ja*	*Nein*	*Ja*	*Ja*
Qualitäts- und Termingarantien	*1st-TierSupplier*	*1st-TierSupplier*	*1st-TierSupplier*	*1st-TierSupplier*	*1st-TierSupplier*
wirtschaftliche Chancen	**I**	**II**	**III**	**IV**	**V**
Bonus, Mengenrabatt	*Ja*	*Nein*	*Ja*	*Nein*	*Ja*
Teilepreisentwicklung im Zeitablauf	***abnehmend*** *cost plus Verfahren, auf Basis von open book accounting*	***konstant***	***abnehmend*** *pauschale Vorgehensweise zugunsten OEM mit anfänglich defizitären Teilepreisen*	***abnehmend*** *pauschale Vorgehensweise zugunsten 1st-Tier Supplier*	***abnehmend*** *Verteilung auf Basis von open book accounting*
Vereinnahmung der Erfahrungskurveneträge	*OEM*	*1st-Tier Supplier*	*OEM > 1st-Tier Supplier*	*1st-Tier Supplier > OEM*	*OEM = 1st-Tier Supplier*

(4) Hergeleitete Vereinbarungen zur Vorhaltung latenter Produktions- und Lieferbereitschaft

Konfliktpunkt	Szenario				
	I	**II**	**III**	**IV**	**V**
Teilepreis	cost plus Verfahren auf Basis von open book accounting	1st-Tier Supplier dominierter Fixpreis	cost plus Verfahren auf Basis von open book accounting	1st-Tier Supplier dominierter Fixpreis	cost plus Verfahren auf Basis von open book accounting
Risikoträger nicht gedeckter Kosten	1st-Tier Supplier	OEM	Beteiligung	Beteiligung	OEM

Die hier angehängten Ergebnisse entsprechen den final hergeleiteten Vereinbarungen nach Verarbeitung der Interviewergebnisse. Die Konfliktpunkte und Szenarien sind dabei nicht verändert worden, wesentliche Anmerkungen der Interviewteilnehmer betrafen vielmehr die enthaltenen Ergebnisse in den einzelnen Szenarien.

Anlage 6 Wesentliche Aussagen in Experteninterviews

Wesentliche allgemeine Aussagen der befragten Experten der Automobilbranche
<u>*Aussagen zur Form der Zusammenarbeit:*</u> • Die Zusammenarbeit erfolgt in aller Regel auf Basis von Vorgesprächen, Präsentationen und eines damit verbundenen Angebotsaustausches. Die formelle Vereinbarung der Zusammenarbeit erfolgt dann durch einen Nomination Letter oder einen Letter of Intent (LoI). Einem relationalen Vertrag gleichend umfassen diese formellen Instrumente, als eine Art Rahmenvertrag, sämtliche Phasen der Lieferantenbeziehung. • Die einzelnen Phasen werden separat vereinbart und gehen dem 1st-Tier Supplier schriftlich über Bestellanforderungen (purchase orders) des OEMs zu bestimmten Teilleistungen zu. Hierbei wird stets Bezug auf den LoI genommen. • Der LoI kann ebenso wie die purchase orders ununterbrochen mittels sogenannter basis change orders angepasst werden, ein solches Vorgehen ist über die gesamte Zusammenarbeit hinweg üblich. • Sehr häufig existieren bestimmte Absprachen auch nur mündlich oder es gibt nur sehr vagen Emailverkehr. So kann es vorkommen, dass materielle Liefer- und Leistungstätigkeiten und hohe Zahlungen ohne jede formelle Vereinbarungen ausgetauscht werden. • Jede Phase der Lieferantenbeziehung wird als eigenständiger Auftrag behandelt, gleichwohl kann sich die Vergütung der Phasen unterscheiden, und zwar zum einen in feste Zahlungen (lump sum) und in die nachgelagerte Abgeltung über den Teilepreis (piece-price-amortization). Hierbei liegt der Anreiz des 1st-Tier Suppliers stets in der umgehenden Abgeltung, während der OEM auf die piece-price-amortization drängt. Die Zahlung vorgelagerter Tätigkeiten über den Teilepreis bei Serienfertigung ist derzeit die vom OEM favorisierte Lösung und ist stets signifikanter Interessenkonflikt in den Verhandlungen.

Aussagen zur Machtverteilung in der Interaktion und den Szenarien des Basismodells:

- Macht wurde als zentrales Druckmittel und wesentlicher Einflussfaktor auf die Verhandlungen in der Interaktion von den Interviewteilnehmern bestätigt.

- In aller Regel verfügt der OEM über ein höheres Ausmaß an Marktmacht und kann somit den Großteil seiner Interessen durchzusetzen. Das **Szenario III** des Basismodells wurde daher auch von allen Teilnehmern des Interviews als die in der Praxis am häufigsten anzutreffenden Rahmenbedingungen bezeichnet. Hierbei wurde meist auf eine sehr starke Machtverteilung zugunsten des OEMs hingewiesen. Dabei verursacht der OEM hohen Kostendruck, hohe Qualitätsanforderungen und verlangt vom 1st-Tier Supplier umfangreiche Vorleistungen.

- Die Interviewteilnehmer nannten Reputation, Wettbewerbsfähigkeit und Innovationsführerschaft als wichtigste Parameter für 1st-Tier Supplier um am Markt bestehen zu können. Das **Szenario IV** kommt in der Regel nur dann zustande, wenn ein 1st-Tier Supplier über eine Art Innovationsmonopol verfügt, also eine Leistung bieten kann, die zur Zeit noch kein anderer 1st-Tier Supplier in der Lage zu leisten ist. Dieser Wettbewerbsvorteil hat in der Regel nur kurzfristigen Bestand. Zwar kommt es in einer solchen Situation zu Vorteilen für den 1st-Tier Supplier, da aber meist auch Lieferantenaufträge bzgl. anderer Fahrzeugserien bestehen, wo dieser Vorteil nicht gilt, kommt es nur selten zu einer vergleichbaren Machtausnutzung, wie sie vom OEM betrieben wird.

- Das **Szenario V** mit vollständig symmetrischer Machtverteilung, fairem und kooperativem Verhalten auf beiden Seiten wurde als stark theoretisch geprägt kritisiert. Dennoch wurde bestätigt, dass vor allem bei bereits lange andauernder Zusammenarbeit kooperatives Verhalten eher zustande kommt und eine vertraute und flexible Lösung von Problemen möglich ist.

- Zudem wurde bestätigt, dass der OEM bereit ist, bestimmten Anreizen der 1st-Tier Supplier nachzugeben, damit dieser nicht sämtliche ökonomischen Risiken tragen muss. So wurden vor allem die Kompromisslösungen in Form von garantierten Mindestabnahmemengen, Zuschüssen und der Übernahme negativer Rohstoffpreisentwicklungen durch Preisanpassungsklauseln bestätigt.

- Opportunistisches Verhalten wird von beiden Seiten gefürchtet, von beiden Seiten durchgeführt und so ins eigene Verhalten eingepreist. Im Zentrum des gegenseitigen Misstrauens stehen die Teilepreisverhandlungen. Der OEM fürchtet dabei stets übertriebene Kostenangaben des 1st-Tier Suppliers. Der 1st-Tier Supplier wiederum fürchtet übertriebene und unrealistische Teilepreissenkungen durch den OEM.

- Das Kostencontrolling spielt so auch auf beiden Seiten eine wichtige Rolle. Hierbei versucht der OEM die größtmögliche Transparenz u.a. durch open book accounting zu erzwingen. Darüber hinaus schreibt der OEM Vorlieferanten häufig vor und kennt so die in Rechnung gestellten Einkaufspreise, die der 1st-Tier Supplier als Bezugskosten geltend macht. Im Umkehrschluss versucht der 1st-Tier Supplier über die eigene Aktivitäten und resultierenden Kosten größtmögliche Geheimhaltung zu realisieren, um so eine Grauzone zu schaffen, die versteckte Profitabilität ermöglicht.

Wesentliche Aussagen zur Forschungs- und Entwicklungsphase

- Die in der Arbeit abgeleiteten Anreize wurden im Wesentlichen bestätigt. Der OEM strebt aus Absicherung nach dem rechtlichen Eigentum, die Zahlung wird nachgelagert über den Teilepreis favorisiert. Der 1st-Tier Supplier strebt im Umkehrschluss nach einer umgehenden Vergütung der getätigten Aufwendungen, so dass der zentrale Interessenkonflikt über die Vergütung entsteht.

- Ein häufiger Kompromiss besteht in der Vereinbarung der nachgelagerten Vergütung über den Teilepreis. Der OEM garantiert seinerseits bestimmte Abnahmemengen, die für den 1st-Tier Supplier die Amortisation der getätigten Aufwendungen sicherstellen sollen. So verpflichtet sich der OEM, entweder die garantierten Mengen abzunehmen oder am Ende eine Ausgleichszahlung zu leisten.

- Hinsichtlich der Gültigkeit dieser Abnahmegarantien war zu beobachten, dass derartige Garantien meist nur informell via Email bestätigt wurden. In einigen Fällen hielt sich der OEM zudem im Nachhinein nicht an die Absprache. Offene Forderungen des 1st-Tier Suppliers wurden ignoriert und nach langer Zeit als Eintrittsgeld in neue Rahmenverträge verrechnet. Die Werthaltigkeit dieser Abnahmegarantien ist daher nicht grundsätzlich gegeben. So sprach ein Interviewteilnehmer aus dem Vertrieb davon, dass „Abnahmegarantien das Papier nicht wert sind, auf dem sie geschrieben werden.“

- Hinsichtlich der Weiterverwendung von gewonnen Erkenntnissen besteht in aller Regel grundsätzliches Verbot durch den OEM, das der 1st-Tier Supplier auch einhält. Ein aufgedeckter Verstoß gegen ein solches Verbot wird vom 1st-Tier Supplier bzgl. eines Reputationsverlusts gefürchtet. Zur expliziten Weiterverwendung kommt es meist erst später, diese Vorgehensweise wird ggf. mit dem OEM abgestimmt.

Wesentliche Aussagen zur Phase kundenspezifischer Werkzeuge

- Die in der Arbeit abgeleiteten Anreize wurden bestätigt. Vergleichbar der Phase zu F&E-Tätigkeiten strebt der OEM zur eigenen Absicherung nach dem rechtlichen Eigentum, die Zahlung wird nachgelagert über den Teilepreis favorisiert. Der 1st-Tier Supplier strebt im Umkehrschluss nach einer umgehenden Vergütung der getätigten Aufwendungen, so dass der zentrale Interessenkonflikt über die Vergütung entsteht.

- Die Kompromisslösung besteht meist in der Zahlung von Zuschüssen. Es ist aber auch bei Werkzeugen vereinzelt die Garantie von ausreichenden Mindestabnahmemengen durch den OEM zu beobachten gewesen, die analog zur dargestellten Vorgehensweise für F&E-Tätigkeiten vereinbart werden.

- Gezahlte Zuschüsse liegen meist unter den Kosten, die der 1st-Tier Supplier zur Herstellung aufbringen muss, so dass der Differenzbetrag dann nachgelagert über den Teilepreis gezahlt wird.

- In den Fällen, in denen die Vergütung nach Fertigstellung komplett erfolgt, ist meist die Abnahme durch den OEM von hoher Bedeutung für die Auszahlung der Vergütung. Hierbei wurde deutlich, dass der OEM diese Abnahme häufig lange hinauszögert, so dass für den 1st-Tier Supplier teilweise ein langer Zeitraum der Vorfinanzierung entsteht. Die Abnahme kann sich dabei bis in den Beginn der Serienfertigung hineinziehen.

Wesentliche Aussagen zur Serienfertigung und Lieferung
• Zum Zeitpunkt der Serienfertigung konzentriert sich der gesamte Interessenskonflikt auf die Verhandlungen über den Teilepreis. Der Teilepreis wird dabei ständig neu verhandelt und hat nur kurze Zeit Bestand. • In dieser Phase kommt es zu Furcht vor Opportunismus auf beiden Seiten. Der OEM fürchtet falsche und überzogene Kostenangaben des 1st-Tier Suppliers, der 1st-Tier Supplier fürchtet übertriebene Teilepreisabschläge des OEMs. • So kommt es in dieser Phase auch zu versteckten opportunistischen Handlungen beider Teilnehmer. Der OEM fordert pauschal sehr hohe Preisabschläge im Zeitablauf. Der 1st-Tier Supplier versucht jede Kostenersparnis vor dem OEM geheim zu halten. • Der OEM geht bei den Preisverhandlungen meist sehr aggressiv vor und kommuniziert seine Vorstellungen hinsichtlich der Anpassung des Teilepreises aufgrund erwarteter Kostensenkungen pauschal. Durch diese Vorgehensweise versucht der OEM an den Erfahrungskurveneffekten des 1st-Tier Suppliers bzw. Größenvorteilen zu partizipieren. Kostensteigerungen aufgrund negativer Rohstoffpreisentwicklungen werden nicht immer akzeptiert, wohingegen positive Entwicklungen umgehend vom OEM eingefordert werden. So fordert der OEM neben pauschalen Kostensenkungen auch Ausgleichzahlungen bzgl. positiver Veränderung der Rohstoffpreise oder aber vermuteter Fixkostendegression. • Häufig kennt der OEM bereits Bezugspreise für Material und anderen Fremdbezug, so dass nur noch die internen Kosten des 1st-Tier Suppliers undurchsichtig sind. Der OEM versucht Transparenz in die Kostenangaben des 1st-Tier Suppliers zu bringen, indem dieser zur Teilnahme am open book accounting gedrängt wird. • Nach Aussage einiger Interviewteilnehmer bestehen Möglichkeiten zur versteckten Kostenersparnis für 1st-Tier Supplier vor allem durch Insourcing, da die internen Herstellungskosten für den OEM schwerer zu durchschauen sind. Daher gibt es hohe Anstrengungen des OEMs die internen Herstellungskosten des 1st-Tier Suppliers exakt offenzulegen. • Der 1st-Tier Supplier betrachtet die Lieferantenbeziehung stets ganzheitlich, d.h. am Ende

muss es über alle Periode zu einem Gewinn kommen. So werden anfänglich auch Teilepreise akzeptiert, die sogar unter den Herstellungskosten liegen, wenn ersichtlich ist, dass Anlaufverluste im Zeitablauf aufgrund von Erfahrungskurveneffekten neutralisiert werden können. Ebenso verhält es sich mit vorübergehenden Verlusten im Teilepreis.

- Der 1st-Tier Supplier übernimmt die Garantien für die Qualität der gefertigten und gelieferten Produkte. Die Qualitätsprüfung erfolgt durch den OEM bei Lieferung und stellt dabei hohe Anforderungen. Hierbei ist es u.U. schon ausreichend, dass nur eine einzige Mengeneinheit den Qualitätsanforderungen des OEMs nicht genügt und dadurch die gesamte Lieferung an den 1st-Tier Supplier zurückgeschickt wird.

- Nach Aussagen der Interviewteilnehmer entspricht die Annahme fairer und kooperativer Preisverhandlungen mit gleichwertiger Aufteilung der Effizienzgewinne eher nicht der Praxis, auch wenn beide Seiten daran interessiert wären.

Wesentliche Aussagen zur latenten Produktionsbereitschaft

- Der Phase der latenten Produktionsbereitschaft wird im Vergleich zu den anderen Phasen keine allzu hohe Bedeutung beigemessen.

- Der 1st-Tier Supplier versucht die entstehenden Aufwendungen aus Lagerkosten und ggf. erhöhten Produktionskosten durch eine sehr hohe Marge vergütet zu bekommen. Die Marge auf produzierte und gelieferte Ersatzteile ist tatsächlich signifikant höher als während der Serienfertigung. Diese Begebenheit wird vom OEM häufig bis zu einer gewissen Materialitätsgrenze akzeptiert und ist kein wesentlicher Streitpunkt.

Literaturverzeichnis

Abend, Jens M. (1987): Strukturwandel in der Automobilindustrie und strategische Optionen mittelständischer Zulieferer. Eine explorative Studie. Dissertation. München.

Acedo, Francisco; Barroso, Carmen; Galan, Jose Luis (2006): The Resource-Based Theory: Dissemination and main Trends. In: Strategic Management Journal, Jg. 27, S. 621–636.

Adam, Dietrich (1998): Produktionsmanagement. Wiesbaden: Gabler.

Adam, Dietrich; Backhaus, Klaus; Thonemann, Ulrich W.; Voeth, Markus (2004): Allgemeine Betriebswirtschaftslehre - Koordination betrieblicher Entscheidungen. Die Fallstudie Peter Pollmann. Berlin, Heidelberg, New York: Springer.

Adam, Dietrich; Johannwille, Ulrich (1998a): Die Komplexitätsfalle. in: Komplexitätsmanagement, Schriften zur Unternehmensführung (SzU).

Adler, Hans; Düring, Walther; Schmaltz, Kurt (ADS) (2002): Rechnungslegung nach internationalen Standards. Kommentar. 6. Aufl. Stuttgart: Schäffer-Poeschel.

Albach, Hans (1992): Strategische Allianzen, strategische Gruppen und strategische Familien. In: Zeitschrift für Betriebswirtschaft, H. 6, S. 663–669.

Albert, Hans (1991): Traktat über kritische Vernunft. 5. Aufl. Stuttgart: UTB.

Amponsem, Heidi; Bauer, Stephan; Gerpott, Thorsten J. et al (1996): Konzernorganisation nach Kernkompetenzen. In: zfo, H. 4, S. 219–225.

Aoki, Masahiko; Gustafson, Bo; Williamson, Oliver E. et al. (1990): The Firm as a Nexus of Treaties. London.

Arbeitskreis "Immaterielle Werte im Rechnungswesen" der Schmalenbach-Gesellschaft für Betriebswirtschaft e.V. (2008): Leitlinien zur Bilanzierung selbstgeschaffener immaterieller Vermögensgegenstände des Anlagevermögens nach dem Regierungsentwurf des BilMoG. In: Der Betrieb, H. 34, S. 1813–1821.

Arend, Richard J.; Seale, Darryl A. (2005): Modeling alliance activity: An iterated prisoner's dilemma with exit option. In: Strategic Management Journal, Jg. 26, H. 11, S. 1057–1074.

Axelrod, Robert M. (1987): Die Evolution der Kooperation. München: Oldenbourg.

Backhaus, Klaus (1996): Gewinnrealisierung im Anlagengeschäft vor dem Hintergrund nationaler und internationaler Rechnungslegungsvorschriften. In: Baetge, Jörg; Börner, Dietrich; Forster, Karl-Heinz et al. : Rechnungslegung, Prüfung und Beratung. Herausforderungen für den Wirtschaftsprüfer ; Festschrift zum 70. Geburtstag von Professor Dr. Rainer Ludewig. Düsseldorf: IdW-Verl., S. 21–51.

Backhaus, Klaus; Piltz, Klaus (1990): Strategische Allianzen - Eine neue Form kooperativen Wettbewerbs. In: zfbf, Jg. 42, H. Sonderheft 27, S. 1–10.

Backhaus, Klaus; Plinke, Wulf (1990): Strategische Allianzen als Antwort auf veränderte Wettbewerbsstrukturen. In: zfbf, Jg. 42, H. Sonderheft 27, S. 21–33.

Backhaus, Klaus; Schneider, Helmut (2007): Strategisches Marketing: Schäffer-Poeschel-Verlag.

Backhaus, Klaus; Voeth, Markus (2007): Industriegütermarketing. München: Vahlen.

Baetge, Jörg (1996): Herstellungskosten: Vollaufwand vs. Teilaufwand. In: Baetge, Jörg; Börner, Dietrich; Forster, Karl-Heinz et al.: Rechnungslegung, Prüfung und Beratung. Herausforderungen für den Wirtschaftsprüfer ; Festschrift zum 70. Geburtstag von Professor Dr. Rainer Ludewig. Düsseldorf: IdW-Verl., S. 53–84.

Baetge, Jörg (1996): Rechnungslegung und Prüfung 1996. Düsseldorf.

Baetge, Jörg; Börner, Dietrich; Forster, Karl-Heinz et al. (1996): Rechnungslegung, Prüfung und Beratung. Herausforderungen für den Wirtschaftsprüfer ; Festschrift zum 70. Geburtstag von Professor Dr. Rainer Ludewig. Düsseldorf: IdW-Verl.

Baetge, Jörg; Kirsch, Hans-Jürgen; Thiele, Stefan (2004): Bilanzanalyse. 2. Aufl. Düsseldorf: IdW-Verlag

Baetge, Jörg; Kirsch, Hans-Jürgen; Thiele, Stefan (2007): Bilanzen. 9. Aufl. Düsseldorf: IdW-Verlag

Bain & Company (o.J.): Automobilzulieferer. Neue Wachstumschancen durch fokussierte Forschung. München (Kompass).

Bain & Company (o.J.): Die Kraft aus dem Kern. Strategien für nachhaltig profitables Wachstum. München (Kompass).

Bain & Company (2006): Reduktion von Komplexität. Weniger ist mehr. München (Results).

Bain & Company (2007): Hidden Assets. Verborgene Potenziale zur Erneuerung des Kerngeschäfts. München (Results).

Bain & Company (2007): Mergers and Aquisitions. Das Kunststück wertvoller Verbindungen. München (Results).

Ballwieser, Wolfgang; Beine, Frank; Hayn, Sven et al. (2009): IFRS 2009. Wiley Kommentar zur internationalen Rechnungslegung nach IFRS: Wiley-VCH.

Ballwieser, Wolfgang; Böcking, Hans-Joachim; Drukarczyk, Jochen, et al. (1994): Bilanzrecht und Kapitalmarkt. Festschrift zum 65. Geburtstag von Professor Dr. Dr. h.c. Dr. h.c. Adolf Moxter. Düsseldorf: IDW-Verlag GmbH.

Barney, Jay B. (2001): Is the Resource-Based "View" a Useful Perspective for Strategic Management Research? Yes. In: Academy of Management Review, Jg. 26, S. 41–56.

Bassarak, Herbert; Genosko, Joachim (2001): Synergieeffekte mit Kosteneinsparungen. Zur Funktion und Bedeutung von Netzwerken und Netzwerkarbeit. o.O. (Mitteilungen LJA WL), Nr. 149, S. 13–20.

Baumgarten, Helmut; Thoms, Jack (2002): Trends und Strategien in der Logistik: Supply Chains im Wandel. Berlin.

Beck, Thilo C. (1998): Coopetition bei der Netzwerkorganisation. In: zfo, H. 5, S. 271–276.

Becker, Barbara; Gassmann, Oliver (2006): Gaining leverage effects from knowledge modes within corporate incubators. In: R&D Management, Jg. 36, H. 1, S. 1–17.

Becker, Gary Stanley (1976): Altruism, Egoism, and Genetic Fitness: Economies and Sociobiology. In: Journal of Economic Literature, H. 14, S. 817–826.

Becker, Gary Stanley; Murphy, Kevin M. (2000): Social Economics. Market Behavior in a Social Environment. Cambridge, London.

Becker, Helmut (2006): Phänomen Toyota. Erfolgsfaktor Ethik. Berlin, Heidelberg, New York: Springer.

Becker, Helmut (2007): Auf Crashkurs. Automobilindustrie im globalen Verdrängungswettbewerb. Berlin, Heidelberg: Springer.

Becker, Helmut (1998): Zur Wettbewerbssituation der ostdeutschen Automobilzulieferunternehmen. Lage und Perspektive. München.

Becker, Wolfgang (1992): Komplexitätskosten. In: Kostenrechnungspraxis, S. 171–173.

Becker, Wolfgang (1993): Betriebswirtschaftliche Konzepte zur Sicherung der erfolgswirtschaftlichen Stabilität industrieller Unternehmen.

Beine, Frank; Nardmann, Hendrik (2009): Leasingverhältnisse. In: Ballwieser, Wolfgang; Beine, Frank; Hayn, Sven et al.: IFRS 2009. Wiley Kommentar zur internationalen Rechnungslegung nach IFRS: Wiley-VCH, S. 775–821.

Beißel, Jörg (2003): Anreizsysteme in der Beschaffung: Gabler.

Berends, Hans; van der Bij, Hans; Debackere, Koenraad; Weggeman, Mathieu (2006): Knowlede sharing mechanisms in industrial research. In: R&D Management, Jg. 36, H. 1, S. 85–95.

Berry, A. J.; Ahmed, A.; Cullen, John et al (1997): The consequences of inter-firm supply chains for management accounting. In: Management Accounting, H. 10, S. 74–75.

Beuermann, Günther (1993): Spieltheorie und Betriebswirtschaftslehre. Stuttgart (HWB, 5.Auflage).

BIC (2004): Strukturanalyse und Wertschöpfungskette der deutschen Automobilindustrie. abrufbar unter http://www.bic-kl.de/user/pdf/MA/automobilindustrie.pdf (Stand: 03.09.2008), S. 13.

Blum, Ulrich; Greipl, Erich; Hereth, Hannjörh, et al. (1994): Wettbewerb und Unternehmensführung. 1. Dresdner Kolloquim und Antrittsvorlesungen an der Fakultät Wirtschaftswissenschaften der Technischen Universität Dresden. Stuttgart: Schäffer-Poeschel.

Böcking, Joachim; Wiederhold, Philipp (2008): Immaterielle Vermögenswerte (Intangible Assets). In: Hennrichs, Joachim; Kleindiek, Detlef; Watrin, Christoph: Münchener Kommentar zum Bilanzrecht. Gesamtwerk. IFRS: Beck, C.H., Verlag, oHG .

Bohne, Fabian (1998): Komplexitätskostenmanagement in der Automobilindustrie, Identifizierung und Gestaltung vielfaltsinduzierter Kosten.

Börner, Dietrich (1996): Bilanzpolitik im Spannungsfeld der Jahresabschlußaufgaben: Zur Zukunft des deutschen Einzelabschlußrechts. In: Baetge, Jörg; Börner, Dietrich; Forster, Karl-Heinz et al.: Rechnungslegung, Prüfung und Beratung. Herausforderungen für den Wirtschaftsprüfer ; Festschrift zum 70. Geburtstag von Professor Dr. Rainer Ludewig. Düsseldorf: IdW-Verl., S. 143–179.

Boyd, Brian (1990): Corporate Linkages and Organizational Environment: A Test of the Resource Dependence Model. In: Strategic Management Journal, Jg. 11, H. 6, S. 419–430.

Brede, Hauke (1996): Prozeßorientiertes Controlling wandelbarer Organisationsstrukturen. Ansaätze zu einem neuen Controllingverständnis. In: zfo, H. 3, S. 154–158.

Brücks, Michael; Diehm, Sven; Kerkhoff, Guido (2008): IAS 1 Darstellung des Abschlusses. In: Thiele, Stefan; Keitz, Isabel von; Brücks, Michael: Internationales Bilanzrecht. Rechnungslegung nach IFRS - Kommentar: Stollfuß .

Brunner, Heinz; Hartel, Marko; Georges, Thomas (2002): Szenariotechnik zur Entwicklung von Geschäftsstrategien am Beispiel des Werkzeug- und Anlagenbaus der BMW Group. In: zfo, Jg. 71., H. 5, S. 312–317.

Buchholz, Wolfgang (1999): Outsourcing der Beschaffung - Strategische Ausrichtung und organisatorische Umsetzung. In: zfo, H. 5, S. 271–277.

Buchholz, Wolfgang; Werner, Hartmut (1997): Strategien und Instrumente zur Verkürzung der Produktentwicklungsdauer. In: DBW, H. 5, S. 694–709.

Budde, Wolfgang Dieter; Förschle, Gerhart (1988): Das Verhältnis des "True and Fair View" zu den Grundsätzen ordnungsmäßiger Buchführung und zu den Einzelrechnungsvorschriften. In: Mellwig, Winfried; Moxter, Adolf; Ordelheide, Dieter: Einzelabschluß und Konzernabschluß. Beiträge zum neuen Bilanzrecht, Band 1. Wiesbaden: Gabler, S. 27–45.

Buhleier, Claus (2008): IAS 11 Fertigungsaufträge. In: Hennrichs, Joachim; Kleindiek, Detlef; Watrin, Christoph: Münchener Kommentar zum Bilanzrecht. Gesamtwerk. IFRS: Beck, C.H., Verlag, oHG .

Bühner, Rolf; Tuschke, Anja (1997): Outsourcing. In: DBW, H. 1, S. 20–31.

Bullinger, H. J.; Warschat, J. (1997): Technologiemanagement- Wettbewerbsfähige Technologieentwicklung und Arbeitsgestaltung. Stuttgart.

Burr, Wolfgang (2003): Fundierung von Leistungstiefenentscheidungen auf der Basis modifizierter Transaktionskostenansätze. In: zfbf, H. 55, S. 112–134.

Busch, Klaus W. (1966): Strukturwandlungen der westdeutschen Automobilindustrie. Ein Beitrag zur Erfassung und Deutung einer industriellen Entwicklungsphase im Übergang vom produktionsorientierten zum marktorientierten Wachstum. Berlin.

Büschken, Joachim (2000): Reputation Networks and "loose Linkages" between Reputation and Quality. Diskussionsbeitrag der Wirtschaftswissenschaftlichen Fakultät Ingolstadt. Online verfügbar unter: http://www.ku-eichstaett.de/Fakultaeten/WWF/Lehrstuehle

/MKT/downloads/HF_sections/content/reputation_networks.pdf, zuletzt geprüft am 22.10.2008.

Buzzell, Robert D.; Gale, Bradley T. (1989): Das PIMS-Programm, Strategien und Unternehmenserfolg. Wiesbaden: Gabler.

Caglio, Ariela; Ditillo, Angelo (2008): A review and discussion of management control in inter-firm relationships: Achievements and future directions. In: Accounting, Organizations and Society, Jg. 33, H. 7-8, S. 865–898.

Chan, Felix T. S.; Kumar, Niraj (2007): Global supplier development considering risk factors using fuzzy extend AHP-based approach. In: Omega, Jg. 35, H. 4, S. 417–431.

Child, John; Faulkner, David; Tallmann, Stephen (2006): Cooperative Strategy. Managing Alliances, Networks, and Joint Ventures. 2. Aufl. Oxford: Oxford Press.

Clemens, H. (1953): Die Entwicklung der deutschen Personenkraftwagen-Industrie unter besonderer Berücksichtigung der Jahre 1945-1950. Köln, Dissertation.

Clemm, Hermann (1989): Bilanzpolitik und Ehrlichkeits- ("true and fair view"-) Gebot. In: Wirtschaftsprüfung, Jg. 42, H. 12, S. 357–366.

Clemm, Hermann (1990): Jahresbilanzen - ein Gemisch von Wahrheit und Dichtung. Betrachtung nach 30 Jahren Wirtschaftsprüfer-Tätitgkeit. In: DStR, H. 24, S. 780–783.

Clemm, Hermann (1995): § 264 HGB und Wahlrechte. In: Förschle, Gerhart; Kaiser, Klaus; Moxter, Adolf: Rechenschaftslegung im Wandel. Festschrift für Wolfgang Dieter Budde. München: C.H. Beck, S. 135–156.

Coase, Ronald (1937): The Nature of the Firm. In: Economica, H. 4, S. 386–405.

Coenenberg, Adolf G. (2000): Jahresabschluß und Jahresabschlußanalyse. Landsberg/Lech: verlag moderne industrie.

Coenenberg, Adolf G.; Salfeld, Rainer (2007): Wertorientierte Unternehmensführung. Vom Strategieentwurf zur Implementierung. 2. Aufl. Stuttgart: Schäffer-Poeschel.

Conner, Kathleen R. (1991): A Historical Comparison of Resource-Based Theory and Five Schools of Thought Within Industrial Organization Economics: Do We Have a New Theory of the Firm. In: Journal of Management, Jg. 17, H. 1, S. 121–154.

Corsten, Hans (1993): Handbuch Produktionsmanagement: Gabler.

Corsten, Hans (1999): produktionswirtschaft. München, Wien: Oldenbourg.

Cullen, J.; Berry, A. J.; Seal, W. et al (1999): Interfirm supply chains: The contribution of management accounting. In: Management Accounting, Jg. 77, H. 6, S. 30–32.

Dacin, Tina; Oliver, Christine; Roy, Jean-Paul (2007): The legitimacy of strategic alliances: an institutional perspective. In: Strategic Management Journal, Jg. 28, H. 2, S. 169–187.

Deckstein, Dagmar; Kuntz, Michael (2007): Interview mit Franz Fehrenbach. In: Süddeutsche Zeitung, Ausgabe 209, 11.09.2007, S. 23.

Dekker, Henri C. (2004): Control of inter-organizational relationships: evidence on appropriation concerns and coordination requirements. In: Accounting, Organizations and Society, Jg. 29, H. 1, S. 27–49.

Dellmann, Klaus (1999): Das Netzwerk-Cluster-Kostenmodell - ein allgemeines Modell der Kostenrechnung. In: zfbf, Jg. 51, H. 11, S. 1019–1033.

Deloitte (2004): Besonderheiten der Rechnungslegung in der Automobilzulieferindustrie. (http://www.deloitte.com/dtt/whitepaper/0,1017,cid%253D59673%2526pv%253DY,00. html (Stand 06.08.2007)).

Dichtl, Erwin (1991): Orientierungspunkte für die Festlegung der Fertigungstiefe. In: WiSt, Jg. 20, S. 54–59.

Dierkes, Stefan (2004): Strategische Kostenanpassung oder relative Leistungsbewertung - Was ist besser. In: zfbf, Jg. 56, H. 1, S. 45–59.

Dietl, Helmut; Royer, Susanne; Stratmann, Uwe (2009): Wertschöpfungsorganisation und Differenzierungsdilemma in der Automobilindustrie. In: zfbf, Jg. 61, S. 439–462.

Dillmann, Lutz (1997): Die zunehmende Fremdvergabe pharmazeutischer Produktentwicklungsaufgaben an Contract Reseach Organisations. Eine transaktionskostentheoretische Untersuchung. In: zfbf, H. 12, S. 1047–1065.

Dobler, Michael (2006): Ertragsvereinnahmung bei Fertigungsaufträgen nach IAS 11 und den Vorschlägen des Projekts Revenue Recognition - Vergleich und kritische Würdigung. In: KoR, H. 3, S. 160–170.

Dowling, Michael; Lechner, Christian (1998): Kooperative Wettbewerbsstrategien: Theoretische Ansätze und Managementstrategien. In: DBW, H. 1, S. 86–101.

Drinhausen, Andrea; Ramsauer, Jürgen (2009): Zur Umsetzung der HGB-Modernisierung durch das BilMoG: Ansatz und Bewertung von Rückstellungen. In: Der Betrieb, H. Beilage 5, S. 46–53.

Droege, Walter; Backhaus, Klaus; Weiber, Rolf (1993): Strategien für Investitionsgütermärkte. Antworten auf neue Herausforderungen. Landsberg/Lech.

Duden (2007): Deutsches Universalwörterbuch. 6., überarb. und erw. Aufl. Mannheim, Leipzig, Wien, Zürich: Dudenverl.

Dyer, Jeffrey (1996a): Does Governance Matter? Keiretsu Alliances and Asset Specifity as Sources of Japanese Competitive Advantage. In: Organization Science, H. 7, S. 649–666.

Dyer, Jeffrey (1996b): Specialized Supplier Networks as a Source of Competitive Advantage: Evidence from the Auto Industry. In: Strategic Management Journal, H. 17, S. 271–292.

Dyer, Jeffrey (1997): Effective Interfirm Collaboration: How Firms Minimize Transaction Cost and Maximize Transaction Value. In: Strategic Management Journal, S. 535–556.

Ebenroth, Thomas (1993): Fremdbestimmte Investitionen in der Umstrukturierung von Absatzvermittlungsverhältnissen auf dem Automobilsektor. In: Betriebs Berater, H. 22, S. 1521–1535.

Ebster, Claus; Stalzer, Lieselotte (2003): Wissenschaftliches Arbeiten für Wirtschafts- und Sozialwissenschaftler. Wien: WUV Universitätsverlag.

Eckard, Björn; Mellewigt, Thomas; Weller, Ingo (2009): Vertragsgestaltung in der Automobilindustrie: Transaktionsmerkmale, Erfahrungslernen und Wissensmanagement. In: zfbf, Jg. 61, S. 499–529.

Ehrmann, Thomas (2005): Strategische Planung. Berlin: Springer.

Eifler, Günter (1976): Grundsätze ordnungsmäßiger Bilanzierung für Rückstellungen. Diss.--Augsburg, 1975. Düsseldorf: IdW-Verl. (Beiträge zu den Grundsätzen ordnungsmäßiger Bilanzierung, 5).

Ellram, Lisa M. (2002): Strategic Cost Management in the Supply Chain: A purchasingand Supply Management Perspective.

Ellrott. Helmut; Brendt, Peter (2006): § 255 Anschaffungs- und Herstellungskosten. In: Ellrott. Helmut; Förschle, Gerhart; Hoyos, Martin et al.: Beck'scher Bilanzkommentar. Handels- und Steuerbilanz. 6. Aufl. München: C.H. Beck .

Ellrott. Helmut; Förschle, Gerhart; Hoyos, Martin et al. (2006): Beck'scher Bilanzkommentar. Handels- und Steuerbilanz. 6. Aufl. München: C.H. Beck.

Erchinger, Holger; Melcher, Winfried (2009): Die Bilanzierung von Mehrkomponentengeschäften. In: KoR, H. 2, S. 89–100.

Evans, Lisa (1004): Language, translation and the problem of international accounting communication. In: Accounting, Auditing & Accountability Journal, Jg. 17, H. 2, S. 210–243.

Fandel, Günther; Francois, Peter (1989): Just-in-Time-Produktion und-Beschaffung, Funktionsweise, Einsatzvoraus-setzungen und Grenzen. In: Zeitschrift für Betriebswirtschaft, Jg. 59, H. 5, S. 531–545.

Farr, M. /Fischer W. (1992): Managing international high technology cooperative projects. In: R&D Management, Jg. 22, H. 1, S. 12–19.

Fieten, Robert (1991): Erfolgsstrategien für Zulieferer: Von der Abhängigkeit zur Partnerschaft. Wiesbaden: Gabler.

Findeisen, Klaus-Dieter; Sabel, Elmar (2009): Diskussionspapier von IASB und FASB zur Reform der Leasingbilanzierung. In: Der Betrieb, H. 36, S. 1885–1894.

Fisch, Jan Hendrik (2002): Effiziente Allokation der internationalen F&E-Aktivitäten in multinationalen Unternehmen. In: DBW, H. 2, S. 146–168.

Fischer, Dirk; Neubeck (2005): Bilanzierung von Forschungs- und Entwicklungskosten nach HGB und IAS/IFRS am Beispiel eines Automobilzulieferers. In: BC, H. 10, S. 217–240.

Fischer, Thomas (1993): Variantenvielfalt und Komplexität als bestriebliche Kostenbestimmungsfaktoren. In: Kostenrechnungspraxis, S. 27–31.

Flik, Markus; Heering, Christoph; Kampf, Hans u. a. (1998): Neugestaltung des Entwicklungsprozesses bei einem Automobilzulieferer: Prozeßorientierte Reorganisation, Quality Function Deployment und Target Costing. In: zfbf, H. 3, S. 289–305.

Flörecke, Klaus-Dieter (2009): Top 100 - Deutsche so stark wie nie zuvor. Online verfügbar unter http://automobilwoche.de/assets/pdf/CG1623682714.PDF, zuletzt geprüft am 18.09.2009.

Ford, Henry (1923): Mein Leben und Werk. Leipzig.

Forrester, J. W. (1958): Industrial Dynamics: A Major Break through for Decision Makers. In: Harvard Business Review, H. 4, S. 37–66.

Förschle, Gerhart; Kaiser, Klaus; Moxter, Adolf (1995): Rechenschaftslegung im Wandel. Festschrift für Wolfgang Dieter Budde. München: C.H. Beck.

Förschle, Gerhart; Kroner, Matthias (2006): § 246 Vollständigkeit. Verrechnungsverbot. In: Ellrott. Helmut; Förschle, Gerhart; Hoyos, Martin et al.: Beck'scher Bilanzkommentar. Handels- und Steuerbilanz. 6. Aufl. München: C.H. Beck, S. 80–126.

Förschle, Gerhart; Kroner, Matthias; Heddäus, Birgit (1999): Ungewisse Verpflichtungen nach IAS 37 im Vergleich zum HGB. In: Die Wirtschaftsprüfung, Jg. 52, H. 2, S. 41–54.

Förschle, Gerhart; Scheffels, Rolf (1993): Die Bilanzierung von Zuschüssen insbesondere für Werkzeugkosten. In: Der Betrieb, H. 48, S. 2393–2399.

Fraunhofer Institute for Systems and Innovation Research (2004): Zur Bedeutung der angewandten Grundlagenforschung. Ergebnisse einer schriftlichen Befragung bei Fraunhofer Instituten. Herausgegeben von http:, www.isi.fraunhofer.de, p, Downloads und 12 09 2007 13:03 discussion_4_AGF-Paper.pdf. Fraunhofer insitut. Karlsruhe. (Fraunhofer ISI Discussion Papers Innovation Systems and Policy Analysis 4/2004 ISSN 1612-).

Fraunholz, Uwe (2000): Motorphobia. Anti-automobiler Protest in Kaiserreich und Weimarer Republik. Berlin.

Freidank, Carl-Christian (1989): Erfolgsrealisierung bei langfristigen Fertigungsprozessen. In: Der Betrieb, H. 24, S. S. 1197-1204.

Frese, Erich (2005): Grundlagen der Organisation. Entscheidungsorientiertes Konzept der Organisationsgestaltung. 9. Aufl. Wiesbaden: Gabler.

Frese, Erich; Lehnen, Marc; Valcárcel, Sylvia (1998): Leistungsindividualisierung im Maschinenbau - Eine wettbewerbsstrategische Analyse. In: zfbf, Jg. 51, H. 9, S. 883–903.

Frey, Bruno S. (1990): Ökonomie ist Sozialwirtschaft. Die Anwendung der Ökonomie auf neue Gebiete. München: Vahlen.

Fritsch, Michael; Wein, Thomas; Ewers, Hans-Jürgen (2005): Marktversagen und Wirtschaftspolitik: Vahlen.

Füll, G. (1995): Automobilbauer übertragen immer mehr auf Systemlieferanten. In: Handelsblatt, 08.03.1995.

Fussan, Carsten; Klepper, Katja (2007): Vorteile für Beschaffungsbeziehungen in Clustern? Eine vergleichende transaktionskostenanalytische Betrachtung. In: zfbf, Jg. 59, S. 588–614.

Gassmann, Oliver (1997): Organisationsformen der internationalen F&E in technologieintensiven Grossunternehmen. In: zfo, H. 6, S. 332–339.

Gierl, Heribert (2000): Opportunismus in langfristigen Geschäftsbeziehungen. In: zfbf, H. 52, S. 107–140.

Gierl, Heribert; Gehrke Gunter (2004): Kundenbindung in industriellen Zuliefer-Abnehmer-Beziehungen. In: zfbf, Jg. 56, S. 203–236.

Gierl, Heribert; Gehrke Gunther (2004): Kundenbindung in industriellen Zuliefer-Abnehmer-Beziehungen. In: zfbf, H. 56, S. 203–236.

Gietzmann, Miles B. (1996): Incomplete contracts and the make or buy decision: Governance design and attainable flexibility. In: Accounting, Organizations and Society, H. 21, S. 611–626.

Gonzales, F. J. M.; Palacios, T. M. B. (2002): The effect of New Product Development Techniques on New Product Success in Spanish Firms. In: Industrial Marketing Management, H. 31, S. 261–271.

Göpfert, Jan R.; Knecht, Thomas C. (2000): Simultaneous Costing. Ein kundenorientiertes Konzept zur Kostenoptimierung in der Produktentwicklung. In: DBW, H. 4, S. 513–526.

Goshal, Sumantra; Moran, Peter (1996): Bad for Practice: A Critique of the Transaction Cost Theory. In: Academy of Management Review, Jg. 21, S. 13–47.

Gottschalk, Bernd: Die Automobilzulieferer im Fokus. In: Automobilzulieferer Spezial, Jg. 2001, S. 6–7.

Götz, Jan; Spanheimer, Jürgen (2005): Nutzungsrechte im Anwendungsbereich von IAS 17 - Inhalt und Auswirkungen von IFRIC 4 zur Identifizierung von Leasingverhältnissen. In: Betriebs Berater, H. 5, S. 259-265.

Grau, Andreas (2002): Gewinnrealisierung nach International Accounting Standards. Wiesbaden.

Grochla, E. Lehmann H. (1980): Systemtheorie und Organisation. In: Grochla E(Hrsg.): HWO. Stuttgart.

Groot, Tom L. C. M.; Merchant, Kenneth A. (2000): Control of international joint ventures. In: Accounting, Organizations and Society, Jg. 25, H. 6, S. 579–607.

Günther, Rolf: Markteintritt und Wettbewerbsverhalten in der Automobilindustrie. Das Beispiel der Glas GmbH. Regensburg, Dissertation 1984.

Günther, Thomas; Niepel, Mirko (2000): Controlling. Sammelrezensionen zu ausgewählten Werken. In: DBW, H. 2, S. 222–236.

Haak, René (2005): Markt- und Technologieführerschaft in der chinesischen Automobilindustrie. Japanische und deutsche Strategien in dynamischer Umwelt. In: Wildemann, Horst: Synchronisation von Produktentwicklung und Produktionsprozess: Produktreife - Produktneuanläufe - Produktionslauf. München, S. 173–196.

Hachmeister, Dirk; Zeyer, Fedor (2008): IAS 37 Rückstellungen, Eventualschulden und Eventualforderungen. In: Thiele, Stefan; Keitz, Isabel von; Brücks, Michael: Internationales Bilanzrecht. Rechnungslegung nach IFRS - Kommentar: Stollfuß .

Hank, Rainer; Menk, Georg (2008): "Gottlob haben nicht alle dieses böse Spiel mitgemacht". Interview mit Manfred Wennemer. In: FAS, Ausgabe 29, 20. Juli 2008, S. 32–33.

Hansjürgens, Giesbert (1995): Strategische Investitionen in immaterielle Vermögenswerte und ihre Behandlung im betriebswirtschaftlichen Rechnungswesen. In: Betriebs Berater, H. 37, S. 1898–1902.

Haspeslagh, Ph C.; Jemison, D. B. (1991): Managing Acquisitions: creating value through corporate renewal. New York.

Hawkinsa, Timothy G.; Wittmannb, C. Michael; Beyerleinc, Michael M.: Antecedents and consequences of opportunism in buyer–supplier relations: Research synthesis and new frontiers. In: Industrial Marketing Management, Jg. 2008, H. 895-909.

Hayn, Sven; Matena, Sonja (2009): Ertragsrealisierung. In: Ballwieser, Wolfgang; Beine, Frank; Hayn, Sven et al.: IFRS 2009. Wiley Kommentar zur internationalen Rechnungslegung nach IFRS: Wiley-VCH .

Heftrich, Frank (2000): Moderne F&E-Zusammenarbeiten in der Automobilindustrie. Organisation und Instrumente. Siegen.

Heintges, Sebastian; Urbanczik, Patrick; Wulbrand, Hanno (2009): Neuregelung des IAS 23 "Fremdkapitalkosten" - Alter Wein in neuen Schläuchen. In: Der Betrieb, H. 13, S. 633–639.

Helper, Susan (1990): Comparative Supplier Relations in the U.S. and Japanese Auto Industries: An Exit/Voice Approach. Case Western Reserve University, 1990, S. 153–162. Online verfügbar unter: http://www.h-net.msu.edu/~business/bhcweb/publications/BEHprint/v019/p0153-p0162.pdf, zuletzt geprüft am 1.10.2008.

Henderson, B. D. (1984): Die Erfahrungskurve in der Unternehmensstrategie. 2. Aufl. Frankfurt am Main, New York.

Hennrichs, Joachim; Kleindiek, Detlef; Watrin, Christoph (2008): Münchener Kommentar zum Bilanzrecht. Gesamtwerk. IFRS: Beck, C.H., Verlag, oHG.

Herbst, Edgar (1921): Der Taylorismus als Hilfe in unserer Wirtschaftsnot. Leipzig Wien: Anzengruber.

Hermann, Andreas; Seilheimer, Christian (2002): Variantenmanagement. in: Albers, Sönke; Hermann, Andreas (Hrsg.), Handbuch Produktionsmanagement.

Herzig, Norbert; Rieck, Ulrich (1997): Saldierungsbereich bei Drohverlustrückstellungen im Gefolge der Apotheker-Entscheidung. In: Der Betrieb, Jg. 50, S. 1881–1885.

Herzig, Norbert; Teschke, Manuel (2006): Vorrang der Teilwertabschreibung vor der Drohverlustrückstellung. In: Der Betrieb, H. 11, S. 576–581.

Hessisches FG (2000): Urteil vom 22.06.1999 - 4 K 3955/96 und 4 K 5148/96 (Rev. eingelegt BFH - I R 87/99). In: DStRE, H. 4, S. 190–193.

HFA des IDW (1984): Bilanzierungsfragen bei Zuwendungen, dargestellt am Beispiel finazieller Zuwendungen der öffentlichen Hand. Stellungnahme Hauptfachausschuss 1/1984. In: Wirtschaftsprüfung, S. 612–615.

HFA des IDW (1996): Zur Bilanzierung privater Zuschüsse. In: Wirtschaftsprüfung, H. 19, S. 709–713.

Hoffjan, Andreas; Lührs, Sebastian (2009): Wenn zuviel Transparenz schadet. In: Harvard Business Manager, H. 9, S. 8–11.

Hoffmann, Wolf-Dieter (2008): § 13 Immmaterielle Vermögenswerte des Anlagevermögens, § 21 Rückstellungen, Verbindlichkeiten. In: Lüdenbach, Norbert; Hoffmann, Wolf-Dieter: IFRS-Kommentar. 6. Aufl. Freiburg: Haufe, S. 555-617; 945-1048.

Hoffmann, Wolf-Dieter; Lüdenbach, Norbert (2004): Das Realisationsprinzip - 1884 und heute - Eine kleine (Geburtstags-)Gabe für Adolf Moxter. In: DStR, H. 41, S. 1758–1764.

Homburg, Carsten; Eichin, Rüdiger 1998 (1998): Aggregierte Prozeßanalysen als Instrument des Prozeßmanagements. In: DBW, H. 5, S. 635–643.

Homburg, Carsten; Zimmer, Kirstin (1999): Optimale Auswahl von Kostentreibern in der Prozeßkostenrechnung. In: zfbf, Jg. 51, H. 11, S. 1042–1055.

Homburg, Christian; Werner, Harald (1998): Situative Determinanten relationalen Beschaffungsverhaltens. In: zfbf, Jg. 50, H. 11, S. 979–1009.

Hommel, Michael (1997): Internationale Bilanzrechtskonzeptionen und immaterielle Vermögensgegenstände. In: zfbf, H. 4, S. 345–369.

Hommel, Michael (2001): Werkzeugzuschuss: Neutralisierung der gewinnerhöhenden Erfassung durch anteilig aufzulösende Rückstellung für ungewisse Verbindlichkeiten. In: Betriebs Berater, H. 15, S. 771–774.

Hommel, Michael; Schulte, Oliver (2004): Schätzungen von Rückstellungen in Fast-Close-Abschlüssen. In: Betriebs Berater, Jg. 59, H. 31, S. 1671–1678.

Hoyos, Martin; Huber, Frank (2006): § 247 Inhalt der Bilanz. In: Ellrott. Helmut; Förschle, Gerhart; Hoyos, Martin et al.: Beck'scher Bilanzkommentar. Handels- und Steuerbilanz. 6. Aufl. München: C.H. Beck .

Hoyos, Martin; Ring, Maximilian (2006): § 247 Inhalt der Bilanz. In: Ellrott. Helmut; Förschle, Gerhart; Hoyos, Martin et al.: Beck'scher Bilanzkommentar. Handels- und Steuerbilanz. 6. Aufl. München: C.H. Beck, S. 157–167.

Hoyos, Martin; Ring, Maximilian (2006): § 249 Rückstellungen. In: Ellrott. Helmut; Förschle, Gerhart; Hoyos, Martin et al: Beck'scher Bilanzkommentar. Handels- und Steuerbilanz. 6. Aufl. München: C.H. Beck, S. 249–314.

IASB (2009): Leases. Preliminary Views. Discussion Paper. Online verfügbar unter www.iasb.org, zuletzt geprüft am 08.09.2009.

IDW ERS HFA 13 n.F. (2006): Entwurf einer Neufassung der IDW Stellungnahme zur Rechnungslegung: Einzelfragen zum Übergang von wirtschaftlichem Eigentum und zur Gewinnrealisierung nach HGB (IDW ERS HFA 13 n.F.).

IDW PS 314 (2001): IDW Prüfungsstandard: Die Prüfung von geschätzten Werten in der Abschlussprüfung. In: Die Wirtschaftsprüfung, Nr. 17, S. 906–909.

IDW PS 314 n.F. (2009): Neufassung des IDW Prüfungsstandards: Die Prüfung von geschätzten Werten in der Rechnungslegung einschließlich von Zeitwerten.

IDW RS HFA 4 (2000): IDW Stellungnahme zur Rechnungslegung: Zweifelsfragen zum Ansatz und zur Bewertung von Drohverlustrückstellungen. (Stand 17.11.2000). In: Die Wirtschaftsprüfung, H. 15, S. 716ff.

IDW-Stellungnahme SABI 3/1986 (1986): Zur Darstellung der Finanzlage i.S.v. § 264 Absatz 2 HGB. In: Die Wirtschaftsprüfung, S. 670–671.

Imai, Masaaki (1989): Kaizen. The Key to Japan's Competitve Success: cgraw-Hill Higher Education.

Immenga, Frank; Kessel, Christian; Schwedler, Christian (2008): Die kartellrechtliche Beurteilung von Vereinbarungen in der Automobil-Zulieferindustrie - Ein praktischer Leitfaden. In: Betriebs Berater, S. 902–910.

Ittermann, Peter; Mühge, Gernot; Schumann, Diana (2003): Organisationswandel in der deutschen Automobilzulieferindustrie. Neue Abhämgigkeiten und/oder Netzwerkkooperation. Prof. Dr. Ludger Pries, Ruhr-Universität Bochum, 44780 Bochum, SOAPS Papers Forschungsberichte des Lehrstuhls Organisationssoziologie und Mitbestimmungsforschung; Sociology of Organisations and Participation Studies (SOAPS), abrufbar unter www.rub.de/soaps (Stand 03.09.2008).

Iyer, Karthik N. S. (2002): Learning in Strategic Alliances: An Evolutionary Perspective. In: Academy of Marketing Science Review, H. 10, S. 1–16. Online verfügbar unter http://www.amsreview.org/articles/iyer10-2002.pdf, zuletzt geprüft am 18.09.2009.

Jagoda, F. (1972): Die Produktpolitik der westdeutschen Automobilindustrie. Dissertation. Darmstadt.

Jahnke, Hermann; Chwolka, Anne (1998): Strategische Kostenrechnung: Eine spieltheoretische Begriffsbildung. In: zfbf, Jg. 50, H. 7/8, S. 656–677.

Jones, Gareth R.; Bouncken, Ricarda B. (2008): Organisation. Theorie, Design und Wandel: Addison Wesley in Pearson Education Deutschland.

Kajüter, Peter; Kulmala, Harry I. (2005): Open-book Accounting in Networks. In: Management Accounting Research, H. 16, S. 179–204.

Karrenbrock, Holger (1994): Zum Saldierungsbereich und zur Abzinsung von Drohverlustrückstellungen. In: Die Wirtschaftsprüfung, S. 97–103.

KBA (2008): Fahrzeugklassen und Aufbauarten. Online verfügbar unter http://www.kba.de/cln_005/nn_191172/DE/Statistik/Fahrzeuge/Bestand/FahrzeugklassenAufbauarten/b__fzkl__zeitreihe.html, zuletzt geprüft am 11.10.2008.

Keitz, Isabel von (1997): Immaterielle Güter in der internationalen Rechnungslegung. Grundsätze für den Ansatz von immateriellen Gütern in Deutschland im Vergleich zu den Grundsätzen in den USA und nach IASC: IDW-Verlag GmbH.

Keitz, Isabel von (2008): IAS 11 Fertigungsaufträge. In: Thiele, Stefan; Keitz, Isabel von; Brücks, Michael: Internationales Bilanzrecht. Rechnungslegung nach IFRS - Kommentar: Stollfuß .

Kersten, Wolfgang; Schröder, Kirsten A.; Zink, Thomas (2005): Wissensmanagement zur Optimierung von Produktionsanläufen. In: Wildemann, Horst: Synchronisation von Produktentwicklung und Produktionsprozess: Produktreife - Produktneuanläufe - Produktionslauf. München, S. 91–110.

Kessel, Christian (2004): Einkaufsbedingungen in der Automobilindustrie. Eine vergeleichende Analyse. In: Betriebs Berater, H. 37, S. 1974–1981.

Kieser, Alfred; Walgenbach, Peter (2007): Organisation. 5. Aufl. Stuttgart: Schäffer-Poeschel.

Klaue, Siegfried (1991): Strategische Allianzen zwischen Wettbewerbern. Einige Bemerkungen zu einem modernen wirtschaftlichen Problem. In: Betriebs Berater, H. 23, S. 1573–1578.

Kloyer, Martin (2004): Opprtunismus und Verhandlungsmacht in F&E-Lieferbeziehungen - Eine empirische Untersuchung. In: zfbf, H. 56, S. 333–364.

Kluge, Jürgen; Stein, Peter; Kubasik, Edward et al (2006): Wachstum durch Verzicht. Schneller Wandel zur Weltklasse: Vorbild Elektronikindustrie.

Klunzinger, Eugen (2007): Einführung in das Bürgerliche Recht. Grundkurs für Studierende der Rechts- und Wirtschaftswissenschaften. 13., überarb. und erw. Aufl. München: Vahlen (Vahlens Handbücher der Wirtschafts- und Sozialwissenschaften).

Knop. Carsten (2008): Autozulieferer Schaeffler strebt in neue Liga. In: FAZ, Ausgabe 162, 14. Juli 2008, S. 15.

Knörzer, Michael (2004): Aussagegehalt der Prinzipal-Agenten Theorie und Integration verhaltenswissenschaftlicher Erkenntnisse. Stellungnahme zum Beitrag von Dirk Sliwka: "Anreize, Motviationsverdrängung und Prinzipal-Agenten Theorie" DBW 63. Jg. (2003), S.293-308. In: DBW, H. 1, S. 117–119.

Knyphausen-Aufseß, Dodo zu (1997): Strategisches Management auf dem Weg ins 21. Jahrhundert. In: DBW, Jg. 57, S. 73–90.

Koch, Helmut (1996): Zur Frage der Jahreserfolgsrechnung bei fortgesetzten Preissteigerungen. In: Baetge, Jörg; Börner, Dietrich; Forster, Karl-Heinz et al.: Rechnungslegung,

Prüfung und Beratung. Herausforderungen für den Wirtschaftsprüfer ; Festschrift zum 70. Geburtstag von Professor Dr. Rainer Ludewig. Düsseldorf: IdW-Verl., S. 473–495.

Köhler, Annette G.; Gebhardt, Ronny (2008): IAS 17 Leasingverhältnisse. In: Thiele, Stefan; Keitz, Isabel von; Brücks, Michael: Internationales Bilanzrecht. Rechnungslegung nach IFRS - Kommentar: Stollfuß .

Koschnitzki, Klaus (1994): Wandel in der Industrie durch Lean Production und Lean Management und deren Einsatz in der europäischen Industrie. In: Zink, Klaus J.; Rühl, Günter: Wettbewerbsfähigkeit durch innovative Strukturen und Konzepte. Festschrift zum 80. Geburtstag von em. o. Prof. Dr.-Ing. Günter Rühl. 1. Aufl. München: Hanser (REFA-Fachbuchreihe Betriebsorganisation), S. 187–211.

Köster, Oliver (2008): IAS 8 Bilanzierungs- und Bewertungsmethoden, Änderungen von Schätzungen und Fehler. In: Thiele, Stefan; Keitz, Isabel von; Brücks, Michael: Internationales Bilanzrecht. Rechnungslegung nach IFRS - Kommentar: Stollfuß .

KPMG (2005): Globales Standortmanagement in der Automobilindustrie. Online verfügbar unter (http://www.kpmg.de/library/pdf/051118_Globales_Standortmanagement_in_Automobilzulieferindustrie_de.pdf Stand 06.08).

KPMG (2007a): Erfolgreiches Standortmanagement von Forschung und Entwicklung. Aktives Gestalten und Managen von F&E-Standorten. Online verfügbar unter (http://www.kpmg.de/industries/automotive/index_7501.html Stand 06.08).

KPMG (2007b): Impulse in der Automobilindustrie 2006/07. Online verfügbar unter http://www.kpmg.de/docs/impulse_automobilindustrie_managumfrage.pdf, zuletzt geprüft am 08.10.2008.

KPMG (2008a): Momentum. KPMG's 2008 Global Auto Executive Survey. Online verfügbar unter http://www.kpmg.de/docs/momentum_AutoGlobal_2008.pdf, zuletzt geprüft am 08.10.2008.

KPMG (2008b): Kooperationen in der Automobilzulieferindustrie. Herausforderungen und Erfolgsfaktoren in den Emerging Markets. Online verfügbar unter http://www.kpmg.de/WasWirTun/4888.htm, zuletzt geprüft am 08.10.2008.

KPMG (2008c): IFRS und HGB in der Praxis. Bilanzierungs- und Bewertungsfragen für die Automobilindustrie. Online verfügbar unter http://www.kpmg.de/WasWirTun/4888.htm, zuletzt geprüft am 08.10.2008.

Krcal, Hans-Christian (2005): Wege aus der Kapazitätsfalle in der Automobilindustrie. In: zfbf, Jg. 57, S. 503–524.

Krcal, Hans-Christian (2008): Strategische Implikationen einer geringen Fertigungstiefe für die Automobilindustrie. In: zfbf, Jg. 60, S. 778–808.

Kruschwitz, Lutz (1971): Eigenerzeugung oder Beschaffung? Eigenverwendung oder Absatz?

Kubitschek, Christian; Meckl, Reinhard (2000): Die ökonomischen Aspekte des Wissensmanagements - Anreize und Instrumente zur Entwicklung und Offenlegung von Wissen. In: zfbf, Jg. 52, S. 743–761.

Kuhn, Axel; Wiendahl, Hans-Peter; Eversheim, W. et al (2002): Fast ramp-up. Schneller Produktionsanlauf von Serienprodukten. Dortmund: Praxiswissen.

Kühne, Erhard; Melcher, Winfried (2009): Zur Umsetzung der HGB-Modernisierung durch das BilMoG: Wirtschaftliche Zurechnung von Vermögensgegenständen und Schulden sowie Erträgen und Aufwendungen. In: Der Betrieb, H. Beilage 5 zu Heft 23, S. 15-19.

Küpper, Georg (2000): Mehr Fairness unter Kaufleuten: Die Konditionsempfehlung der Arbeitsgemeinschaft Zulieferindustrie. In: Betriebs Berater, H. 26, S. 1310–1313.

Küting, Karlheinz (1996): Die Erfassung von erhaltenen und gewährten Zuwendungen im handelsrechtlichen Jahresabschluß (Teil I). Ein Grundlagenbeitrag ergänzt um eine empirische Analyse. In: DStR, H. 7, S. 276–280.

Küting, Karlheinz (1996): Die Erfassung von erhaltenen und gewährten Zuwendungen im handelsrechtlichen Jahresabschluss (Teil II). In: DStR, H. 8, S. 313–316.

Küting, Karlheinz (2000): Perspektiven der externen Rechnungslegung. Auf dem Wege zu einem umfassenden Business Reporting. In: Betriebs Berater, H. 9, S. 451–462.

Küting, Karlheinz; Kessler, Harald (1997): Rückstellungsbildung nach der Entscheidung im "Apotheker-Fall". In: DStR, Jg. 35, S. 1665–1673.

Küting, Karlheinz; Lorson, Peter (1991): Grenzplankostenrechnung versus Prozesskostenrechnung. Quo vadis Kostenrechnung. In: Betriebs Berater, H. 21, S. 1421–1433.

Küting, Karlheinz; Lorson, Peter (1997): Erfolgs(potential)orientiertes Konzernmanagement. Eine Analyse erfolgszielorientierter Controlling-Konzepte und -Instrumente in globalen Konzernen. In: Betriebs Berater, H. 20 Beilage 8, S. 1–41.

Küting, Karlheinz; Lorson, Peter (1998): Grundsätze eines Konzernsteuerungskonzeptes auf "externer" Basis. Ein Beitrag zur Konvergenz von internem und externem Rechnungswesen. In: Betriebs Berater, H. 44 und 45, S. 2303–2314.

Küting, Karlheinz; Weber, Claus-Peter (2004): Handbuch der Rechnungslegung - Einzelabschluss. Kommentar zur Bilanzierung und Prüfung. 5., aktualisierte und erw. Aufl. Stuttgart: Schäffer-Poeschel.

Küting, Karlheinz Harth Hans-Jörg (1999): Herstellungskosten von Inventories und Self-Constructede Assets nach IAS und US-GAAP. Vergleich zu den Vorschriften des HGB. In: Betriebs Berater, H. 46, S. 2393–2400.

Lachnit, Laurenz (1993): "True and fair view" und Rechnungslegung über stille Rücklagen im Jahresabschluß von Kapitalgesellschaften. In: Die Wirtschaftsprüfung, Jg. 46, H. 7, S. 193–201.

Lakemond, Nicolette; Berggren, Christian; van Weele, Arjan (2006): Coordinating supplier involvement in product development projects: a differentiated coordination typology. In: R&D Management, Jg. 36, H. 1, S. 55–66.

Lamming, R.; Caldwell, N. D.; Harrison, D. A.; Phillips, W. (2001): Transparency in Supply Relationships: Concept and Practice. In: Journal of Supply Chain Management, Jg. 37, H. 4, S. 4–10.

Lamming, R.; Caldwell, N. D.; Harrison, D. A.; Phillips, W. (2005): Sharing Sensitive Information in Supply Relationships: The Flaws in One-way Open-book Negotiation and the Need for Transparency. In: European Management Journal, Jg. 23, H. 5, S. 554–563.

Langlois, Richard (1988): Economic Change and Boundaries of the Firm. In: Journal of Institutional and Theoretical Economics, H. 144, S. 635–657.

Langlois, Richard (1992): Transaction-Cost Economies in Real Time. In: Industrial and Corporate Change, H. 1, S. 99–127.

Laubach, Wolfgang; Kraus, Sivlia; Bornhofen, Martin C. (2009): Zur Durchführung der HGB-Modernisierung durch das BilMoG: Die Bilanzierung selbst geschaffener immaterieller Vermögensgegenstände. In: Der Betrieb, H. Beilage 5, S. 19–24.

Leffson, Ulrich (1976): Die Darstellung von Leasingverträgen im Jahresabschluß. In: Der Betrieb, S. 637-641;685-690.

Leffson, Ulrich (1987): Die Grundsätze ordnungsmäßiger Buchführung. 7. Aufl. Düsseldorf.

Leibfried, Peter; Kleibold, Thorsten (2009): Neuregelung der Leasingbilanzierung im IFRS-Abschluss des Leasingnehmers. In: KoR, H. 7-8, S. 408–413.

Liebermann, Marvin B.; Montgomery, David B. (1998): First-Mover Advantages. In: Strategic Management Journal, H. 19, S. 1111–1125. Online verfügbar unter kli, zuletzt geprüft am 23.10.2008.

Lindner, Robert (2008): Allein im Autohaus. In: FAZ, Ausgabe 173, 26. Juli 2008, S. 12.

Littkemann, Jörg (1996): Innovationsabrechnung durch ein investitionsorientiertes Rechnungswesen. In: Betriebs Berater, H. 37, S. 1927–1928.

Lorson, Peter; Gattung, Andreas (2007): Die Forderung nach einer "faithful representation". In: KoR, H. 12, S. 657–665.

Lorson, Peter; Gattung, Andreas (2008): Die Forderung nach einer "faithful representation". Verhältnis zur Objektivität, Neutralität und Nachprüfbarkeit. In: KoR, H. 9, S. 556–565.

Lüdenbach, Norbert (2008): § 18 Fertigungsaufträge; § 24 Stetigkeitsgebot, Änderung Methoden, Bilanzberichtigung; § 25 Erlöse. In: Lüdenbach, Norbert; Hoffmann, Wolf-Dieter: IFRS-Kommentar. 6. Aufl. Freiburg: Haufe, S. 821-870; 1213-1244; 1245-1330.

Lüdenbach, Norbert; Freiberg, Jens (2006): Wirtschaftliches Eigentum nach IAS 17 - die unterschätzte Bedeutung des Spezialleasings. In: Betriebs Berater, H. 5, S. 259–264.

Lüdenbach, Norbert; Freiberg, Jens (2008): § 15 Leasing. In: Lüdenbach, Norbert; Hoffmann, Wolf-Dieter: IFRS-Kommentar. 6. Aufl. Freiburg: Haufe, S. 639–750.

Lüdenbach, Norbert; Hoffmann, Wolf-Dieter (2008): IFRS-Kommentar. 6. Aufl. Freiburg: Haufe.

Magnus, Karl-Hendrik; Nienaber, Ann-Marie; Schewe, Gerhard et al (2008): Eine Überdosis an Kooperation vermeiden! Empirische Erkenntnisse zum Erfolg der Supply-Chain-Organisation. In: zfbf, H. 3, S. 241–276.

Marten, Kai Uwe; Köhler, Annette G. (2001): Einfluss der Marktstruktur auf die Bewertung von Vermögensgegenständen. Möglichkeiten und Grenzen nach HGB, IAS und US-GAAP am Beispiel der Vorratsbewertung. In: Betriebs Berater, H. 49, S. 2520–2531.

Matena, Sonja (2004): Bilanzielle Vermögenszurechnung nach IFRS. Konzept und Analyse der Zurechnung von Vermögenswerten zum bilanziellen Vermögen von Unternehmen. Univ., Diss.--Münster, 2004. Düsseldorf: IDW Verl. (Schriften zum Revisionswesen).

Maus, Stefan (1997): Strategiekonforme Kostenrechnung bei Unsicherheit. In: zfbf, Jg. 49, H. 12, S. 1019–1046.

Mayer, Norbert; Kortüm, Viktoria (2009): Bilanzierung von Werkzeugen nach IFRS. Bilanzierung von Werkzeugen in der Automobilindustrie am Beispiel eines Zulieferers. In: Accounting, H. 6, S. 3–6.

Mckinsey & Company (2004) (2004): Global sourcing in the auto industry. In: The McKinsey Quarterly, S. 43–52.

Meffert, Heribert (2000): Marketing. Grundlagen marktorientierter Unternehmensführung. Wiesbaden: Gabler Verlag.

Meffert, Heribert (2001): Marketing-Management. 2. Aufl. Wiesbaden.

Meißner, Heinz-R; Kisker, KLaus P.; Bochum, U. u. a. (1994): Die Teile und die Herrschaft. Die Reorganisation der Automobilproduktion und der Zulieferbeziehungen. Berlin.

Melcher, Winfried; Schaier, Sven (2009): Zur Umsetzung der HGB-Modernisierung durch das BilMoG: Einführung und Überblick. In: Der Betrieb, H. Beilage Nr. 5, S. 4–8.

Mellwig, Winfried; Moxter, Adolf; Ordelheide, Dieter (1988): Einzelabschluß und Konzernabschluß. Beiträge zum neuen Bilanzrecht, Band 1. Wiesbaden: Gabler.

Mercer Management Consulting; Fraunhofer insitut (2004): Future Automotive Industry Structure (FAST) 2015, die neue Arbeitsteilung in der Automobilindustrie. Eine Studie von Mercer-Management-Consulting in Zusammenarbeit mit dem Fraunhofer-Institut für Produktionstechnik und Automatisierung IPA und dem Fraunhofer-Institut für Materialfluss und Logistik IML. Herausgegeben von VDA. Frankfurt am Main.

Merki, Christoph Maria (2002): Der holprige Siegeszug des Automobils 1895 - 1930: Zur Motorisierung des Straßenverkehrs in Frankreich, Deutschland und der Schweiz. Wien: Böhlau Wien.

Missbauer, Hubert (1986): Optimale Werkstattbeauftragung unter dem Aspekt der Bestandsregelung. Linz.

Mody, Ashoka (1993): Learning through Alliances. In: Journal of Economic Behavior and Organization, Jg. 20, H. 2, S. 151–170.

Möller, Klaus (2005): Anlaufkosten in der Serienfertigung. Management und Controlling im Rahmen eines Lebenszykluskonzepts. In: Wildemann, Horst: Synchronisation von Produktentwicklung und Produktionsprozess: Produktreife - Produktneuanläufe - Produktionslauf. München, S. 137–171.

Möller, Klaus (2006): Unternehmensnetzwerke und Erfolg - Eine empirische Analyse von Einfluss und Gestaltungsfaktoren. In: zfbf, Jg. 58, S. 1051–1076.

Moschandreas, Mouia (1997): The Role of Opportunism in Transaction Cost Economics. In: Journal of Economic Issues, H. 31, S. 39–57.

Moxter, Adolf (1985): Bilanzrechtsprechung. 2., vollst. umgearb. Aufl. Tübingen: Mohr.

Moxter, Adolf (1993): Saldierungs- und Abzinsungsprobleme bei Drohverlustrückstellungen. In: Betriebs Berater, S. 2481–2485.

Moxter, Adolf (1995): Zum Verhältnis vom handelsrechtlichen Grundsätzen ordnungsmäßiger Bilanzierung und True-and-fair-view-Gebot bei Kapitalgesellschaften. In: Förschle, Gerhart; Kaiser, Klaus; Moxter, Adolf: Rechenschaftslegung im Wandel. Festschrift für Wolfgang Dieter Budde. München: C.H. Beck, S. 419–429.

Moxter, Adolf (1996): Zur Prüfung des "true and fair view". In: Baetge, Jörg; Börner, Dietrich; Forster, Karl-Heinz et al.: Rechnungslegung, Prüfung und Beratung. Herausforderungen für den Wirtschaftsprüfer ; Festschrift zum 70. Geburtstag von Professor Dr. Rainer Ludewig. Düsseldorf: IdW-Verl., S. 671–682.

Moxter, Adolf (2008): Aktivierungspflicht für selbsterstellte immaterielle Anlagewerte. In: Der Betrieb, H. 28/29, S. 1514–1517.

Müller, Martin (2005): Die Koordination von Supply Chains - eine transaktionskostentheoretische Untersuchung. In: zfbf, H. 57, S. 717–739.

Müller-Stewens, Günther; Osterloh, Margit (1996): Kooperationsinvestitionen besser nutzen: Interorganisationales Lernen als Know-how-Transfer oder Kontext-Transfer. In: zfo, H. 1, S. 18–24.

Nagel, Bernhard; Riess, Birgit; Theis, Giesela (1989): Der faktische Just-in-Time-Konzern - Unternehmensübergreifende Rationalisierungskonzepte und Konzernrecht am Beispiel der Automobilindustrie. In: Der Betrieb, H. 30, S. 1505–1511.

Naumann, Klaus-Peter (1991): Rechtliches Entstehen und wirtschaftliche Verursachung als Voraussetzung der Rückstellungsbilanzierung. Zugleich eine Untersuchung zur Ansammlung von Rückstellungen. In: Die Wirtschaftsprüfung, Jg. 44, H. 18, S. 529–536.

Nicolai, Alexander; Kieser, Alfred (2002): Trotz eklatanter Erfolglosigkeit: Die Erfolgsfaktorenforschung weiter auf Erfolgskurs. In: DBW, H. 6, S. 579–596.

Nonnenmacher, Rolf (1993): Bilanzierung von Forschung und Entwicklung. In: DStR, H. 33, S. 1231–1235.

Obring, K. (1992): Strategische Unternehmensführung und polyzentrische Strukturen. München.

OECD (2002): Frascati Manual. Proposed Standard Practice for Surveys on Research and Experimental Development. Paris (http://www.oecdbookshop.org/oecd/display.asp?CID=&LANG=EN&SF1=DI&ST1=5 LMQCR2K61JJ, 12.09.2007 12:, 46).

Oesterle, Berthold; Gauß, Herbert (1993): Verlustrückstellung und pauschalierter Garantie-aufwand. In: Betriebs Berater, H. 9, S. 618–620.

Ortmann, Günther; Sydow, Jörg (1999): Grenzmanagement in Unternehungsnetzwerken: Theoretische Zugänge. In: DBW, H. 2, S. 205–221.

Osterloh, Margit; Frost, Jetta (2000): Der schwere Weg von der Organisationstheorie zum Organisationsdesign. In: DBW, H. 4, S. 485–512.

Oversberg, Thomas (2009): IFRIC Schlaglicht - IFRIC 18 Transfers of Assets from Customers. Die IFRIC 18-Regelungen im Überblick. In: IRZ, H. 4, S. 153–158.

Papanastassiou, Marina; Pearce, Robert (2005): Funding sources and the strategic roles of decentralised R&D in multinationals. In: R&D Management, Jg. 35, H. 1, S. 89–100.

Paulsen, Terje (2006): Automotive Supplier Strategies. Early technology involvement with OEMs. A Strategic Management Issue for Suppliers.

Peitsmeier, Henning (2008): "Wir sind keine Wohlfahrtorganisation". Interview mit Siegried Wolf. In: FAZ, Ausgabe 155, 5. Juli 2008, S. 15.

Pellens, Bernhard; Füllbier, Rolf Uwe; Gassen, Joachim (2008): Internationale Rechnungslegung. IFRS 1 bis 8, IAS 1 bis 41, IFRIC-Interpretationen, Standardentwürfe ; mit Beispielen, Aufgaben und Fallstudie. 7., überarb. und erw. Aufl., Stand: 10.01.2008. Stuttgart: Schäffer-Poeschel.

Perks, Helen; Jeffery, Richard 2006 (2006): Global network configuration for innovation: a study of international fibre innovation. In: R&D Management, Jg. 36, H. 1, S. 67–83.

Perridon, Louis; Steiner, Manfred (2006): Finanzwirtschaft der Unternehmung: Vahlen, Franz.

Perridon, Louis; Steiner, Manfred (2007): Finanzwirtschaft der Unternehmung. 14. Aufl. München: Vahlen.

Pfaff, Dieter; Weber, Jürgen (1998): Zweck der Kostenrechnung. Eine neue Sicht auf ein altes Problem. In: DBW, H. 2, S. 151–166.

Pfaffmann, Eric (1998): Ein Modell der vertikalen Keiretsu. Eine ökonomische Analyse der Wettbewerbsvorteile und Ranghierachie für Subkontraktoren am Beispiel der Automobilindustrie. In: DBW, H. 4, S. 451–465.

Pfeffer, Jeffrey (1992): Managing with Power. Politics and Influence in Organizations. Boston.

Pfeffer, Jeffrey; Salancik, Gerald R. (2003): The External Control of Organizations. A. Resource Dependence Perspective. Stanford, California.

Phillips, Wendy; Lamming, Richard; Bessant, John; Noke, Hannah (2006): Discontinuous innovation and supply realtionships: strategic dalliances. In: R&D Management, Jg. 36, H. 4, S. 451–461.

Picot, Anold (1982): Transaktionskostenansatz in der Organisationstheorie: Stand der Diskussion und Aussagewert. In: DBW, Jg. 42, H. 2, S. 267–283.

Picot, Anold; Fiedler, Marina (2002): Institution und Wandel. In: DBW, H. 3, S. 242–258.

Picot, Anold; Reichwald, Ralf; Wiegand, Rolf T. (2003): Die grenzenlose Unternehmung. Information, Organisation und Management. 5. Aufl. Wiesbaden: Gabler.

Picot, Arnold (1991): Ein neuer Ansatz zur Gestaltung der Leistungstiefe. In: zfbf, Jg. 43, H. 4, S. 336–357.

Picot, Arnold; Dietl, Helmut; Franck, Egon (2002): Organisation. Eine ökonomische Perspektive. Stuttgart: Schäffer-Poeschel.

Picot, Arnold; Franck, Egon (1993): Vertikale Integration. in: Ergebnisse empirischer betriebswirtschaftlicher Forschung. o.O.

Pike, Stephen; Roos, Göran Marr Bernhard (2005): Strategic management of intangible assets and value drivers in R&D organizations. In: R&D Management, Jg. 35, H. 2, S. 111–124.

Pisano, Gary P.: The Governance of Innovation: Vertical Integration and Collaborative Arrangements in the Biotechnology Industry. In: Research Policy, Jg. 1991, H. 20, S. 237-249.

Pisano, Gary P. (1990): The R&D Boundaries of the Firm: An Empirical Analysis. Administrative Science Quarterly 35, no. 1 (March 1990): 153-176. In: Administrative Science Quarterly, Jg. 35, H. 1, S. 153–176, zuerst veröffentlicht: http://findarticles.com/p/articles/mi_m4035/is_n1_v35/ai_8306460, zuletzt geprüft am 22.10.2008.

Plock, Marcus (2004): Ertragsrealisation nach International Financial Reporting Standards (IFRS). Univ., Dissertation Münster, 2003.

Popper, Karl R. (1985): Objektive Erkenntnisse. Ein evolutionärer Entwurf: Bertelsmann.

Popper, Karl R. (1991): Logik der Forschung. 10. Aufl.

Porter, Michael E. (1996): Wettbewerbsvorteile. Frankfurt: Campus (4. Auflage).

Porter, Michael E. (1997): Wettbewerbsstrategie. Frankfurt: Campus (9. Auflage).

Posselt, Thorsten; Gensler, Sonja (2000): Ein transaktionskostenorientierter Ansatz zur Erklärung von Handelsbetriebstypen. In: DBW, H. 2, S. 182–198.

Prahalad, C. K.; Hamel, Gary (1990): The Core Competence of the Corporation. In: Harvard Business Review, Jg. 68, H. 5-6, S. 79–91.

Pratten, Clifford (1971): Economies of scale in manufacturing industry. Cambridge.

Proff, Heike; Proff, Harald (1997): Möglichkeiten und Grenzen hybrider Strategien. dargestellt am Beispiel der deutschen Automobilindustrie. In: DBW, H. 6, S. 796–807.

Provan, Keith G. (1993): Embeddedness, interdependence, and opportunism in organizational supplier-buyer networks. In: Journal of Management, Jg. 19, H. 4, S. 841–856.

PWC (2006): Global Automotive Financial Review. An overview of industry data, trends and financial reporting practices. Online verfügbar unter www.pwc.de, zuletzt geprüft am 07.08.2008.

PWC (2007): Kostenmanagement in der Automobilindustrie. Bestandsaufnahme und Zukunftspotenziale. Eine Umfrage unter 207 Unternehmen in Deutschland. Online verfügbar unter www.pwc.de, zuletzt geprüft am 07.08.2008.

Raub, Steffen P. (1998): Vom Zauber des "ultimativen Wettbewerbsvorteils"... Ein kritischer Blick auf den Kernkompetenzen-Ansatz. In: zfo, H. 5, S. 290–293.

Reiß, Michael (1998): Mythos Netzwerkorganisation. In: zfo, H. 4, S. 224–229.

Richter, Frank-Jürgen; Püchert, Holger (1997): Optimierung von Logistikketten am Beispiel der Automobilindustrie. In: zfbf, H. 2, S. 160–172.

Richter, Rudolf; Furubotn, Erik G. (2003): Neue Institutionenökonomik. 3. Aufl.: Mohr Siebeck.

Rindfleisch, Aric; Heide, Jan B. (1997): Transaction Cost Analysis: Past, Present, and Future Applications. In: Journal of Marketing, H. 5, S. 30–54.

Risse, Jörg (2003): Time-to-Market-Management in der Automobilindustrie. Ein Gestaltungsrahmen für ein logistikorientiertes Anlaufmanagement. Bern.

Ritter, Albert; Söhner, Wolfgang (1994): Total Quality Management im Kfz-Gewerbe - ein mitarbeiter- und kundenorientierter Ansatz zur Sicherung der Wettbewerbsfähigkeit. In: Zink, Klaus J.; Rühl, Günter: Wettbewerbsfähigkeit durch innovative Strukturen und Konzepte. Festschrift zum 80. Geburtstag von em. o. Prof. Dr.-Ing. Günter Rühl. 1. Aufl. München: Hanser (REFA-Fachbuchreihe Betriebsorganisation), S. 365–380.

Roever, M. (1993): Fokussierte Produkt- und Programmgestaltung zur Komplexitätsreduzierung. In: Corsten, Hans: Handbuch Produktionsmanagement: Gabler, S. 1127.

Roland, Helmut (1980): Der Begriff des Vermögensgegenstandes im Sinne der handels- und aktienrechtlichen Rechnungslegungsvorschriften. Univ., Diss./80--Göttingen, 1979. Göttingen: Schwartz.

Römer, Sylvie; Tscheulin, Dieter K. (2008): Die Bedeutung von Vertrauen in risikoreichen Kooperationsentscheidungen - Analyse der theoretischen Grundlagen und empirische Überprüfung. In: zfbf, Jg. 60, H. 8, S. 434–458.

Rommel, Günther; Brück, Felix; Diederichs, Raimund et al (1993): Einfach überlegen. Das Unternehmenskonzept, das die Schlanken schlank und die Schnellen schnell macht. Stuttgart: Schäffer-Poeschel.

Ross, Norbert (1996): Gemeinsamkeiten und Unterschiede handels- und steuerrechtlicher Aktivierungskonzeptionen. In: Baetge, Jörg: Rechnungslegung und Prüfung 1996. Düsseldorf, S. 231–253.

Ross, Norbert; Kunz, Jürgen; Drögemüller, Steffen (2003): Verdeckte Leasingverhältnisse bei Outsourcing-Maßnahmen nach US-GAAP und IAS/IFRS. In: Der Betrieb, H. 38, S. 2023–2027.

Ruiz-Torres, Alex J.; Mahmoodi, Farzad (2007): The optimal number of suppliers considering the cost of individual supplier failures. In: Omega, Jg. 35, H. 1, S. 104–115.

Sachs, Sybille; Hauser, Andreas (2002): Das ABC der betriebswirtschaftlichen Forschung: Anleitung zum wissenschaftlichen Arbeiten. Zürich: Versus verlag.

Saloner, Garth (1991): Modeling, Game Theory, and Strategic Management. In: Strategic Management Journal, Jg. 12, S. 119–136.

Sanz, Francisco J. Garcia; Semmler, Klaus; Walther, Johannes (2007): Die Automobilindustrie auf dem Weg zur globalen Netzwerkkompetenz. Effiziente und flexible Supply Chains erfolgreich gestalten. Berlin, Heidelberg: Springer.

Schellhorn, Matthias Weichert Sven (2001): Ansatz und Bewertung von Forschungs- und Entwicklungskosten nach IAS 38 im Vergleich zu IAS 9. In: DStR, H. 20-21, S. 865–868.

Schenk-Mathes, Heike Y. (1999): Gestaltung von Lieferbeziehungen bei Informationsasymmetrie. Habilitationsschrift.

Schewe, Gerhard; Kett, Ingo 2007 (2007): Maßgeschneidert. Die unternehmensspezfische Situation und ihr Einfluss auf die "richtige" Form des Outsourcing. In: zfo, H. 3, S. 138–145.

Schilke, Oliver; Wirtz, Bernd W. (2008): Allianzfähigkeit - Eine Analyse zur Operationiliserung und Erfolgswirkung im Kontext von F&E-Allianzen. In: zfbf, Jg. 60, H. 8, S. 479–516.

Schmeißer, Nikolai; Zirkel Markus P. (2003): Forschungs- und Entwicklungsverträge - Rechtlkiche Einordnung und vertragliche Gestaltung. In: MDR, H. 15, S. 849–853.

Schmidt-Salzer, Joachim (1992): Massenproduktion, lean production und Arbeitsteilung - organisationssoziologisch und -rechtlich betrachtet. Haftund- und Strafrecht als Mittel zur Konkretisierung und Verdeutlichung der Organisation von Unternehmen und Unternehmensgruppen. In: Betriebs Berater, H. 27, S. 1866–1877.

Scholtissek, Stephan; Eckert, Roland (2005): Innovationspartnerschaften. Ein Weg aus der Restrukturierungsfalle. In: zfo, Jg. 74, H. 4, S. 222–227.

Schruff, Lothar; Haaker, Andreas (2009): Immaterielle Vermögenswerte. In: Ballwieser, Wolfgang; Beine, Frank; Hayn, Sven et al.: IFRS 2009. Wiley Kommentar zur internationalen Rechnungslegung nach IFRS: Wiley-VCH, S. 441–487.

Schruff, Wienand; Melcher, Winfried (2009): Umsetzung der HGB-Modernisierung. Einführung, Überblick und ausgewählte kritische Diskussionsbeiträge zum Bilanzrechtmodernisierungsgesetz (BilMoG). In: Der Betrieb, H. Beilage Nr. 5, S. 1–108.

Schulz, Stephan (1994): Komplexität im Unternehmen, eine Herausforderung an das Controlling. In: Controlling, H. 3, S. 130–139.

Schumann, Jochen; Meyer, Ulrich; Ströbele, Wolfgang (1999): Grundzüge der mikroökonomischen Theorie. 7. Aufl. Berlin, Heidelberg, New York: Springer.

Schwarz, Harald (2008): Zulieferer vor Zusammenschlüssen. In: Süddeutsche Zeitung, Ausgabe 184, 8. August 2008, S. 20.

Seal, Willie; Cullen, John; Dunlop, Alec et al (1999): Enacting a European supply chain: a case study on the role of management accounting. In: Management Accounting Research, H. 10, S. 303–322.

Selchert, Friedrich W. (1990): Das Realisationsprinzip - Teilgewinnrealsierung bei langfristiger Auftragsfertigung. In: Der Betrieb, H. 16, S. 797–805.

Selchert, Friedrich W. (1993): Zur Generalnorm für offenlegungspflichtige Unternehmen. In: Betriebs Berater, H. 11, S. 753–760.

Shelanski, Howard A.; Klein, Peter G. (1995): Empirical Research in Transaction Cost Economics: A Review and Assessment. In: Journal of Law, Economics & Organization, H. 11, S. 335–361.

Sliwka, Dirk (2003): Anreize, Motivationsverdrängung und Prinzipal-Agenten Theorie. In: DBW, H. 3, S. 293–302.

Sohn, K. H. (1993): Lean Management: Die Antwort der Unternehmer auf gesellschaftliche Herausforderungen. Düsseldorf: ECON Verlag.

Specht. Dieter; Nagel, Jörg; Frischke, Sören (2005): Integrationsmodell für Anlaufprozesse. In: Wildemann, Horst: Synchronisation von Produktentwicklung und Produktionsprozess: Produktreife - Produktneuanläufe - Produktionslauf. München, S. 69–89.

Speklé, Roland F. (2001): Explaining management control structure variety: a transaction cost economics perspective. In: Accounting, Organizations and Society, Jg. 26, H. 4-5, S. 419–441.

Spöttl, Goerg; Becker, Matthias (1999): Implikationen für den Kfz-Service durch Know-how-Verlagerungen in der Automobilindustrie. In: Zeitschrift für Automobilindustrie, H. 2, S. 42–50.

Spremann, K. (1990): Asymmetrische Information. In: Zeitschrift für Betriebswirtschaft, Jg. 60, H. 5/6, S. 561–586.

Staehle, Wolfgang H. (1999): Management: Eine verhaltenswissenschaftliche Perspektive: Vahlen.

Statistisches Bundesamt (2008): Statistisches Jahrbuch 2008. Für die Bundesrepublik Deutschland. Online verfügbar unter: http://www.destatis.de/jetspeed/portal/cms/Sites/destatis/Internet/DE/Content/Publikationen/Querschnittsveroeffentlichungen/StatistischesJahrbuch/JahrbuchDownload,templateId=renderPrint.psml, zuletzt geprüft am 09.09.2009.

Stewing, Clemens (1990): Bilanzierung bei langfristiger Auftragsfertigung. In: Betriebs Berater, H. 2, S. 100–106.

Streim, Hannes (1994): Die Generalnorm des § 264 Abs. 2 HGB - Eine kritische Analyse. In: Ballwieser, Wolfgang; Böcking, Hans-Joachim; Drukarczyk, Jochen; Schmidt, Reinhard H.: Bilanzrecht und Kapitalmarkt. Festschrift zum 65. Geburtstag von Professor Dr. Dr. h.c. Dr. h.c. Adolf Moxter. Düsseldorf: IDW-Verlag GmbH, S. 391–406.

Stummer, Christian; Günther, Markus (2002): Zum Einsatz betriebswirtschaftlicher Modelle bei der F&E-Projektauswahl. In: DBW, H. 3, S. 289–303.

Stump, Rodney L.; Heide, Jan B. (1996): Controlling Supplier Opportunism in Industrial Relationships. In: Journal of Marketing Research, Jg. 33, H. 4, S. 431–441.

Stumpf, Herbert; Groß, Michael (2005): Der Lizenzvertrag. 8. Aufl. Frankfurt am Main: Recht und Wirtschaft GmbH.

Sydow, J. (1992): Strategische Netzwerke. Wiesbaden.

Tacke, Georg (1997): Strategisches Pricing - Herausforderung für die Automobilindustrie. In: zfbf, H. 11, S. 993–1010.

Taylor, Frederick Winslow (1911): The Principles of Scientific Management. New York.

Thiede, Meite (2007): Unter der Haube. In: Süddeutsche Zeitung, Ausgabe 170, 26.07.2007, S. 22.

Thiele, Stefan; Keitz, Isabel von; Brücks, Michael (2008): Internationales Bilanzrecht. Rechnungslegung nach IFRS - Kommentar: Stollfuß.

Thiele, Stefan; Kühle, Stefan (2008): IAS 38 Immaterielle Vermögenswerte. In: Thiele, Stefan; Keitz, Isabel von; Brücks, Michael (Hg.): Internationales Bilanzrecht. Rechnungslegung nach IFRS - Kommentar: Stollfuß.

Timmreck, Christian; Müssigbrodt, Marcus (2009): Die Automobilzulieferindustrie in der Krise?! Eine transaktionsbasierte Analyse über die letzten fünf Jahre. In: M&A Review, H. 6, S. 267–274.

Timmreck, Christian; Müssigbrodt, Marcus; Heinen, Tilo (2009): Die Automobilzulieferindustrie in der Wirtschaftskrise - Targets, Käufer und Motive. In: Finanz Betrieb, H. 7-8, S. 405–413.

Tomkins, Cyril (2001): Interdependencies, trust and information in relationships, alliances and networks. In: Accounting, Organizations and Society, Jg. 26, H. 161-191.

Vahrenkampf, Richard; Siepermann, Christoph (2007): Risikomanagement in Supply Chains: Gefahren abwehren, Chancen nutzen, Erfolg generieren. Berlin: Schmidt.

VDA (2007): Materialien zur Automobilindustrie. Deutsche Automobilzulieferer 2018: Unverändert mittelständisch. Eine Studie der IKB Deutsche Industriebank AG. Frankfurt am Main.

VDA (2007a): Auto Jahresbericht 2007. Online verfügbar unter http://www.vda.de/de /publikationen/jahresberichte/index.html, zuletzt geprüft am 14.07.2007.

VDA (2008): Autojahresbericht 2008. Online verfügbar unter http://www.vda.de/de/ publikationen/ publikationen_downloads/detail.php?id=489, zuletzt geprüft am 22.10.2008.

VDA (2009): Jahresbericht 2009. Online verfügbar unter http://www.vda.de/de /publikationen/publikationen_downloads/detail.php?id=636, zuletzt aktualisiert am 02.07.09, zuletzt geprüft am 05.09.2009.

VMEBF & LGK (2009): Das Bilanzrechtmodernisierungsgestz. Überblick über die wesentlichen Regelungen des BilMoG. Online verfügbar unter http://www.vmebf.org/, zuletzt aktualisiert am 06.08.2009, zuletzt geprüft am 03.09.2009.

Voigt, Kai-Ingo; Thiell, Marcus (2005): Fast Ramp-up. Handlungs- und Forschungsfeld für Innovations- und Produktionsmanagement. In: Wildemann, Horst: Synchronisation von

Produktentwicklung und Produktionsprozess: Produktreife - Produktneuanläufe - Produktionslauf. München, S. 9–40.

Weber-Grellet, Heinrich (1997): Der Apotheker-Fall - Anmerkungen und Konsequenzen zum Beschluß des Großen Senats vom 23.6.1997 GrS 2/931). In: Der Betrieb, H. 45, S. 2233–2238.

Weimar, Robert (1999): Anwaltliche Gestaltung von Subunternehmer- und Outsourcingverträgen. In: MDR, H. 11, S. 645–652.

Weimer, Gero; Seuring, Stefan (2008): Informationsbedarfe beim Outsourcing. Eine empirische Analyse von Informationsbedarfen zur Steuerung des Outsourcing-Dienstleisters. In: zfo, H. 1, S. 24–31.

Weißenberger, Barbara E.; Stromann, Hilke (2000): Die Bedeutung von Prozesskosten für die Bewertung der Herstellungskosten nach §255 Abs. 2 HGB. In: DBW, H. 5, S. 607–626.

Welge, Martin; Al-Laham, Andreas (2008): Strategisches Management. Grundlagen - Prozess - Implementierung. Wiesbaden: Gabler.

Wellenhofer-Klein, Marina (1999): Werzeug- und Know-how-Klauseln in Einkaufsbedingungen. In: Betriebs Berater, H. 22, S. 1121–1125.

Wendholt, Wolfgang; Wesemann, Michael (2009): Zur Umsetzung der HGB-Modernisierung durch das BilMoG: Bilanzierung von latenten Steuern im Einzel- und Konzernabschluss. In: Der Betrieb, H. 23, Beilage 5.

Werkmeister, Clemens (2003): Lerneffekte in einer prozessorientierten Variantenkalkulation. In: zfbf, H. 55, S. 382–399.

Wichmann, Gerd (1988): Der Vermögensgegenstand als Bilanzierungsobjekt nach dem HGB. In: Der Betrieb, 1988, S. 192–194.

Wijen, Frank; Duysters, Geert (2005): Negotiating innovation: product renewal as the outcome of a complex bargaining process. In: R&D Management, Jg. 35, H. 1, S. 73–85.

Wildemann, Horst (1993): Fertigungsstrategien - Reorganisationskonzepte für eine schlanke Produktion und Zulieferung. München.

Wildemann, Horst (2005): Logistische Instrumente zur Anlaufoptimierung in komplexen Wertschöpfungsketten. In: Wildemann, Horst: Synchronisation von Produktentwicklung und Produktionsprozess: Produktreife - Produktneuanläufe - Produktionslauf. München, S. 41–68.

Wildemann, Horst (2005): Synchronisation von Produktentwicklung und Produktionsprozess: Produktreife - Produktneuanläufe - Produktionslauf. München.

Wildemann, Horst (2007): Wertsteigerung von Unternehmen. Strategien und Methoden zur erfolgreichen Unternehmensführung. München: TCW Transfer-Centrum GmbH & Co. KG (TCW-report Nr. 57).

Williamson, Oliver (1975): Markets and Hierarchies. Analysis and Antitrust Implictaions. A Study in the Economics of Internal Organization.

Williamson, Oliver (1985): The Economic Institution of Capitalism.

Williamson, Oliver (1990): The Firm as a Nexus of Treaties: an Introdution. In: Aoki, Masahiko; Gustafson, Bo; Williamson, Oliver E. et al.: The Firm as a Nexus of Treaties. London, S. 1–25.

Winkeljohann, Norbert; Geißler, Horst (2006): § 252 Allgemeine Bewertungsvorschriften. In: Ellrott. Helmut; Förschle, Gerhart; Hoyos, Martin et al.: Beck'scher Bilanzkommentar. Handels- und Steuerbilanz. 6. Aufl. München: C.H. Beck, S. 400–424.

Winkeljohann, Norbert; Schellhorn, Matthias (2006): § 264 Pflilcht zur Aufstellung. In: Ellrott. Helmut; Förschle, Gerhart; Hoyos, Martin et al.: Beck'scher Bilanzkommentar. Handels- und Steuerbilanz. 6. Aufl. München: C.H. Beck, S. 744–759.

Winter, Gustav (1920): Der Taylorismus. Handbuch der wissenschaftlichen Betriebs- und Arbeitsweise für die Arbeitenden aller Klassen, Stände und Berufe. Leipzig.

Wintergerst, Alexander; Welker Michael (2007): Die Rolle von Transaktionskosten bei Outosurcingentscheidungen. In: zfbf, Jg. 59, S. 938–954.

Woerner, Lothar (1988): Die Gewinnrealisierung bei schwebenden Geschäften. Vollständigkeitsgebot, Vorsichts- und Realisationsprinzip. In: Betriebs Berater, H. 12, S. 769–777.

Wöhe, Günter (2000): Einführung in die Allgemeine Betriebswirtschaftslehre. 20. Auflage. München: Verlag Vahlen.

Wolff, Sebastian (2006): Finanzinvestor steigt bei Autozulieferer Kiekert aus. In: Berliner Zeitung, Ausgabe 1.11.2006, 2006. Online verfügbar unter http://www.berlinonline.de/berliner-zeitung/archiv/.bin/dump.fcgi/2006/1101/ wirtschaft/0036/index.html, zuletzt geprüft am 22.10.2008.

Wölk, Armin (1991): Die Generalnorm für den Einzelabschluß für Kapitalgesellschaften. Frankfurt am Main.

Womack, James P.; Jones Daniel T.; Roos, Daniel (1990): The Machine that Changed the World. Based on the Massachusetts Institute of Technology 5-Million-Dollar 5-Year-Study on the Future of Automobile. New York.

Womack, James P.; Jones, Daniel T.; Roos, Daniel (1991): Die zweite Revolution in der Autoindustrie. Konsequenzen aus der weltweiten Studie aus dem Massachusetts Institute of Technology. Frankfurt, New York.

Wotschack, Winfried (1987): Vom Taylorismus zur kontrollierten Autonomie. Über Personaleinsatzkonzepte und Arbeitsanforderungen bei neuen Technologien. Berlin.

Wulf, Martin; Scheffbuch, Daniel (2002): Bilanzierung von Werkzeugkostenbeiträgen in der Automobilindustrie. – Zugleich Anmerkung zum Urteil des Hessischen FG vom 22.6.1999, 4 K 3955/96 und 4 K 5148/96 –. In: DStR, S. 1884–1900.

Wullenkord, Axel (2005): Praxishandbuch Outsourcing: Strategisches Potenzial, aktuelle Entwicklungen, effiziente Umsetzung. o.O.: Vahlen.

Wüstemann, Jens; Wüstemann, Sonja (2009): Betriebswirtschaftliche Bilanzrechtsforschung und Grundsätze ordnungsmäßiger Gewinnrealisierung für Werkverträge. In: Zeitschrift für Betriebswirtschaft, Jg. 79, H. 1, S. 31–57.

Wuyts, Stefan (2007): Extra-role behavior in buyer-supplier relationships. In: International Journal of Research in Marketing, H. 24, S. 301–311.

Zäpfel, G.; Missbauer, H. (1988): Traditionelle Systeme der Produktionsplanung und Steuerung in der Fertigungsindustrie. In: WiSt, S. 73-77;127-131.

Zink, Klaus J. (1994): Total Quality Management als Organisationsentwicklung. In: Zink, Klaus J.; Rühl, Günter: Wettbewerbsfähigkeit durch innovative Strukturen und Konzepte. Festschrift zum 80. Geburtstag von em. o. Prof. Dr.-Ing. Günter Rühl. 1. Aufl. München: Hanser (REFA-Fachbuchreihe Betriebsorganisation), S. 337–362.

Zink, Klaus J.; Rühl, Günter (1994): Wettbewerbsfähigkeit durch innovative Strukturen und Konzepte. Festschrift zum 80. Geburtstag von em. o. Prof. Dr.-Ing. Günter Rühl. 1. Aufl. München: Hanser (REFA-Fachbuchreihe Betriebsorganisation).

Zoeger, Oliver; Möller, Andreas (2009): Konsolidierungspflicht für Zweckgesellschaften nach dem Bilanzrechtsmodernisierungsgesetz (BilMoG). In: KoR, H. 6, S. 309–315.

Zülch, Henning; Hoffmann, Sebastian (2009): Die Modernisierung des deutschen Handelsbilanzsrechts durch das BilMoG: Wesentliche Alt- und Neuregelungen im Überblick. In: Der Betrieb, Jg. 62, H. 15, S. 745–752.

Zwirner, Christian; Künkele, Peter (2009): Übergangsvorschriften zur Anwendung der geänderten Regelungen des BilMoG - Bilanzpolitische Implikationen des Übergangs auf das neue Bilanzrecht. In: Der Betrieb, Jg. 62, H. 21, S. 1081–1087.

Verzeichnis der Rechtsquellen

Verordnung (EG) Nr. 1606/2002 des Europäischen Parlaments und des Rates vom 19.07.2002 betreffend die Anwendung internationaler Rechnungslegungsstandards, in Amtsblatt der EG vom 11.09.2002, Nr. L 243.

Verordnung (EG) Nr. 1126/2008 der Kommission vom 3. November 2008 zur Übernahme bestimmter internationaler Rechnungslegungsstandards gemäß der Verordnung (EG) Nr. 1606/2002 des Europäischen Parlaments und des Rates.

Gesetzesverzeichnis

Bilanzrechtsmodernisierungsgesetz (BilMoG), Gesetz zur Modernisierung des Bilanzrechts vom 25. Mai 2009, BGBl. I 2009 Nr. 27, S. 1102-1137, ausgegeben zu Bonn am 28. Mai 2009.

Bürgerliches Gesetzbuch (BGB) in der Fassung der Bekanntmachung vom 2. Januar 2002, BGBl. I 2002, S. 42-44, zuletzt geändert durch Gesetz vom 11. August 2009, BGBl. I 2009, S. 2713.

Handelsgesetzbuch (HGB) vom 10. Mai 2897, RGBl. 1897, S.219-436, zuletzt geändert durch Gesetz vom 31. Juli 2009, BGBl. 1 2009, S. 2512.

Personenbeförderungsgesetz (PBefG) in der Fassung der Bekanntmachung vom 8. August 1990, BGBl. I 1990, S. 1690, zuletzt geändert durch Gesetz vom 29. Juli 2009, BGBl. I 2009, S. 2258.

Verzeichnis der Rechtsprechung

Bundesfinanzhof (BFH)

BFH (1983): Urteil vom 30. Juni 1983, Aktenzeichen IV R 41/81, BStBl. II 1984, S. 263–266.

BFH (1989): Urteil vom 25. August 1989, Aktenzeichen III R 95/87, BStBl II 1989, S. 893–896.

BFH (1995): Urteil vom 26. April 1995, Aktenzeichen I R 92/94, BStBl. II 1995 S. 594-596.

BFH (1997): Urteil vom 23.06.1997, Aktenzeichen GrS 2/93, Betriebs Berater 1997, S. 1939–1941.

BFH (2000): Urteil vom 29. November 2000, Aktenzeichen I R 87/99, BStBl. II 2000, S. 655–658.

Bundesgerichtshof (BGH)

BGH (1991): Urteil vom 28.01.1991, Aktenzeichen II ZR 20/90, Der Betrieb 1991, S. 962.

Verzeichnis der Verwaltungsanweisungen

BMF (1971): Schreiben vom 19. April 1971, Aktenzeichen IV B 2 – S 2170 – 31/71, BStBl. I 1971, S. 264f.

BMF (1972): Schreiben vom 21. März 1972, Aktenzeichen IV B 2 – S 2170 – 11/72, BStBl. I 1972, S. 188.

BMF (1975): Schreiben vom 22. Dezember, Aktenzeichen 1975 – IV B 2 – S 2170 – 161/75, Der Betrieb 1976, S. 172-174.

BMF (1991): Schreiben vom 23. Dezember, Aktenzeichen 1991 – IV B 6 – S 2170 – 115/91, BStBl. I 1992, S. 13.